“十三五”国家重点图书出版规划项目

哈佛大学植物标本馆馆藏中国维管束植物模式标本集

第 10 卷

双子叶植物纲（9）

Chinese Type Specimens of Vascular Plants Deposited in Harvard University Herbaria

Volume 10

DICOTYLEDONEAE（9）

国家植物标本资源库　中国科学院植物研究所系统与进化植物学国家重点实验室　编

林　祁　包伯坚　刘慧圆　编著

National Plant Specimen Resource Center & State Key Laboratory of Systematic and Evolutionary Botany, Institute of Botany, the Chinese Academy of Sciences Edit

Editors LIN Qi, BAO Bojian & LIU Huiyuan

河南科学技术出版社

· 郑州 ·

图书在版编目（CIP）数据

哈佛大学植物标本馆馆藏中国维管束植物模式标本集.第10卷，双子叶植物纲.9/国家植物标本资源库，中国科学院植物研究所系统与进化植物学国家重点实验室编；林祁，包伯坚，刘慧圆编著.—郑州：河南科学技术出版社，2022.9

ISBN 978-7-5725-0954-4

Ⅰ.①哈… Ⅱ.①国… ②中… ③林… ④包… ⑤刘… Ⅲ.①双子叶植物—标本—中国—图集 Ⅳ.① Q949.408-34

中国版本图书馆 CIP 数据核字 (2022) 第 129345 号

出版发行：河南科学技术出版社
地址：郑州市郑东新区祥盛街 27 号　邮编：450016
电话：（0371）65737028　65788613
网址：www.hnstp.cn
总 策 划：周本庆
策划编辑：杨秀芳　陈淑芹
责任编辑：张付旭
责任校对：耿宝文
整体设计：张　伟　张德琛
责任印制：张艳芳
印　　刷：北京盛通印刷股份有限公司
经　　销：全国新华书店
开　　本：720 mm × 1 000 mm　1/8　印张：63.5　字数：506 千字
版　　次：2022 年 9 月第 1 版　2022 年 9 月第 1 次印刷
定　　价：1 600.00 元

前　言

哈佛大学植物标本馆成立于1864年，是世界十大植物标本馆之一，目前由6个标本室（A、AMES、ECON、FH、GH、NEBC）组成，馆藏植物标本500余万份，其中有模式标本10万余份，特别是有中国维管束植物模式标本1万余份（含主模式、等模式、后选模式、等后选模式、新模式、等新模式、附加模式、等附加模式、合模式、等合模式、副模式、等副模式）。

书中所收录的模式标本是在同一学名下（种、亚种、变种、变型）遴选出1份或2份（雌株和雄株标本或花期和果期标本）最重要的馆藏模式标本，经整理并扫描后编撰而成《哈佛大学植物标本馆馆藏中国维管束植物模式标本集》（共11卷）。

全套书共收有模式标本5 459份，含1 405份主模式、2 842份等模式、12份后选模式、48份等后选模式、2份新模式、1份等新模式、1份附加模式、270份合模式、829份等合模式、22份副模式、27份等副模式，隶属于176科、1 013属、4 410种、20亚种、860变种和85变型。全书各科依据《中国植物志》系统排列，属、种、亚种、变种、变型的名称按字母顺序排列。每张扫描模式标本相片的图注解释均标注中名、学名、原始文献、模式类型（主模式、等模式、后选模式、等后选模式、新模式、等新模式、附加模式、等附加模式、合模式、等合模式、副模式、等副模式）、采集地点（国名、省名、县名、山名）、海拔、采集时间（年－月－日）、采集人和采集号。本书中的采集人根据《中国植物标本馆索引》(傅立国，1993)书写，采集地根据《中国地名录——中华人民共和国地图集地名索引》（国家测绘局地名研究所，1995）书写。

本套书是一部研究与鉴定中国植物的重要著作，可供国内外植物分类学者及有关植物学科研、教学和生产部门人员参考。

第10卷包括被子植物门双子叶植物纲夹竹桃科至爵床科的模式标本，共479份，含99份主模式、311份等模式、1份等后选模式、5份合模式、57份等合模式、4份副模式、2份等副模式，隶属于12科、145属、410种、2亚种、61变种和1变型。

感谢国家标本资源共享平台负责人马克平研究员、植物标本子平台负责人覃海宁研究员，以及哈佛大学植物标本馆馆长Charles Davis教授和David E. Boufford教授在本书编撰过程中给予的支持和帮助。

林祁

2021年1月

Introduction

Harvard University Herbaria were founded in 1864 and it is one of the top ten largest herbaria in the world. The Harvard University Herbaria include six integrated herbaria and they are Herbarium of the Arnold Arboretum (A), Oakes Ames Orchid Herbarium (AMES), Economic Herbarium of Oakes Ames (ECON), Farlow Herbarium (FH), Gray Herbarium (GH) and New England Botanical Club Herbarium (NEBC). The current collections contain more than five million specimens and over 100 thousand type specimens of vascular plants and mosses. Especially included are more than 10,000 type specimens (holotype, isotype, lectotype, isolectotype, neotype, isoneotype, epitype, isoepitype, syntype, isosyntype, paratype, isoparatype) of Chinese plants.

Type specimens in this book were produced by selecting the most important type specimen/s deposited at Harvard University Herbaria under the same scientific name (species, subspecies, variety and form), and then they were also reviewed and scanned. After compilation, ***Chinese Type Specimens of Vascular Plants Deposited in Harvard University Herbaria*** which consists of 11 volumes is completed.

Chinese Type Specimens of Vascular Plants Deposited in Harvard University Herbaria includes 5 459 type specimens, comprising 1 405 holotypes, 2 842 isotypes, 12 lectotypes, 48 isolectotypes, 2 neotypes, 1 isoneotype, 1 epitype, 270 syntypes, 829 isosyntypes, 22 paratypes, 27 isoparatypes, and belonging to 176 families, 1 013 genera, 4 410 species, 20 subspecies, 860 varieties and 85 forms. The taxa are arranged by family according to the system of ***Flora Reipublicae Popularis Sinicae***. Infra-family taxa are alphabetized by genera, species, subspecies, varieties and forms. The explanation of each taxon is listed in the figure caption with Chinese name, scientific name, original publication, nature of specimen (holotype/ isotype/ lectotype/ isolectotype/ neotype/ isoneotype/ epitype/ isoepitype/ syntype/ isosyntype/ paratype/ isoparatype), type locality (country/ province/ county/ mountain if present), altitude, collection date (year-month-day), collector and collection number. The collector and type locality in this book follow Index ***Herbariorum Sinicorum*** (L. K. Fu, 1993) and ***Gazetteer of China—An Index to the Atlas of the People's Republic of China*** (Chinese Academy of Surveying & Mapping, 1995) respectively.

This book is a very important works for researching and identifying Chinese plants. It could also be used as a reference by plant taxonomists and people from botanic research institutions, educational institutions and production departments at home and abroad.

Volume 10 of ***Chinese Type Specimens of Vascular Plants Deposited in Harvard University Herbaria*** includes 479 type specimens from Apocynaceae to Acanthaceae, comprising 99 holotypes, 311 isotypes, 1 isolectotype, 5 syntypes, 57 isosyntypes, 4 paratypes, 2 isoparatypes, and belonging to 12 families, 145 genera, 410 species, 2 subspecies, 61 varieties and 1 form.

Greatest thanks to the director MA Keping of National Specimen Information Infrastructure (NSII) and Prof. QIN Haining, and the curator Charles Davis of Harvard University Herbaria and Prof. David E. Boufford, for their support and help throughout the publication of the book.

Lin Qi

January 2021

目录／Contents

双子叶植物纲（9）／Dicotyledoneae（9）

夹竹桃科／Apocynaceae ···················· 1

萝藦科／Asclepiadaceae ···················· 57

旋花科／Convolvulaceae ···················· 115

紫草科／Boraginaceae ···················· 146

马鞭草科／Verbenaceae ···················· 200

唇形科／Lamiaceae ···················· 245

茄科／Solanaceae ···················· 289

玄参科／Scrophulariaceae ···················· 300

紫葳科／Bignoniaceae ···················· 394

列当科／Orobanchaceae ···················· 403

苦苣苔科／Gesneriaceae ···················· 406

爵床科／Acanthaceae ···················· 466

中名索引／Index to Chinese Names ···················· 492

拉丁学名索引／Index to Scientific Names ···················· 496

双子叶植物纲（9）
Dicotyledoneae（9）

夹竹桃科
Apocynaceae

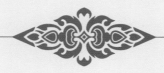

三亚香花藤 ***Aganosma odora*** Tsiang in Sunyatsenia 2: 154, pl. 29. 1934. **Isotype**: China. Hainan: Yaichow (=Sanya), alt. 366 m, 1933-05-13, F. C. How 70756 (A).

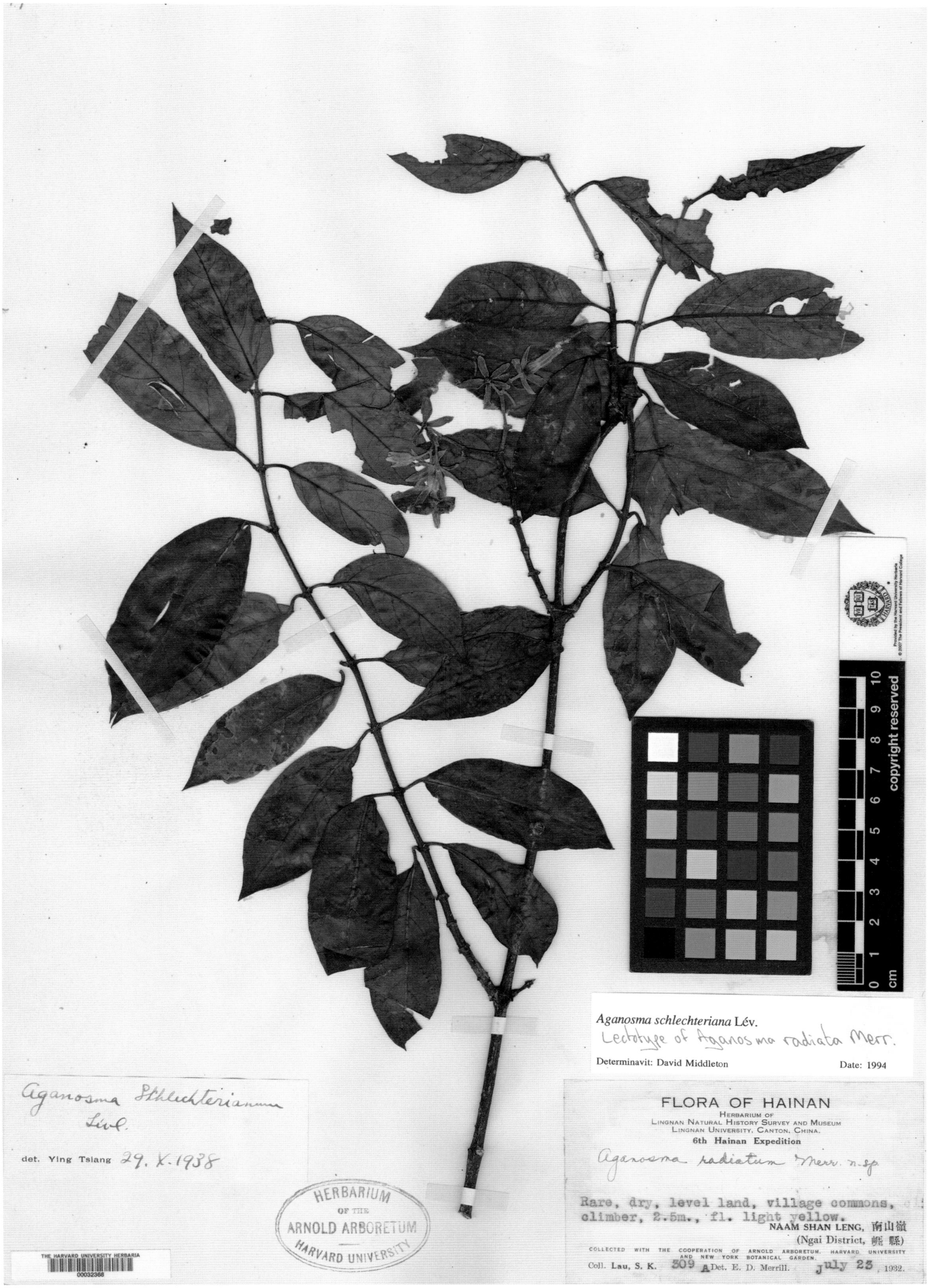

海南香花藤 ***Aganosma radiatum*** Merr. in Lingnan Sci. J. 14: 51, f. 17. 1935. **Isotype**: China. Hainan: Ngai (=Sanya), 1932-07-23, S. K. Lau 309A (A).

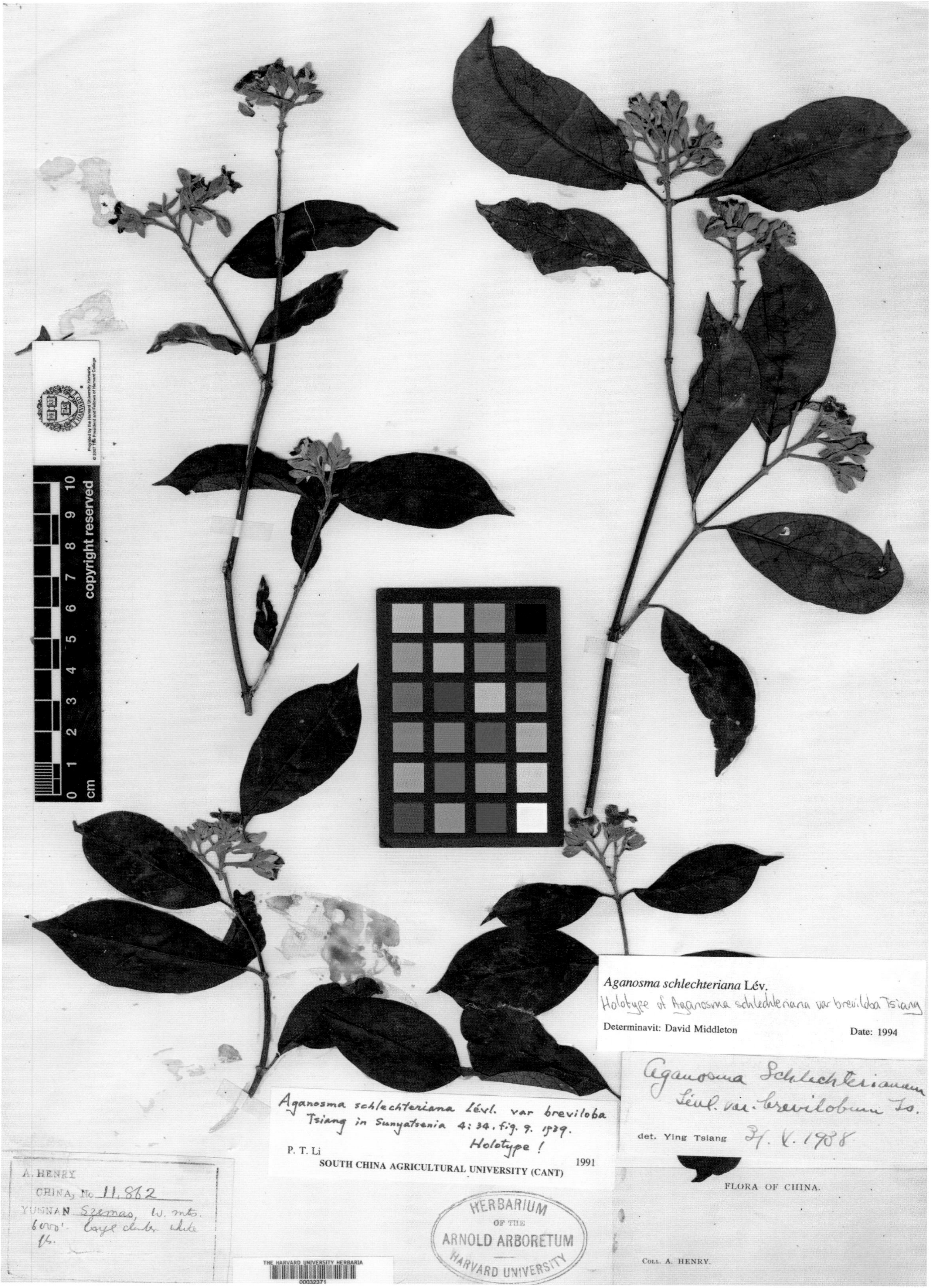

短瓣香花藤 ***Aganosma schlechteriana*** Lévl. var. ***breviloba*** Tsiang in Sunyatsenia 4: 34, f. 9. 1939. **Holotype**: China. Yunnan: Simao, alt. 1 830 m, A. Henry 11862 (A).

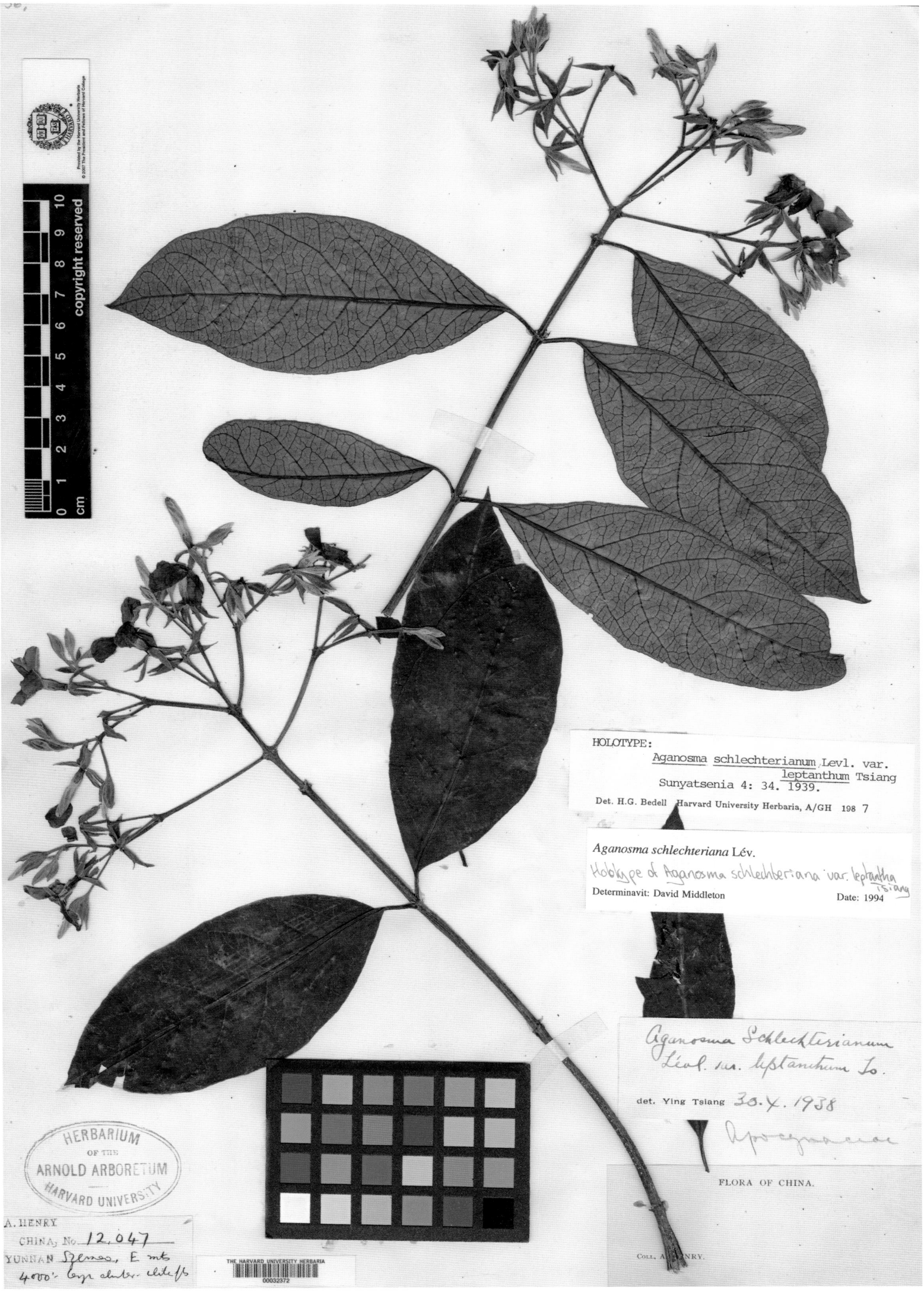

柔花香花藤 ***Aganosma schlechteriana*** Lévl. var. ***leptanthum*** Tsiang in Sunyatsenia 4: 34. 1939. **Holotype**: China. Yunnan: Simao, alt. 1 220 m, A. Henry 12047 (A).

羊角棉 ***Alstonia mairei*** Lévl. in Catal. Pl. Yun-Nan 9. 1915. **Isotype**: China. Yunnan: Kiang-ti, alt. 2 300 m, 1912-07-??, E. E. Maire s. n. (A).

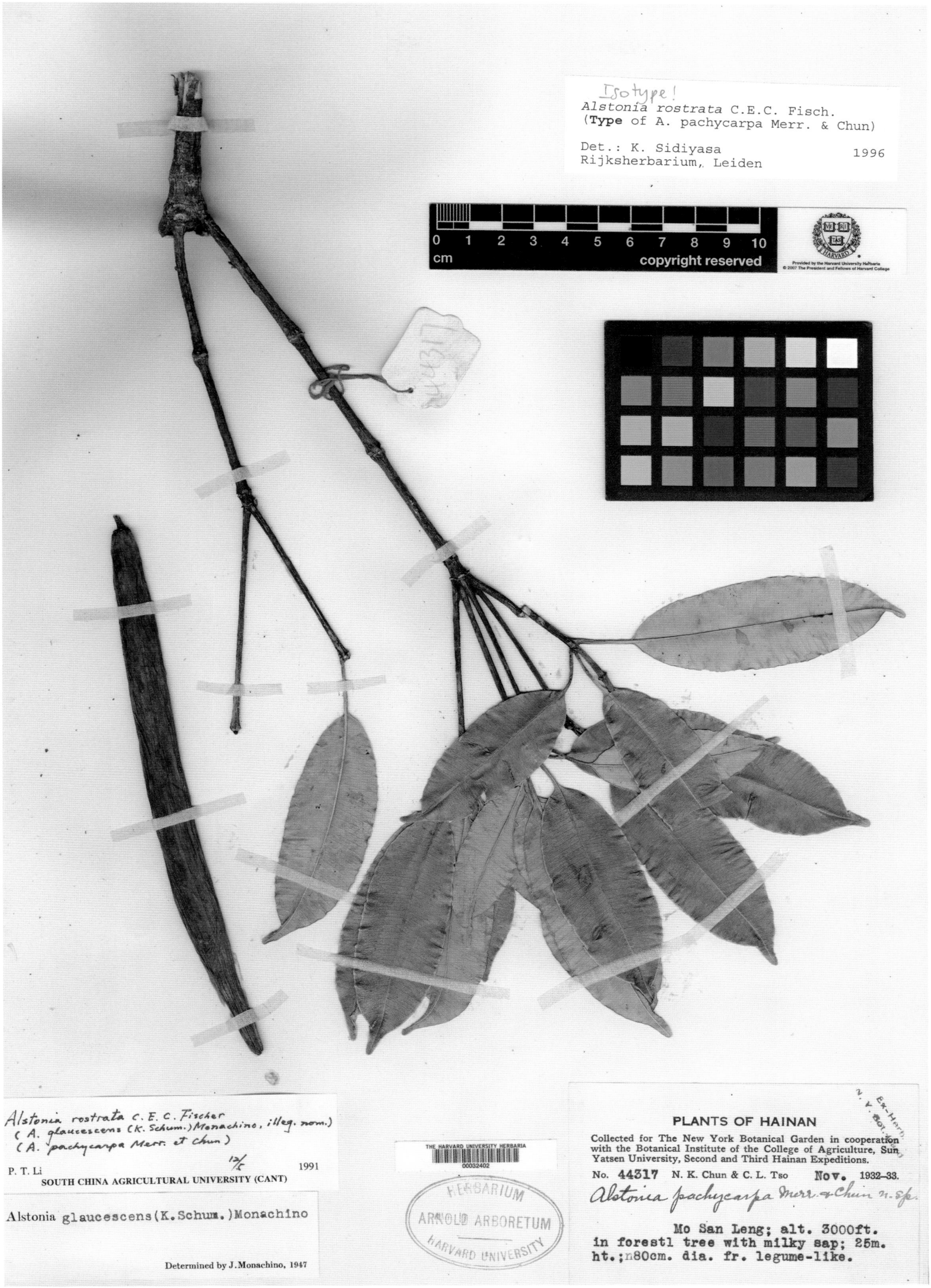
Isotype!
Alstonia rostrata C.E.C. Fisch.
(Type of A. pachycarpa Merr. & Chun)
Det.: K. Sidiyasa 1996
Rijksherbarium, Leiden
0 1 2 3 4 5 6 7 8 9 10
cm
copyright reserved
Alstonia rostrata C. E. C. Fischer
(A. glaucescens (K. Schum.) Monachino, illeg. nom.)
(A. pachycarpa Merr. et Chun)
P. T. Li 12/5 1991
SOUTH CHINA AGRICULTURAL UNIVERSITY (CANT)
Alstonia glaucescens(K.Schum.)Monachino
Determined by J. Monachino, 1947
THE HARVARD UNIVERSITY HERBARIA
00032402
HERBARIUM
ARNOLD ARBORETUM
HARVARD UNIVERSITY
PLANTS OF HAINAN
Collected for The New York Botanical Garden in cooperation with the Botanical Institute of the College of Agriculture, Sun Yatsen University, Second and Third Hainan Expeditions.
No. 44317 N. K. Chun & C. L. Tso Nov. 1932–33.
Alstonia pachycarpa Merr. & Chun n. sp.
Mo San Leng; alt. 3000ft.
in forestl tree with milky sap; 25m.
ht.;n80cm. dia. fr. legume-like.

厚果鸡骨常山 ***Alstonia pachycarpa*** Merr. & Chun in Sunyatsenia 2: 310, f. 42. 1935. **Isotype**: China. Hainan: Ting-on (=Ding'an), Mo San Leng, alt. 915 m, 1932-11-22, N. K. Chun & C. L. Tso 44317 (A).

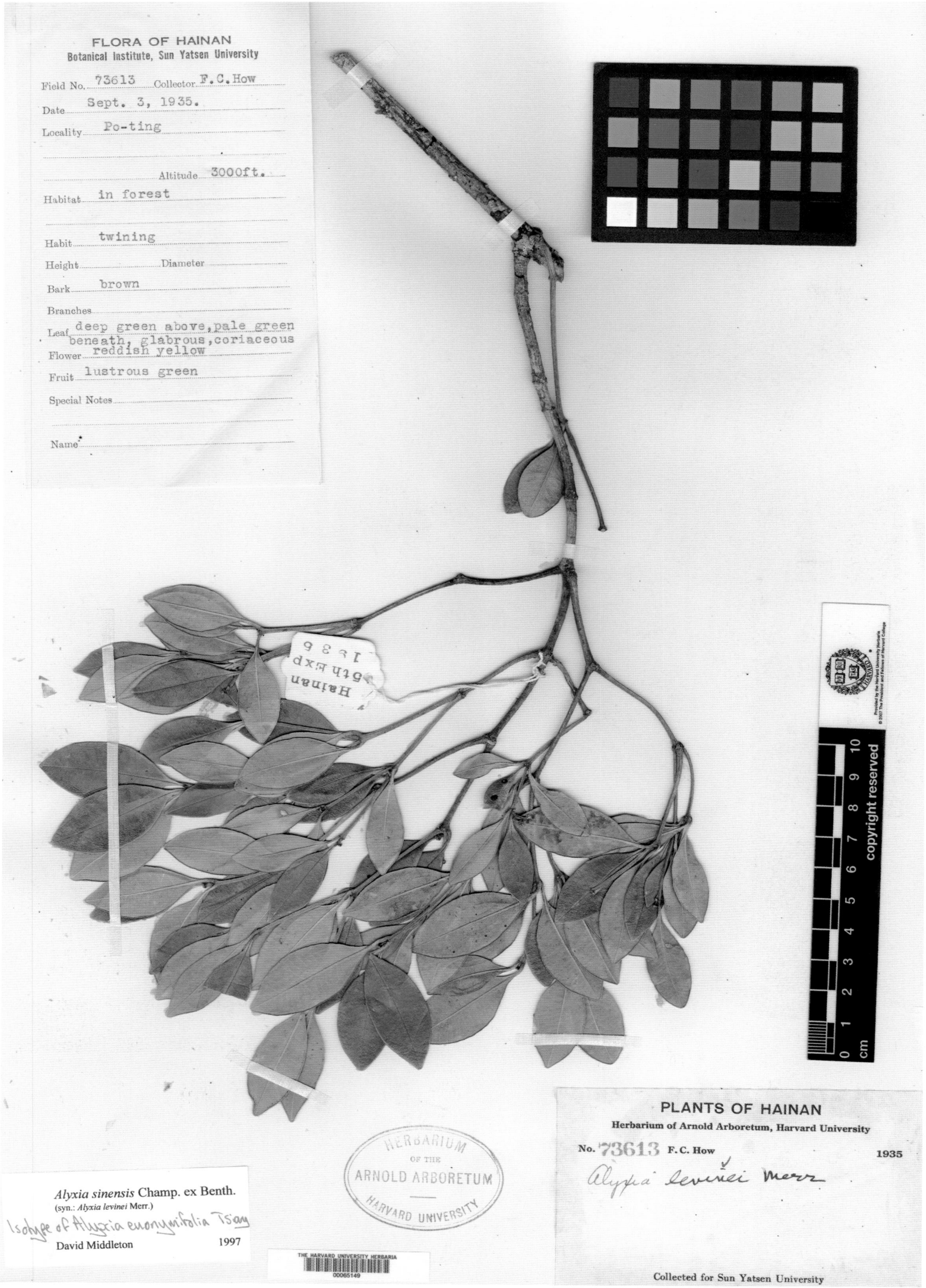
FLORA OF HAINAN
Botanical Institute, Sun Yatsen University
Field No. 73613 Collector F. C. How
Date Sept. 3, 1935.
Locality Po-ting
Altitude 3000ft.
Habitat in forest
Habit twining
Height
Diameter
Bark brown
Branches
Leaf deep green above, pale green beneath, glabrous, coriaceous
Flower reddish yellow
Fruit lustrous green
Special Notes
Name
copyright reserved
cm 0 1 2 3 4 5 6 7 8 9 10
PLANTS OF HAINAN
Herbarium of Arnold Arboretum, Harvard University
No. 73613 F. C. How 1935
Alyxia levinei Merr.
Collected for Sun Yatsen University
HERBARIUM OF THE ARNOLD ARBORETUM HARVARD UNIVERSITY
Alyxia sinensis Champ. ex Benth.
(syn.: Alyxia levinei Merr.)
Isotype of Alyxia euonymifolia Tsiang
David Middleton 1997
THE HARVARD UNIVERSITY HERBARIA
00065149

卫矛叶念珠藤 ***Alyxia euonymifolia*** Tsiang in Acta Phytotax. Sin. 10(1): 28, pl. 5. 1965. **Isotype**: China. Hainan: Po-ting (=Baoting), alt. 915 m, 1935-09-03, F. C. How 73613 (A).

海南链珠藤 ***Alyxia hainanensis*** Merr. & Chun in Sunyatsenia 2: 309, f. 41. 1935. **Isotype**: China. Hainan: Ngai (= Sanya), alt. 610 m, 1933-02-24, F. C. How 70186 (A).

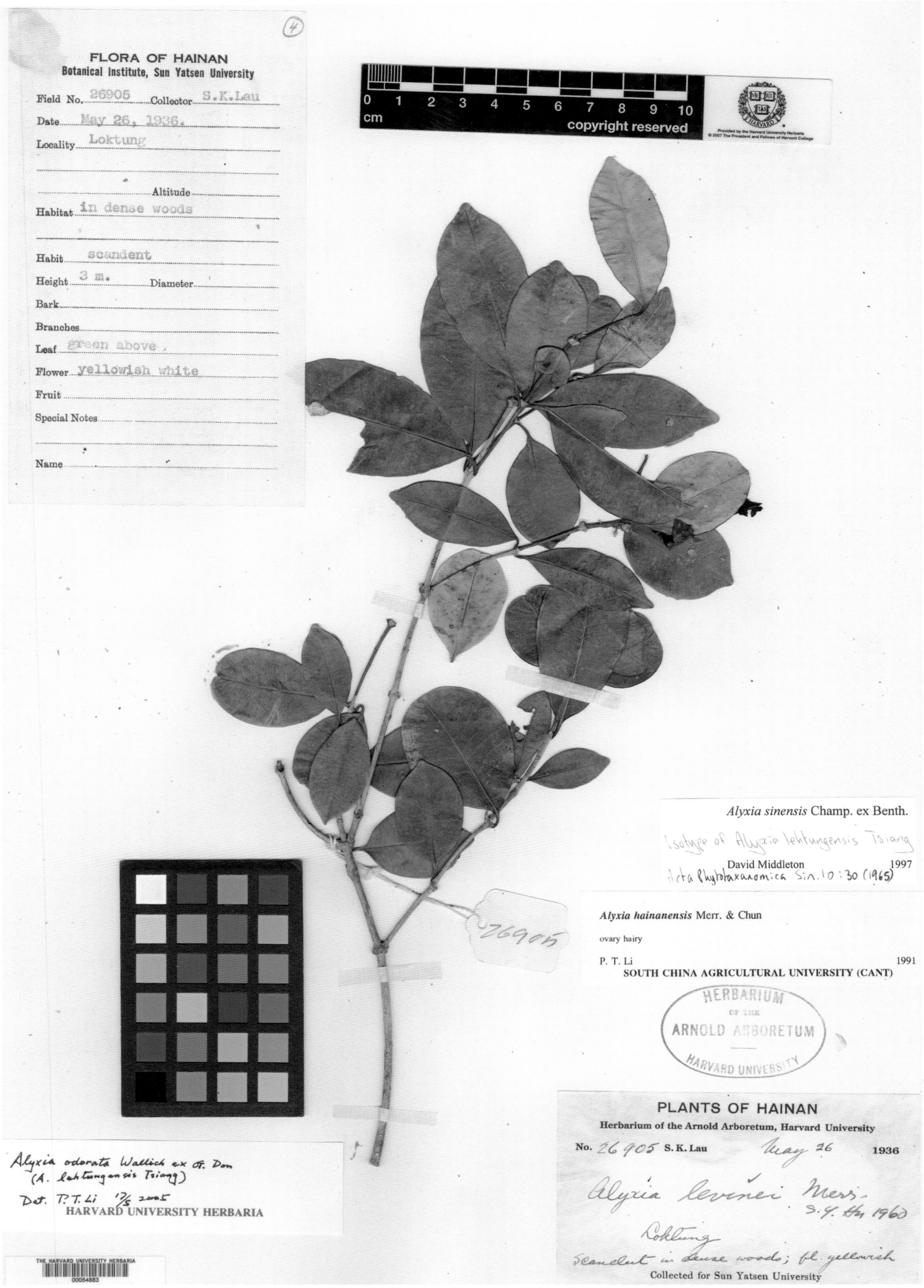

乐东念珠藤 *Alyxia lehtungensis* Tsiang in Acta Phytotax. Sin. 10: 30, pl. 7. 1965. **Isotype:** China. Hainan: Loktung (=Ledong), 1936-05-26, S. K. Lau 26905 (A).

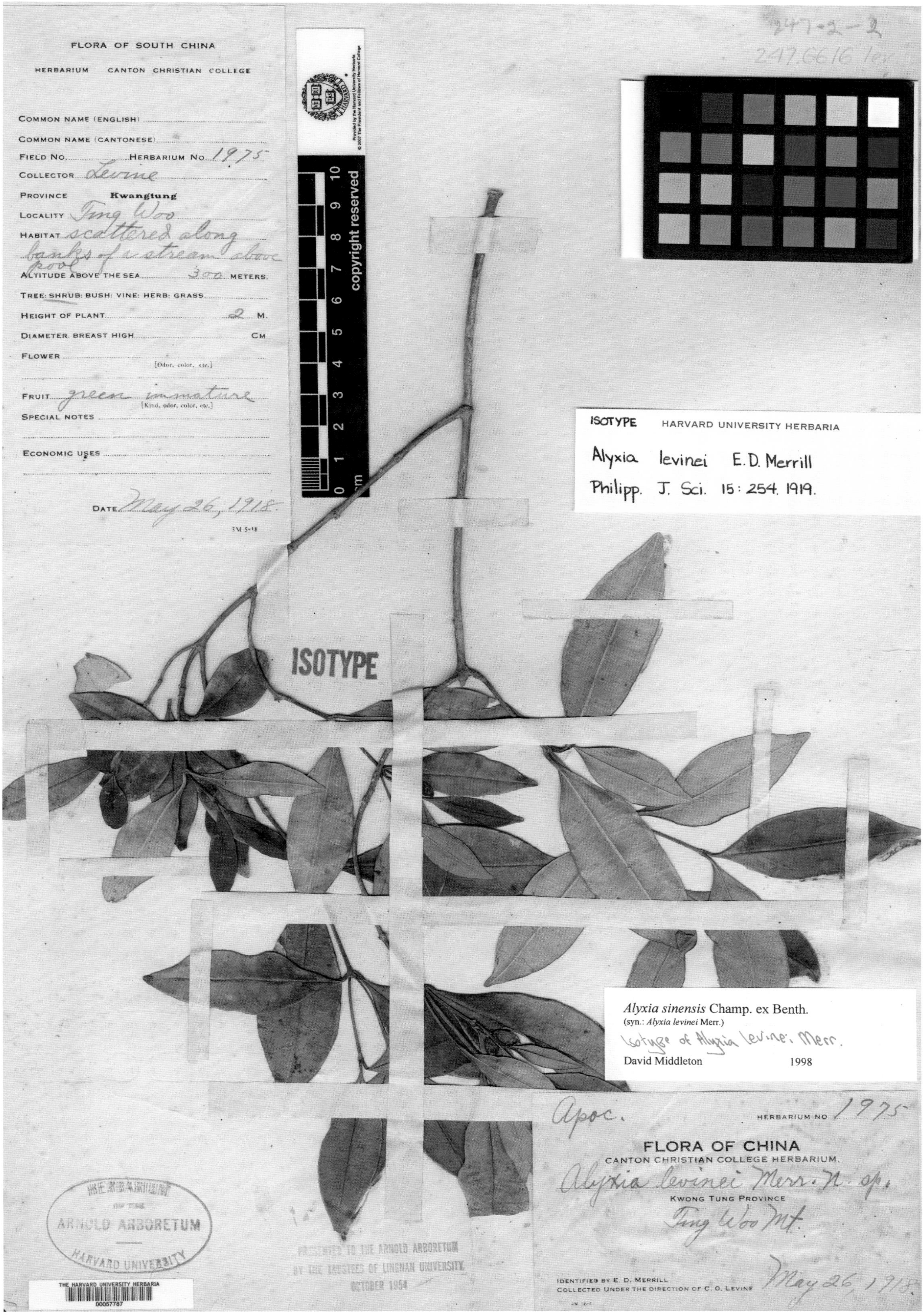

筋藤 ***Alyxia levinei*** Merr. in Philipp. J. Sci.15: 254. 1919. **Isotype:** China. Guangdong: Zhaoqing, Ting Woo (=Dinghu Shan), alt. 300 m, 1918-05-26, C. O. Levine 1975 (A).

勐龙链珠藤 ***Alyxia menglungensis*** Tsiang & P. T. Li in Acta Phytotax. Sin. 11: 364, pl. 44. 1973. **Isotype**: China. Yunnan: Che-li (=Jinghong), alt. 1 950 m, 1936-09-??, C. W. Wang 78269 (A).

长序链珠藤 ***Alyxia yunkuniana*** Tsiang in Sunyatsenia 2: 107, pl. 22. 1934. **Isosyntype**: China. Guangdong: Sun Yi (=Xinyi), 1931-07-17, S. P. Ko 51616 (A).

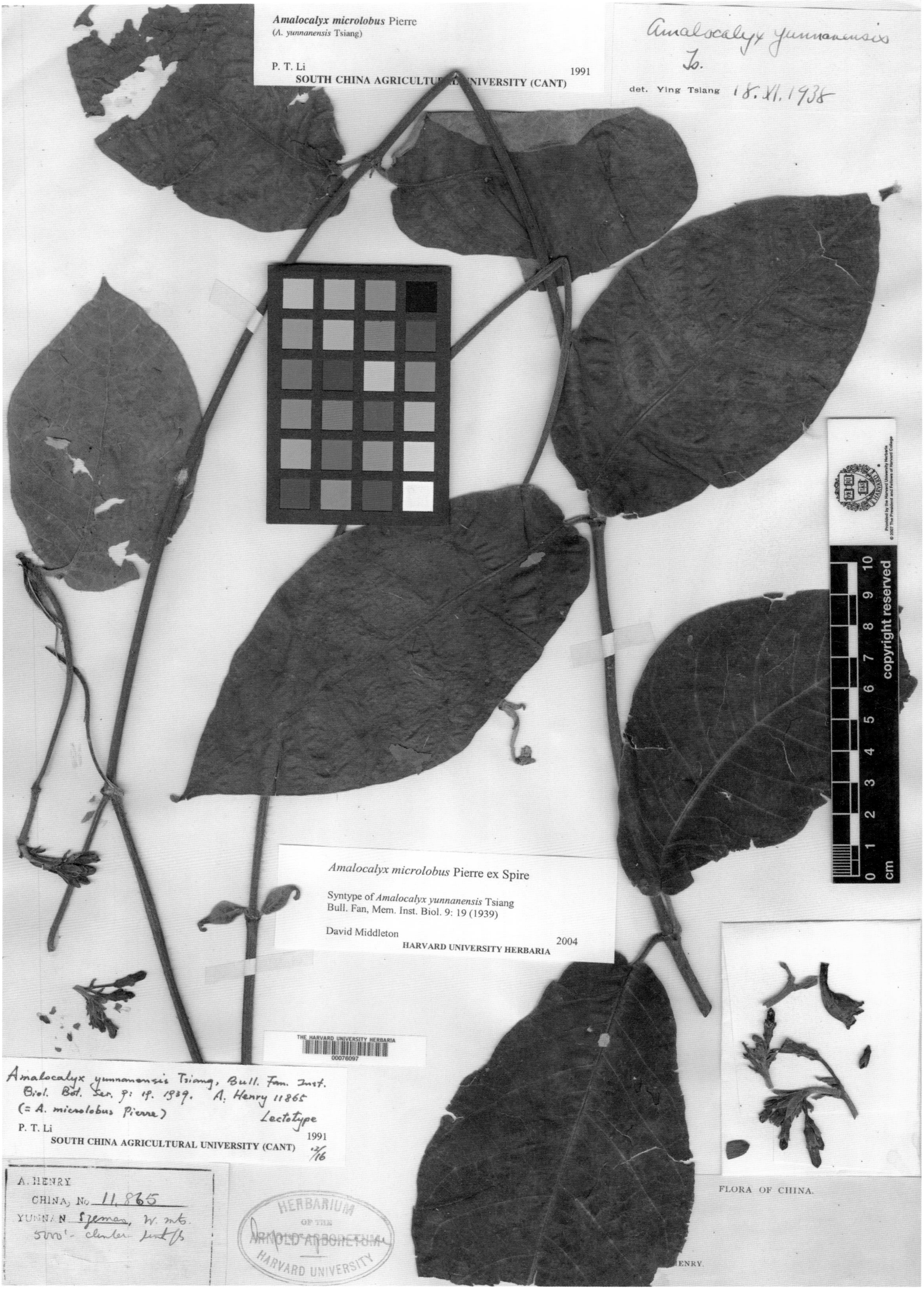
Amalocalyx microlobus Pierre
(A. yunnanensis Tsiang)
P. T. Li 1991
SOUTH CHINA AGRICULTURAL UNIVERSITY (CANT)
Amalocalyx yunnanensis Ts.
det. Ying Tsiang 18. XI. 1938
copyright reserved
cm 0 1 2 3 4 5 6 7 8 9 10
Amalocalyx microlobus Pierre ex Spire
Syntype of Amalocalyx yunnanensis Tsiang
Bull. Fan, Mem. Inst. Biol. 9: 19 (1939)
David Middleton 2004
HARVARD UNIVERSITY HERBARIA
THE HARVARD UNIVERSITY HERBARIA
00076097
Amalocalyx yunnanensis Tsiang, Bull. Fan. Inst. Biol. Bot. Ser. 9: 19. 1939. A. Henry 11865
(= A. microlobus Pierre)
Lectotype
P. T. Li 1991
SOUTH CHINA AGRICULTURAL UNIVERSITY (CANT)
A. HENRY
CHINA, No. 11,865
YUNNAN
HERBARIUM OF THE ARNOLD ARBORETUM HARVARD UNIVERSITY
FLORA OF CHINA.

毛车藤 ***Amalocalyx yunnanensis*** Tsiang in Bull. Fan Mem. Inst. Biol. Bot. 9: 19. 1939. **Syntype:** China.Yunnan: Simao, alt. 1 525 m, A. Henry 11865 (A).

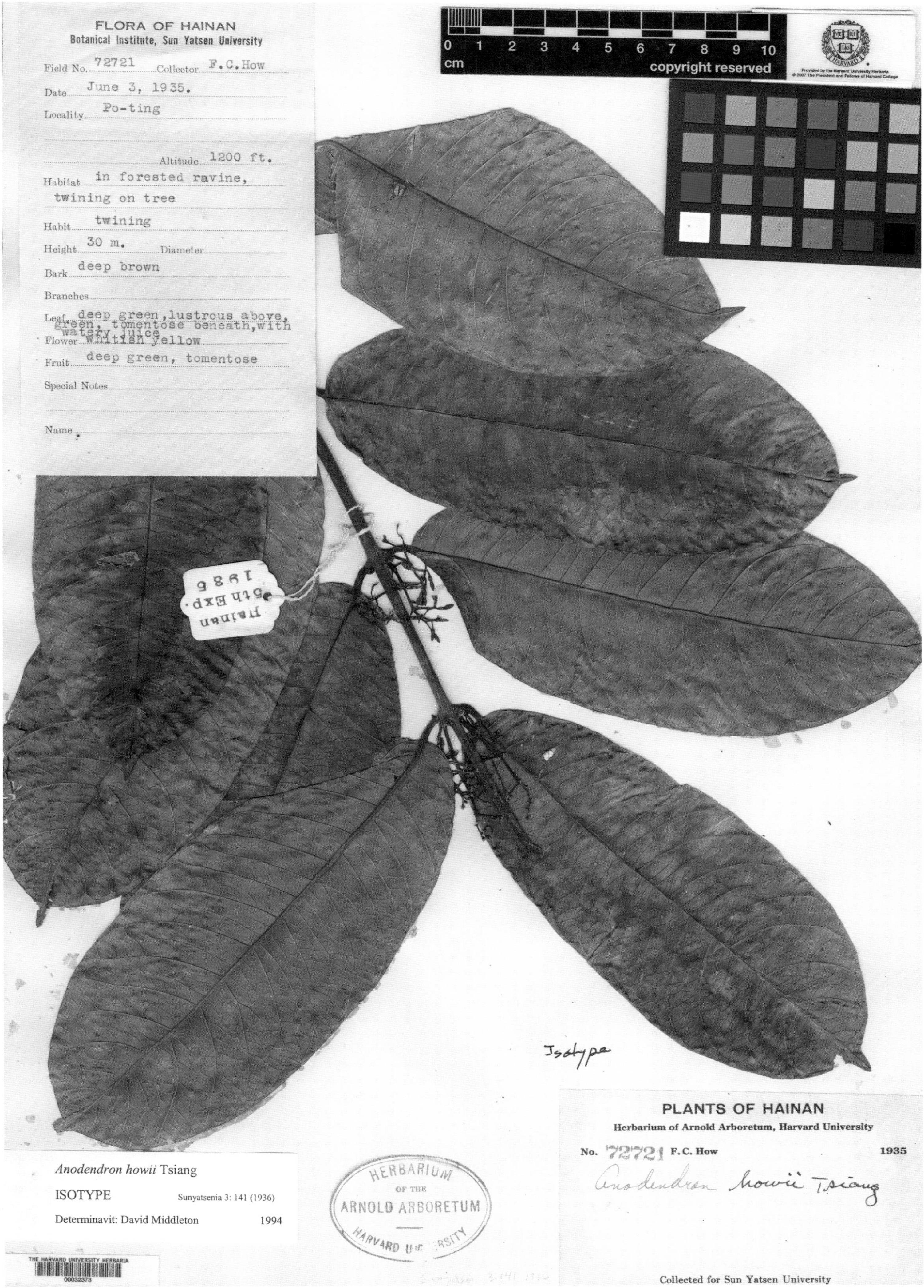
FLORA OF HAINAN
Botanical Institute, Sun Yatsen University
Field No. 72721 Collector F.C.How
Date June 3, 1935.
Locality Po-ting
Altitude 1200 ft.
Habitat in forested ravine, twining on tree
Habit twining
Height 30 m. Diameter
Bark deep brown
Branches
Leaf deep green, lustrous above, green, tomentose beneath, with watery juice
Flower whitish yellow
Fruit deep green, tomentose
Special Notes
Name
0 1 2 3 4 5 6 7 8 9 10
cm
copyright reserved
Isotype
PLANTS OF HAINAN
Herbarium of Arnold Arboretum, Harvard University
No. 72721 F.C. How 1935
Anodendron howii Tsiang
Collected for Sun Yatsen University
Anodendron howii Tsiang
ISOTYPE Sunyatsenia 3: 141 (1936)
Determinavit: David Middleton 1994
HERBARIUM OF THE ARNOLD ARBORETUM
THE HARVARD UNIVERSITY HERBARIA
00032373

保亭鳝藤 ***Anodendron howii*** Tsiang in Sunyatsenia 3: 141, pl. 15, f. 9. 1936. **Isotype**: China. Hainan: Po-ting (=Baoting), alt. 366 m, 1935-06-03, F. C. How 72721 (A).

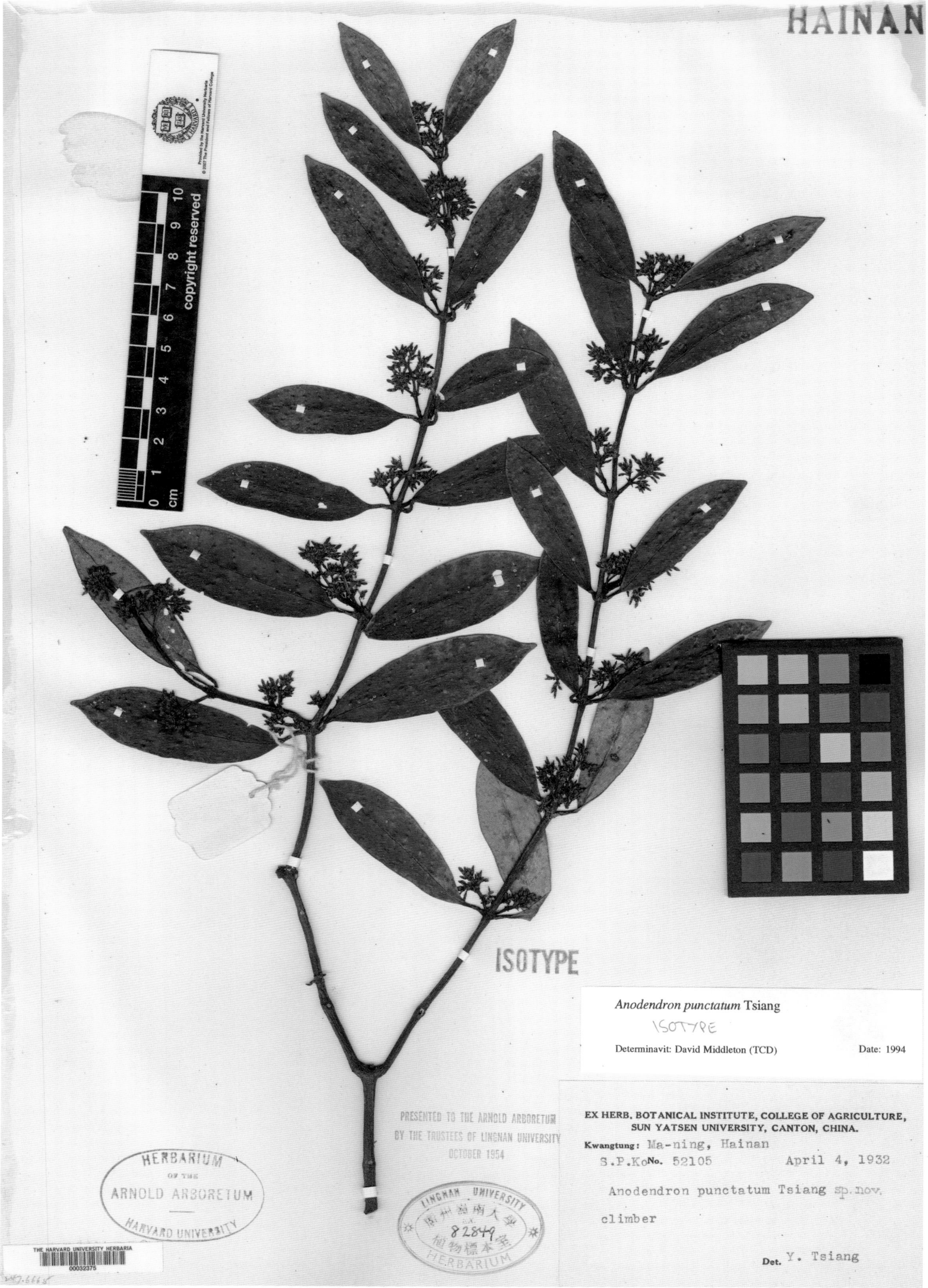

腺叶鳝藤 ***Anodendron punctatum*** Tsiang in Sunyatsenia 2: 129, pl. 27. 1934. **Isotype**: China. Hainan: Baoting, Tun Shan Lin, Manyun, 1932-04-04, S. P. Ko 52105 (A).

云南清明花 ***Beaumontia yunnanensis*** Tsiang & W. C. Chen in Acta Phytotax. Sin. 11: 380. 1973. **Isotype**: China. Yunnan: Lung-Ling (=Longling), alt. 1 700 m, 1934-03-21, H. T. Tsai 55535 (A).

云南假虎刺 ***Carissa yunnanensis*** Tsiang & P. T. Li in Acta Phytotax. Sin. 11: 348, pl. 36. 1973. **Isotype**: China. Yunnan: Heqing, 1939-04-27, K. M. Feng 850 (A).

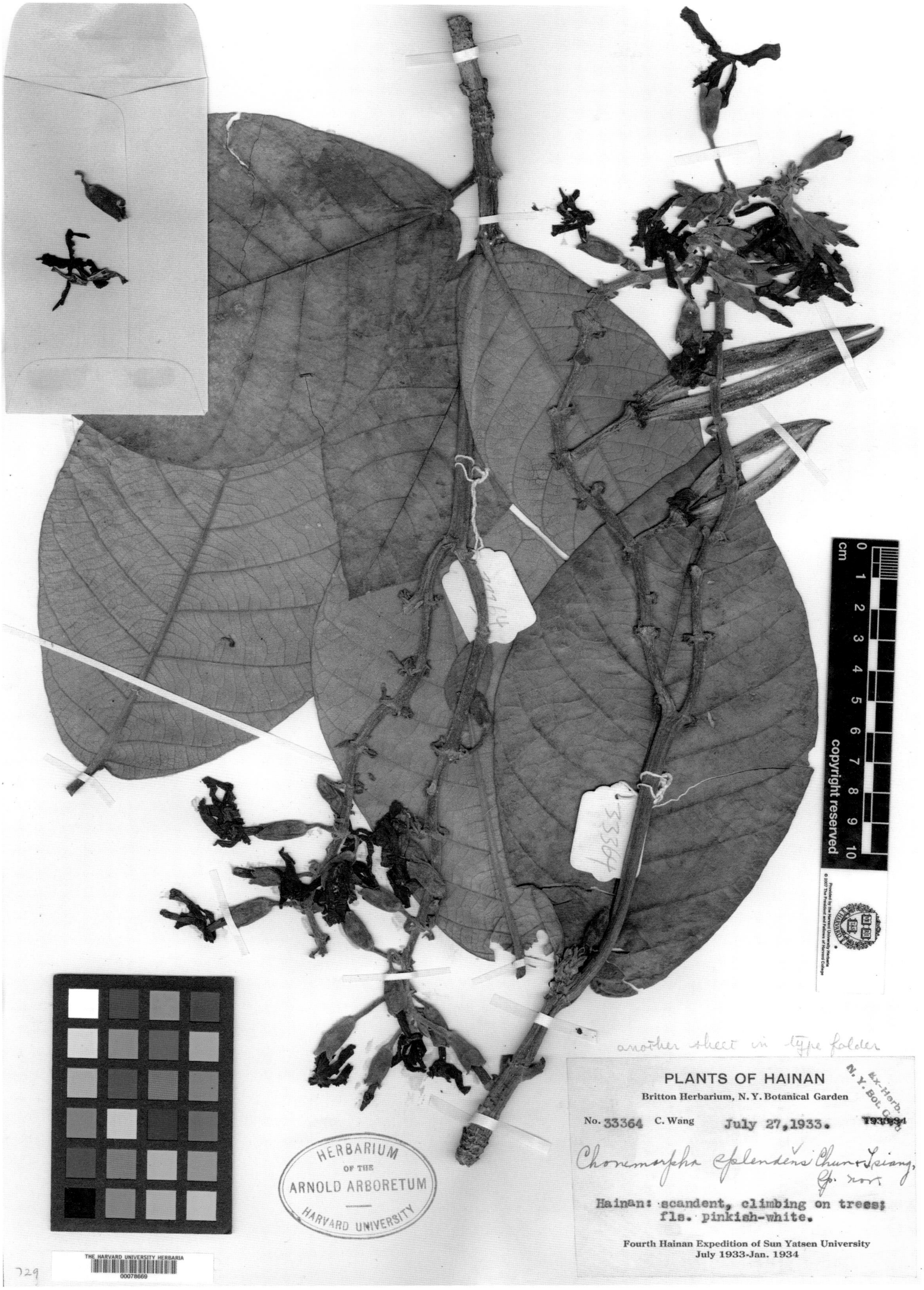

海南鹿角藤 ***Chonemorpha splendens*** Chun & Tsiang in Sunyatsenia 2: 157, pl. 30. 1934. **Isotype:** China. Hainan: Ngai Yuen (=Sanya), 1933-07-27, C. Wang 33364 (A).

乐东藤 ***Chunechites xylinabariopsoides*** Tsiang in Sunyatsenia 3: 306, pl. 36. 1937. **Isotype:** China. Hainan: Loktung (=Ledong), 1936-06-08, S. K. Lau 27035 (A).

Sindechites chinensis (Merr.) Markgr. & Tsiang
Lectotype of Epigynum chinense Merr.
Philipp. Journ. Sc. 23: 262 (1923)
David Middleton 2004
HARVARD UNIVERSITY HERBARIA
Epigynum chinense Merr. Isotype!
(= Sindechites chinensis (Merr.)
Markgraf & Tsiang
= Cleghornia chinensis (Merr.)
P. T. Li)
Rev.: Xu, Zhaoran
Herb.-SYS. 1988. 2.
C. C. C. No. 9710
HAINAN PLANTS
FROM THE CANTON CHRISTIAN COLLEGE HERBARIUM
CANTON, CHINA
APOCYNACEAE
247.6682—EPIGYNUM CHINENSE SP. NOV.
in PHILIP. JOURN. SCI. 23 (1923) 262.
Hainan, Yik Tsok Mau (海南.亦作茂), 9710, May 18, 1922 and Five Finger Mt., (五指嶺), 8616, Dec. 21, 1921; on tree in wooded ravine ht., 3-4 m.; fls., white.
Collector F. A. McClure
Identified by E. D. Merrill
HERBARIUM OF THE ARNOLD ARBORETUM HARVARD UNIVERSITY
copyright reserved
cm
THE HARVARD UNIVERSITY HERBARIA
00051685

垠藤 ***Epigynum chinense*** Merr. in Philipp. J. Sci. 23: 262. 1923. **Isotype**: China. Hainan: Yik Tsok Mau, 1922-05-18, F. A. McClure 9710 (A).

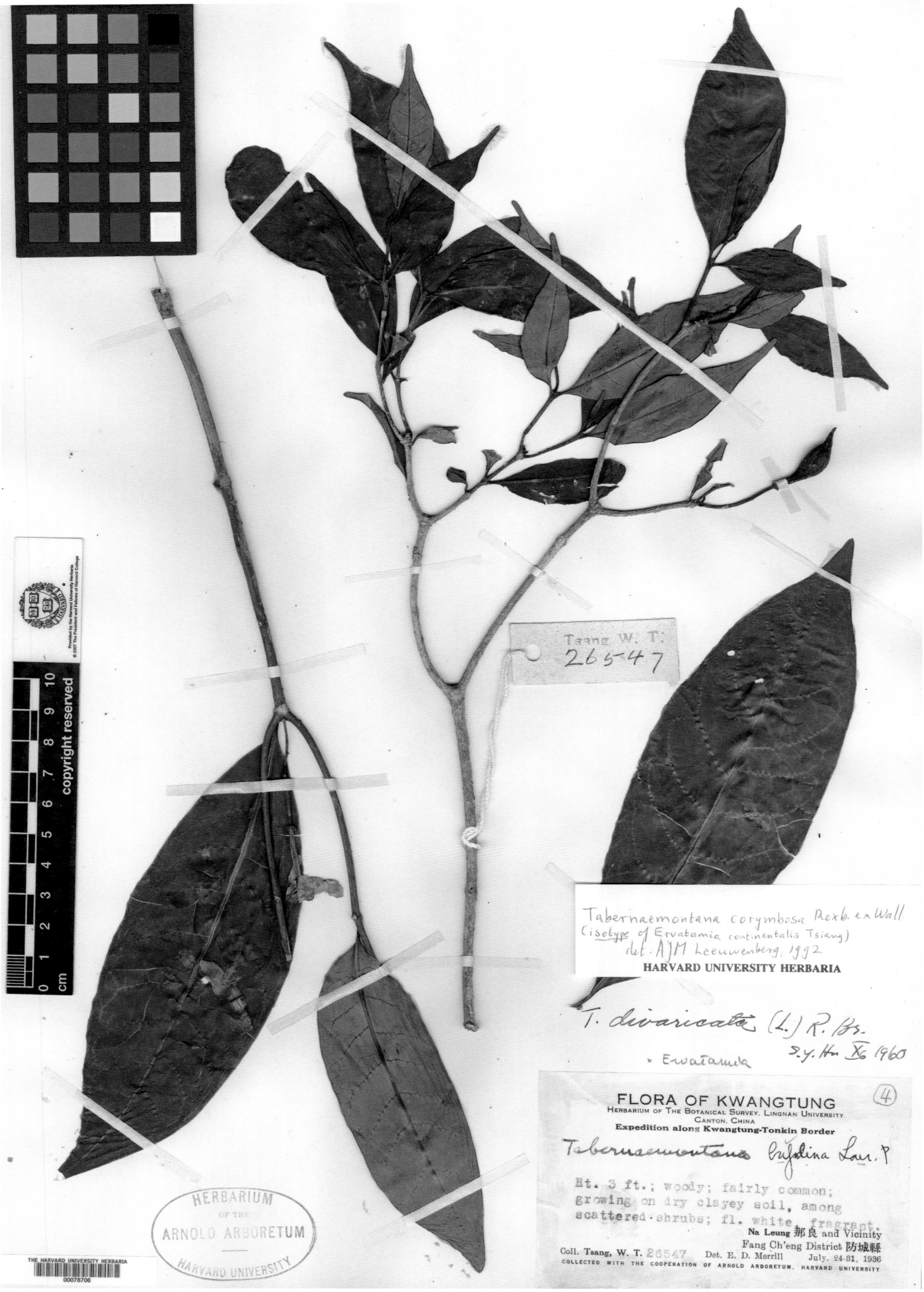

大陆狗牙花 ***Ervatamia continentalis*** Tsiang in Acta Phytotax. Sin. 8: 243, pl. 30, f. 2. 1963. **Isotype:** China. Guangxi: Fangcheng, 1936-07-(24-31), W. T. Tsang 26547 (A).

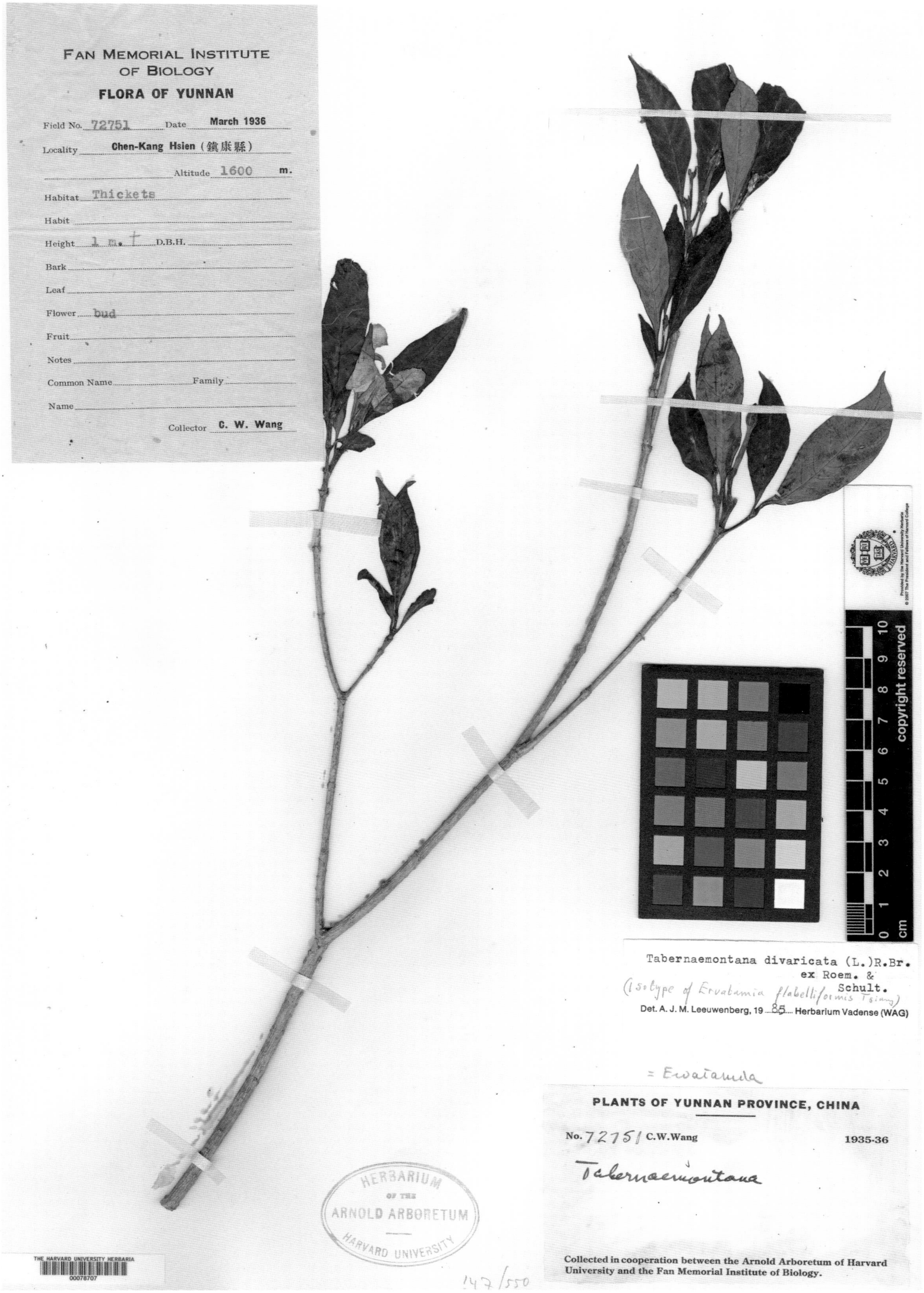

扇形狗牙花 ***Ervatamia flabelliformis*** Tsiang in Acta Phytotax. Sin. 8: 248, pl. 32, f. 2. 1963. **Isotype:** China.Yunnan: Zhenkang, alt. 1 600 m, 1936-03-??, C. W. Wang 72751 (A).

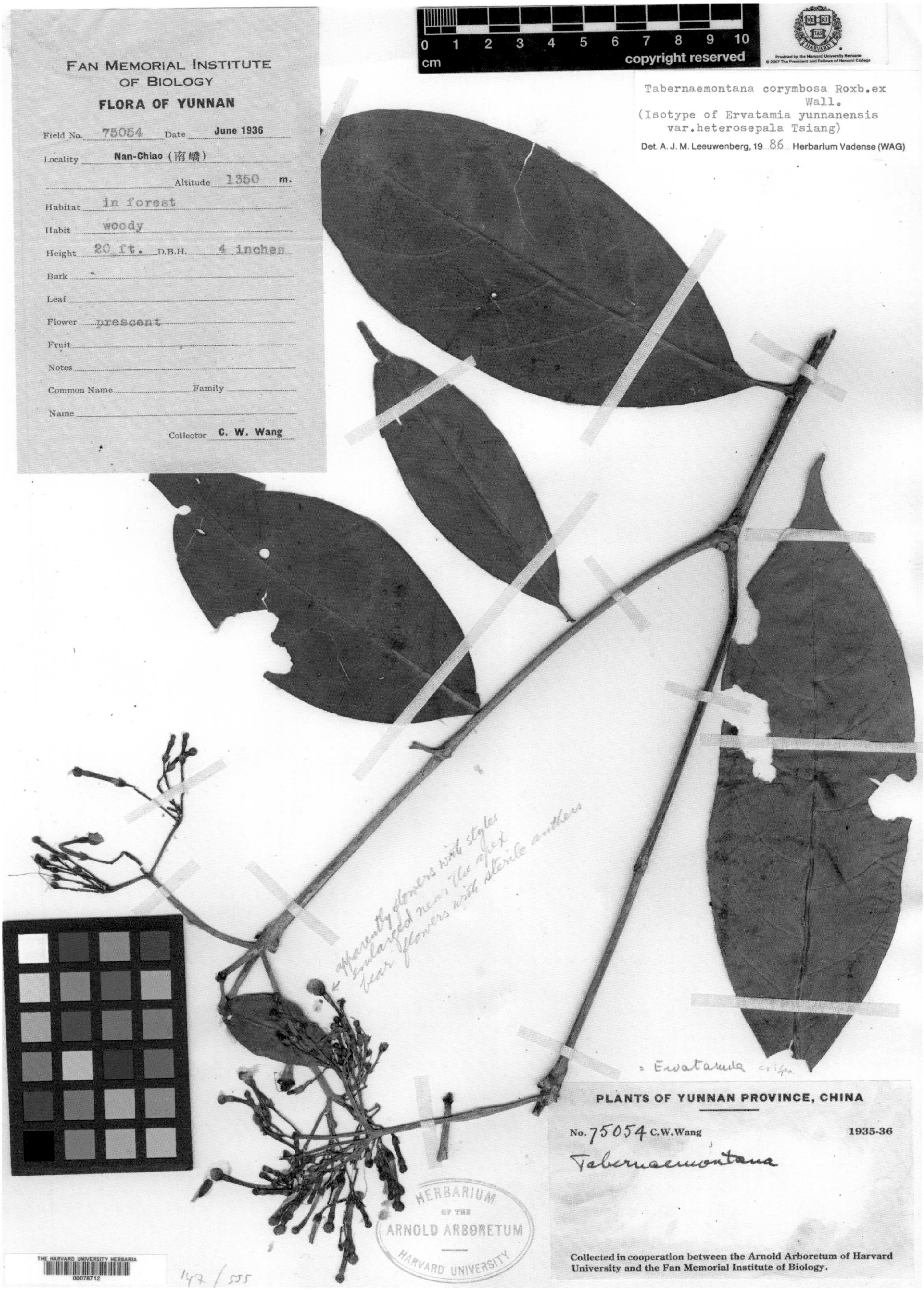

异萼云南狗牙花 ***Ervatamia yunnanensis*** Tsiang var. ***heterosepala*** Tsiang in Acta Phytotax. Sin. 8: 242. 1963. **Isotype:** China.Yunnan: Nan-Chiao (=Menghai), alt. 1 350 m, 1936-06-??, C. W. Wang 75054 (A).

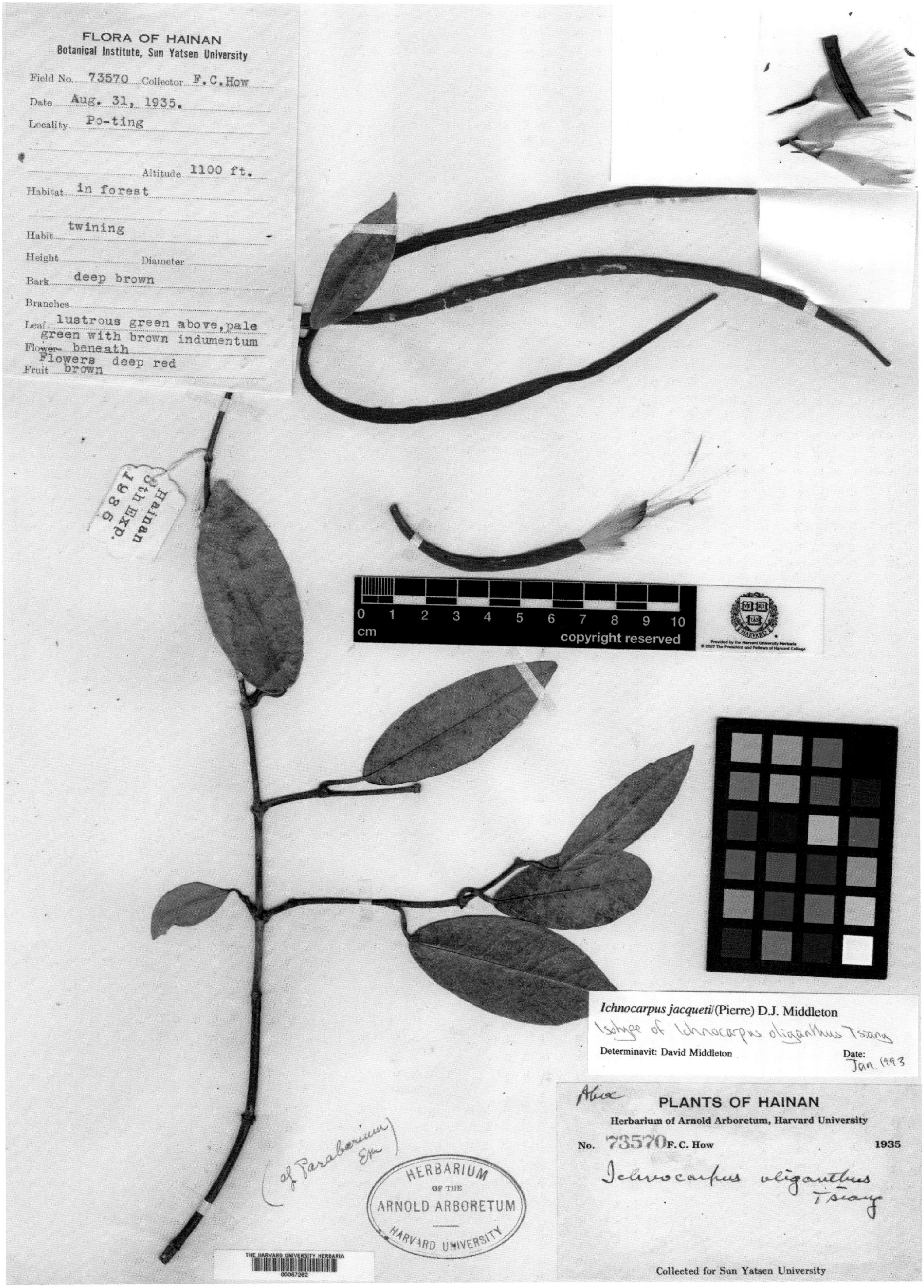

少花腰骨藤 ***Ichnocarpus oliganthus*** Tsiang in Sunyatsenia 3: 156, pl. 17, f. 10. 1936. **Isotype:** China. Hainan: Po-ting (=Baoting), alt. 336 m, 1935-08-31, F. C. How 73570 (A).

海南蕊木 *Kopsia hainanensis* Tsiang in Sunyatsenia 2: 111, pl. 23. 1934.**Isosyntype:** China. Hainan: Yaichow (=Sanya), alt. 470 m, 1933-04-08, F. C. How 70532 (A).

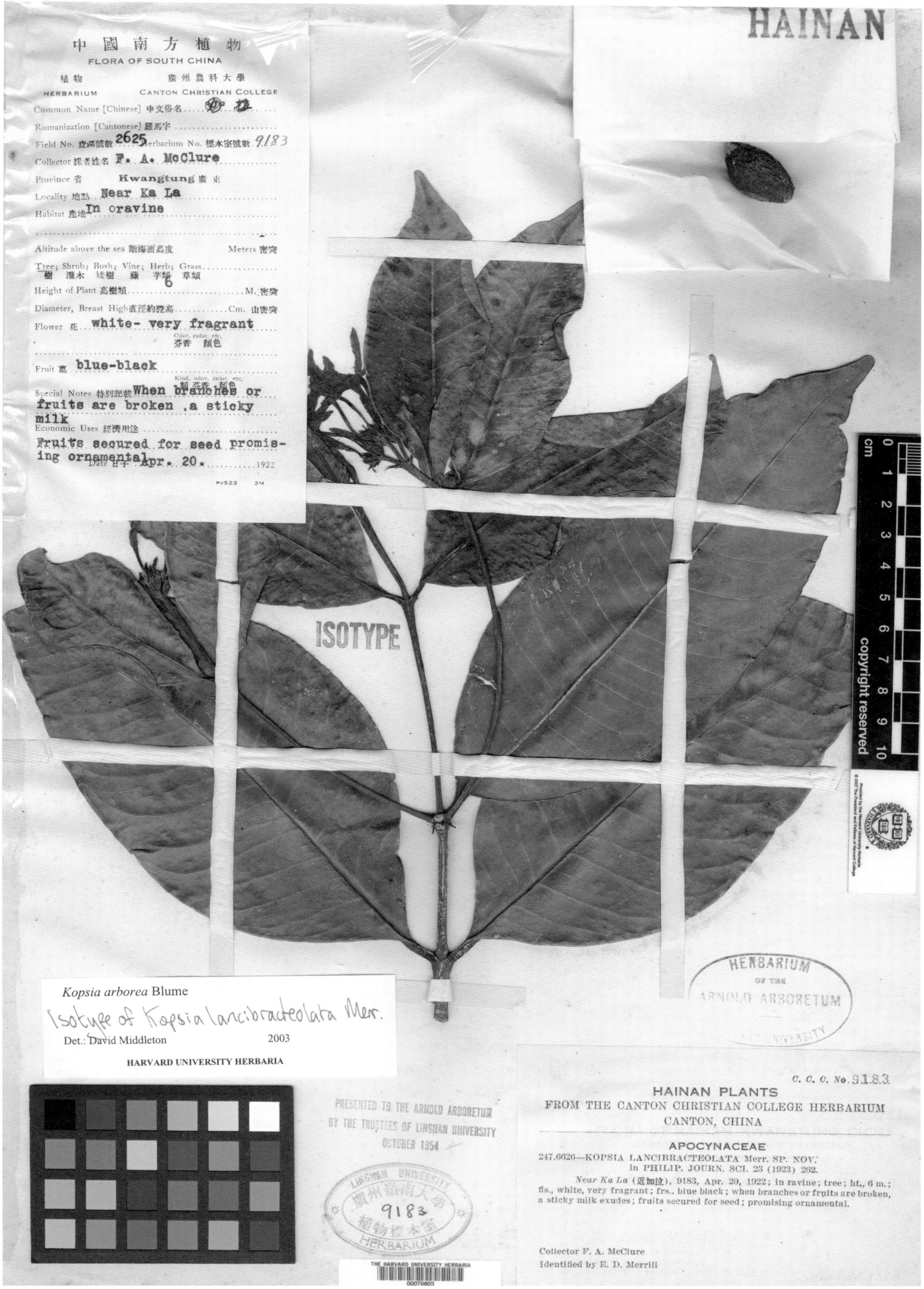

蕊木 ***Kopsia lancibracteolata*** Merr. in Philipp. J. Sci. 23: 262. 1923. **Isotype:** China. Hainan: Ka La, 1922-04-20, F. A. McClure 2625 (=Canton Christian College 9183) (A).

锈毛络石 ***Melodinus dunnii*** Lévl. in Fedde, Repert. Sp. Nov. 9: 453. 1911. **Isotype:** China. Guizhou: Guiyang, J. Cavalerie 8 (A).

食用山橙 ***Melodinus edulis*** Lévl. in Fedde, Repert. Sp. Nov. 11: 549. 1913. **Isotype:** China. Guizhou: Gan-Chouen (=Anshun), 1910-07-??, J. Cavalerie 3802 (A).

cm 0 1 2 3 4 5 6 7 8 9 10
copyright reserved
Melodinus fusiformis Champ.ex Benth.
(lectotype of M.hemsleyanus Diels)
Det. A.J.M. Leeuwenberg, 2000
Herbarium Vadense (WAG)
Isotype
Museum botanicum Christianiense. Plantæ chinenses in prov. Setchuen ab incolis collectæ, a C. Bock et A. v. Rosthorn communicatæ.
№ 511
Melodinus Hemsleyanus Diels
HERBARIUM OF THE ARNOLD ARBORETUM HARVARD UNIVERSITY
THE HARVARD UNIVERSITY HERBARIA
00054919

川山橙 ***Melodinus hemsleyanus*** Diels in Engler, Bot. Jahrb. Syst. 29: 539. 1900. **Isosyntype:** China. Chongqing: Nanchuan, C. Bock & A. v. Rosthorn 511 (A).

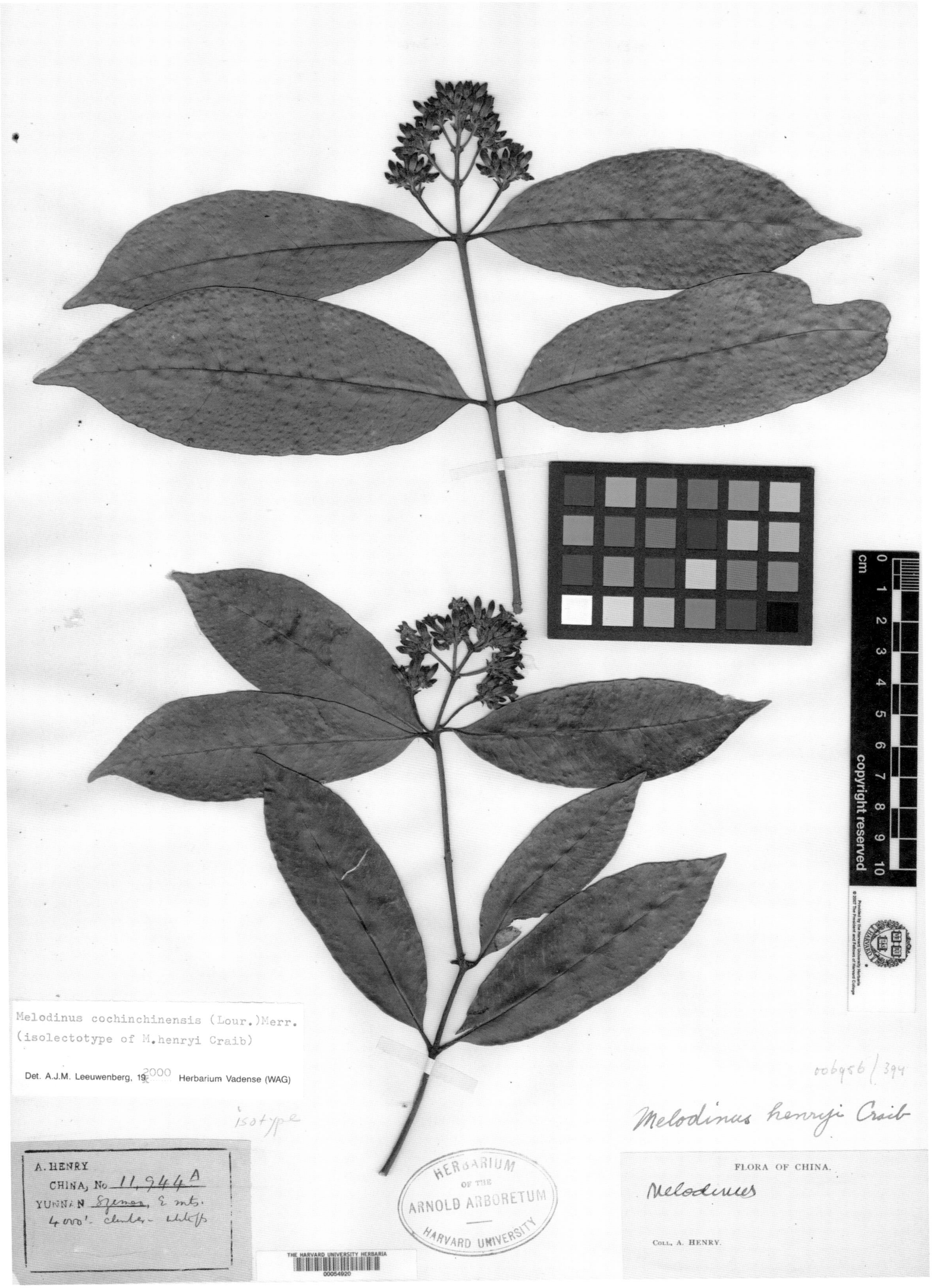

思茅山橙 ***Melodinus henryi*** Craib in Bull. Mis. Inf. Kew 1911(10): 411. 1911. **Isosyntype:** China.Yunnan: Simao, alt. 1 220 m, A. Henry 11944 A (A).

龙州山橙 ***Melodinus morsei*** Tsiang in Sunyatsenia 62: 110, pl. 19. 1941. **Isotype**: China. Guangxi: Lungchow (=Longzhou), 1901-??-??, H. B. Morse 171 (A).

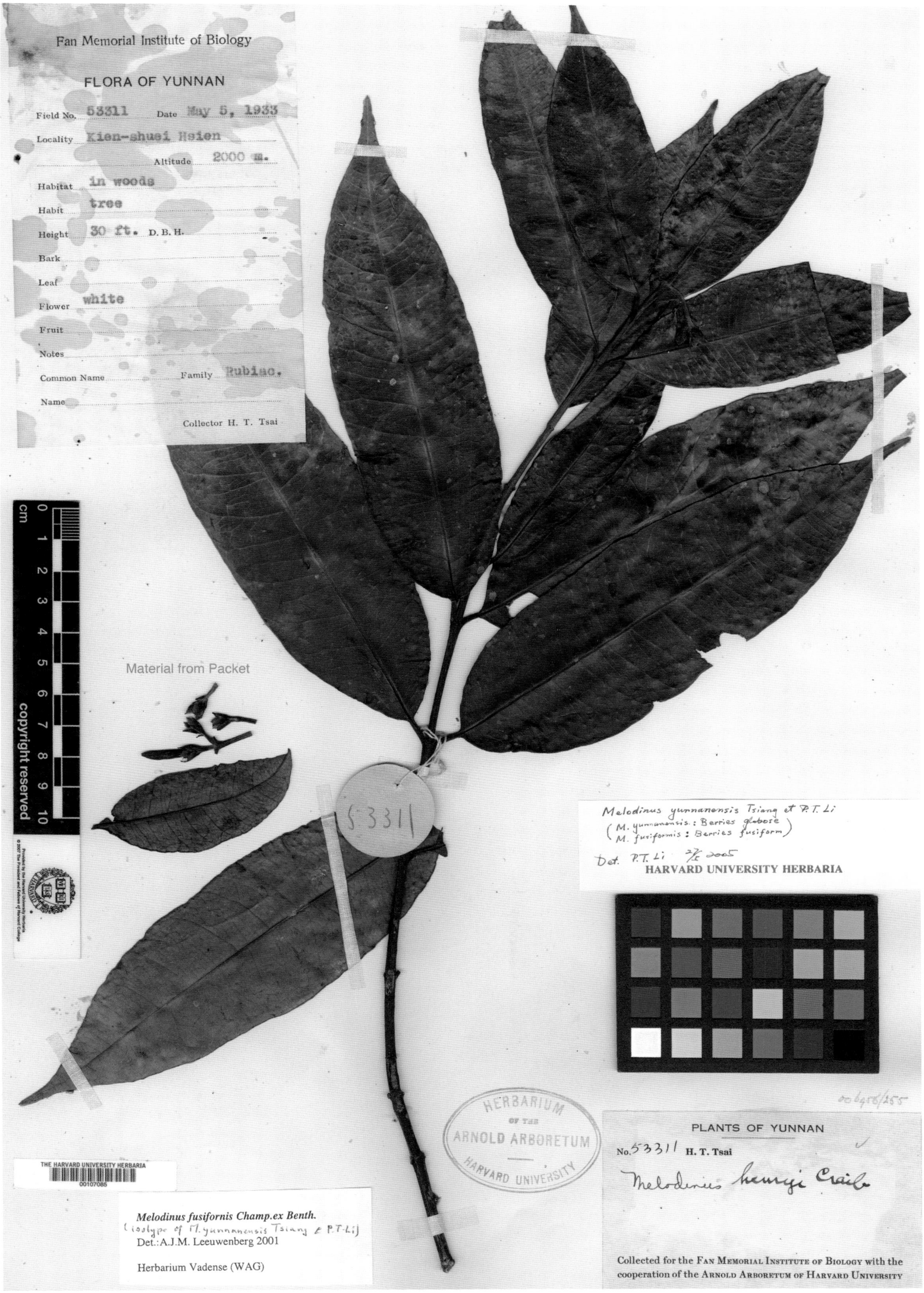

云南山橙 ***Melodinus yunnanensis*** Tsiang & P. T. Li in Acta Phytotax. Sin. 11: 355, pl. 39. 1973. **Isotype**: China. Yunnan: Jianshui, alt. 2 000 m, 1933-05-05, H. T. Tsai 53311 (A).

平脉藤 ***Micrechites formicina*** Tsiang & P. T. Li in Acta Phytotax. Sin. 11: 385, pl. 50. 1973. **Isotype**: China. Yunnan: Nan-Chiao (=Menghai), alt. 1 180 m, 1936-07-??, C. W. Wang 73452 (A).

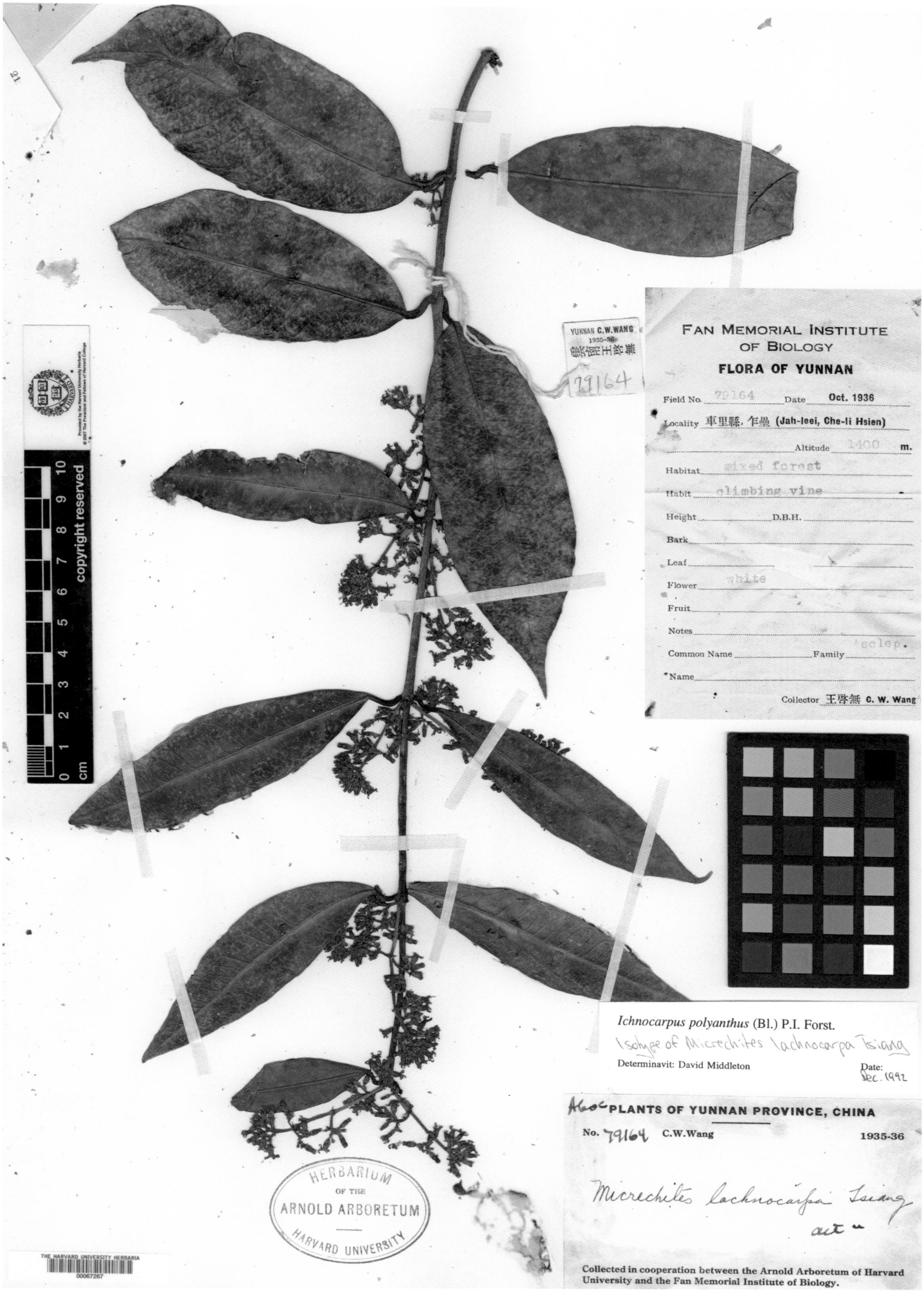

毛果小花藤 ***Micrechites lachnocarpa*** Tsiang in Bull. Fan Mem. Inst. Biol. Bot. Ser. 9: 22. 1939. **Isotype**: China. Yunnan: Che-li (=Jinghong), alt. 1 400 m, 1936-10-??, C. W. Wang 79164 (A).

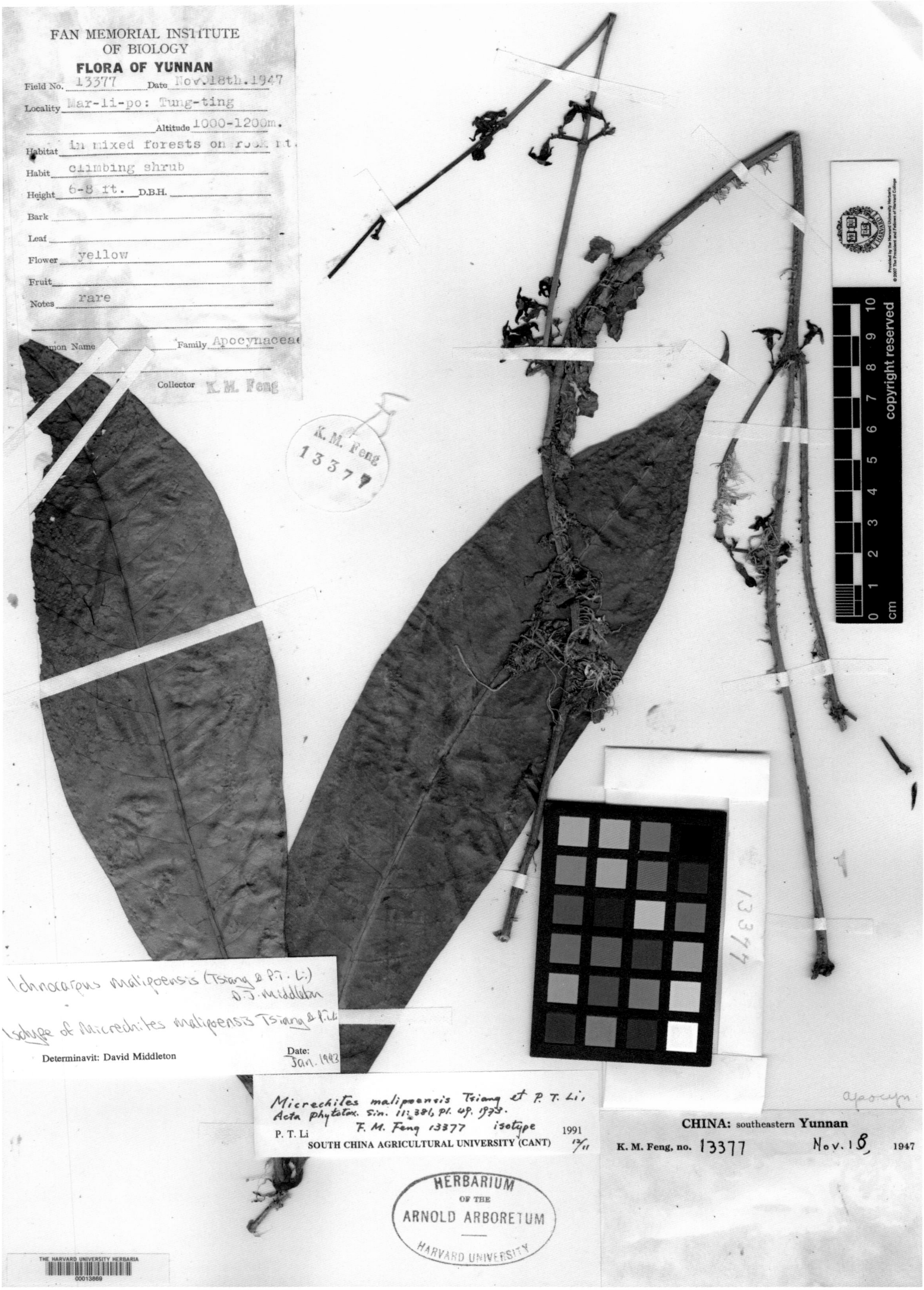

麻栗坡小花藤 ***Micrechites malipoensis*** Tsiang & P. T. Li in Acta Phytotax. Sin. 11: 381, pl. 49. 1973. **Isotype**: China. Yunnan: Malipo, alt. 1 000~1 200 m, 1947-11-18, K. M. Feng 13377 (A).

上思小花藤 ***Micrechites rehderiana*** Tsiang in Bull. Fan Mem. Inst. Biol. Bot. 9: 23. 1939. **Isotype:** China. Guangxi: Shangsi, Shiwan Dashan, 1933-06-(02-07), W. T. Tsang 22409 (A).

红杜仲藤 ***Parabarium chunianum*** Tsiang in Sunyatsenia 2: 119, pl. 24. 1934. **Isosyntype**: China. Guangdong: Sup-man-ta Shan, 1933-08-03, C. L. Tso 23547 (A).

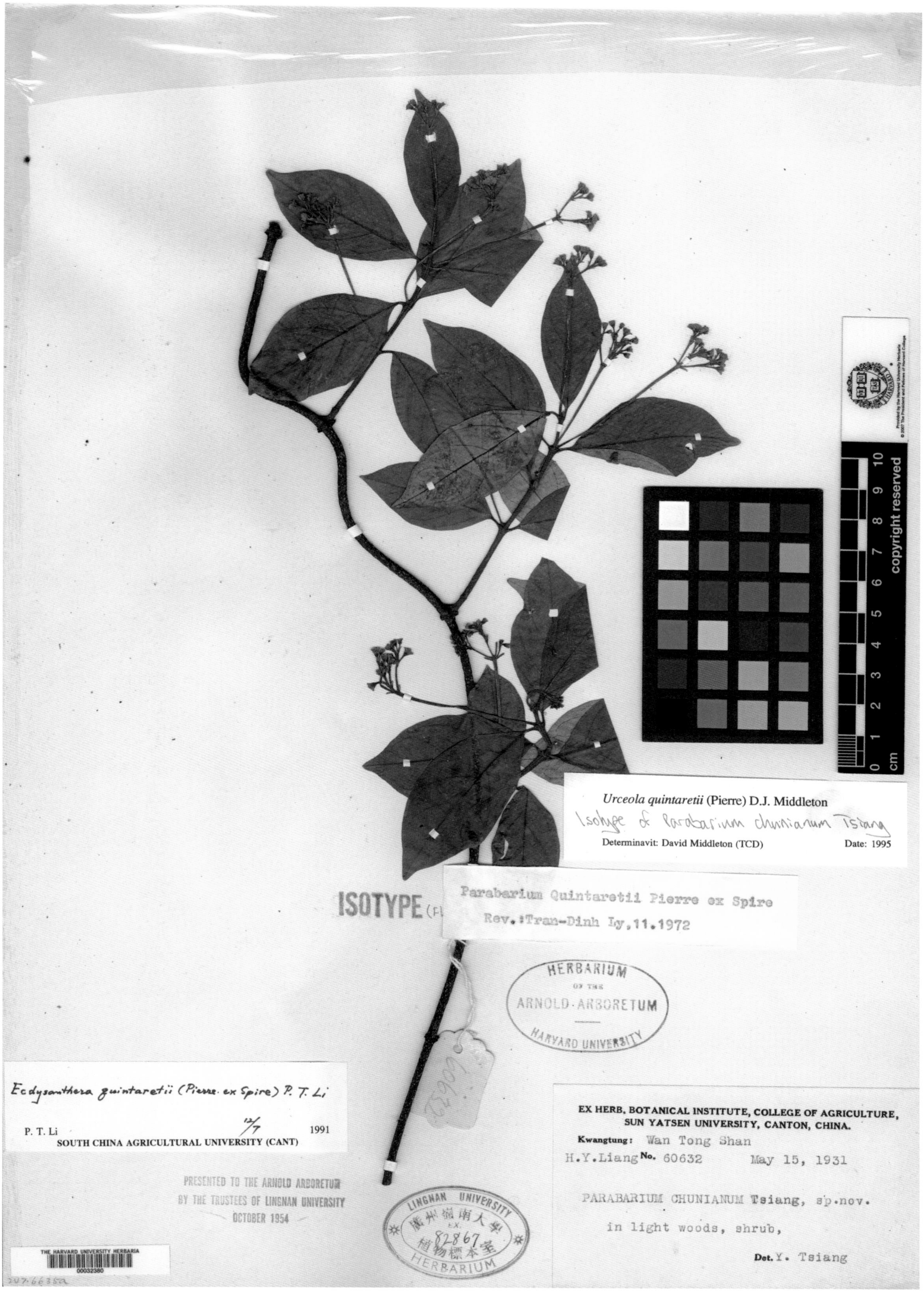

红杜仲藤 ***Parabarium chunianum*** Tsiang in Sunyatsenia 2: 119, pl. 24. 1934. **Isosyntype:** China. Guangdong: Yingde, Wan Tong Shan (= Wentang Shan), 1931-05-15, H. Y. Liang 60632 (A).

HAINAN
copyright reserved
cm
ISOTYPE
Urceola quintaretii (Pierre) D.J. Middleton
Isotype of Parabarium hainanense Tsiang
Determinavit: David Middleton (TCD) Date: 1995
Ecdysanthera quintaretii (Pierre ex Spire) P. T. Li
(Parabarium hainanense Tsiang)
P. T. Li 12/7 1991
SOUTH CHINA AGRICULTURAL UNIVERSITY (CANT)
PRESENTED TO THE ARNOLD ARBORETUM
BY THE TRUSTEES OF LINGNAN UNIVERSITY
OCTOBER 1954
EX HERB, BOTANICAL INSTITUTE, COLLEGE OF AGRICULTURE,
SUN YATSEN UNIVERSITY, CANTON, CHINA.
Kwangtung: Dung Ka, Hainan
Chun & Tso No. 43733 Aug. 27, 1932
PARABARIUM HAINANENSE Tsiang, sp.nov.
climbing on tree, in forest, woody climber
Det. Y.Tsiang
HERBARIUM OF THE ARNOLD ARBORETUM HARVARD UNIVERSITY
LINGNAN UNIVERSITY 廣州嶺南大學 EX. 82791 植物標本室 HERBARIUM
THE HARVARD UNIVERSITY HERBARIA
00032381

海南杜仲藤 ***Parabarium hainanensis*** Tsiang in Sunyatsenia 2: 123, f. 7. 1934. **Isotype:** China. Hainan: Lingshui, Dung Ka, 1932-08-27, N. K. Chun & C. L. Tso 43733 (A).

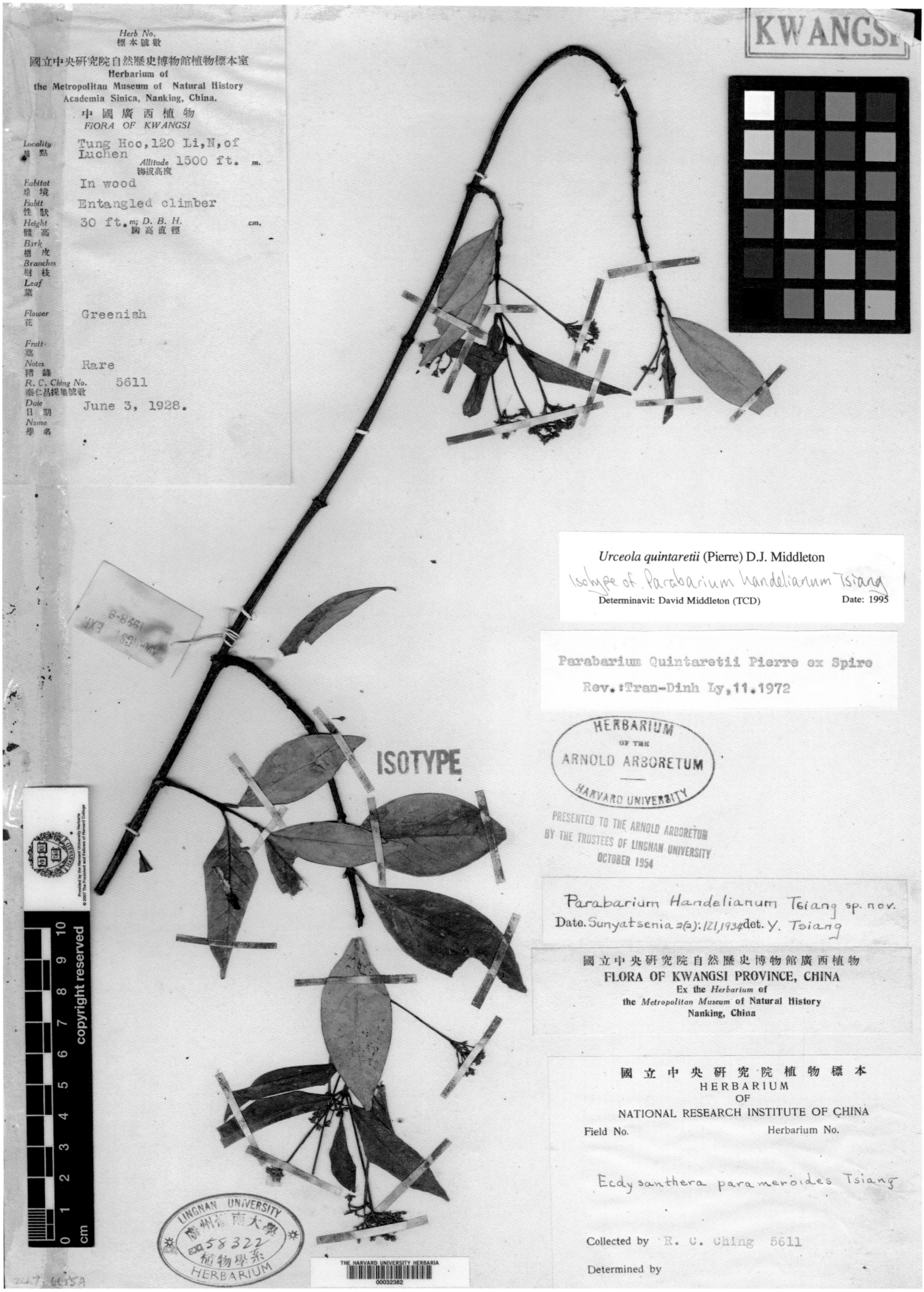

罗城杜仲藤 ***Parabarium handelianum*** Tsiang in Sunyatsenia 2: 121, pl. 25. 1934. **Isotype**: China. Guangxi: Luchen (=Luocheng), alt. 458 m, 1928-06-03, R. C. Ching 5611 (A).

附生藤 ***Parechites adnascens*** Hance in J. Bot. 6: 299. 1868. **Isotype:** China. Fujian: Amoy (=Xiamen), 1866-05-??, T. Sampson s. n. (=Herb. H. F. Hance 11071) (GH).

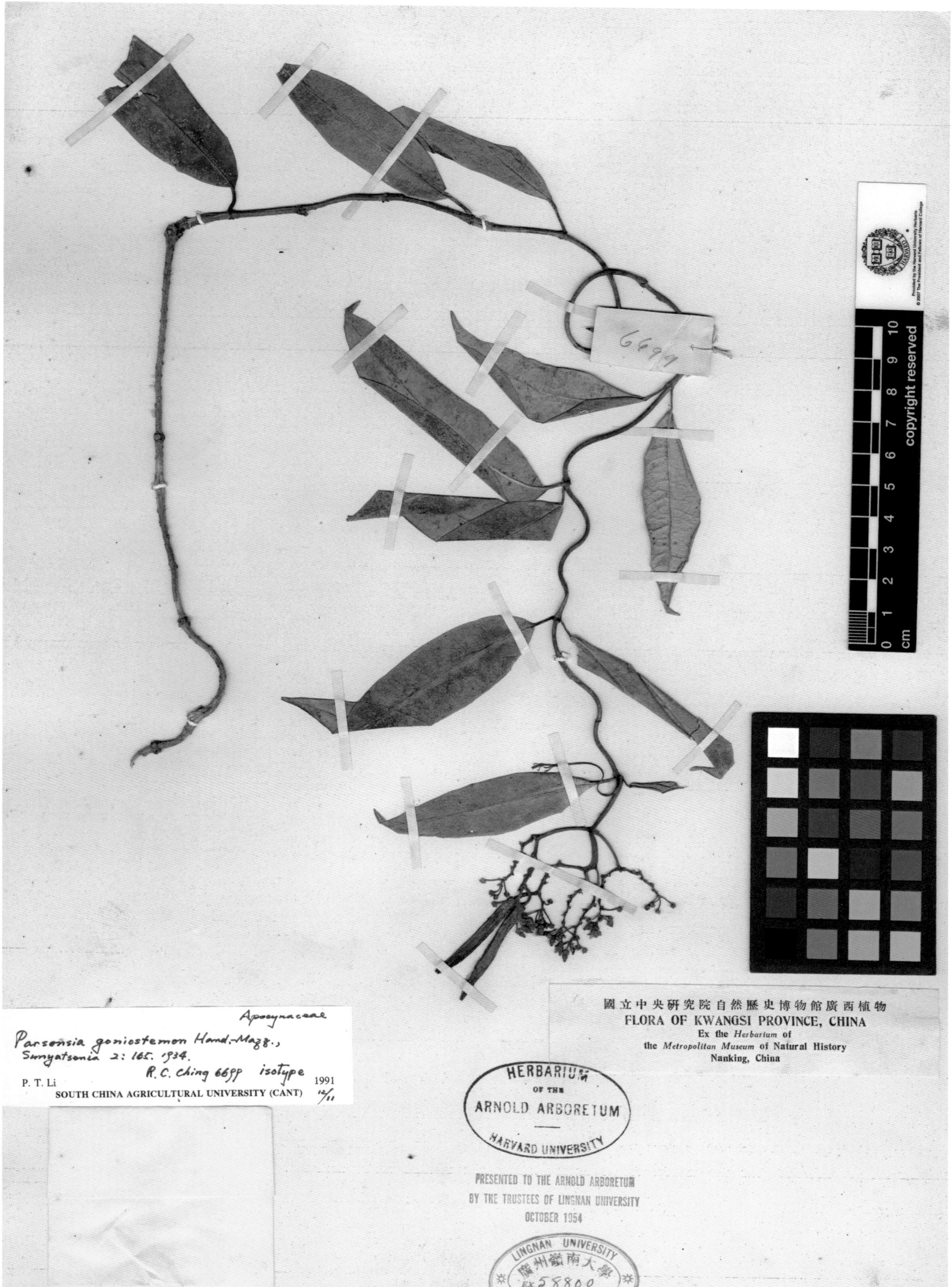

广西同心结 ***Parsonsia goniostemon*** Hand.-Mazz. in Sunyatsenia 2: 165, pl. 31. 1934. **Isosyntype**: China. Guangxi: Lingyun, alt. 730 m, 1928-08-05, R. C. Ching 6699 (A).

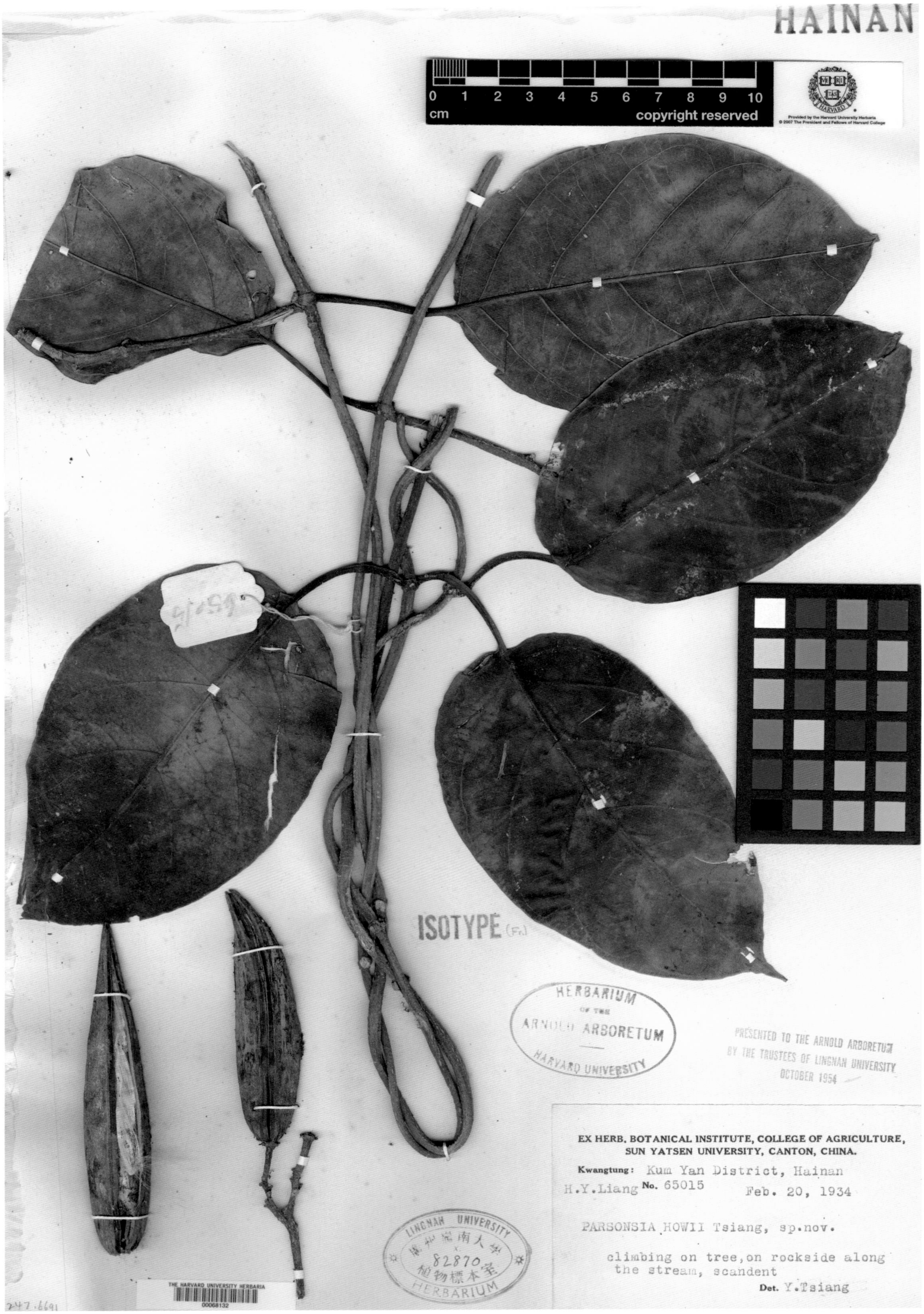

海南同心结 ***Parsonsia howii*** Tsiang in Sunyatsenia 2: 167, pl. 32. 1934. **Isosyntype:** China. Hainan: Kum Yan District, 1934-02-20, H. Y. Liang 65015 (A).

海南同心结 ***Parsonsia howii*** Tsiang in Sunyatsenia 2: 167, pl. 32. 1934. **Isosyntype:** China. Hainan: Yaichow (=Sanya), 1933-07-26, F. C. How 71110 (A).

大花帘子藤 ***Pottsia grandiflora*** Markgr. in Notizbl. Bot. Gart. Mus. Berlin. 9: 1 029. 1926. **Isotype**: China. Jiangxi: Dingnan, alt. 732 m, 1921-06-05, H. H. Hu 1067 (A).

毛药藤 ***Sindechites henryi*** Oliv. in Hook. Icon. Pl. 18(3): pl. 1 772. 1888. **Isotype**: China. Hubei: Yichang, (1885-1888)-??-??, A. Henry 3636 (GH).

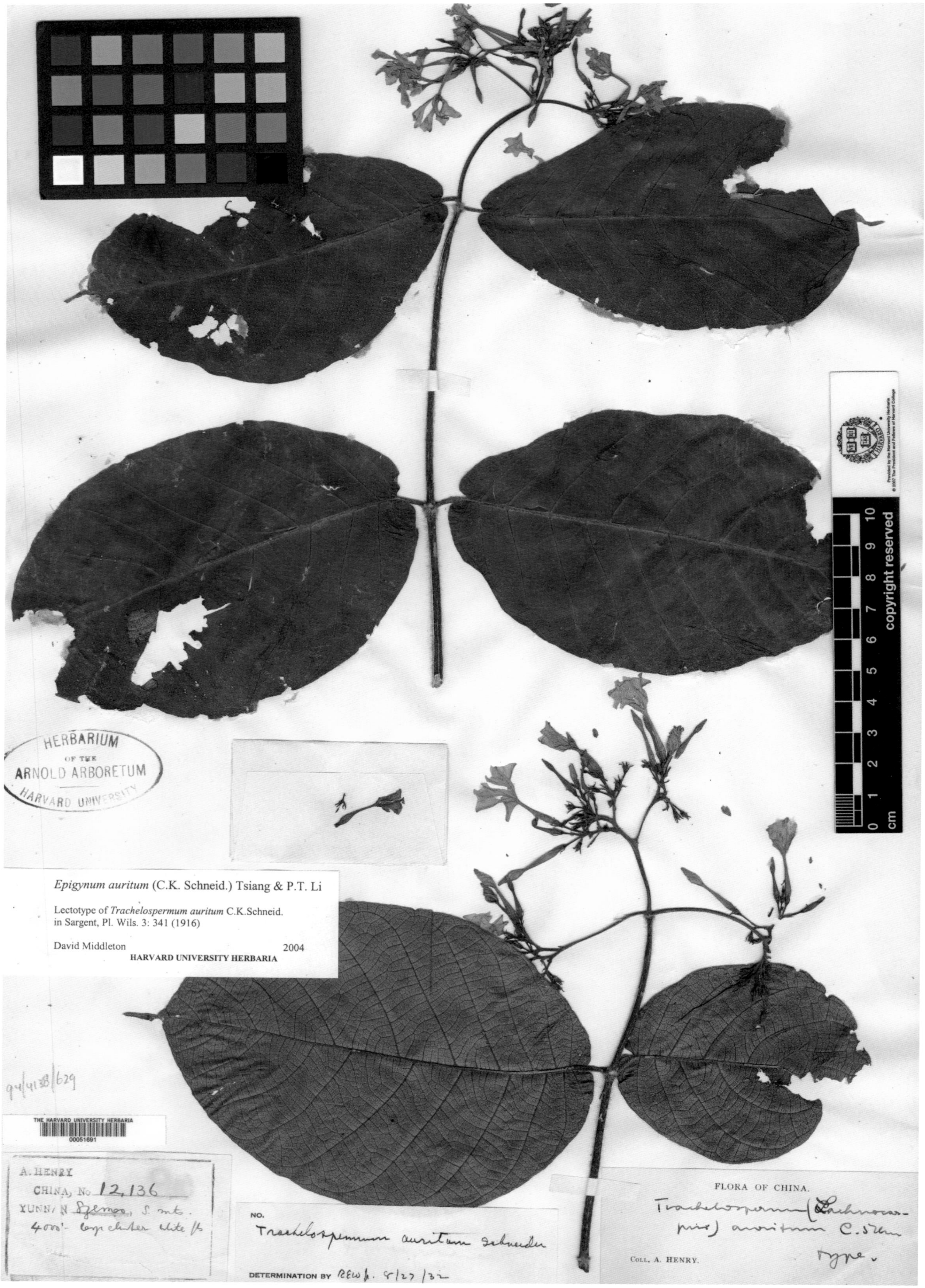

思茅藤 ***Trachelospermum auritum*** Schneid. in Sargent, Pl. Wils. 3: 341. 1916. **Holotype:** China.Yunnan: Simao, alt. 1 220 m, A. Henry 12136 (A).

短柱络石 ***Trachelospermum brevistylum*** Hand.-Mazz. in Anzeig. Akad. Wiss. Wien. Math.-Nat. Kl. 58: 228. 1921. **Isotype**: China. Hunan: Wugan, Yun Shan, alt. 1 000~1 300 m, 1918-06-25, H. R. E. Handel-Mazzetti 705 (=12211)(A).

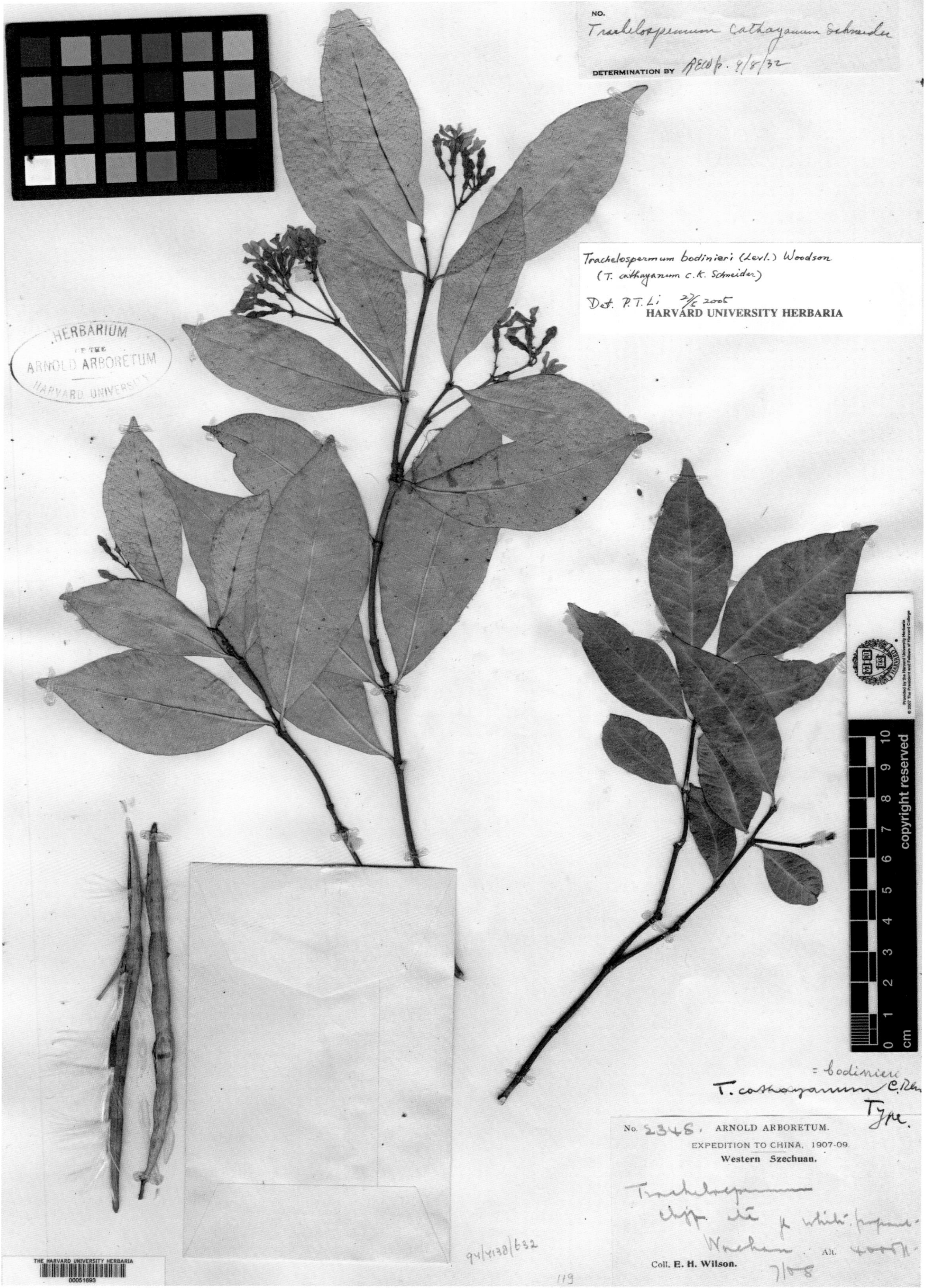

乳儿绳 ***Trachelospermum cathayanum*** Schneid. in Sargent, Pl. Wils. 3: 333. 1916. **Holotype:** China. Sichuan: Ebian, Washan, alt. 1 220 m, 1908-07-??, E. H. Wilson 2348 (A).

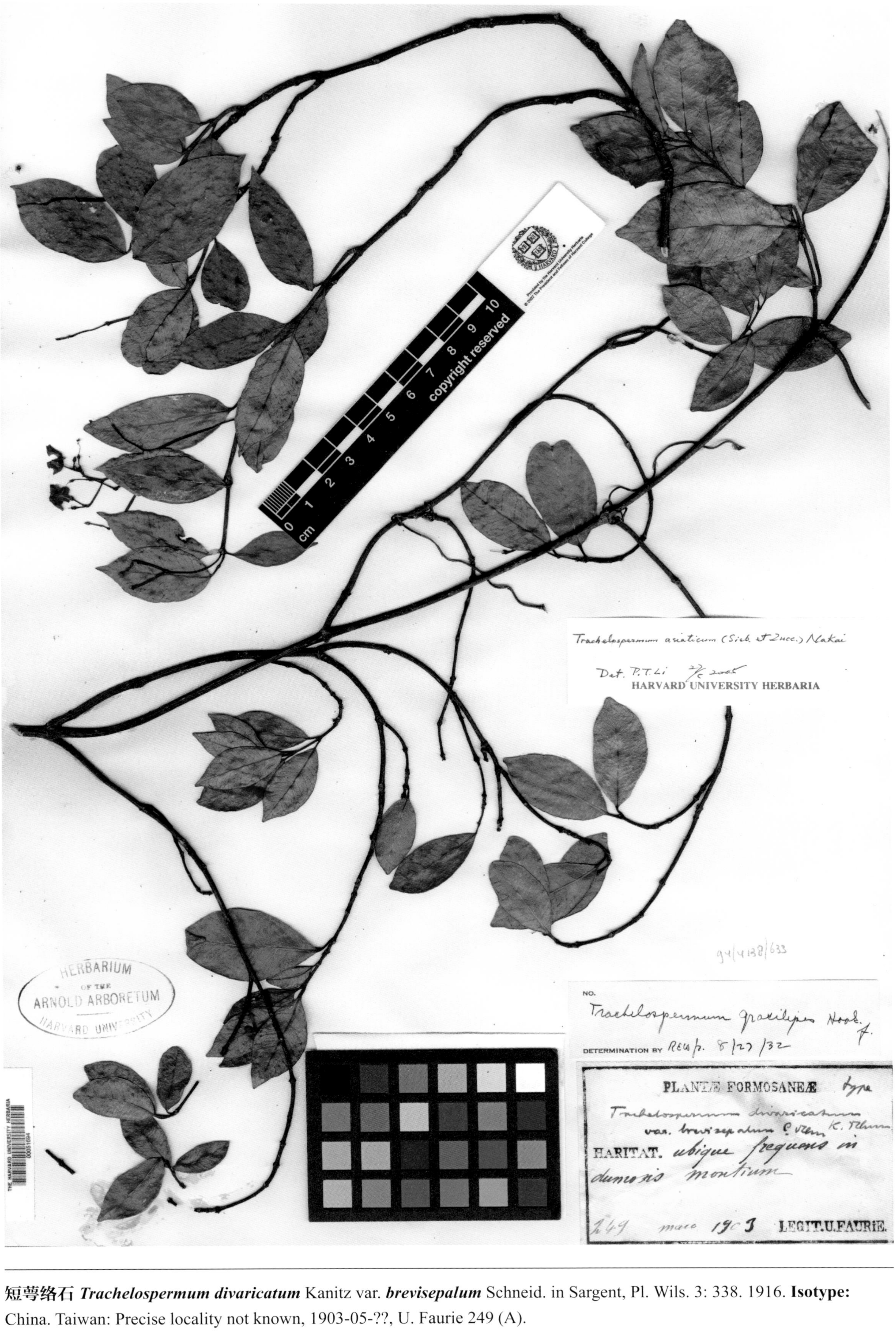

短萼络石 ***Trachelospermum divaricatum*** Kanitz var. ***brevisepalum*** Schneid. in Sargent, Pl. Wils. 3: 338. 1916. **Isotype:** China. Taiwan: Precise locality not known, 1903-05-??, U. Faurie 249 (A).

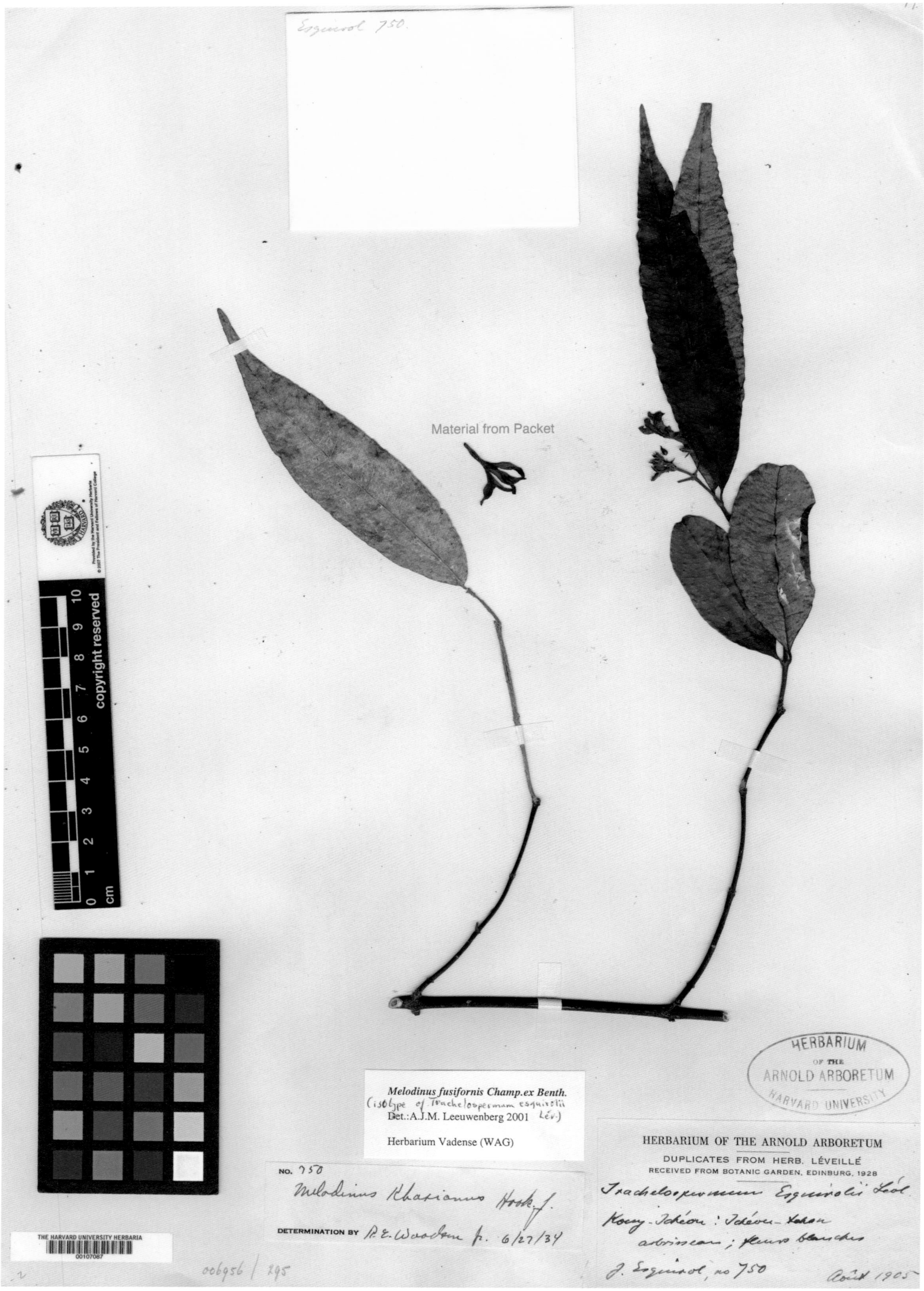

贵州山橙 ***Trachelospermum esquirolii*** Lévl. Fl. Kouy-Tchéou 32. 1914. **Isotype:** China. Guizhou: Tcheou-Chou, 1905-10-??, J. Esquirol 750 (A).

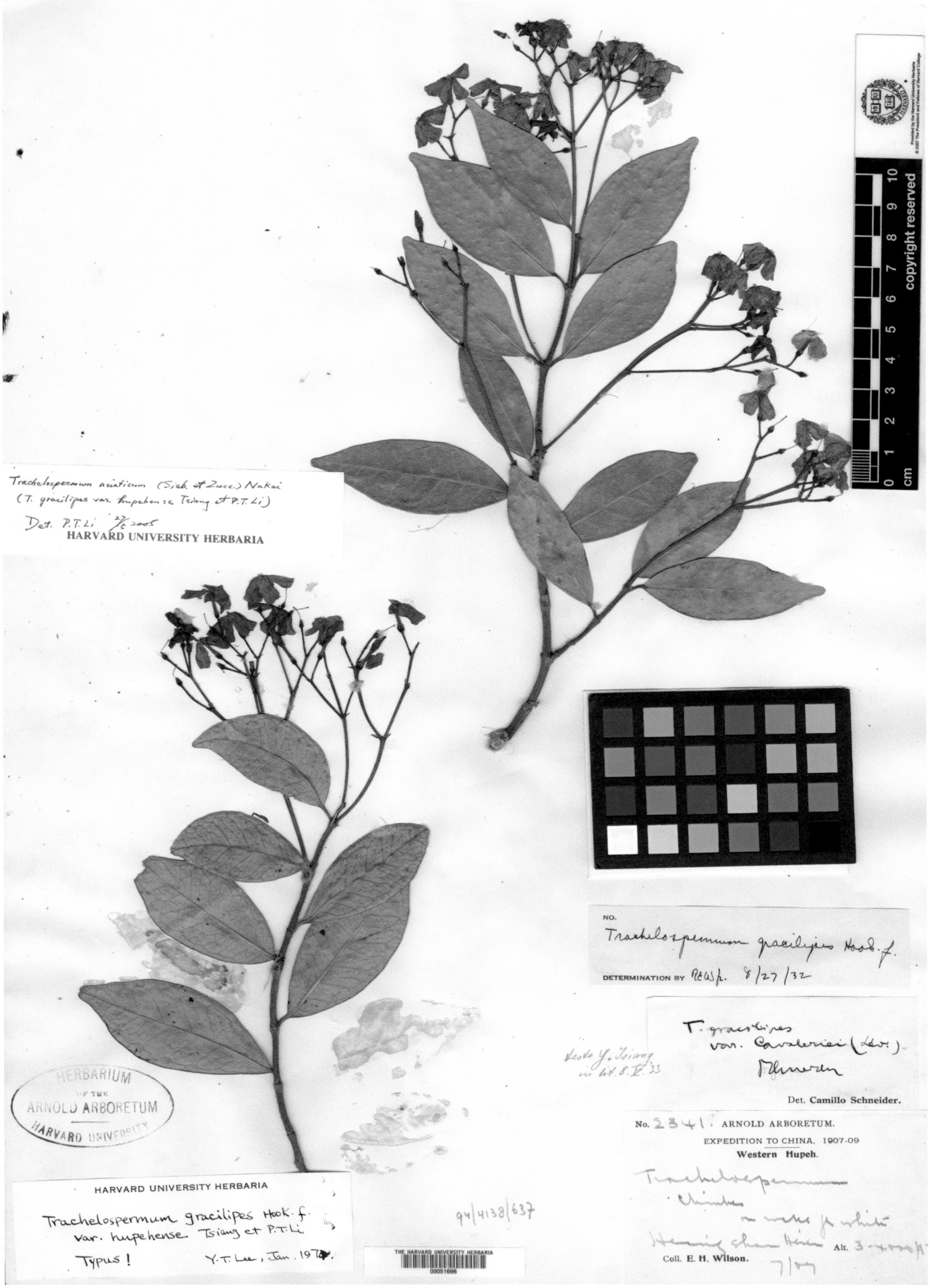

湖北络石 ***Trachelospermum gracilipes*** Hook. f. var. ***hupehense*** Tsiang & P. T. Li in Acta Phytotax. Sin. 11: 390. 1973.**Holotype:** China. Hubei: Xingshan, alt. 915~1 220 m, 1907-07-??, E. H. Wilson 2341 (A).

长花络石 ***Trachelospermum tetanocarpum*** Schneid. in Sargent, Pl. Wils. 3: 339. 1916. **Holotype:** China.Yunnan: Simao, alt. 1 220 m, A. Henry 11949 (A).

大花纽子花 ***Vallaris grandiflora*** Hemsl. & Wils. in Bull. Mis. Inf. Kew 1906(5): 162. 1906. **Isotype:** China. Sichuan: Tung Valley, alt. 701 m, 1904-05-17, E. H. Wilson 4108 (A).

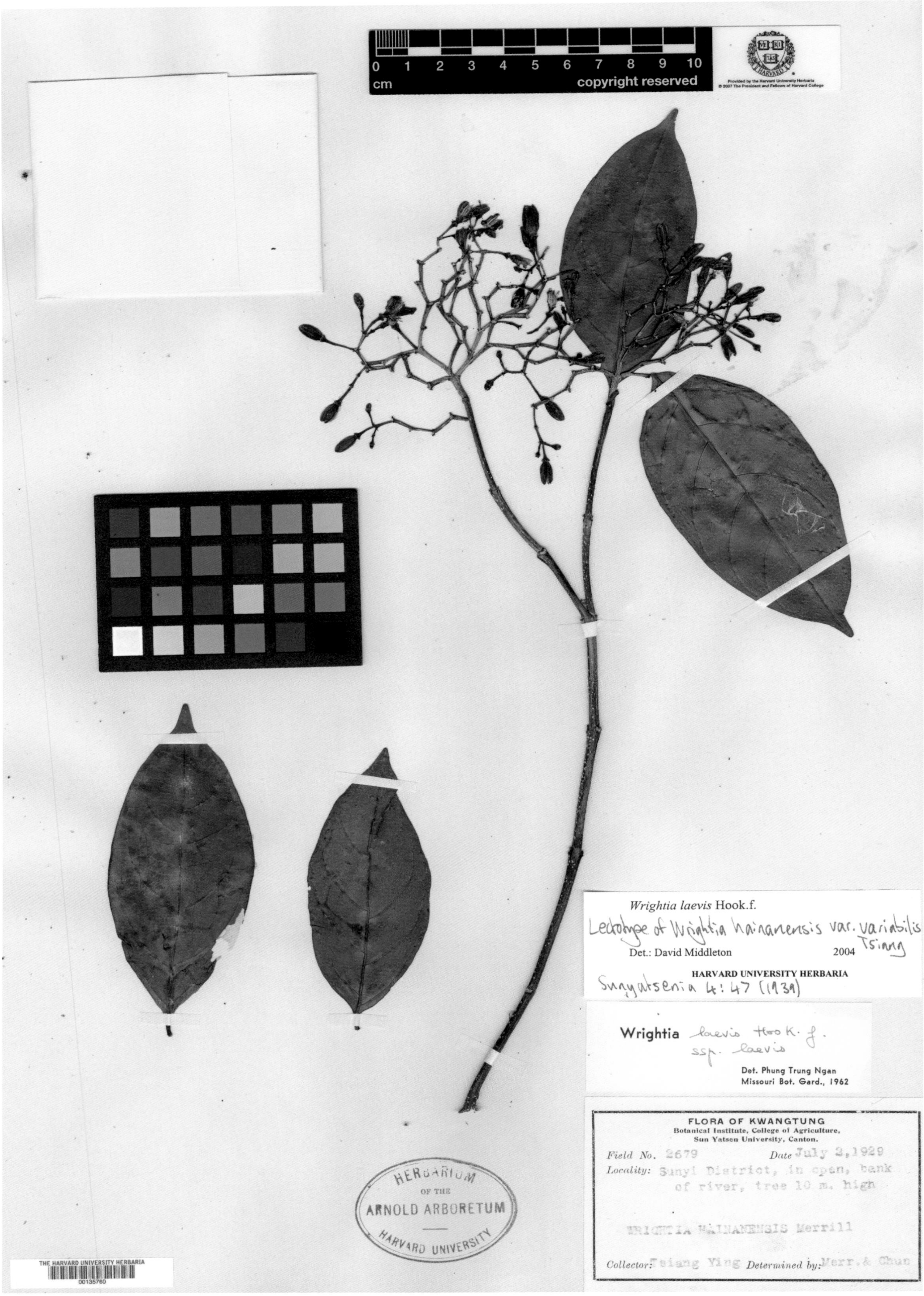
0 1 2 3 4 5 6 7 8 9 10
cm
copyright reserved
Wrightia laevis Hook.f.
Lectotype of Wrightia hainanensis var. variabilis Tsiang
Det.: David Middleton 2004
HARVARD UNIVERSITY HERBARIA
Sunyatsenia 4: 47 (1939)
Wrightia laevis Hook. f. ssp. laevis
Det. Phung Trung Ngan
Missouri Bot. Gard., 1962
FLORA OF KWANGTUNG
Botanical Institute, College of Agriculture, Sun Yatsen University, Canton.
Field No. 2679 Date July 2, 1929
Locality: Sunyi District, in open, bank of river, tree 10 m. high
WRIGHTIA HAINANENSIS Merrill
Collector: Tsiang Ying Determined by: Merr. & Chun
HERBARIUM OF THE ARNOLD ARBORETUM HARVARD UNIVERSITY
THE HARVARD UNIVERSITY HERBARIA
00135760

易变倒吊笔 ***Wrightia hainanensis*** Merr. var. ***variabilis*** Tsiang in Sunyatsenia 4: 47, pl. 14. 1939. **Isotype**: China. Guangdong: Sunyi (=Xinyi), 1929-07-02, Y. Tsiang 2679 (A).

萝藦科
Asclepiadaceae

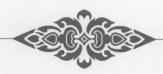

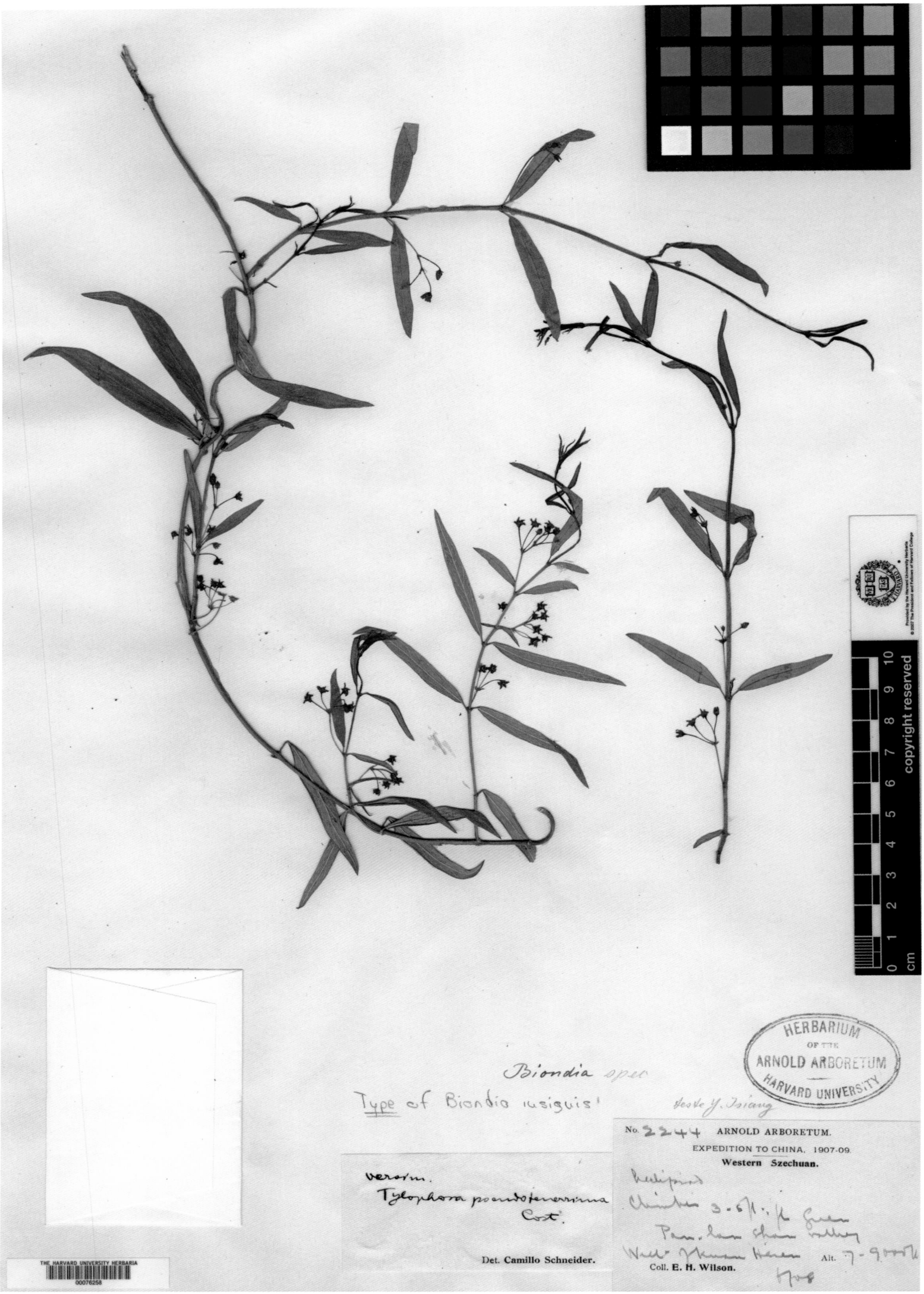

黑水藤 ***Biondia insignis*** Tsiang in Sunyatsenia 4: 106, pl. 28. 1939. **Holotype**: China. Sichuan: Kuan Hsien (=Dujiangyan), Panlan Shan valley, alt. 2 135~2 745 m, 1908-06-??, E. H. Wilson 2244 (A).

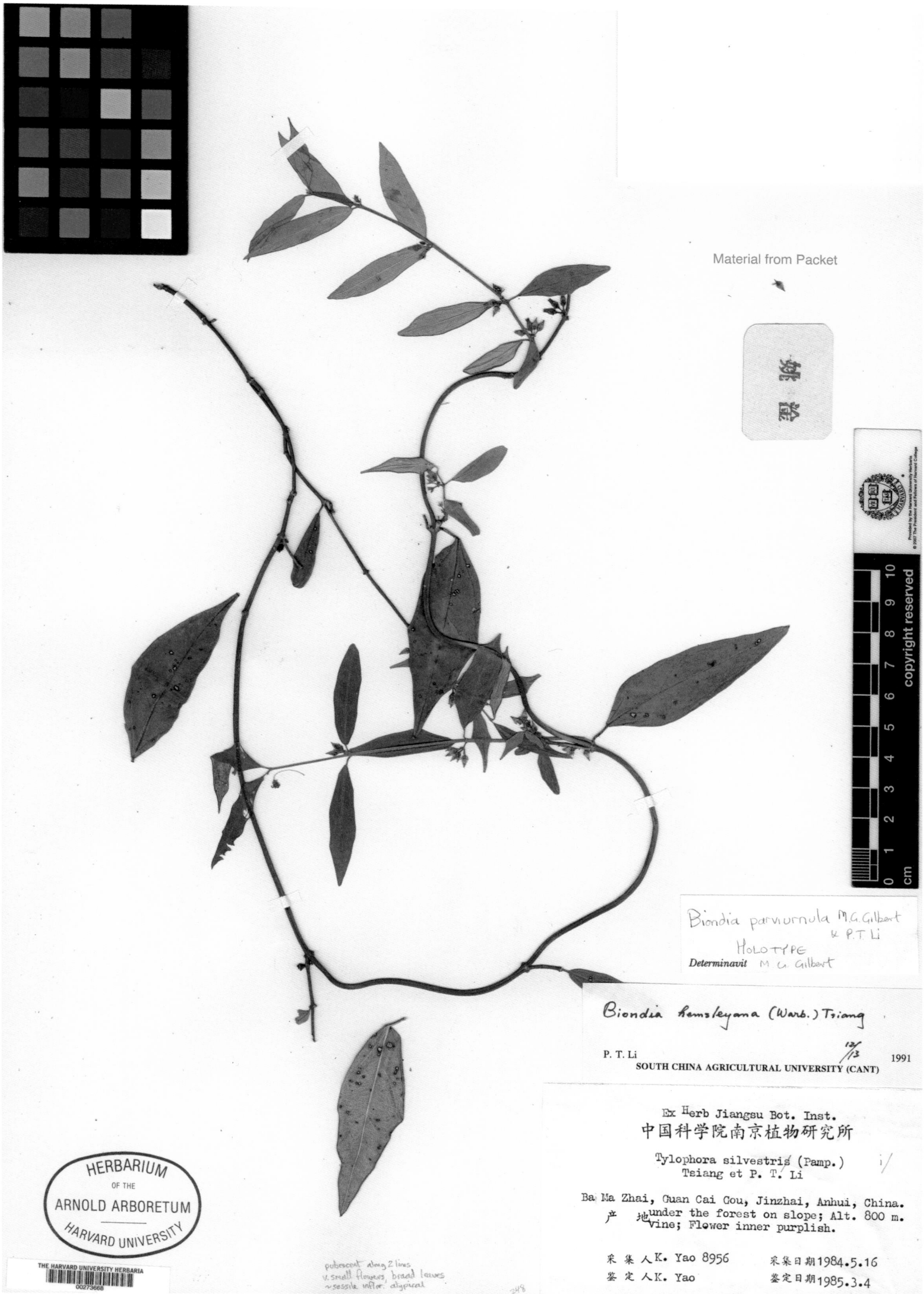
Material from Packet
姚淦
copyright reserved
cm 0 1 2 3 4 5 6 7 8 9 10
Biondia parviurnula M.G. Gilbert & P.T. Li
HOLOTYPE
Determinavit M. G. Gilbert
Biondia hemsleyana (Warb.) Tsiang
P. T. Li 12/13 1991
SOUTH CHINA AGRICULTURAL UNIVERSITY (CANT)
Ex Herb Jiangsu Bot. Inst.
中国科学院南京植物研究所
Tylophora silvestris (Pamp.) Tsiang et P. T. Li
Ba Ma Zhai, Guan Cai Gou, Jinzhai, Anhui, China.
产 地 under the forest on slope; Alt. 800 m.
Vine; Flower inner purplish.
采集人 K. Yao 8956 采集日期 1984.5.16
鉴定人 K. Yao 鉴定日期 1985.3.4
HERBARIUM OF THE ARNOLD ARBORETUM HARVARD UNIVERSITY
THE HARVARD UNIVERSITY HERBARIA
00273668

小花秦岭藤 ***Biondia parviurnula*** M. G. Gilbert & P. T. Li in Novon 5(1): 2. 1995. **Holotype:** China. Anhui: Jinzhai, alt. 800 m, 1984-05-16, K. Yao 8956 (A).

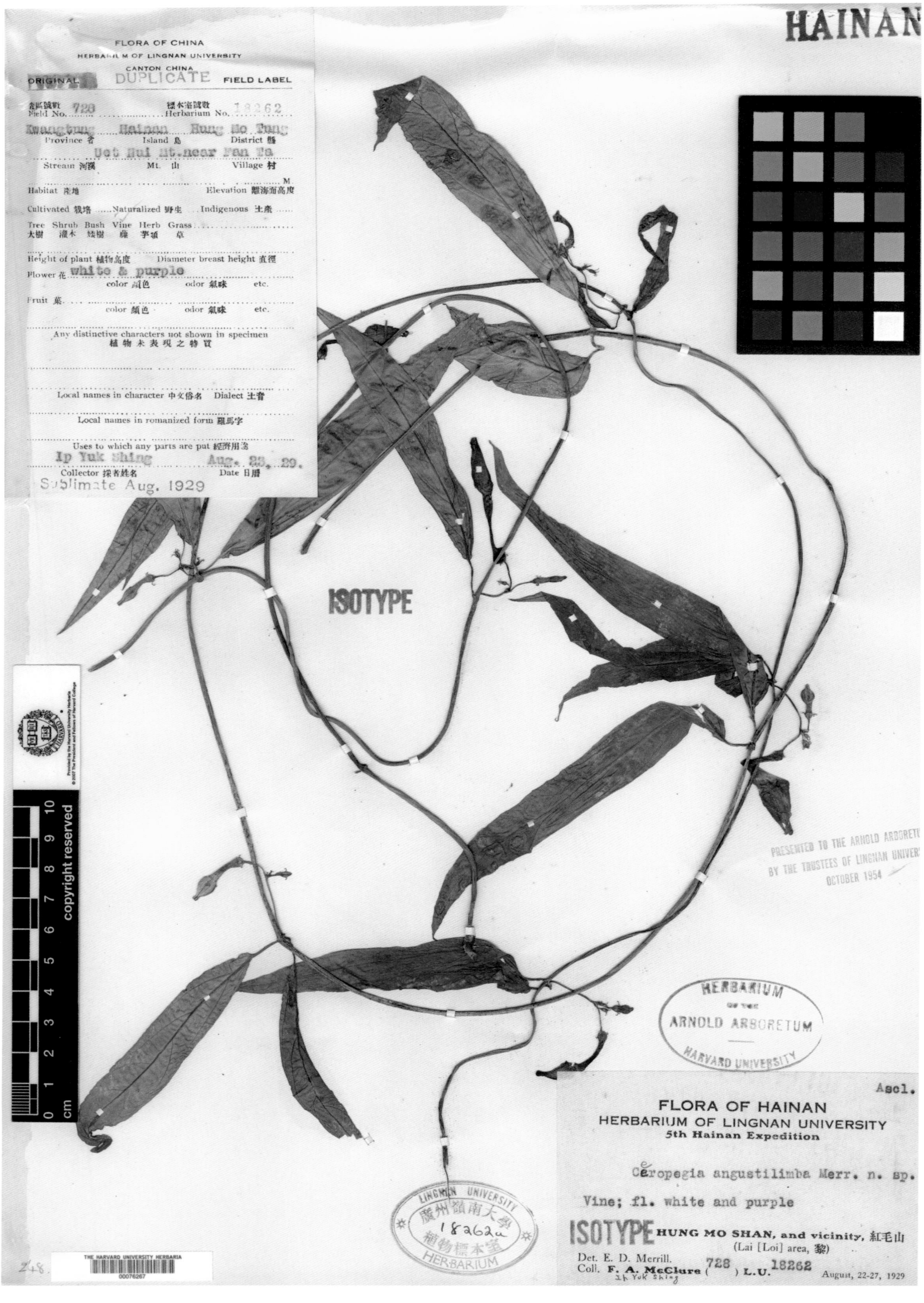

狭叶吊灯花 ***Ceropegia angustilimba*** Merr. in Lingnan Sci. J. 11: 53. 1932. **Isotype:** China. Hainan: Hongmao Shan, 1929-08-23, Lp Yuk Shing 728 (=Lingnan University 18262) (A).

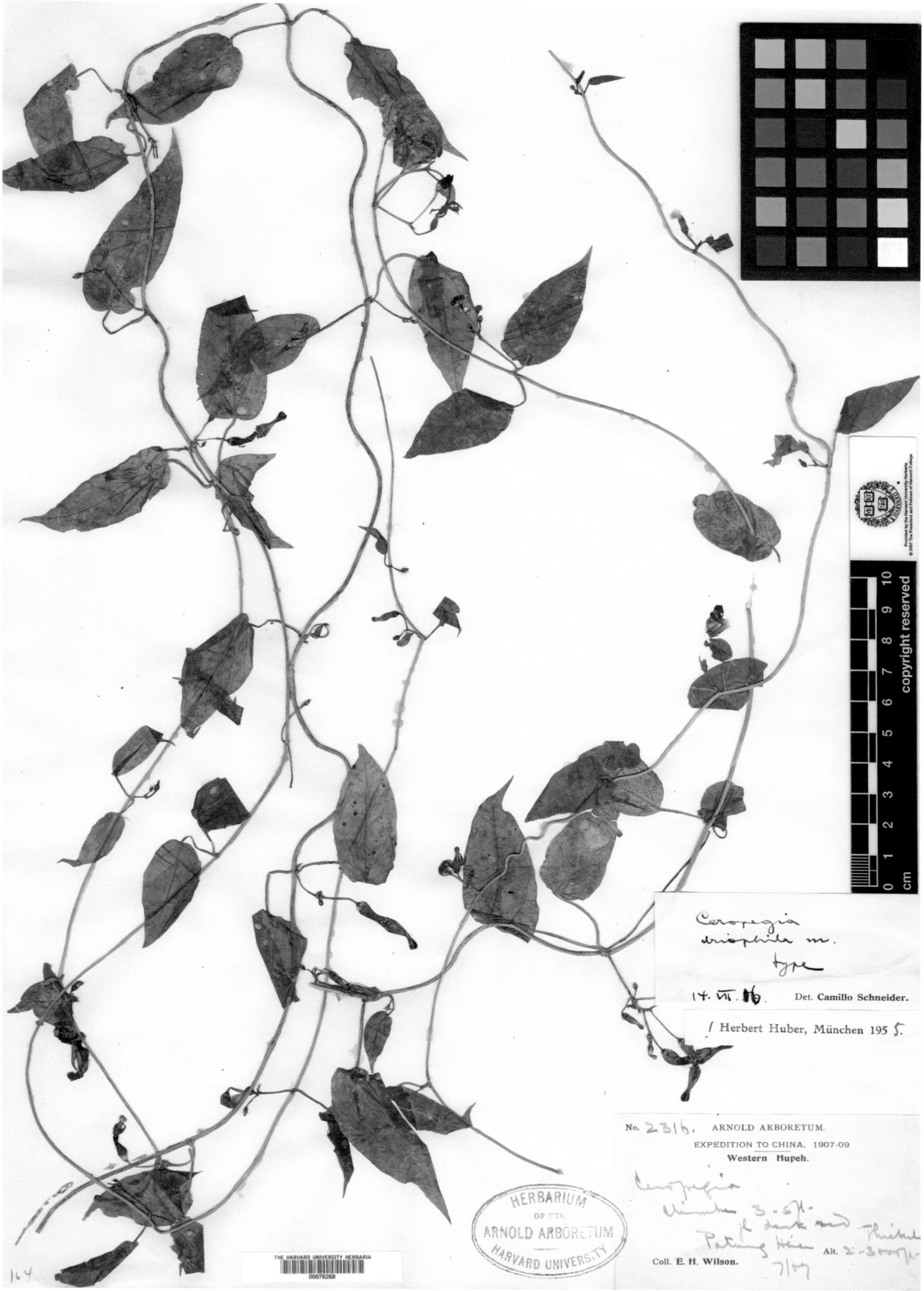

巴东吊灯花 ***Ceropegia driophila*** Schneid. in Sargent, Pl. Wils. 3: 349. 1916. **Syntype:** China. Hubei: Badong, alt. 610~915 m, 1907-09-??, E. H. Wilson 2316 (A).

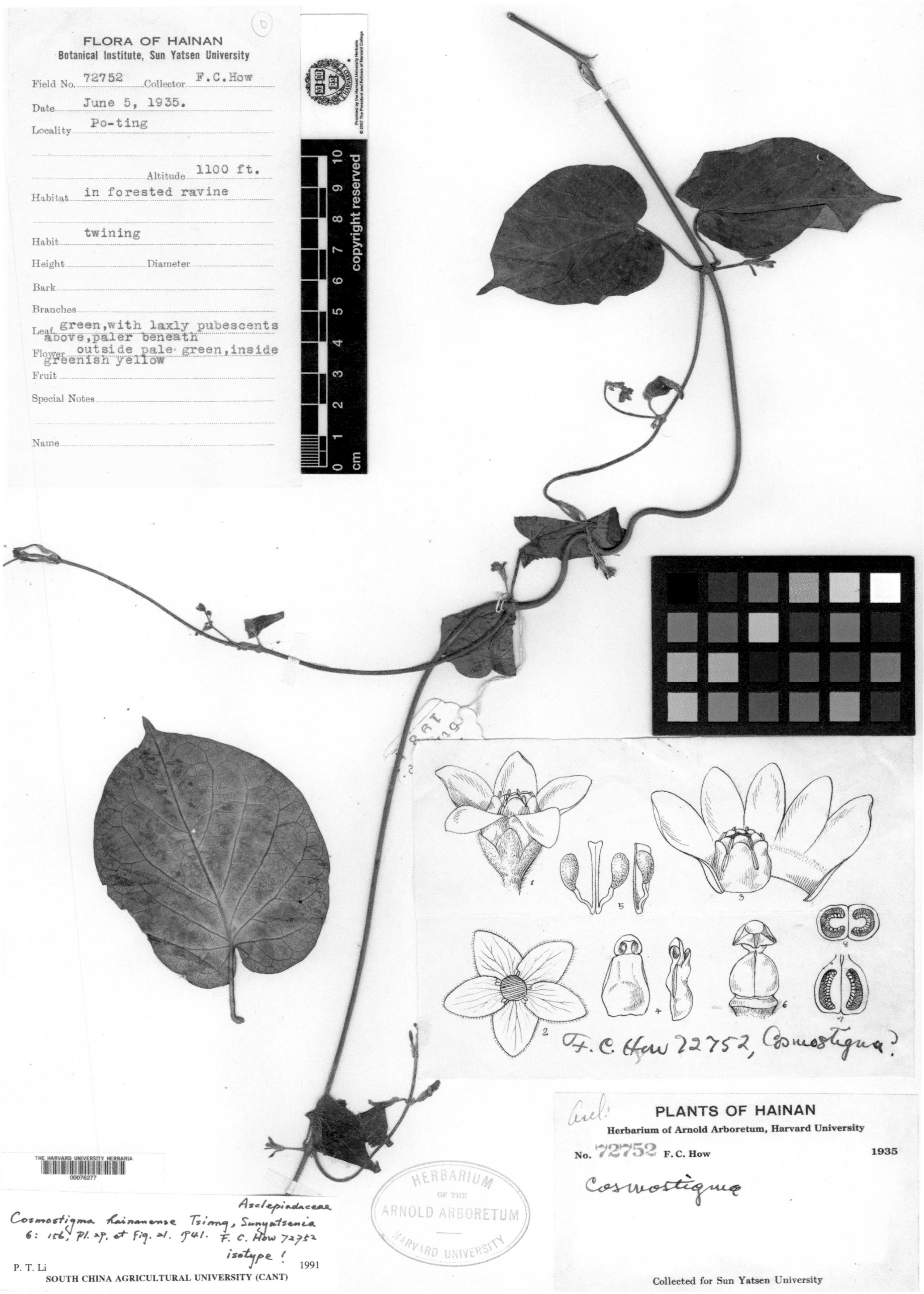

荟蔓藤 ***Cosmostigma hainanense*** Tsiang in Sunyatsenia 6: 156, pl. 29, f. 21. 1941. **Isotype**: China. Hainan: Po-ting (=Baoting), alt. 336 m, 1935-06-05, F. C. How 72752 (A).

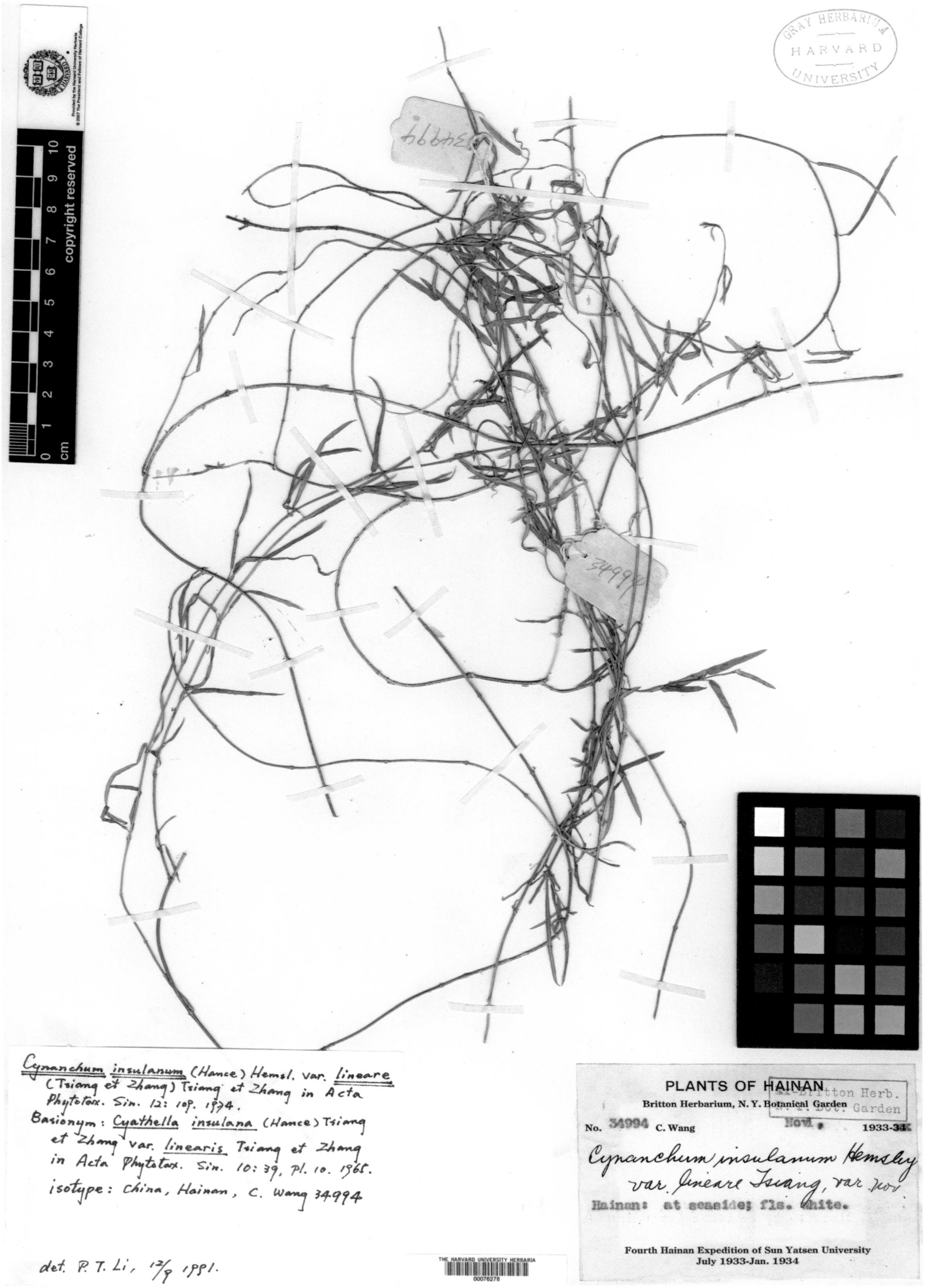

线叶杯冠藤 ***Cyathella insulana*** (Hance) Tsiang & H. D. Zhang var. ***linearis*** Tsiang & H. D. Zhang in Acta Phytotax. Sin. 10(1): 39, pl. 10. 1965. **Isotype**: China. Hainan: Sanya, 1933-11-01, C. Wang 34994 (GH).

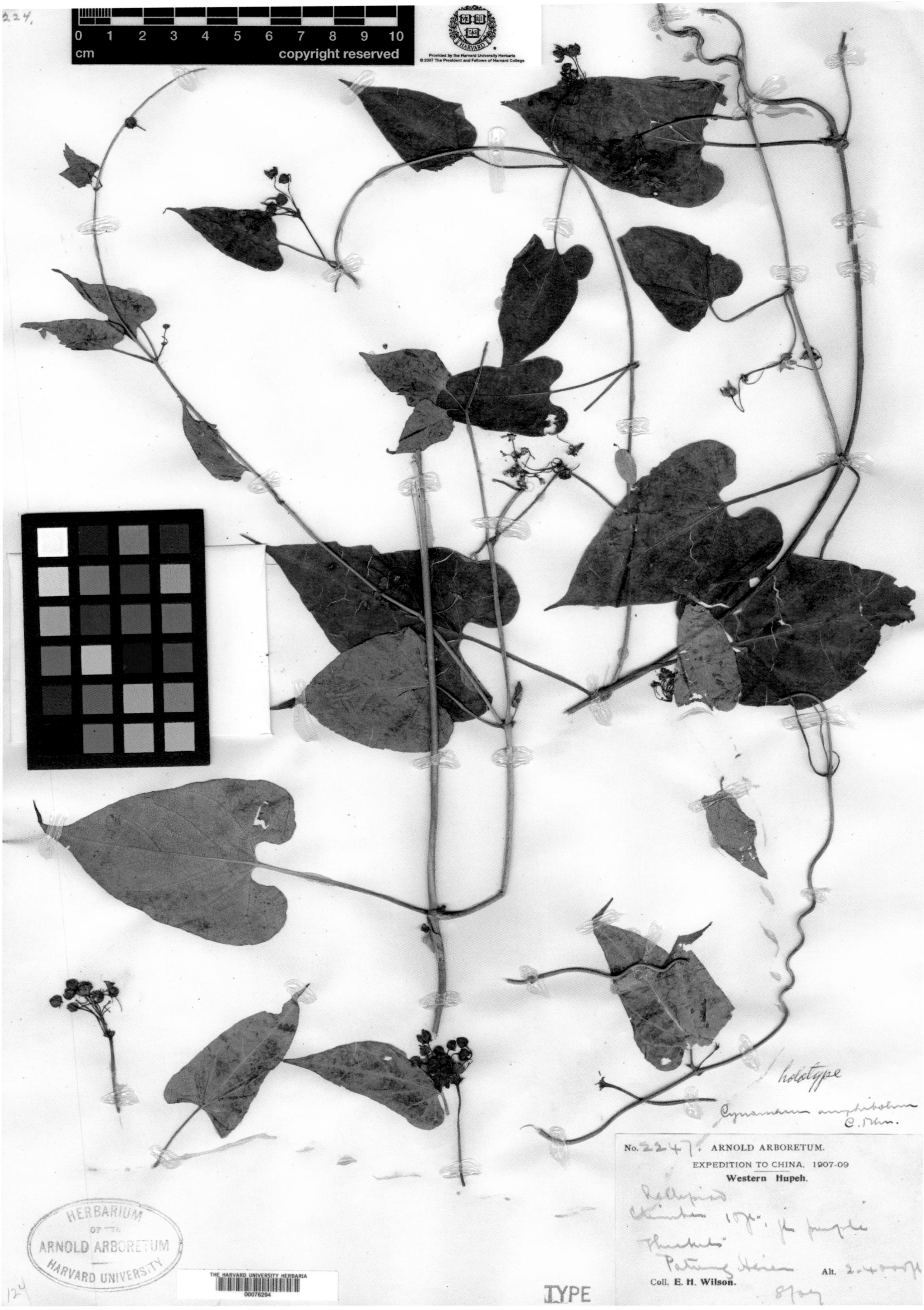

巴东牛皮消 ***Cynanchum amphibolum*** Schneid. in Sargent, Pl. Wils. 3: 346. 1916. **Holotype:** China. Hubei: Badong, alt. 610~1 220 m, 1907-08-??, E. H. Wilson 2247 (A).

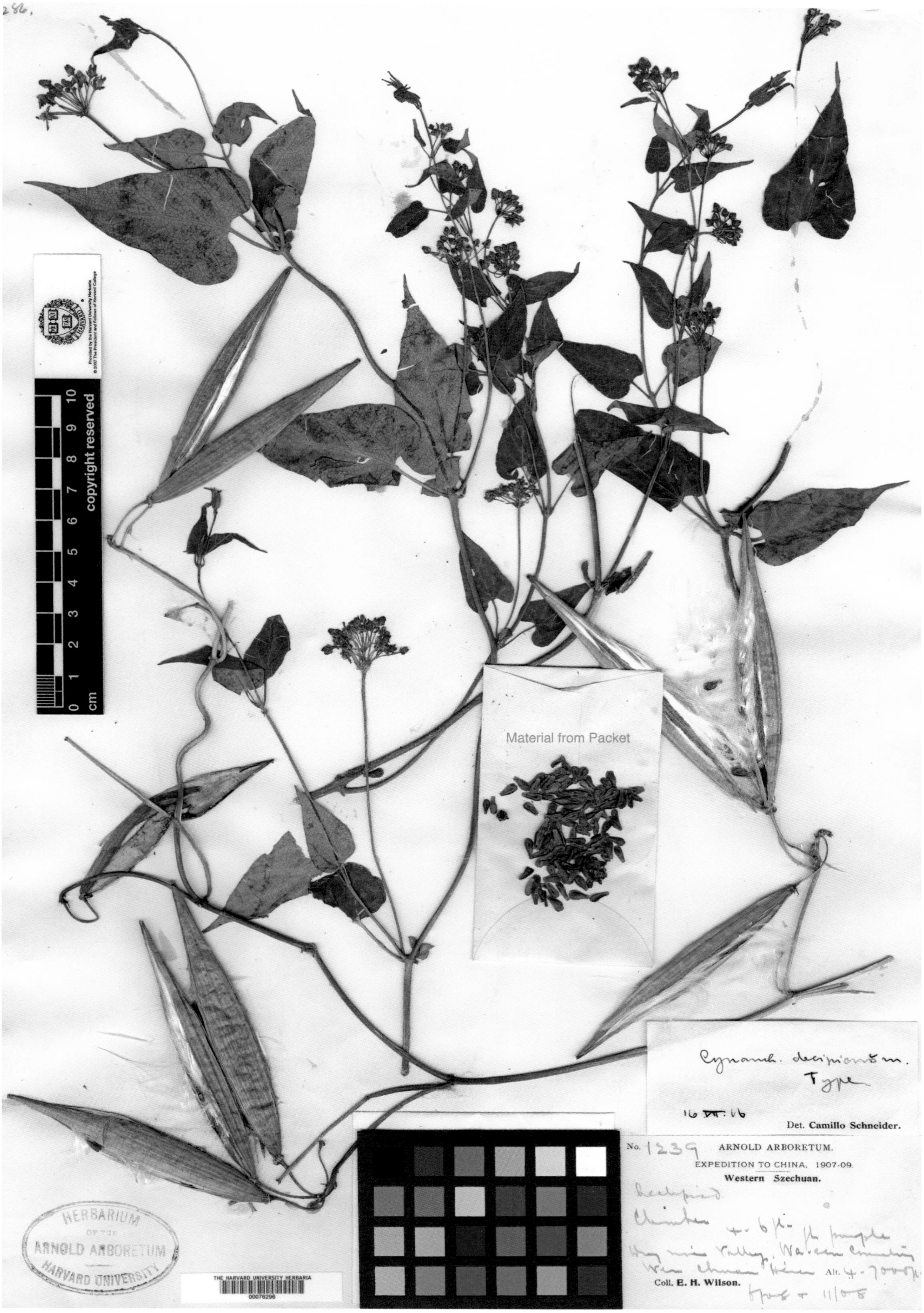

豹药藤 ***Cynanchum decipiens*** Schneid. in Sargent, Pl. Wils. 3: 345. 1916.**Holotype:** China.Sichuan: Wenchuan, alt. 1 220~2 135 m, 1908-(06-11)-??, E. H. Wilson 1239 (A).

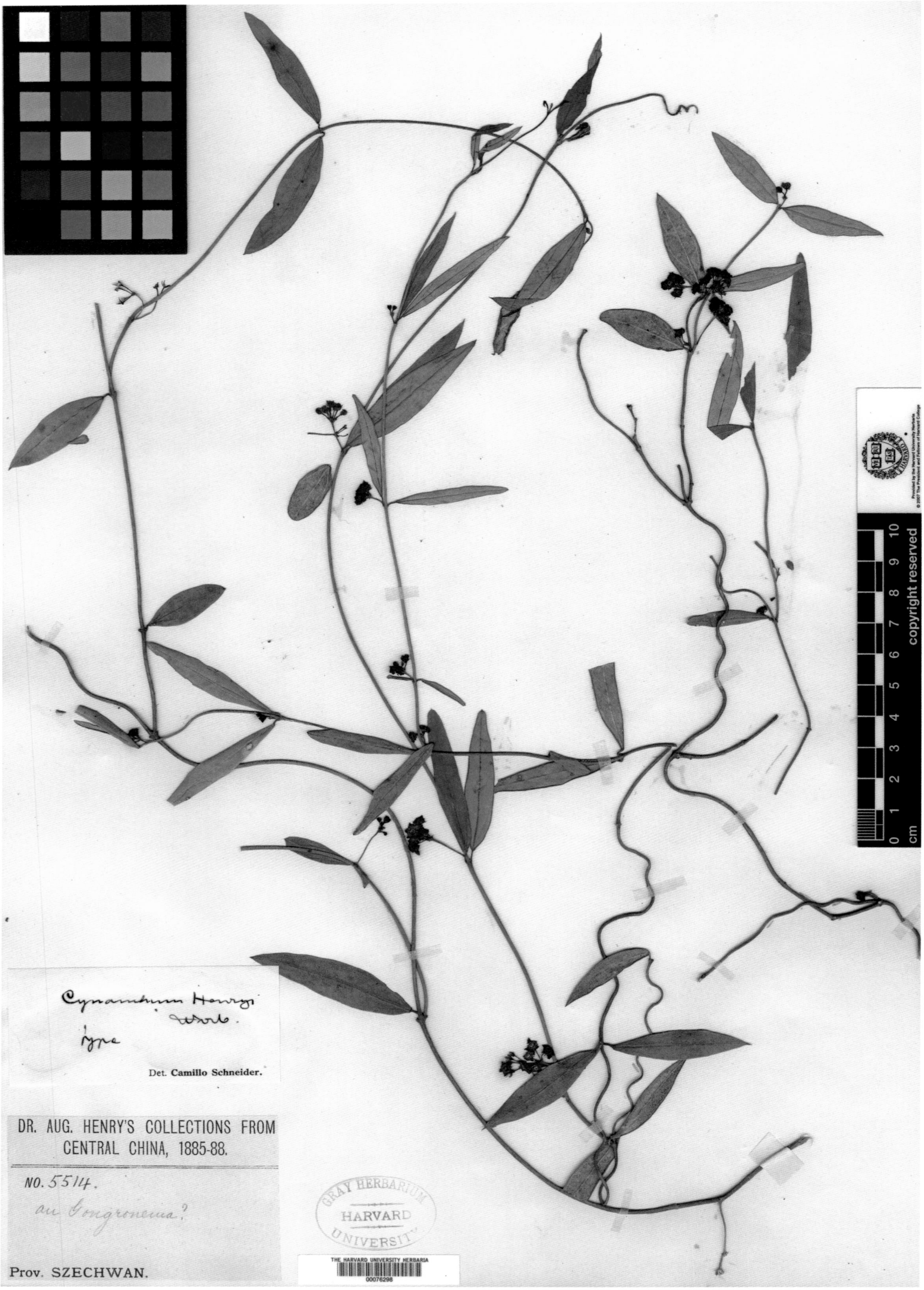

青龙藤 ***Cynanchum henryi*** Warb. ex Schltr. & Diels in Engler, Bot. Jahrb. Syst. 29: 542. 1900. **Syntype:** China. Sichuan: Precise locality not known, (1885-1888)-??-??, A. Henry 5514 (GH).

青羊参 ***Cynanchum otophyllum*** Schneid. in Sargent, Pl. Wils. 3: 347. 1916. **Holotype:** China. Sichuan: Ebian, Washan, alt. 458~915 m, 1908-09-??, E. H. Wilson 2252 (A).

荷花柳 ***Cynanchum riparium*** Tsiang & H. D. Zhang in Acta Phytotax. Sin. 12(1): 96, pl. 19. 1974. **Holotype:** China. Henan: Yellow River rapids, 1919-05-10, J. Hers 42 (A).

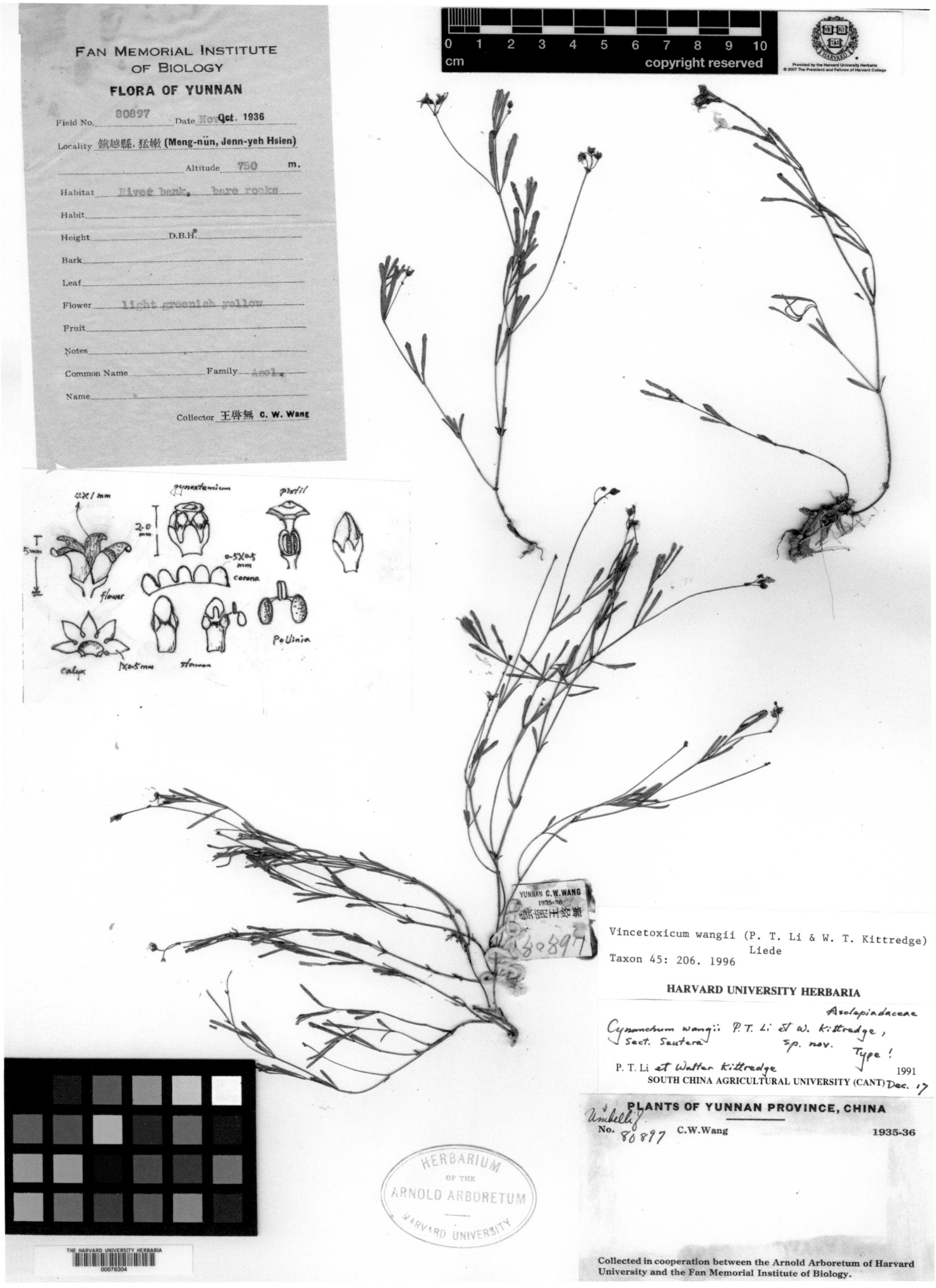

启无白前 ***Cynanchum wangii*** P. T. Li & W. Kittredge in Novon 2(3): 220, f. 1. 1992. **Holotype:** China.Yunnan: Jenn-Yeh (=Mengla), alt. 750 m, 1936-11-??, C. W. Wang 80897 (A).

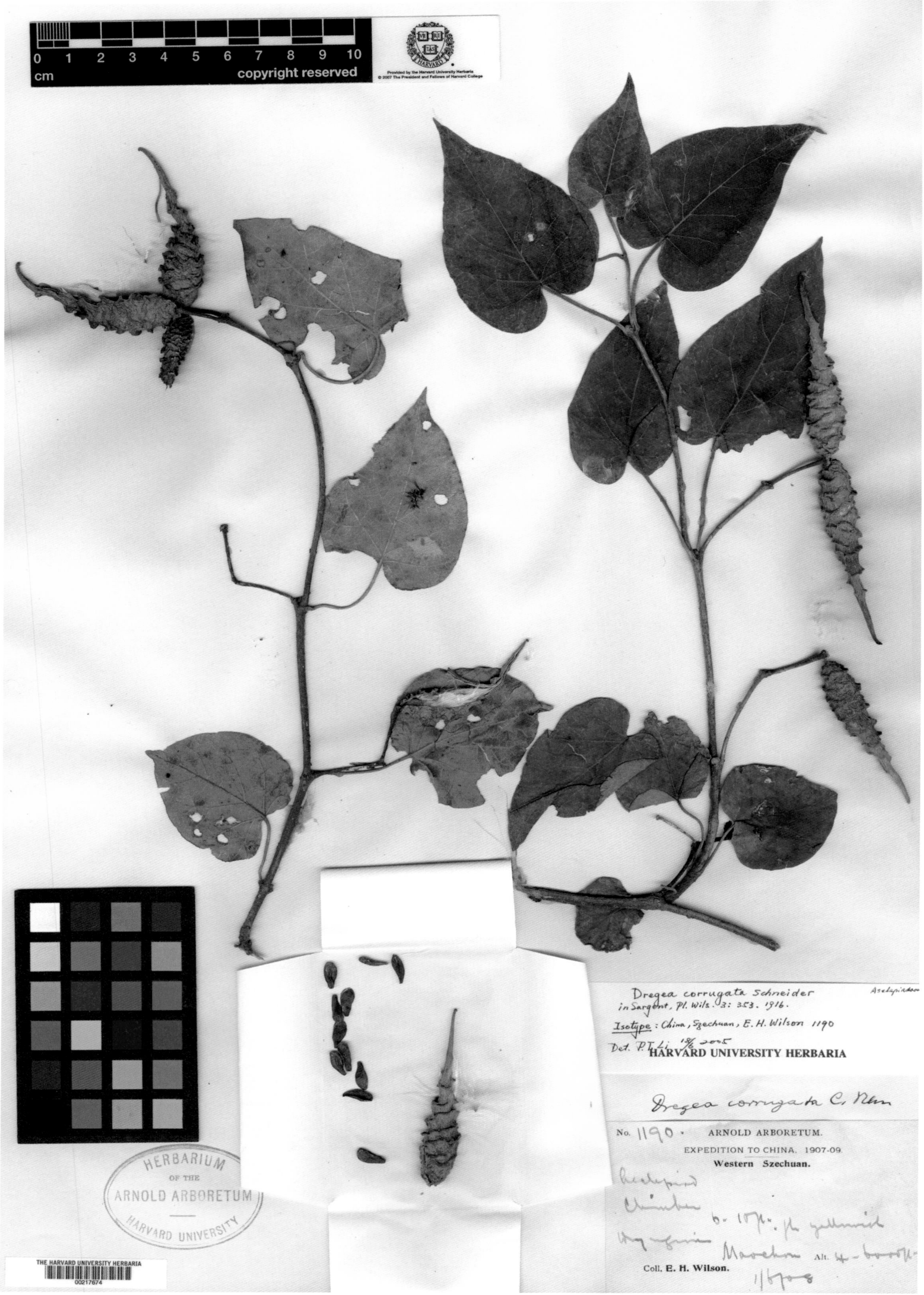

贯筋藤 ***Dregea corrugata*** Schneid. in Sargent, Pl. Wils. 3: 353. 1916. **Isotype:** China. Sichuan: Maochou (=Xiaojin), alt. 1 220~1 830 m, 1908-06-01, E. H. Wilson 1190 (A).

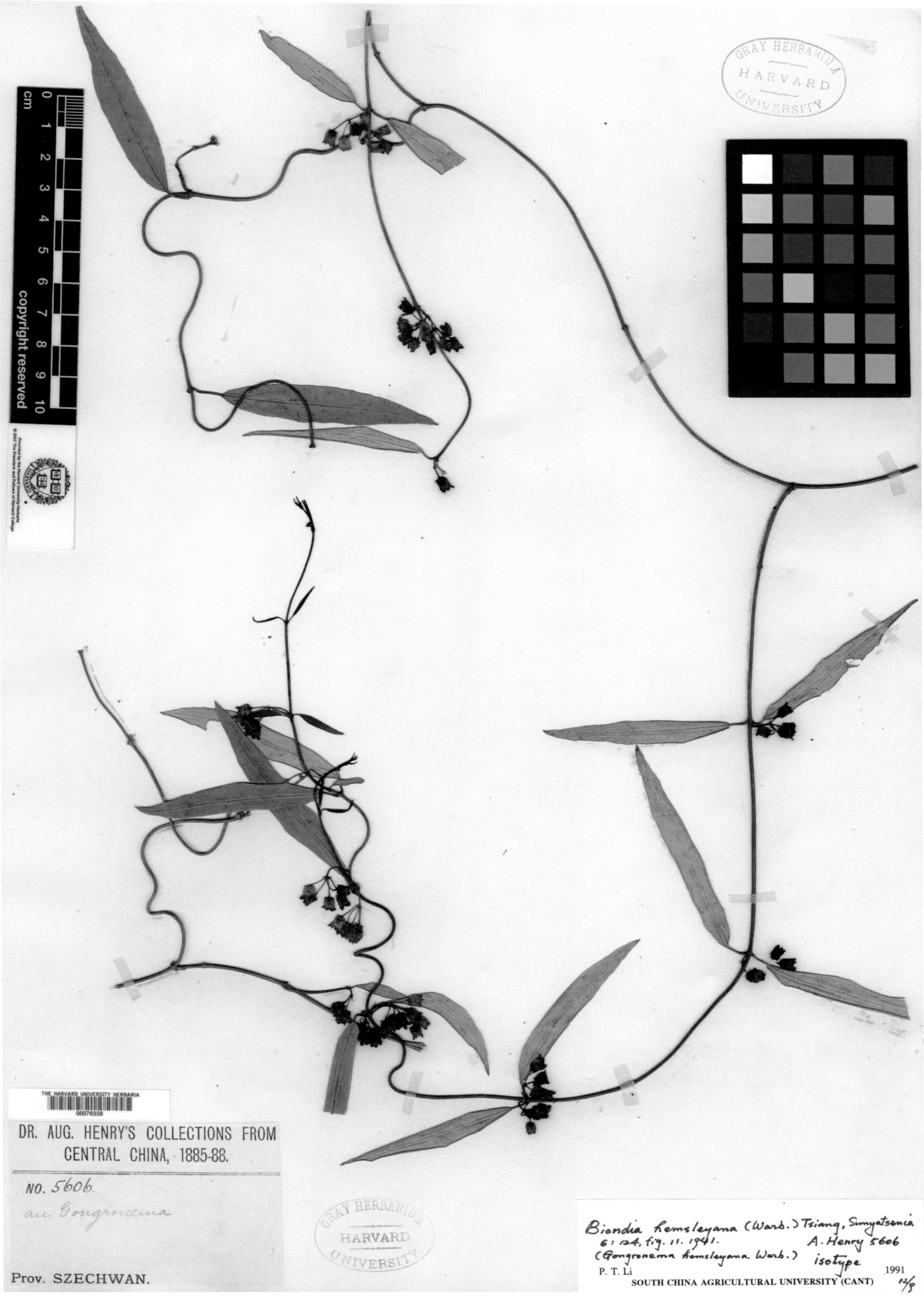

宽叶秦岭藤 ***Gongronema hemsleyana*** Warb. in Fedde, Repert. Sp. Nov. 3: 341. 1907. **Isotype:** China. Hubei: Precise locality not known, (1885-1888)-??-??, A. Henry 5606 (GH).

云南纤冠藤 ***Gongronema yunnanense*** Lévl. Catal. Pl. Yun-Nan 13. 1915. **Isotype:** China.Yunnan: Ku-Long-Tchang, alt. 800 m, 1912-06-??, E. E. Maire s. n. (A).

华宁藤 ***Gymnema foetidum*** Tsiang in Sunyatsenia 6: 133, pl. 25, f. 16. 1941. **Isotype**: China. Yunnan: Huaning, 1939-04-??, Y. Tsiang & H. Wang 16331 (A).

海南匙羹藤 ***Gymnema hainanensis*** Tsiang in Acta Phytotax. Sin. 10(1): 37, pl. 9. 1965. **Isotype**: China. Hainan: Kumyun (=Dongfang), 1936-08-15, S. K. Lau 27677 (A).

会东藤 ***Gymnema longiretinaculatum*** Tsiang in Sunyatsenia 6: 136, pl. 26, f. 17. 1941. **Isotype**: China. Yunnan: Souen-oui (=Xuanwei), alt. 2 400 m, E. E. Maire s. n. (A).

FAN MEMORIAL INSTITUTE OF BIOLOGY
FLORA OF YUNNAN
Field No. 74495 Date June 1936
Locality Fo-Hai (佛海)
Altitude 1560 m.
Habitat Thickets
Habit Vine
Height D.B.H.
Bark
Leaf
Flower yellowish green
Fruit
Notes
Common Name Family Apocyn.
Name
Collector C. W. Wang
0 1 2 3 4 5 6 7 8 9 10
cm
copyright reserved
YUNNAN C.W.WANG
1935-36
74495
P. T. Li
SOUTH CHINA AGRICULTURAL UNIVERSITY (CANT)
1991
PLANTS OF YUNNAN PROVINCE, CHINA
No. 74495 C.W.Wang 1935-36
Collected in cooperation between the Arnold Arboretum of Harvard University and the Fan Memorial Institute of Biology.
HERBARIUM OF THE ARNOLD ARBORETUM HARVARD UNIVERSITY
THE HARVARD UNIVERSITY HERBARIA
00076366

云南匙羹藤 ***Gymnema yunnanense*** Tsiang in Sunyatsenia 6: 131, f. 15. 1941. **Isotype**: China. Yunnan: Fo-Hai (= Menghai), alt. 1 560 m, 1936-06-??, C. W. Wang 74495 (A).

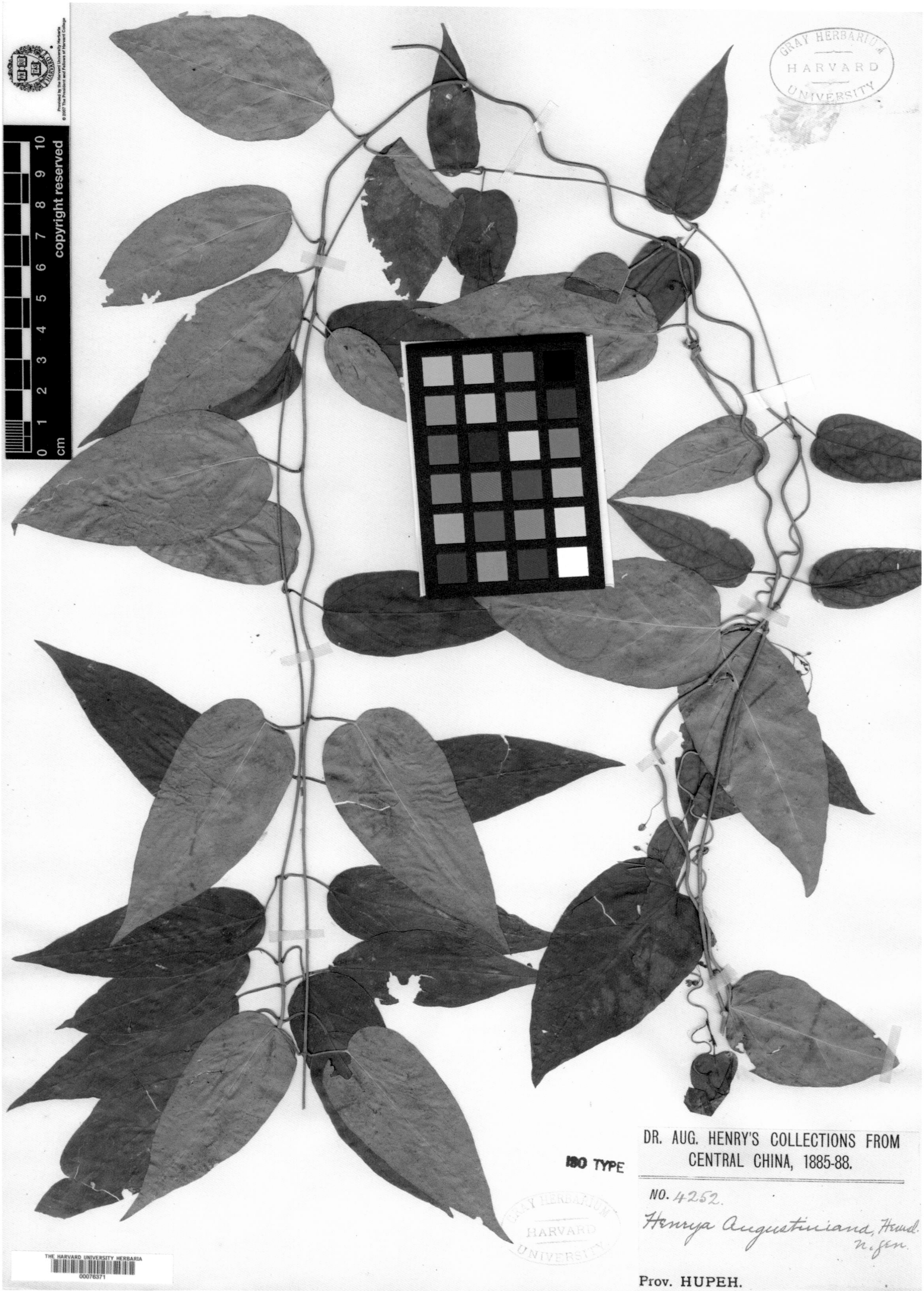

宜昌娃儿参 ***Henrya angustiniana*** Hemsl. in J. Linn. Soc. Bot. 26: 111. 1889. **Isotype**: China. Hubei: Yichang, (1885-1888)-??-??, A. Henry 4252 (GH).

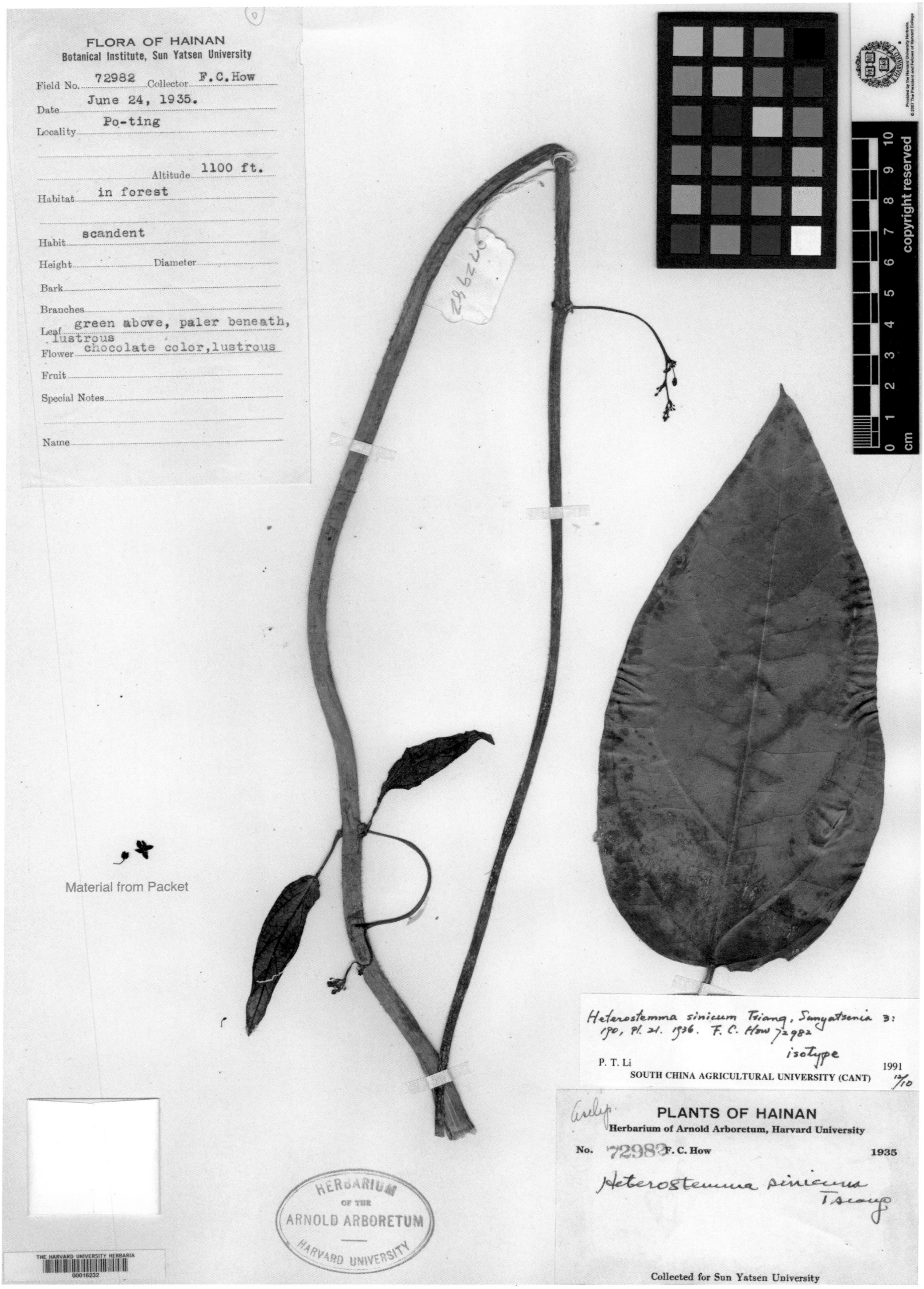

海南醉魂藤 ***Heterostemma sinicum*** Tsiang in Sunyatsenia 3: 190, pl. 21. 1936. **Isotype**: China. Hainan: Po-ting (=Baoting), alt. 336 m, 1935-06-24, F. C. How 72982 (A).

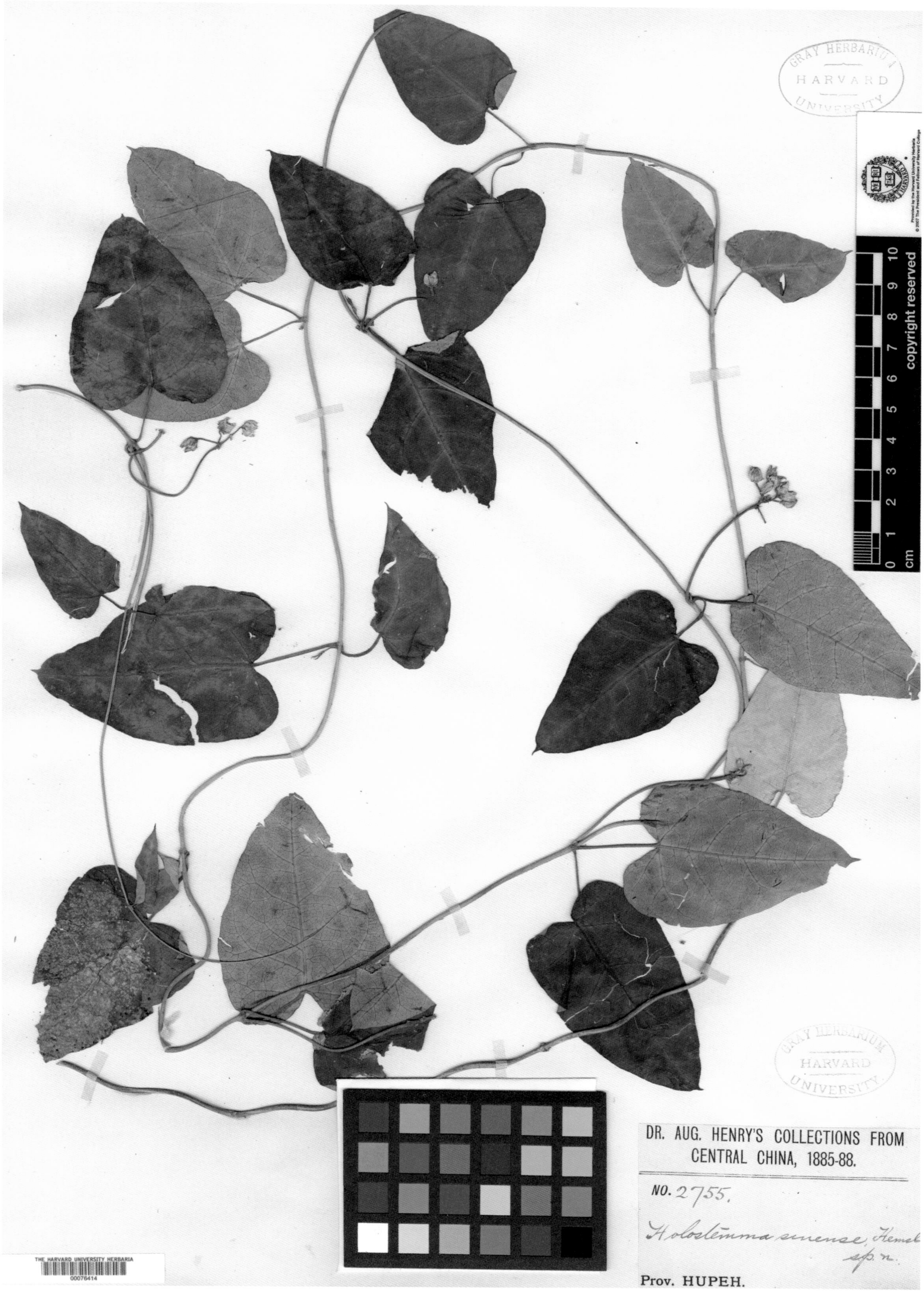

华铰剪藤 ***Holostemma sinense*** Hemsl. in J. Linn. Soc. Bot. 26: 103. 1889. **Isosyntype:** China. Hubei: Yichang, (1885-1888)-??-??, A. Henry 2755 (GH).

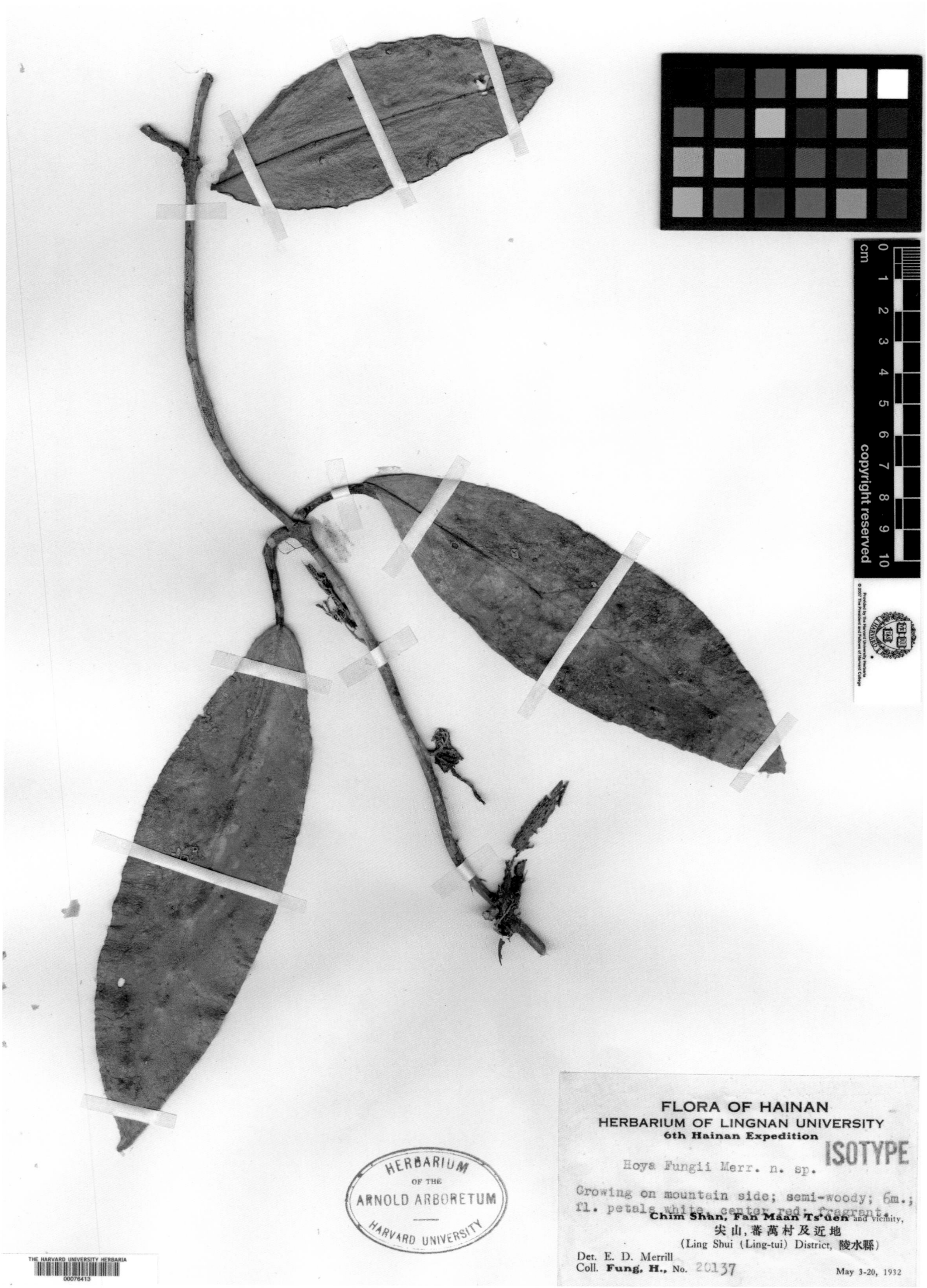

护耳草 ***Hoya fungii*** Merr. in Lingnan Sci. J. 13: 68. 1934. **Isotype**: China. Hainan: Lingshui, 1932-05-(03-20), H. Fung 20137 (A).

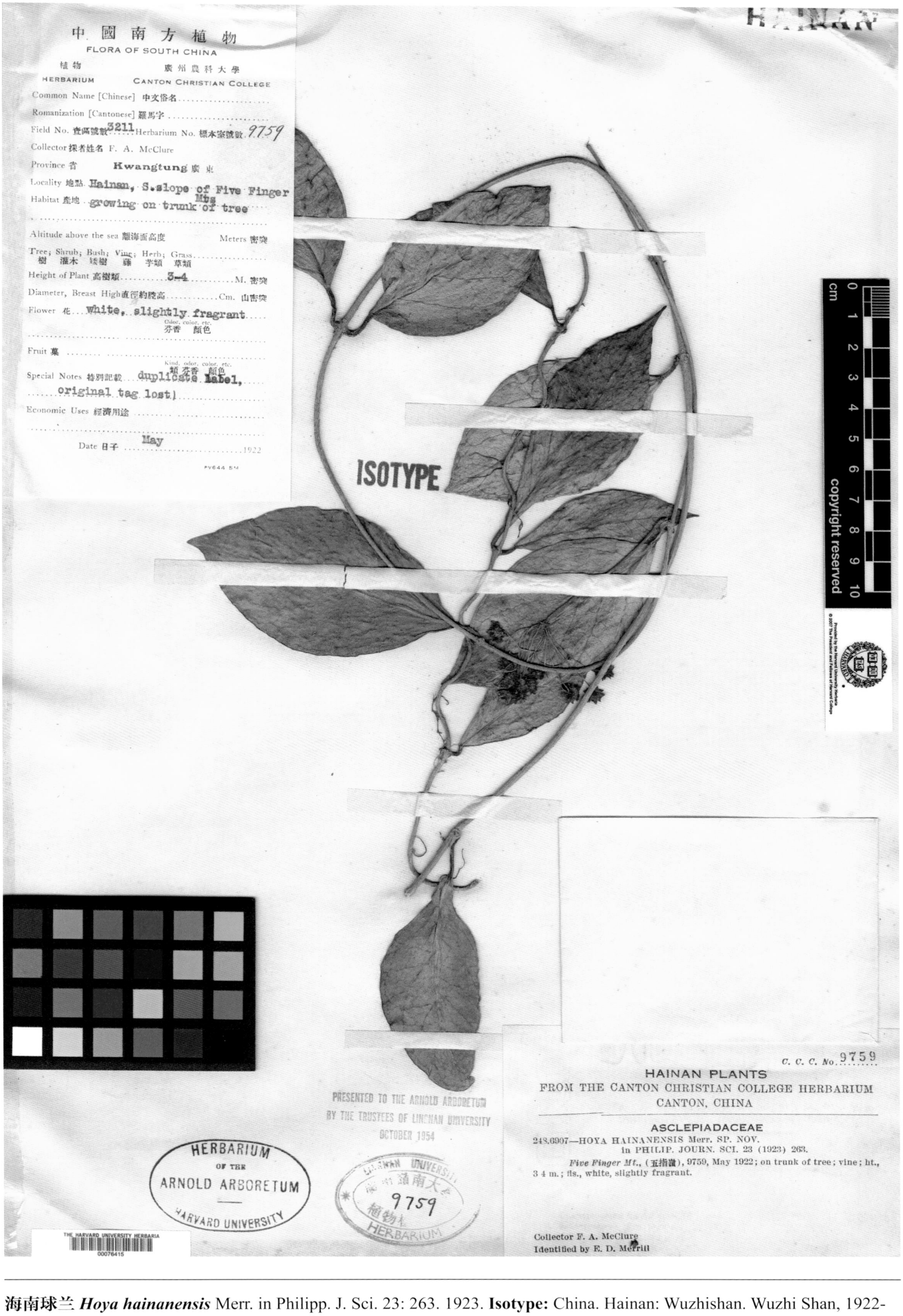

海南球兰 ***Hoya hainanensis*** Merr. in Philipp. J. Sci. 23: 263. 1923. **Isotype:** China. Hainan: Wuzhishan. Wuzhi Shan, 1922-05-??, F. A. McClure 3221 (=Canton Christian College 9759) (A).

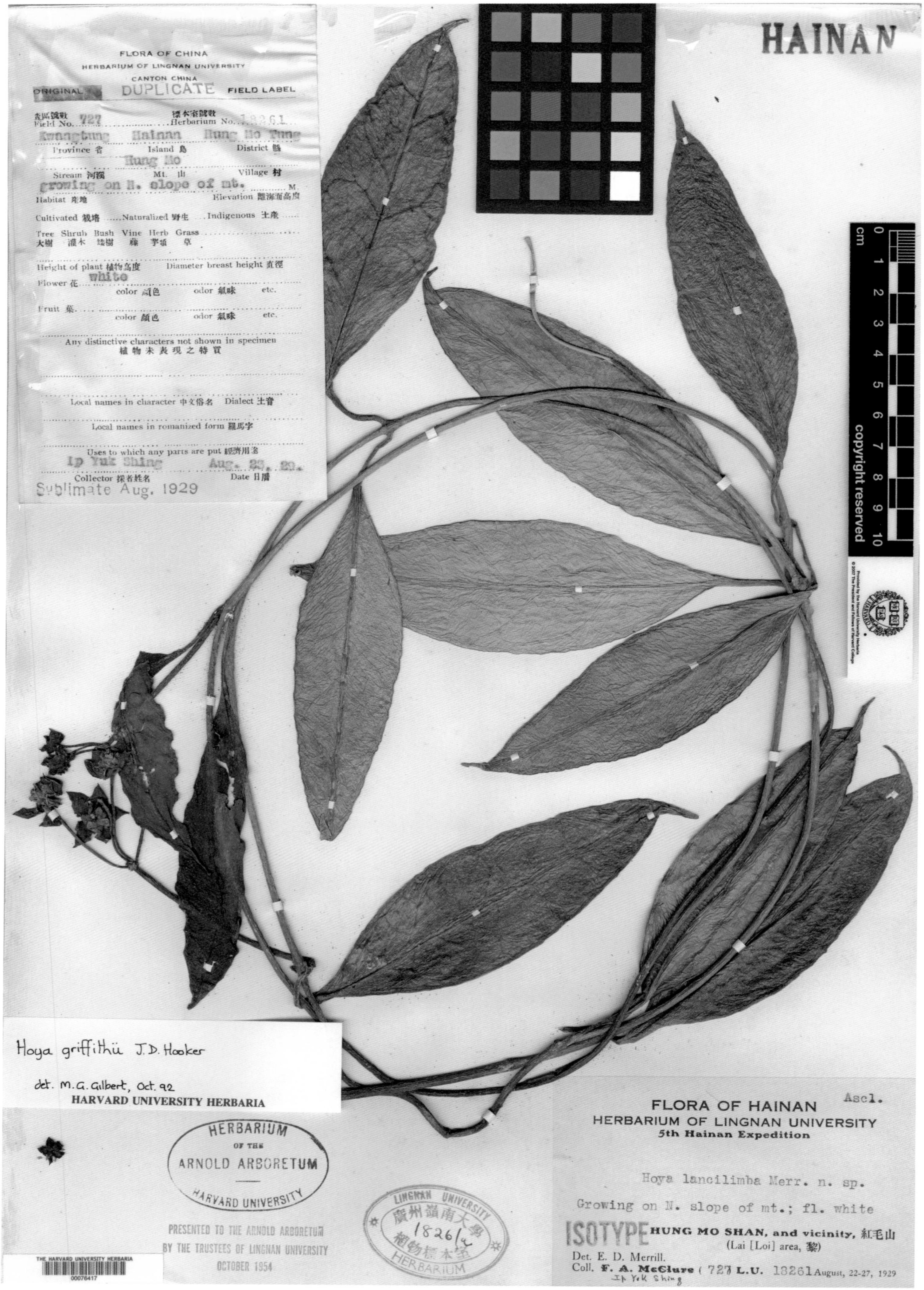

荷秋藤 ***Hoya lancilimba*** Merr. in Lingnan Sci. J. 11: 54. 1932. **Isotype:** China. Hainan: Hongmao Shan, 1929-08-23, Ip Yuk Shing 727 (=Lingnan University 18261) (A).

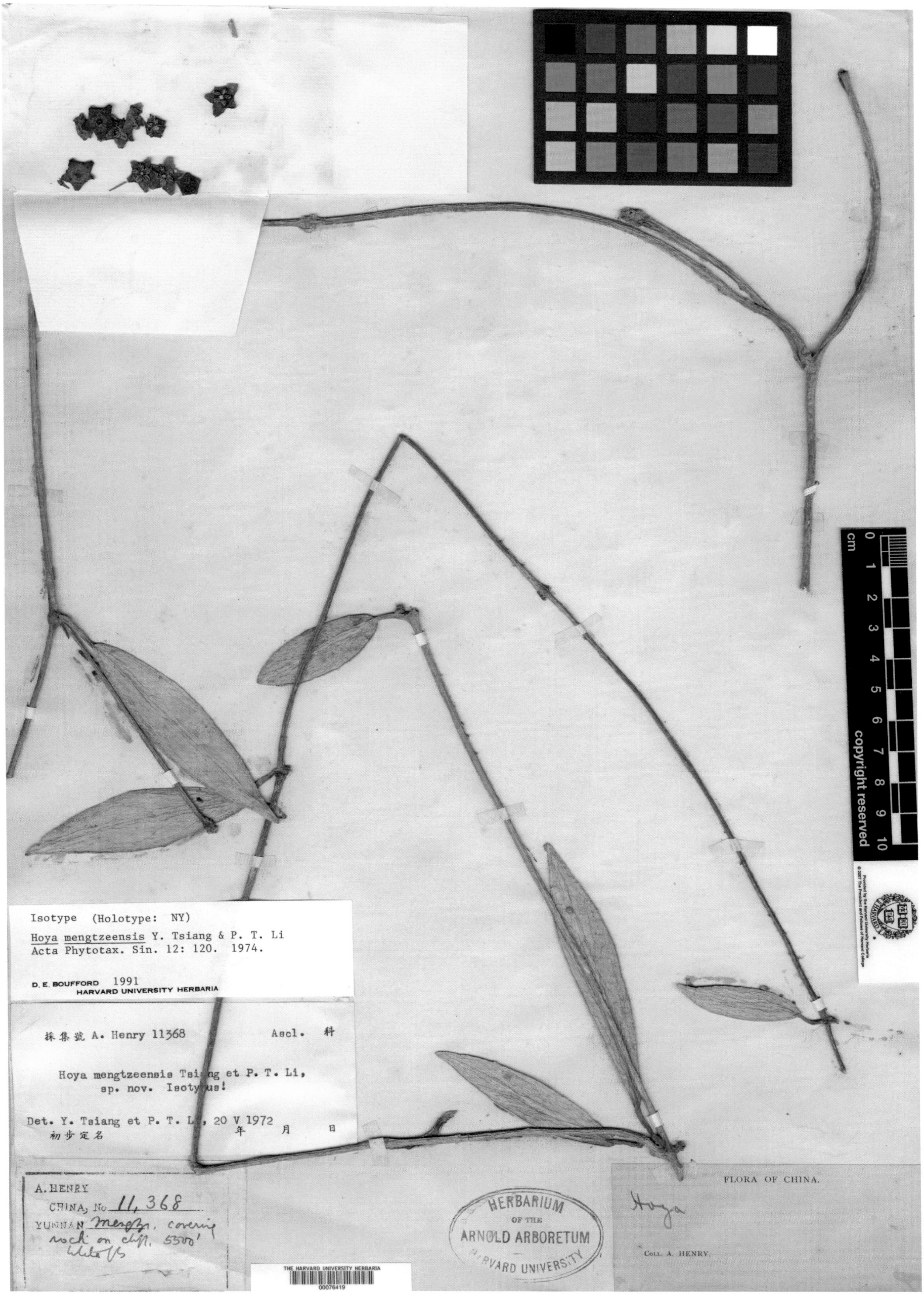

薄叶球兰 ***Hoya mengtzeensis*** Tsiang & P. T. Li in Acta Phytotax. Sin. 12(1): 120, pl. 27. 1974. **Isotype:** China.Yunnan: Mengzi, alt. 1 678 m, 19??-05-23, A. Henry 11368 (A).

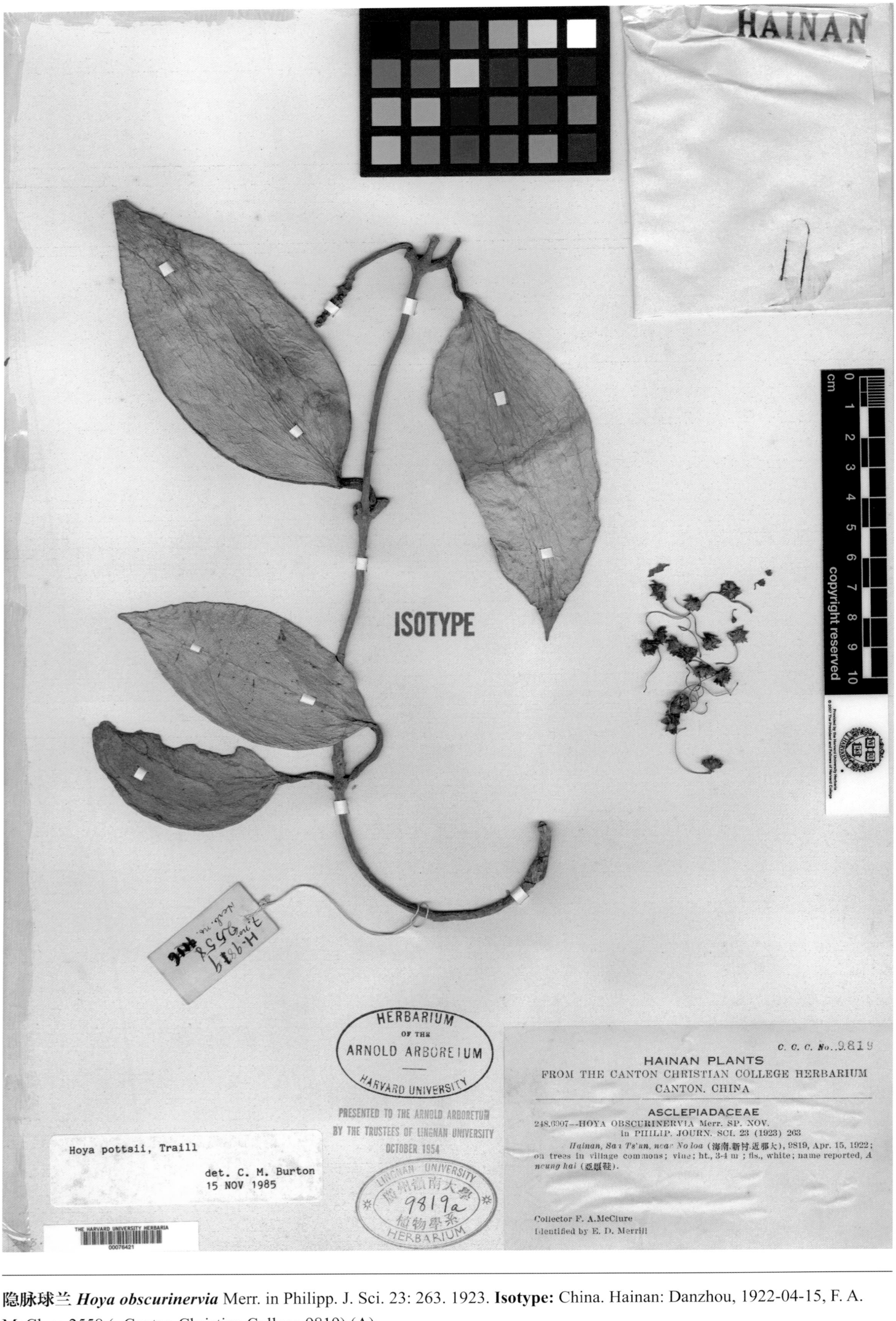

隐脉球兰 ***Hoya obscurinervia*** Merr. in Philipp. J. Sci. 23: 263. 1923. **Isotype:** China. Hainan: Danzhou, 1922-04-15, F. A. McClure 2558 (=Canton Christian College 9819) (A).

琴叶球兰 ***Hoya pandurata*** Tsiang in Sunyatsenia 4: 125. 1939. **Isotype**: China. Yunnan: Simao, alt. 1 220 m, A. Henry 12258 (A).

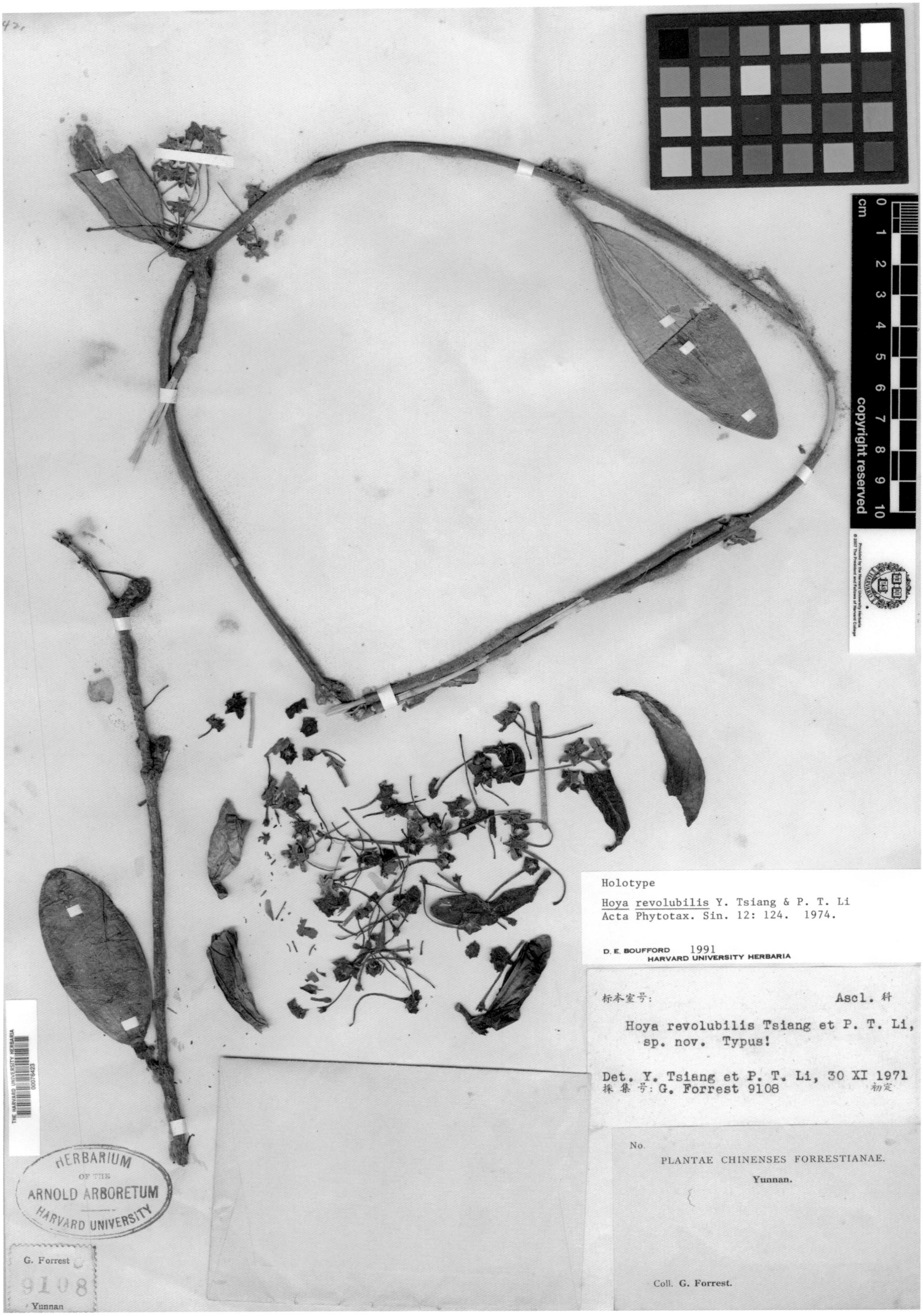

卷边球兰 ***Hoya revolubilis*** Tsiang & P. T. Li in Acta Phytotax. Sin. 12(1): 124. 1974. **Holotype:** China.Yunnan: Precise locality not known, G. Forrest 9108 (A).

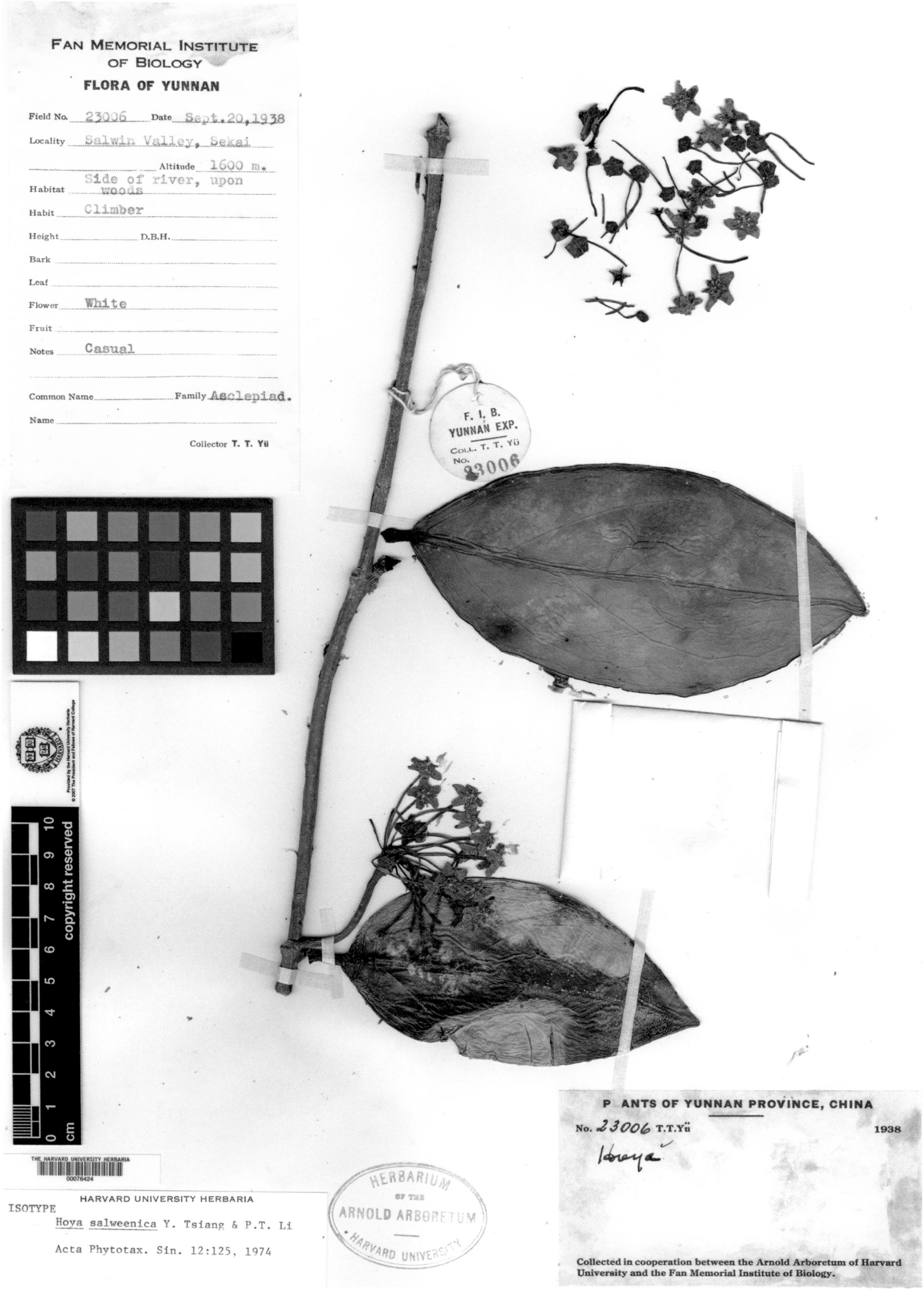

怒江球兰 ***Hoya salweenica*** Tsiang & P. T. Li in Acta Phytotax. Sin. 12(1): 125. 1974. **Isotype:** China.Yunnan: Gongshan, Sekai, alt. 1 600 m, 1938-09-20, T. T. Yu 23006 (A).

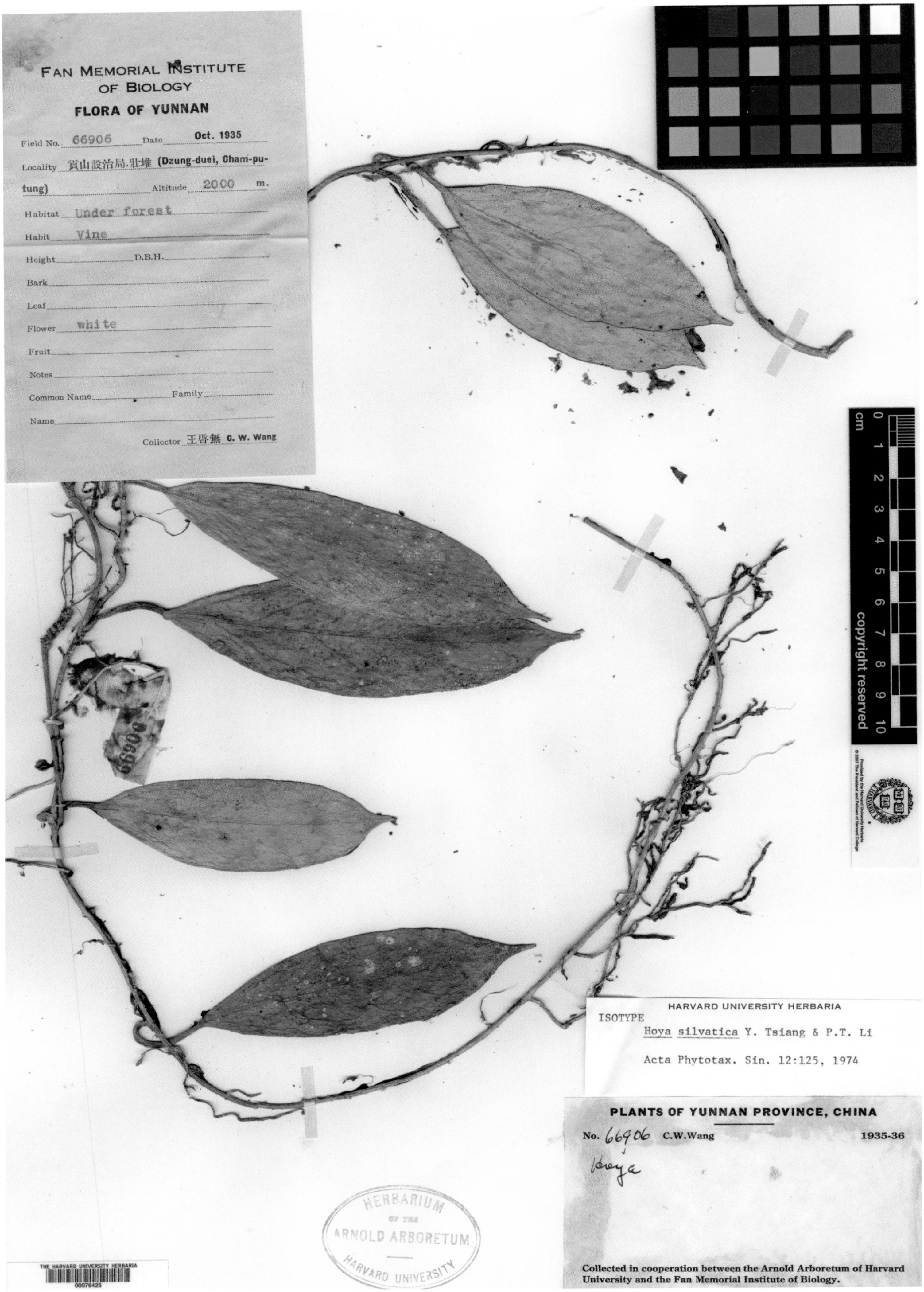

山球兰 ***Hoya silvatica*** Tsiang & P. T. Li in Acta Phytotax. Sin. 12(1): 125. 1974. **Isotype:** China.Yunnan: Gongshan, alt. 2 000 m, 1935-10-??, C. W. Wang 66906 (A).

0 1 2 3 4 5 6 7 8 9 10
cm
copyright reserved
Isotype of Hoya yuennanensis Handel-Mazzetti
Symb. Sin. 7: 1001. 1936 (ex num.)
= Hoya lyi H. Léveillé
HARVARD UNIVERSITY HERBARIA
HANDEL-MAZZETTI, ITER SINENSE 1914-1918,
sumptibus Academiae scientiarum Vindobonensis susceptum.
Nr. 7971.
Hoya carnosa (L.) R. Br.
Not. ad pl. viv.: fl. alborosei det. H.-M.
Prov. YÜNNAN bor.-occid.: In regionis siccae subtropicae ad fluvium
Landsang-djiang (Mekong)
Substr. crystallino alt. s. m. ca. 1950–2000 m.
Leg. 10. IX. 1915 Dr. Heinr. Frh. v. Handel-Mazzetti. (Diar. Nr
HERBARIUM OF THE ARNOLD ARBORETUM HARVARD UNIVERSITY

云南球兰 ***Hoya yuennanensis*** Hand.-Mazz. in Symb. Sin. 7: 1001. 1936. **Isotype**: China. Yunnan: Dêqên, alt. 1 950~2 000 m, 1915-09-10, H. R. E. Handel-Mazzetti 7971 (A).

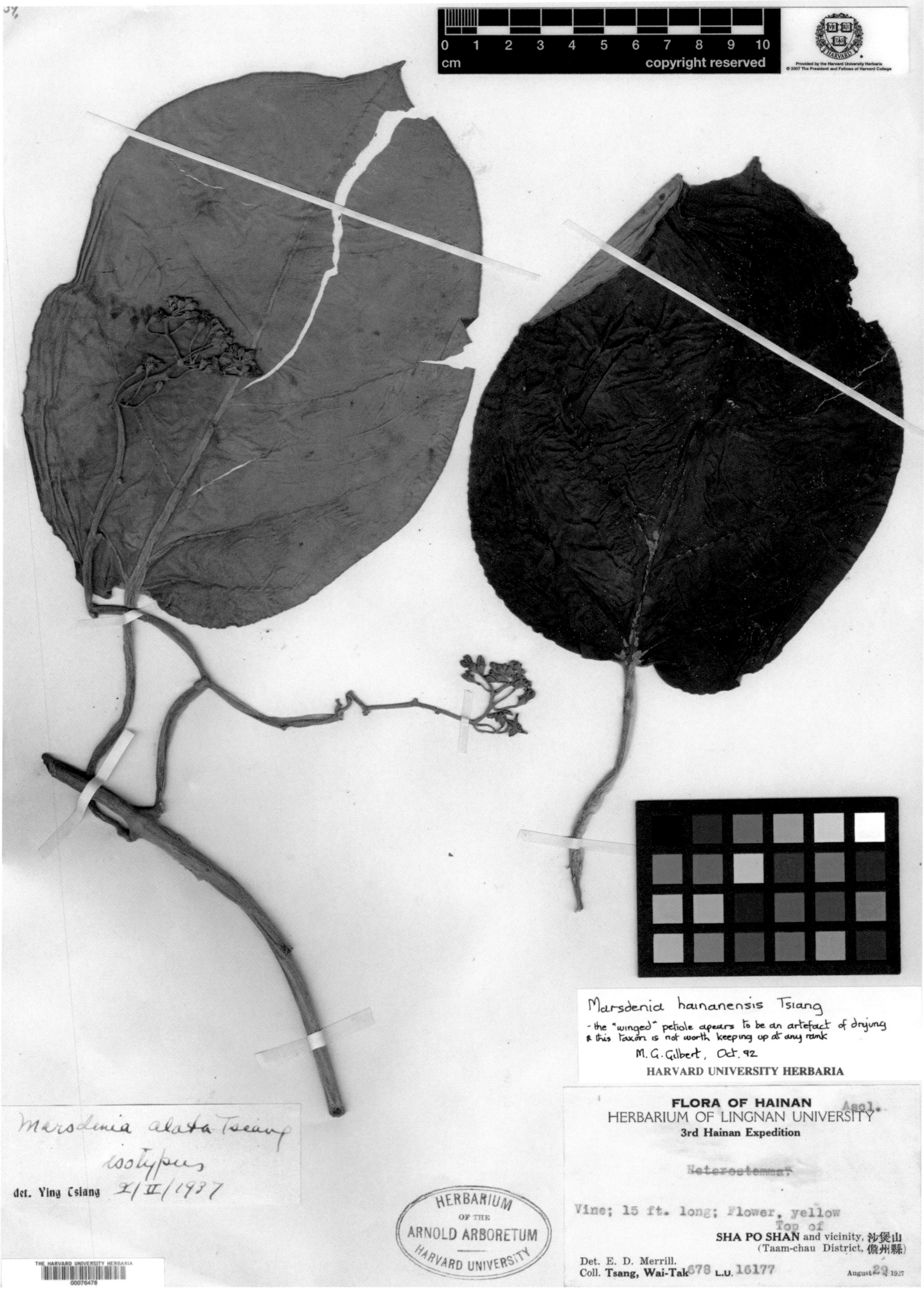

翅叶牛奶菜 ***Marsdenia alata*** Tsiang in Sunyatsenia 3: 209. 1936. **Isotype**: China. Hainan: Danzhou, 1927-08-29, W. T. Tsang 678 (=Lingnan University 16177) (A).

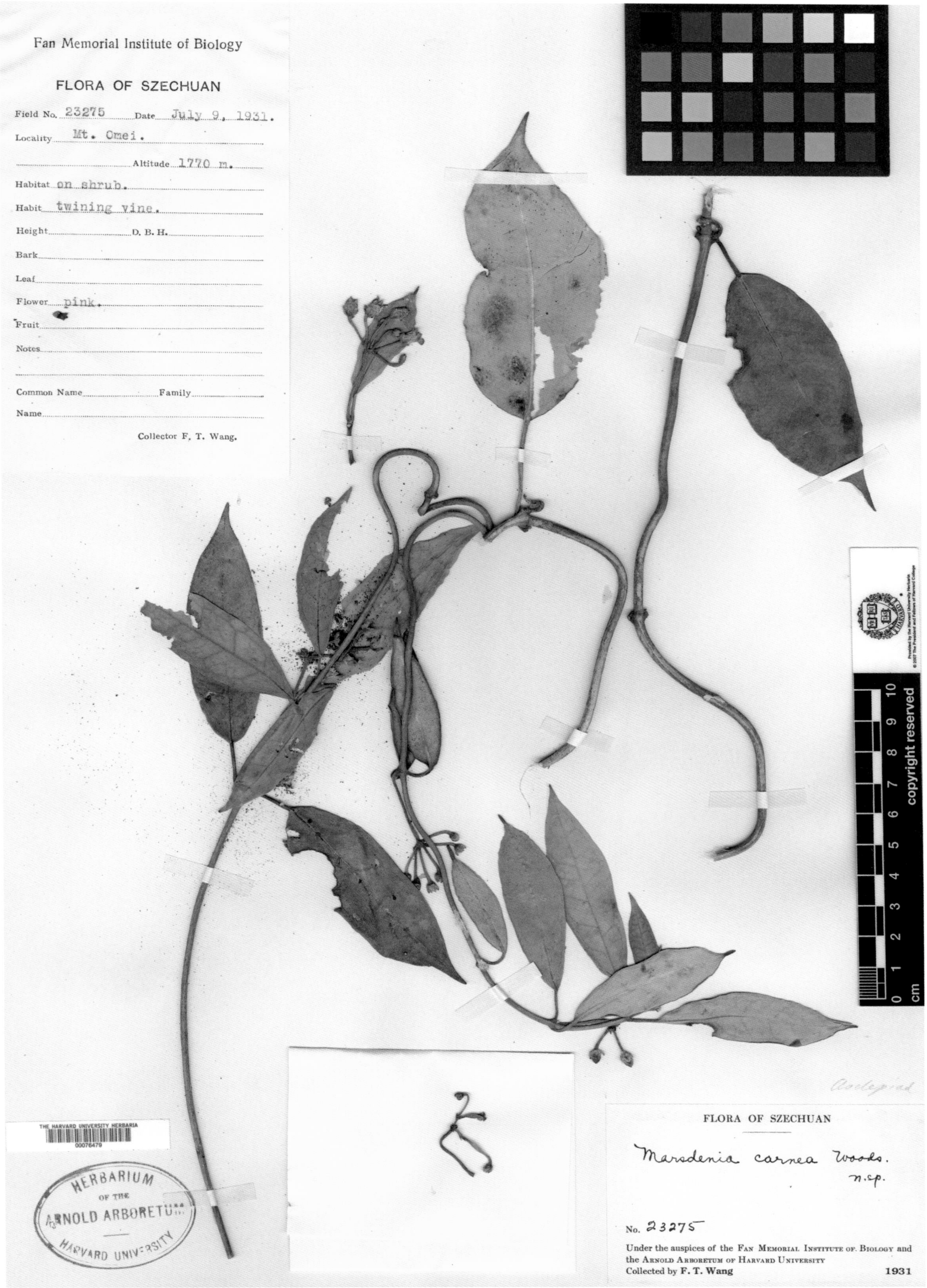

红肉牛奶菜 ***Marsdenia carnea*** Woodson in Ann. Missouri Bot. Gard. 21: 611. 1934. **Isotype**: China. Sichuan: Emeishan, Emei Shan, alt. 1 770 m, 1931-07-09, F. T. Wang 23275 (A).

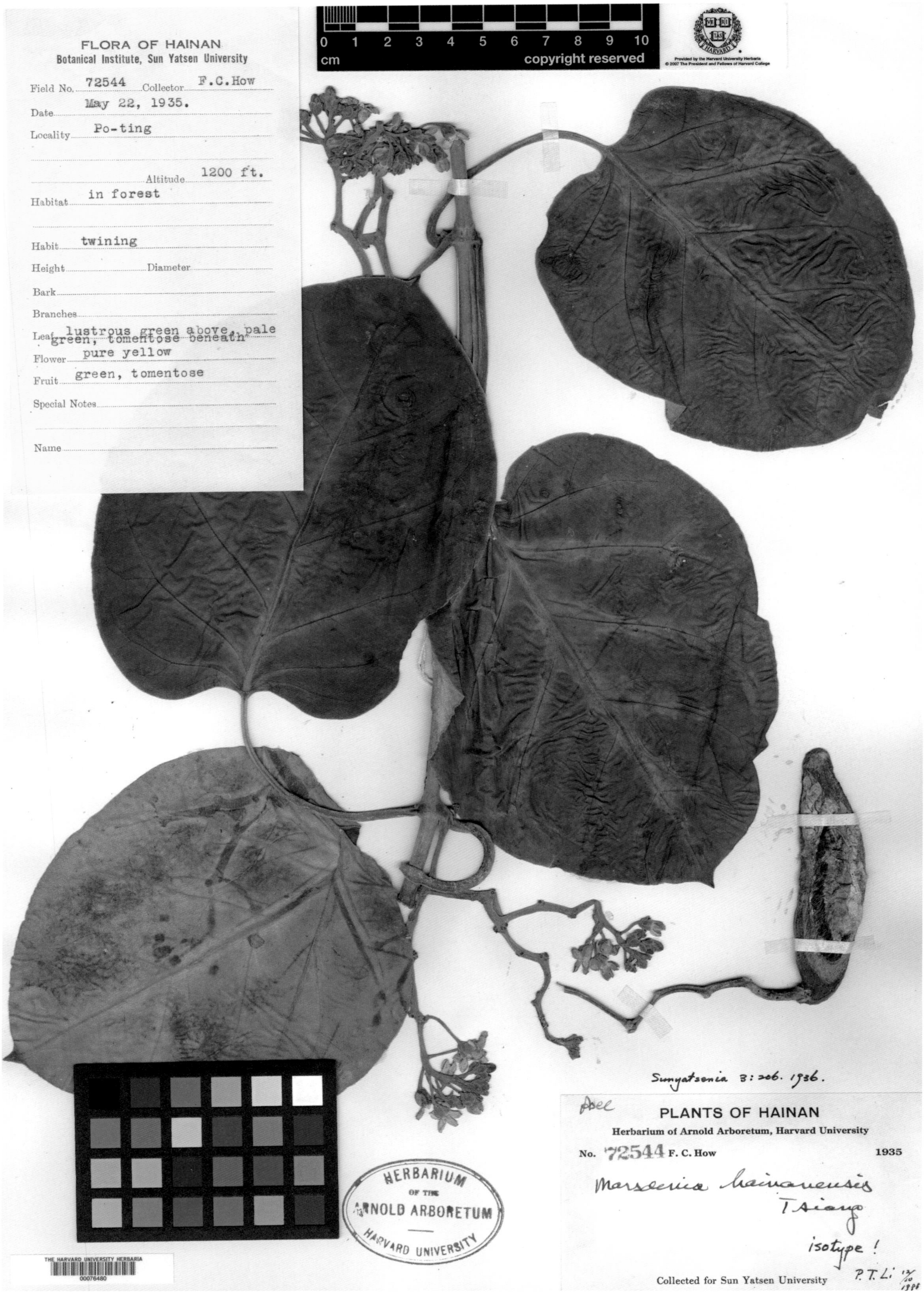

海南牛奶菜 ***Marsdenia hainanensis*** Tsiang in Sunyatsenia 3: 206, pl. 23, f. 14. 1936. **Isotype**: China. Hainan: Po-ting (=Baoting), alt. 366 m, 1935-05-22, F. C. How 72544 (A).

毛喉牛奶菜 ***Marsdenia lachnostoma*** Benth. Fl. Hongk. 226. 1861. **Isotype**: China. Hong Kong: (1853-1856)-??-??, C. Wright 491(GH).

驼峰藤 ***Merrillanthus hainanensis*** Chun & Tsiang in Sunyatsenia 6: 107, pl. 17–18. 1941. **Isotype**: China. Hainan: Bak Sa (=Baisha), 1936-04-21, S. K. Lau 26386 (A).

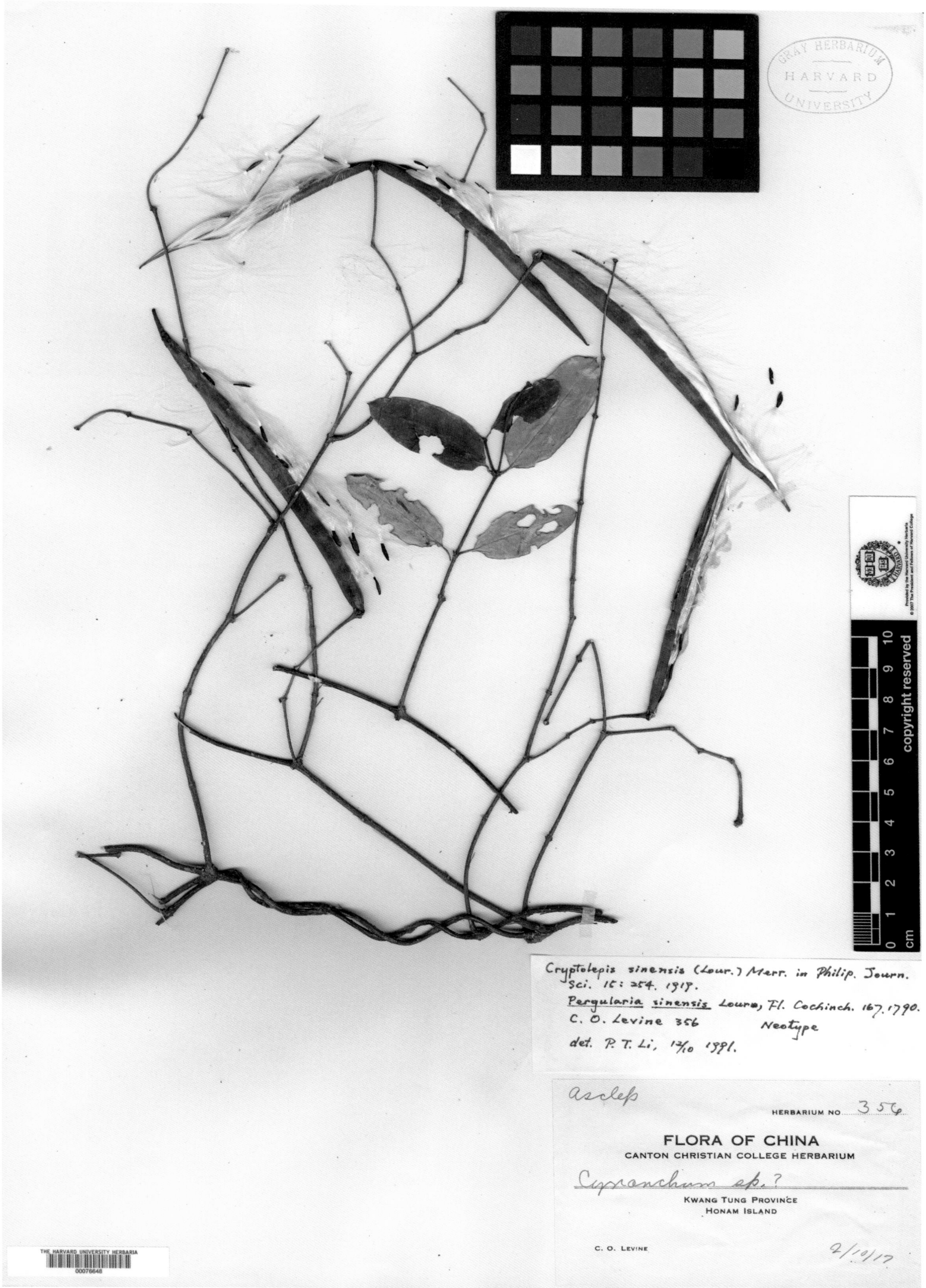

白叶藤 ***Pergularia sinensis*** Lour. Fl. Cochinch. 1: 167, 169. 1790. **Isosyntype** (designated by E. D. Merrill in Philipp. J. Sci. 15: 254. 1919.): China. Guangdong: Guangzhou, Honam Island, 1917-??-??, C. O. Levine 356 (GH).

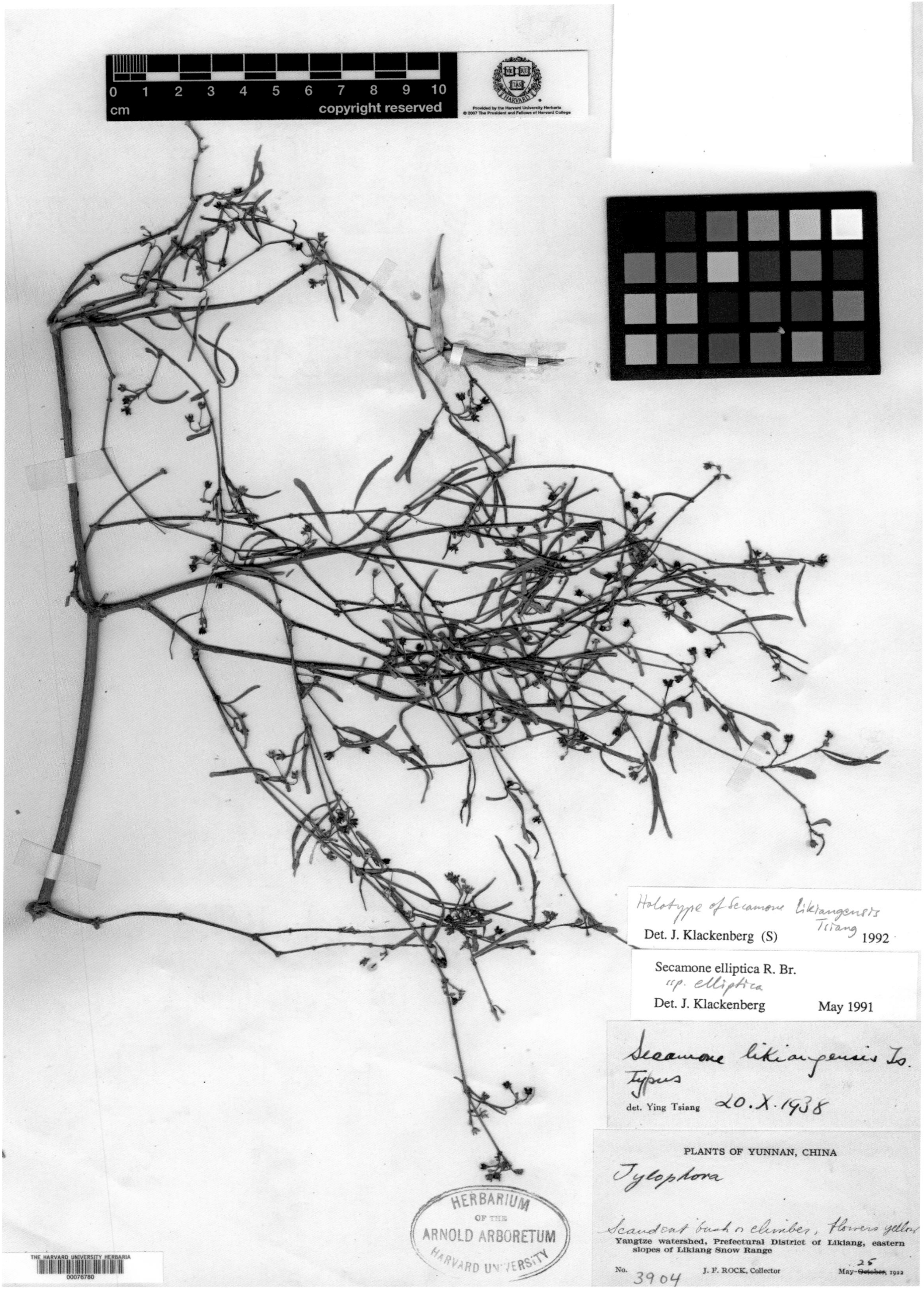

丽江鲫鱼藤 ***Secamone likiangensis*** Tsiang in Sunyatsenia 4: 57, f. 13. 1939. **Holotype**: China. Yunnan: Lijiang, 1922-05-25, J. F. Rock 3904 (A).

细花鲫鱼藤 ***Secamone minutiflora*** Tsiang in Sunyatsenia 4: 56, pl. 16. 1939. **Holotype:** China. Sichuan: Ebian, alt. 900 m, 1932-05-15, T. T. Yu 745 (A).

吊山桃 ***Secamone sinica*** Hand.-Mazz. in Symb. Sin. 7: 997. 1936. **Isotype**: China. Guizhou: Dschenning (=Zhenning), Huangguoshu, alt. 1 060 m, 1917-06-23, H. R. E. Handel-Mazzetti 10425 (A).

云南黑鳗藤 ***Stephanotis yunnanensis*** Lévl. Catal. Pl. Yun-Nan 14. 1915. **Isotype:** China.Yunnan: Tcheou-Kia-Tse-Tang, 1911-06-??, alt. 2 550 m, E. E. Marie s. n. (A).

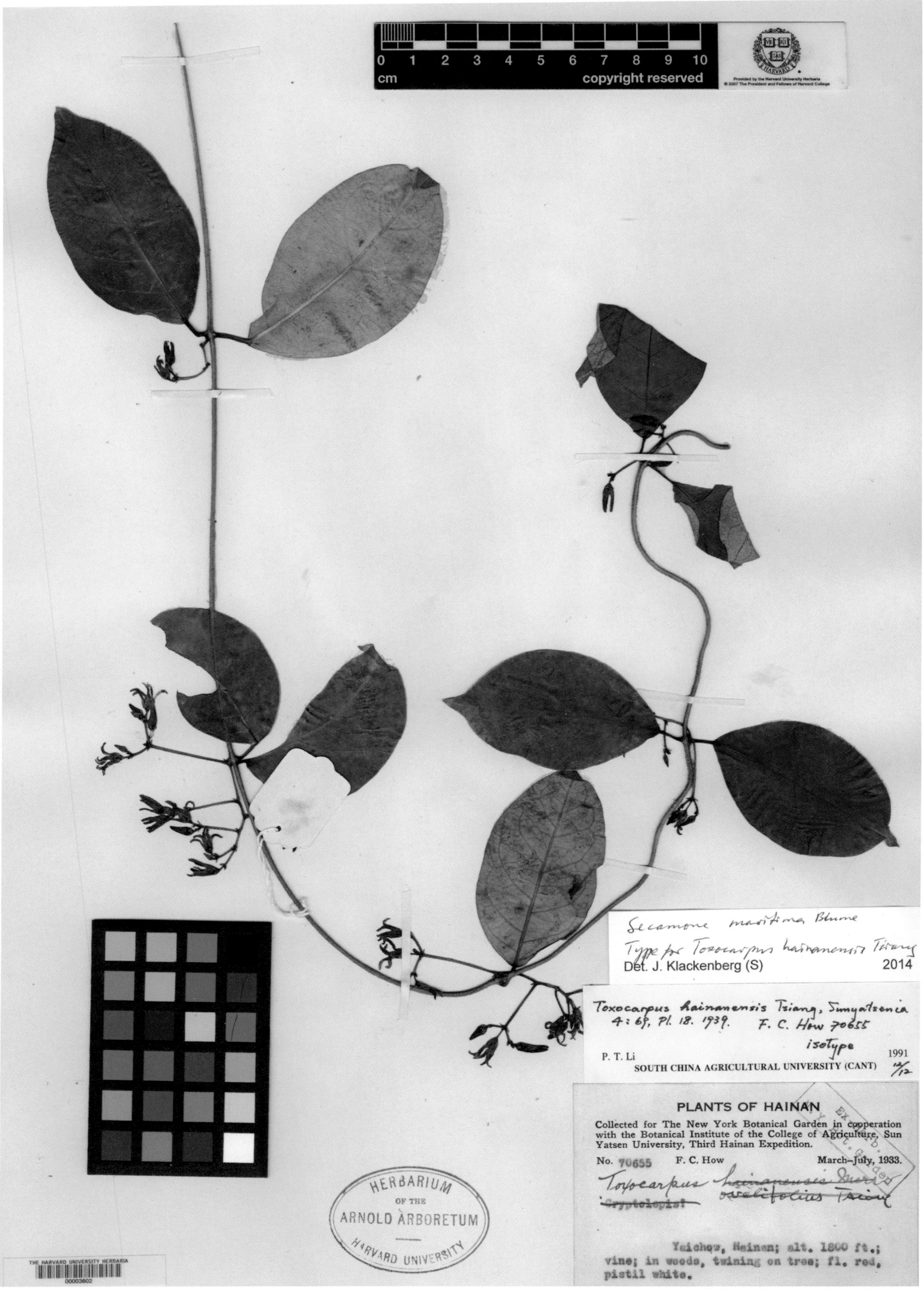

海南弓果藤 ***Toxocarpus hainanensis*** Tsiang in Sunyatsenia 4: 69, pl. 18. 1939. **Isotype**: China. Hainan: Yaichow (= Sanya), alt. 549 m, 1933-(03-07)-??, F. C. How 70655 (A).

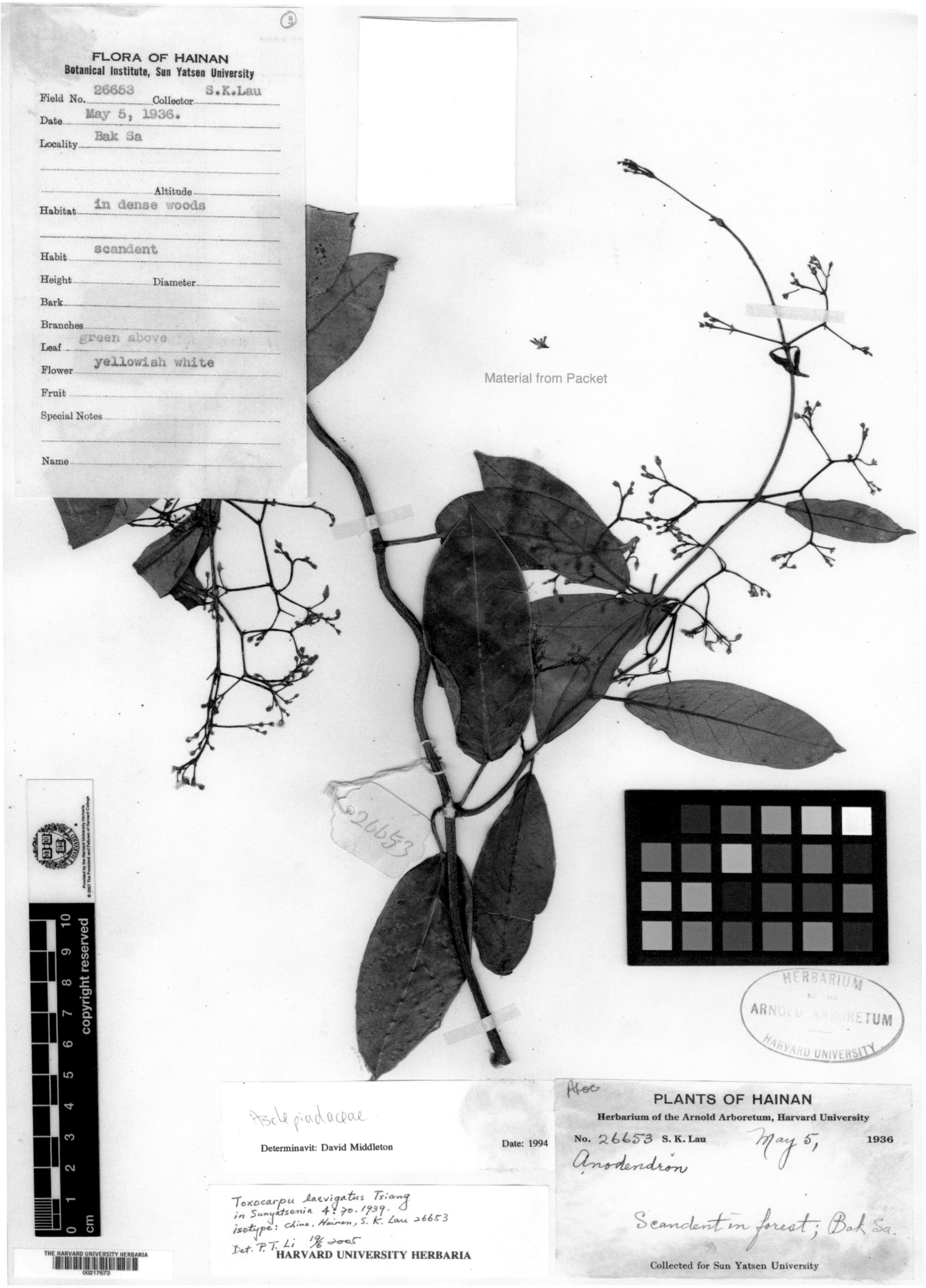

平滑弓果藤 ***Toxocarpus laevigatus*** Tsiang in Sunyatsenia 4: 70, pl. 19. 1939. **Isotype**: China. Hainan: Bak Sa (=Baisha), 1936-05-05, S. K. Lau 26653 (A).

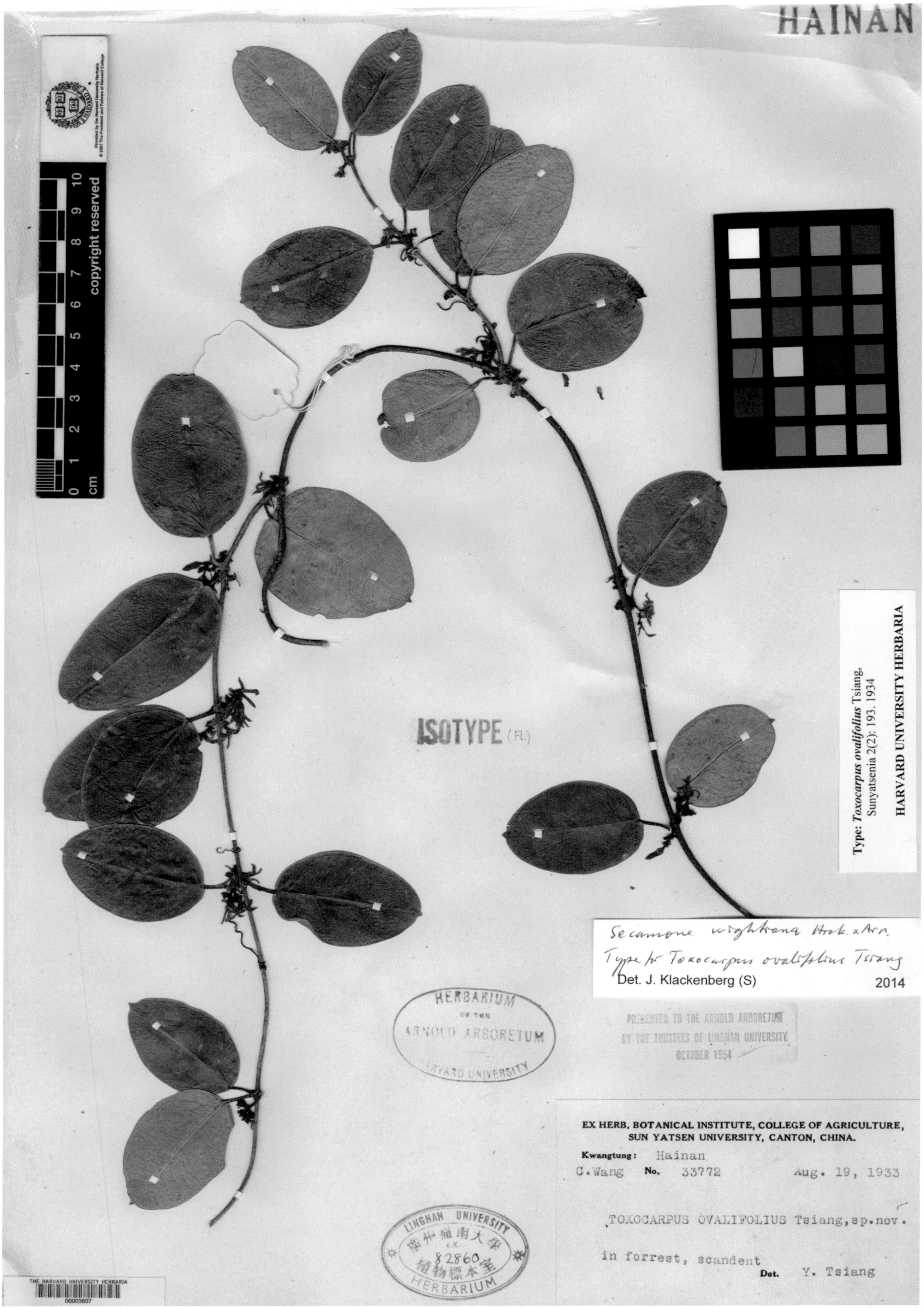

圆叶弓果藤 ***Toxocarpus ovalifolius*** Tsiang in Sunyatsenia 2: 193, pl. 35. 1934. **Isosyntype**: China. Hainan: Sanya, 1933-08-19, C. Wang 33772 (A).

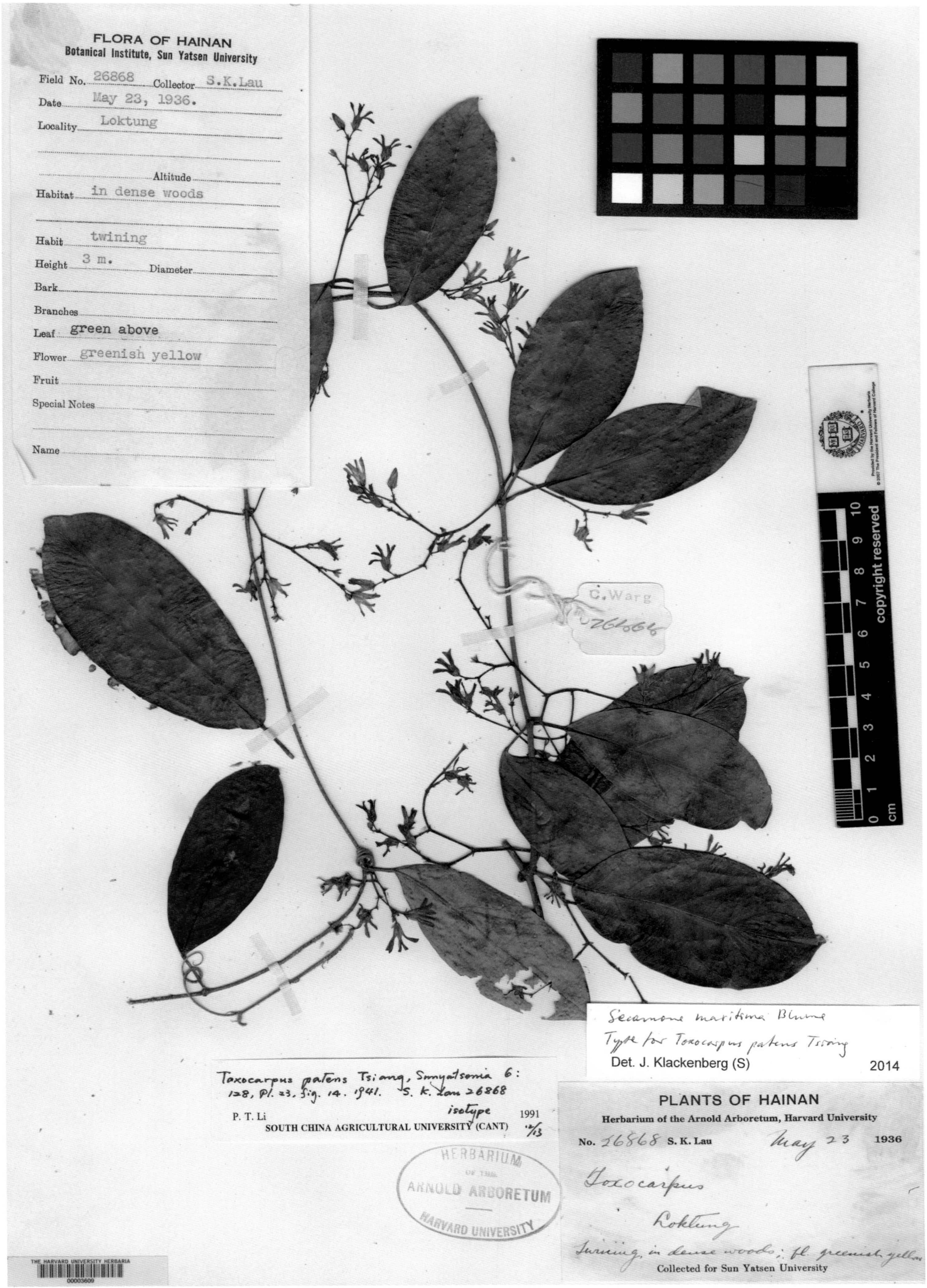

广花弓果藤 ***Toxocarpus patens*** Tsiang in Sunyatsenia 6: 128, pl. 23, f. 14. 1941. **Isotype:** China. Hainan: Loktung (=Ledong), 1936-05-23, S. K. Lau 26868 (A).

老虎须 ***Tylophora arenicola*** Merr. in Lingnan Sci. J. 13: 69. 1934. **Isoparatype**: China. Hainan: Lingshui, 1932-05-17, H. Y. Liang 61796 (GH).

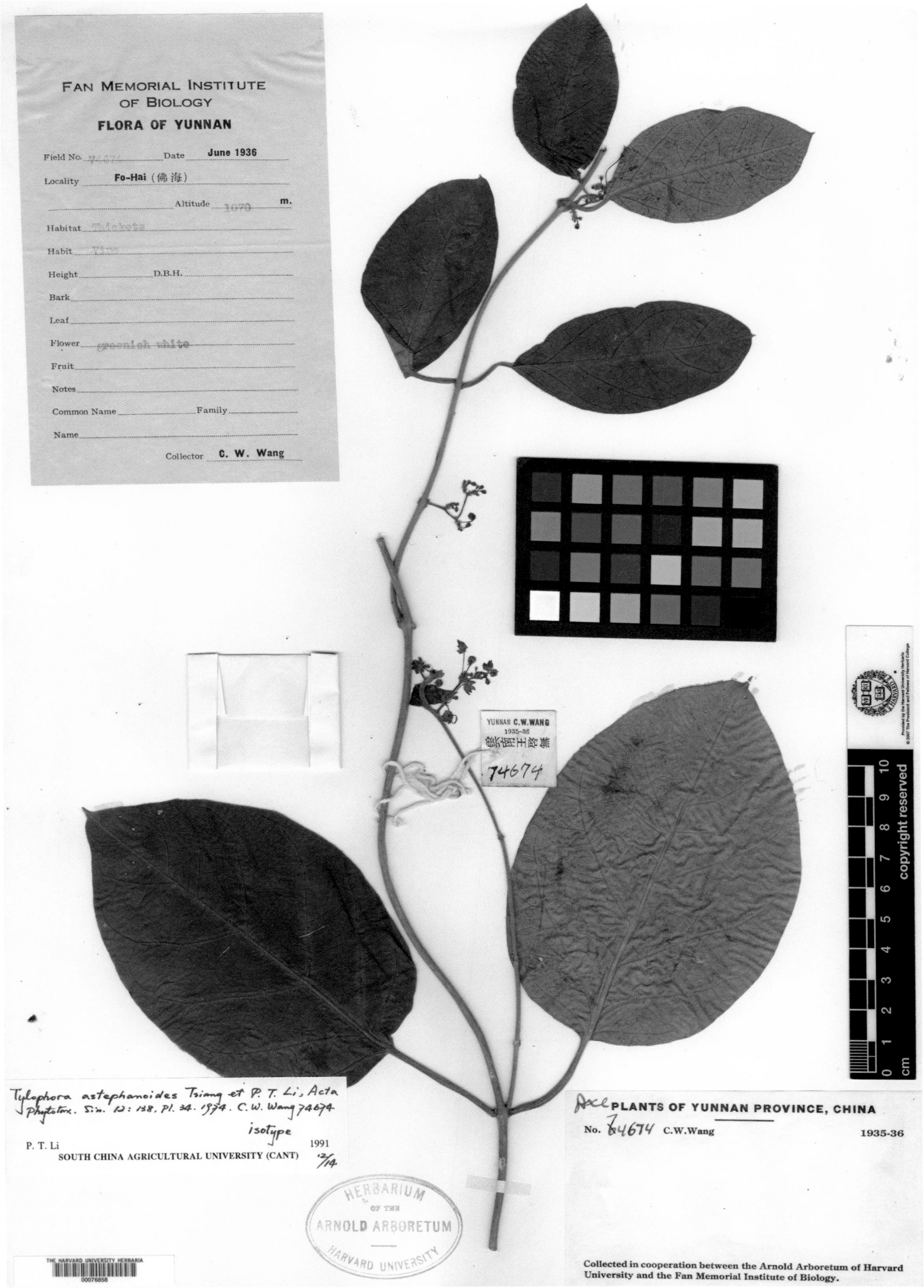

阔叶娃儿藤 ***Tylophora astephanoides*** Tsiang & P. T. Li in Acta Phytotax. Sin. 12(1): 138, pl. 34. 1974. **Isotype:** China.Yunnan: Fo-Hai (=Menghai), alt. 1 070 m, 1936-06-??, C. W. Wang 74674 (A).

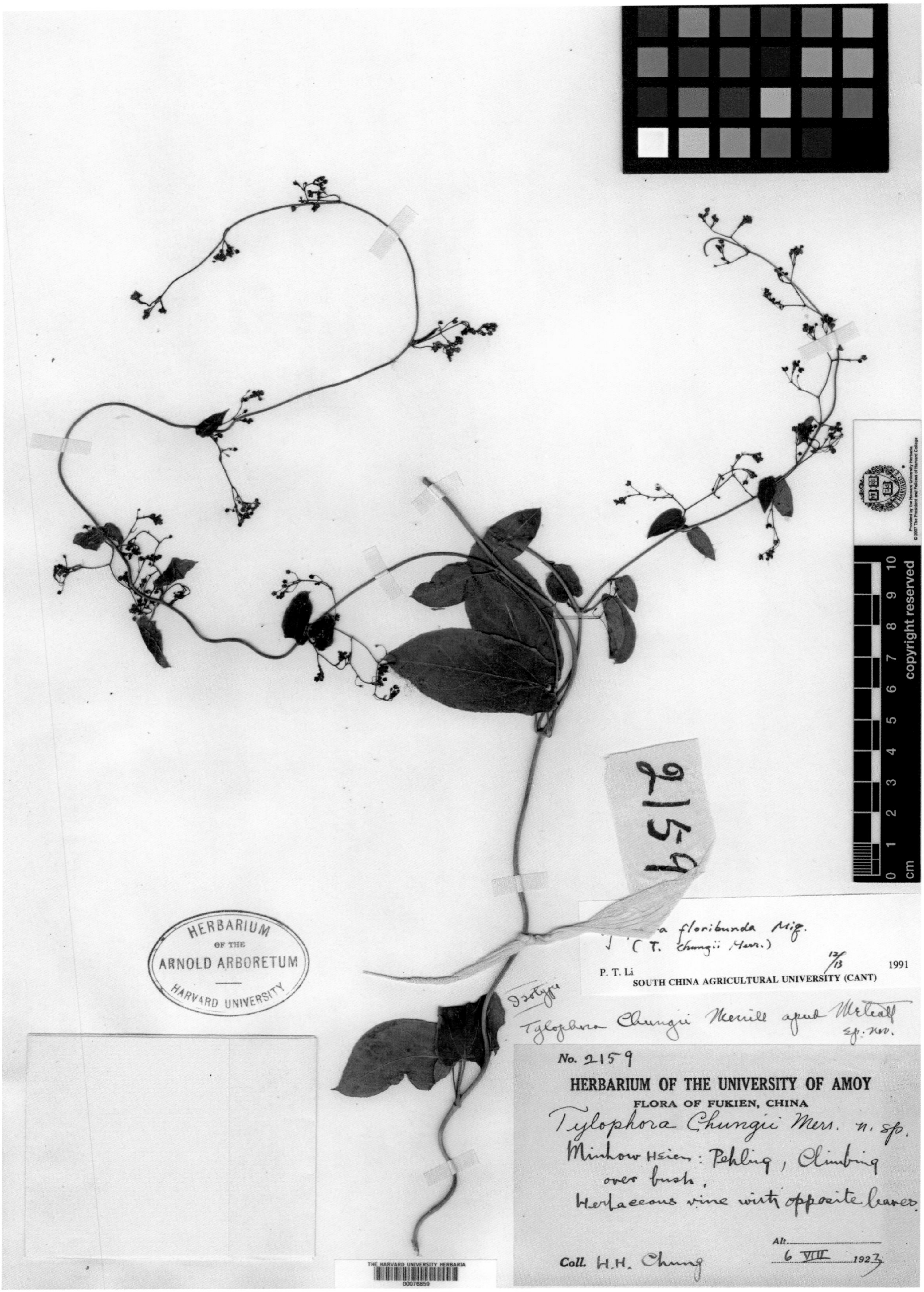

闽侯娃儿藤 ***Tylophora chungii*** Merr. ex Metc. in Lingnan Sci. J. 11: 264. 1932. **Isosyntype:** China.Fujian: Minhou, 1923-09-06, H. H. Chung 2159 (A).

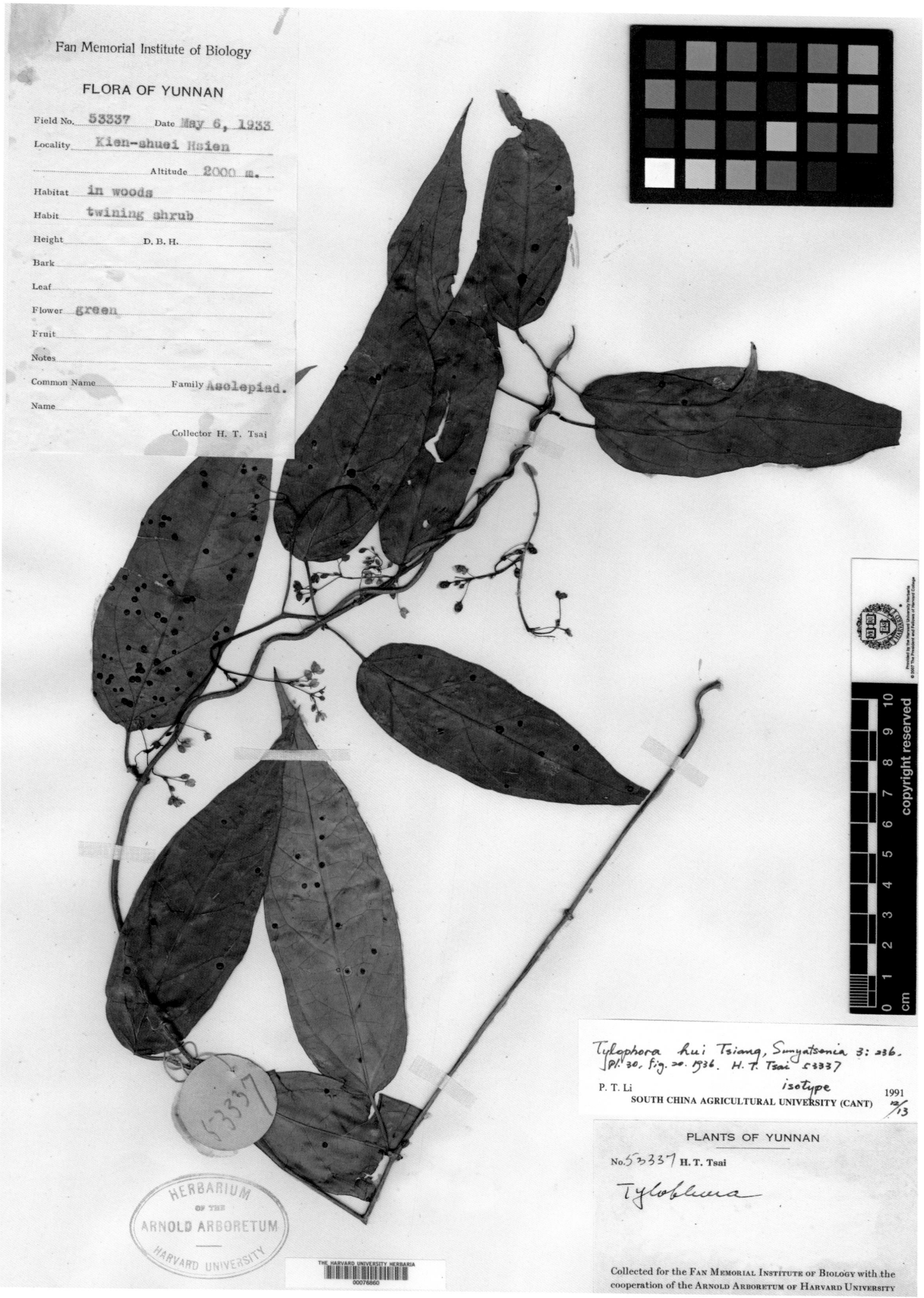

建水娃儿藤 ***Tylophora hui*** Tsiang in Sunyatsenia 3: 236, pl. 30, f. 20. 1936. **Holotype**: China. Yunnan: Kienshuei (= Jianshui), alt. 2 000 m, 1933-05-06, H. T. Tsai 53337 (A).

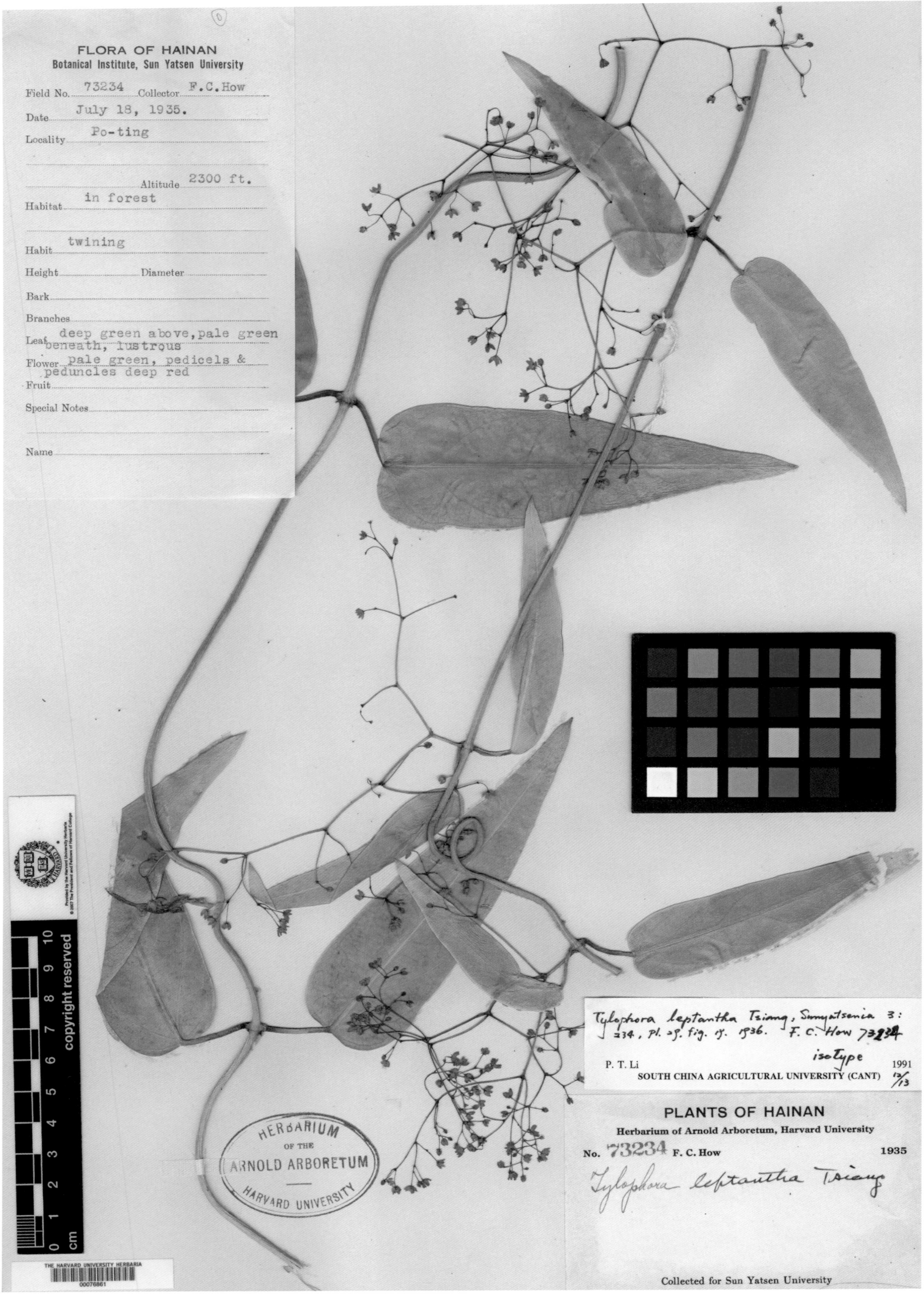

广花娃儿藤 ***Tylophora leptantha*** Tsiang in Sunyatsenia 3: 234, pl. 29, f. 19. 1936. **Isosyntype**: China. Hainan: Po-ting (=Baoting), alt. 702 m, 1935-07-18, F. C. How 73234 (A).

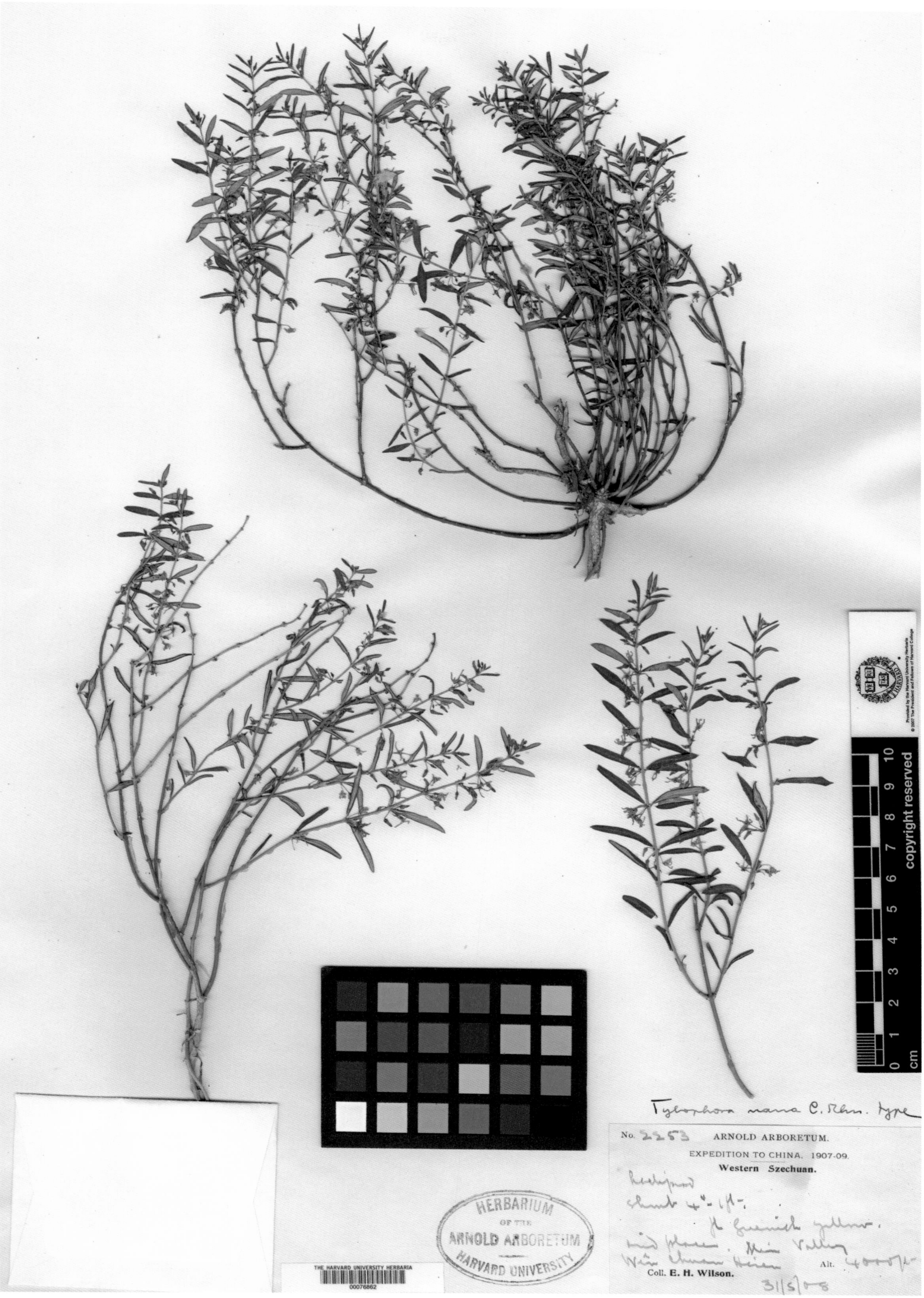

汶川娃儿藤 ***Tylophora nana*** Schneid. in Sargent, Pl. Wils. 3: 351. 1916. **Holotype:** China. Sichuan: Wenchuan, alt. 1 220 m, 1908-05-31, E. H. Wilson 2253 (A).

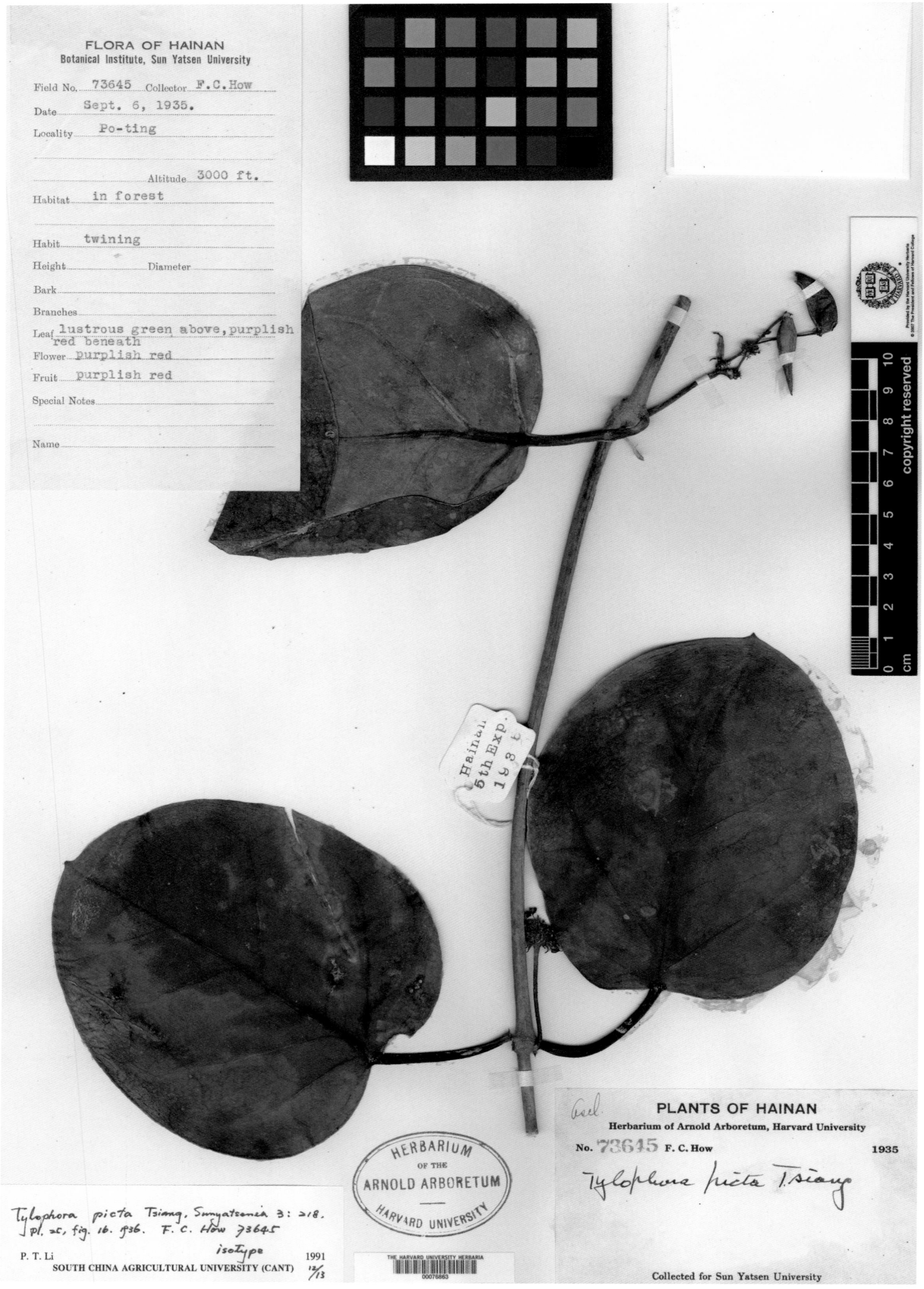

紫叶娃儿藤 ***Tylophora picta*** Tsiang in Sunyatsenia 3: 218, pl. 25, f. 16. 1936. **Isotype**: China. Hainan: Po-ting (=Baoting), alt. 915 m, 1935-09-06, F. C. How 73645 (A).

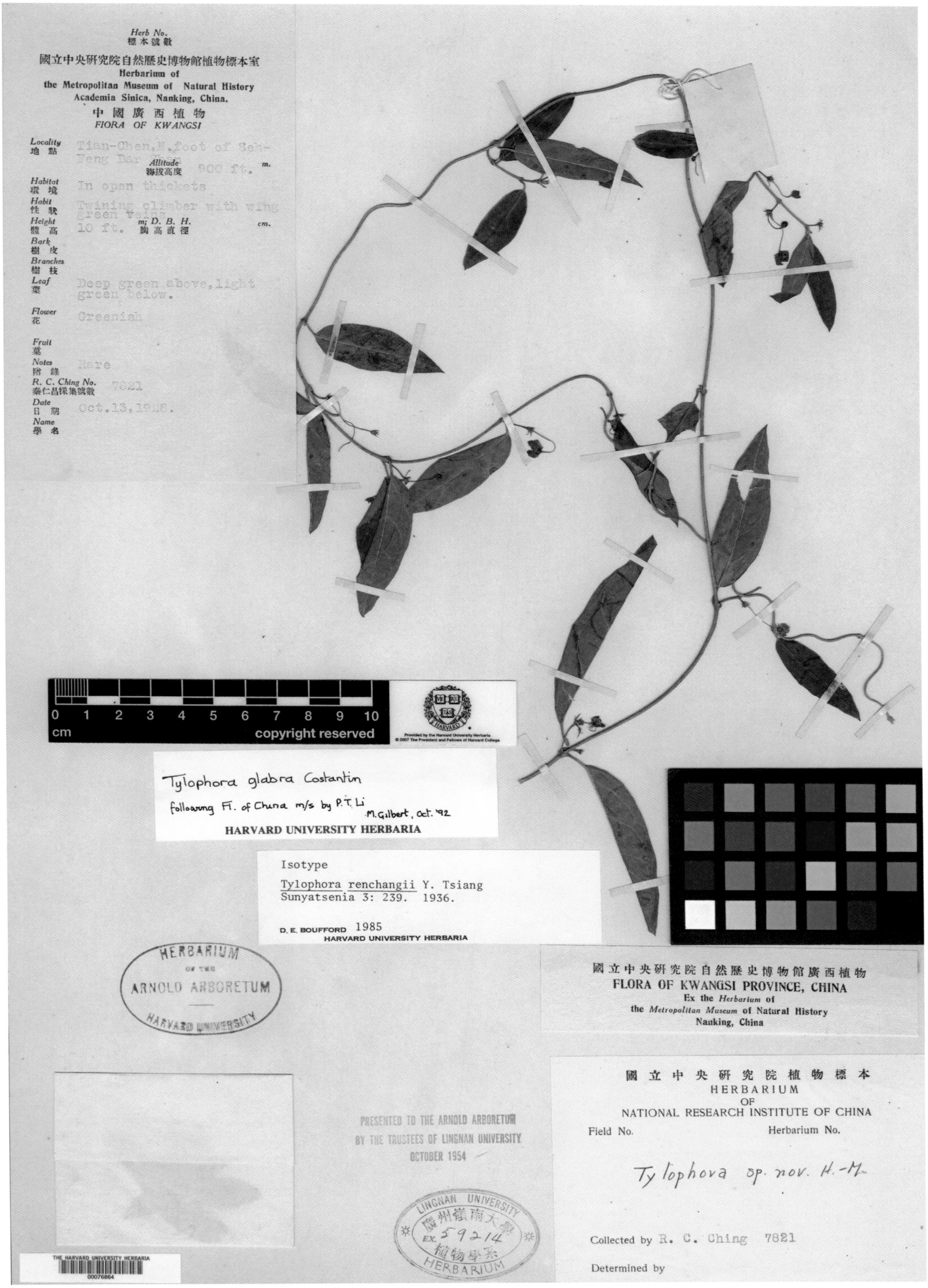

扒地蜈蚣 ***Tylophora renchangii*** Tsiang in Sunyatsenia 3: 232, pl. 28. 1936. **Isotype**: China. Guangxi: Shiwan Dashan, alt. 275 m, 1928-10-13, R. C. Ching 7821 (A).

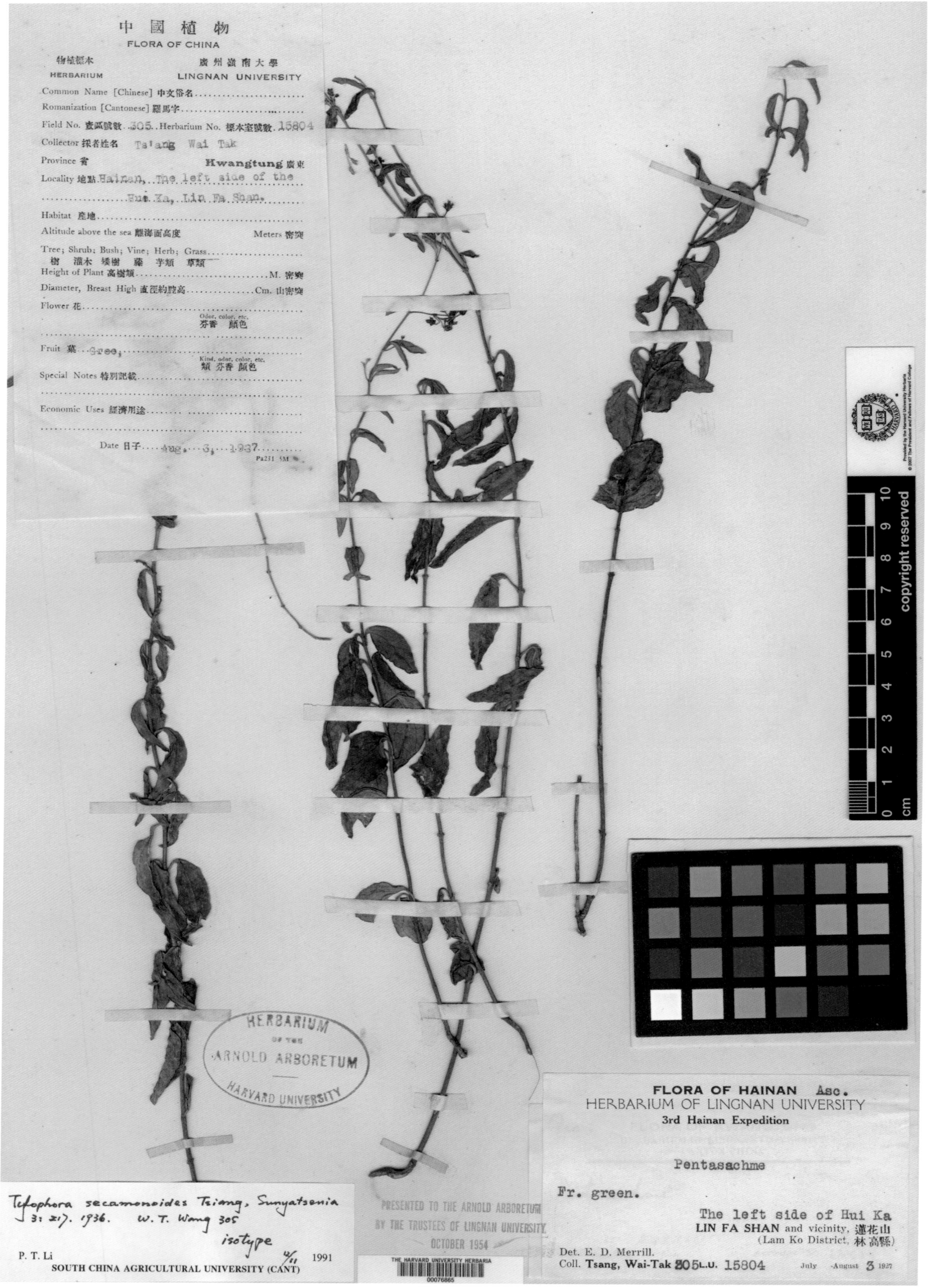

蛇胆草 ***Tylophora secamonoides*** Tsiang in Sunyatsenia 3: 217. 1936. **Isotype**: China. Hainan: Lam Ko (=Lingao), 1927-08-03, W. T. Tsang 305(=Lingnan University 15804) (A).

圆叶娃儿藤 ***Tylophora trichophylla*** Tsiang in Sunyatsenia 3: 221. 1936. **Isotype**: China. Hainan: Taam Chau (= Danzhou), 1928-05-24, W. T. Tsang 481 (A).

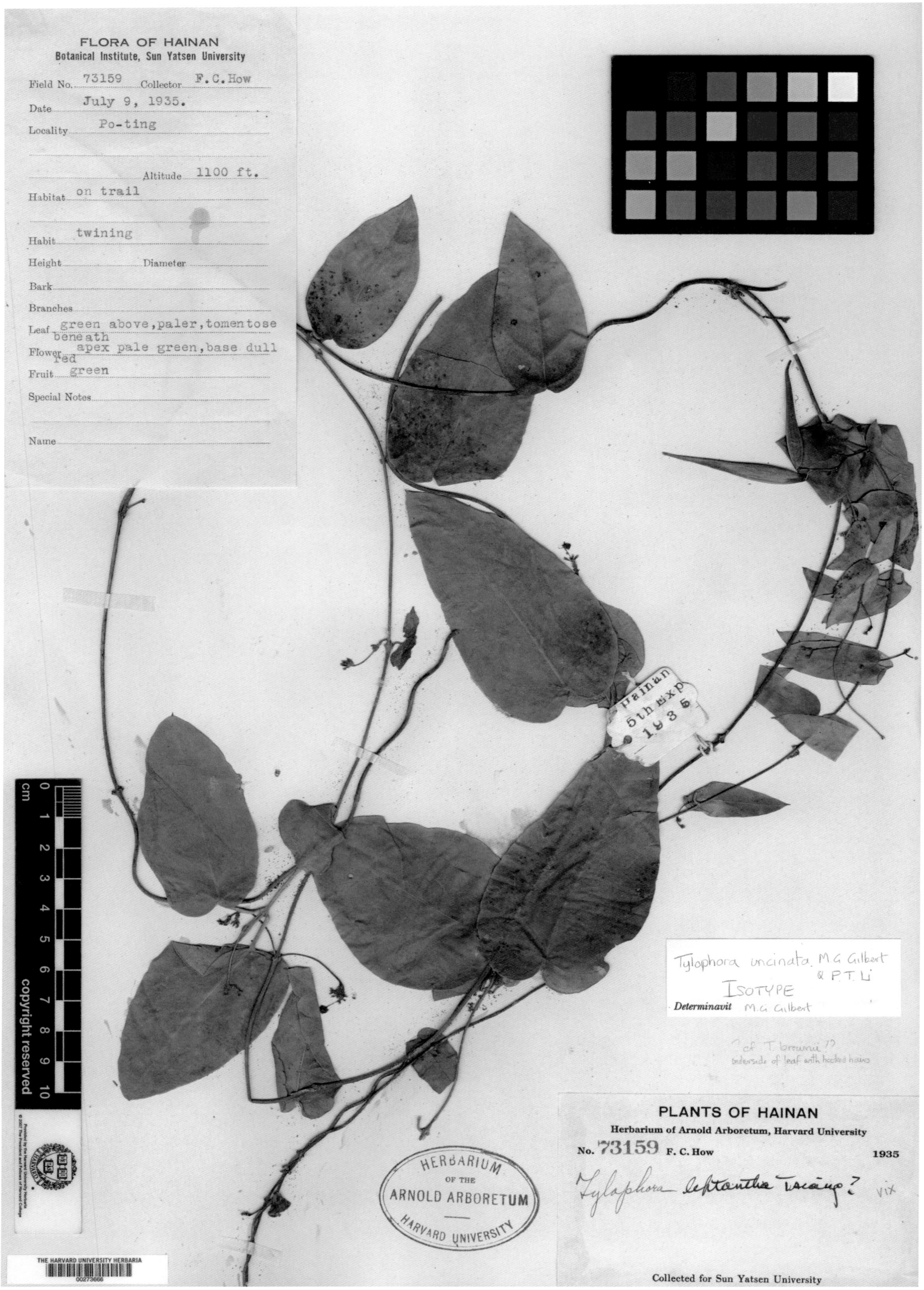

钩毛娃儿藤 ***Tylophora uncinata*** M. G. Gilbert & P. T. Li in Novon 5(1): 16. 1995. **Isotype:** China. Hainan: Po-ting (= Baoting), alt. 336 m, 1935-07-09, F. C. How 73159 (A).

旋花科
Convolvulaceae

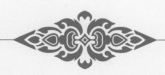

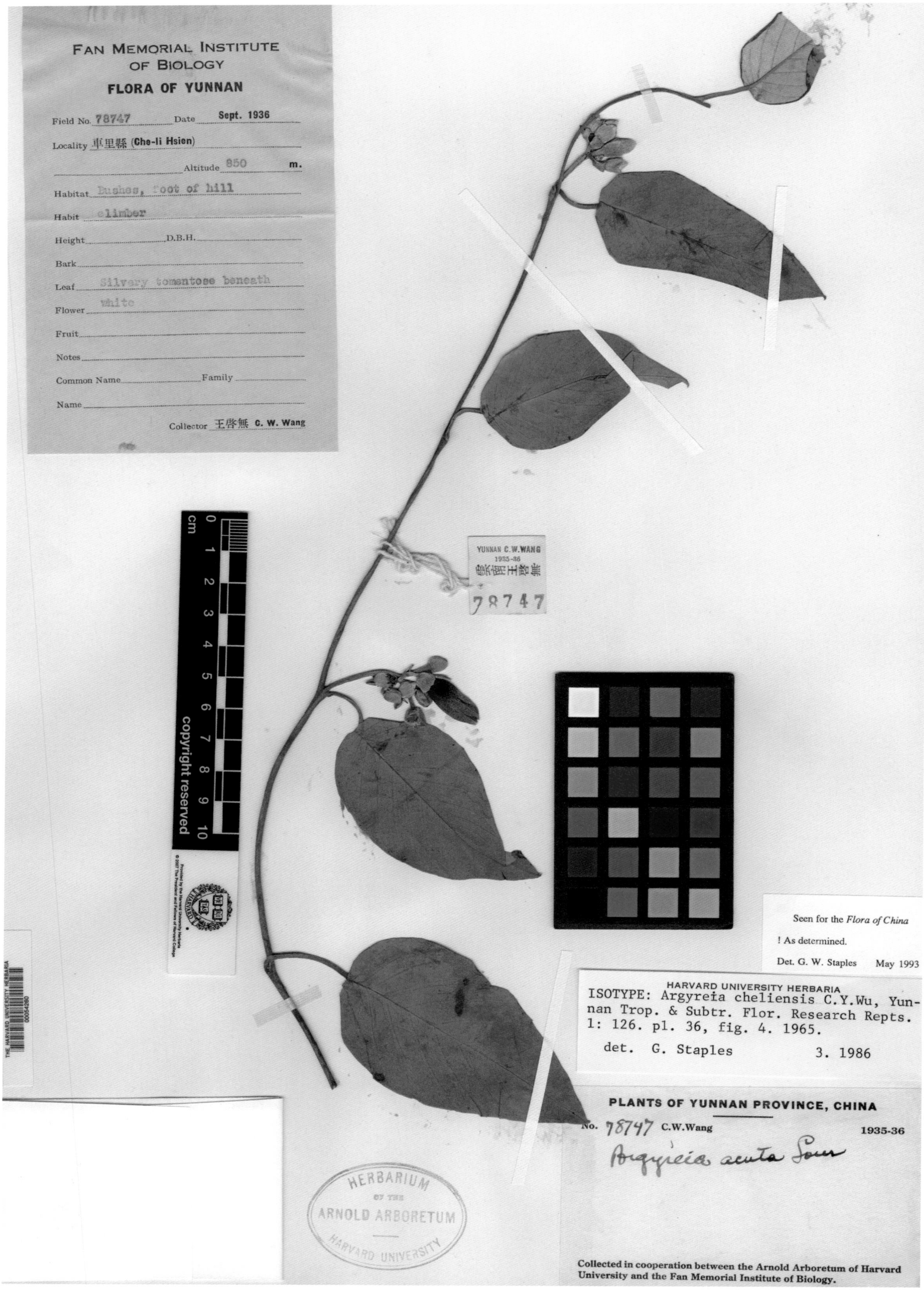

车里银背藤 ***Argyreia cheliensis*** C. Y. Wu, Rep. Stud. Pl. Trop. Subtrop. Reg. Yunnan 1: 126, pl. 36: 4. 1965. **Isotype**: China. Yunnan: Che-li (=Jinghong), alt. 850 m, 1936-09-??, C. W. Wang 78747 (A).

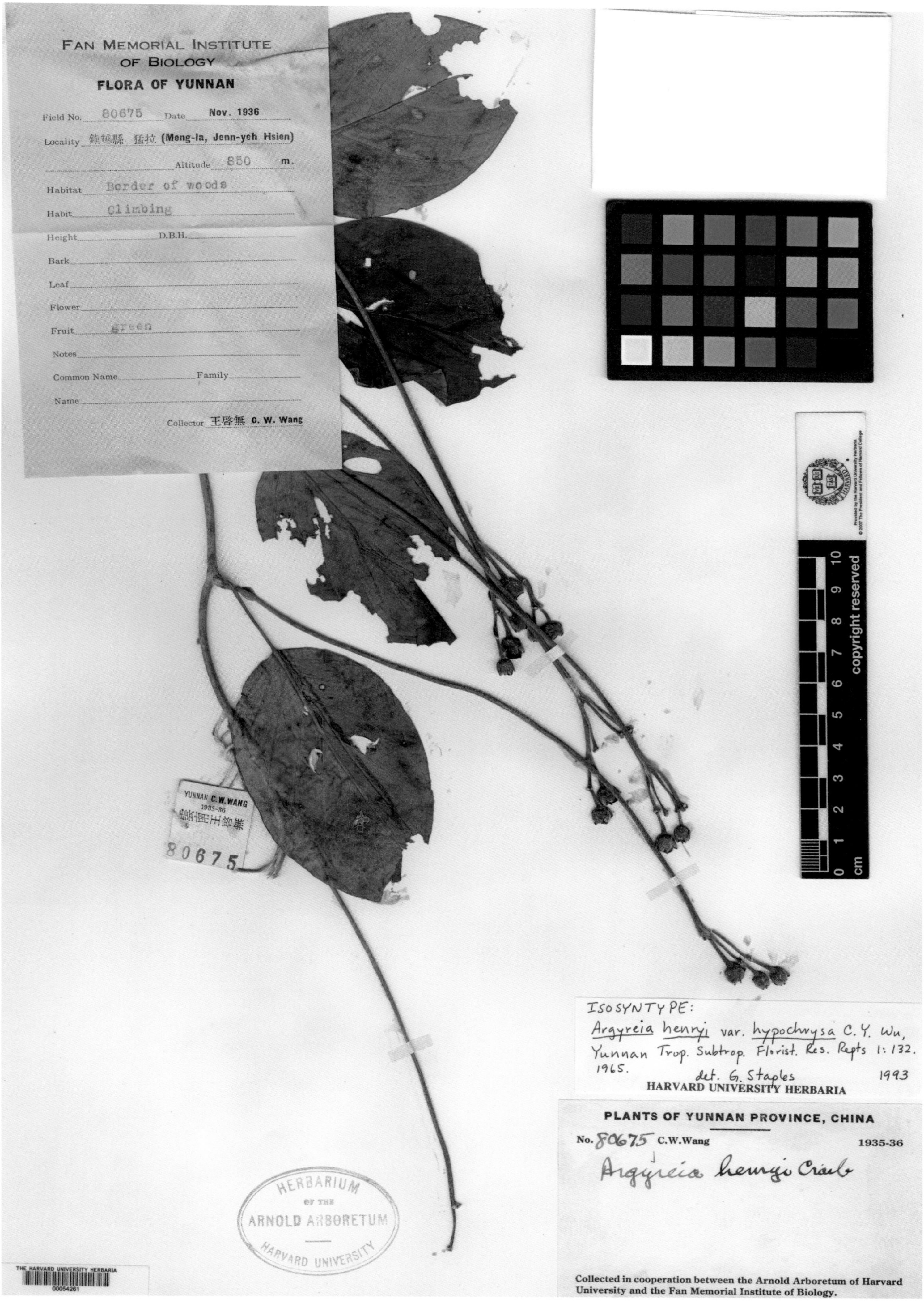

金背长叶藤 ***Argyreia henryi*** (Craib) Craib var. ***hypochrysa*** C.Y. Wu, Rep. Stud. Pl. Trop. Subtrop. Reg. Yunnan 1: 132, pl. 37, 3. 1965. **Isotype:** China. Yunnan: Jenn-yeh (=Mengla), alt. 850 m, 1936-11-??, C. W. Wang 80675 (A).

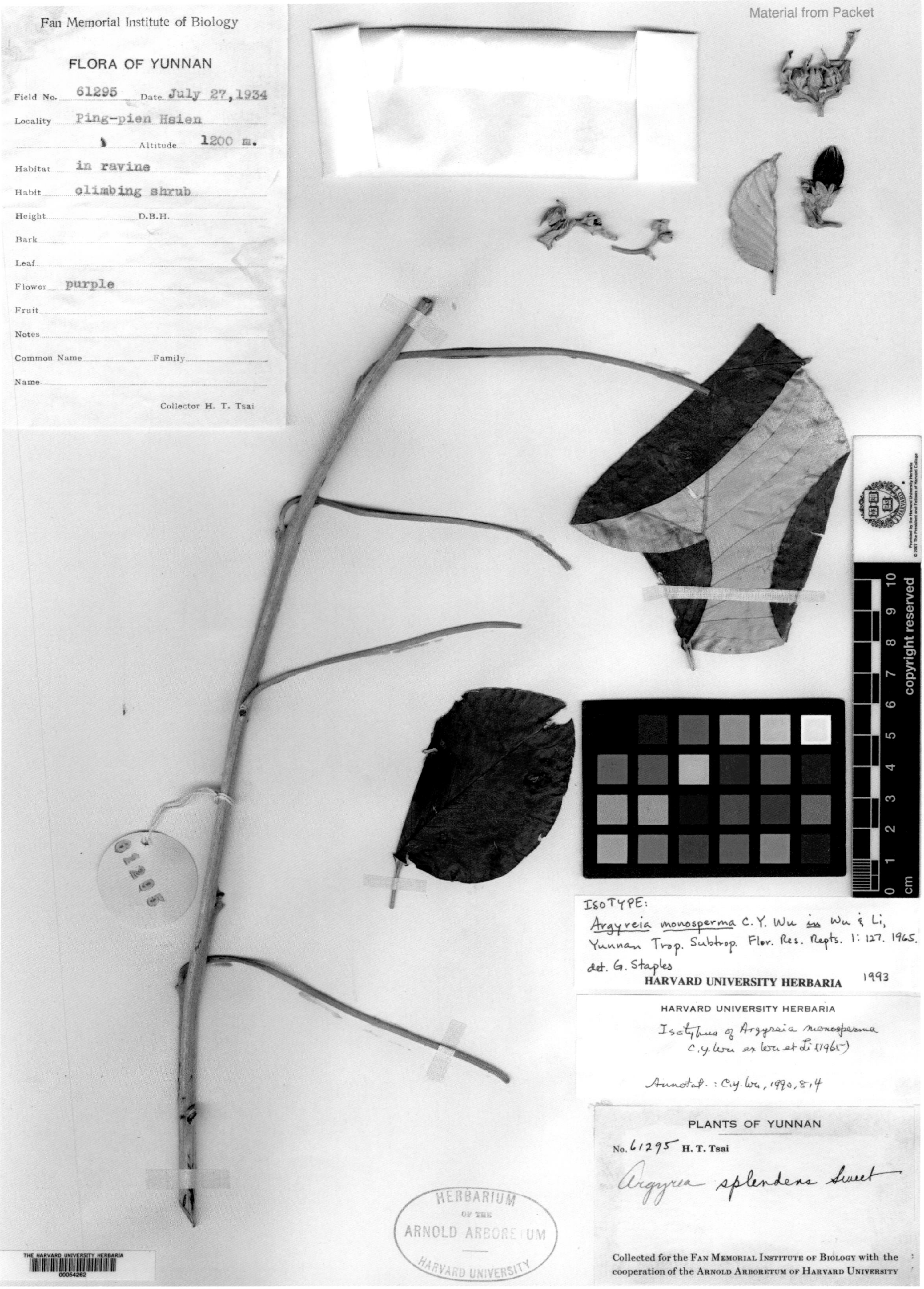

单籽银背藤 ***Argyreia monosperma*** C.Y. Wu, Rep. Stud. Pl. Trop. Subtrop. Reg. Yunnan 1: 127, pl. 37, 1. 1965. **Isotype**: China. Yunnan: Pingbian, alt. 1 200 m, 1934-07-27, H. T. Tsai 61295 (A).

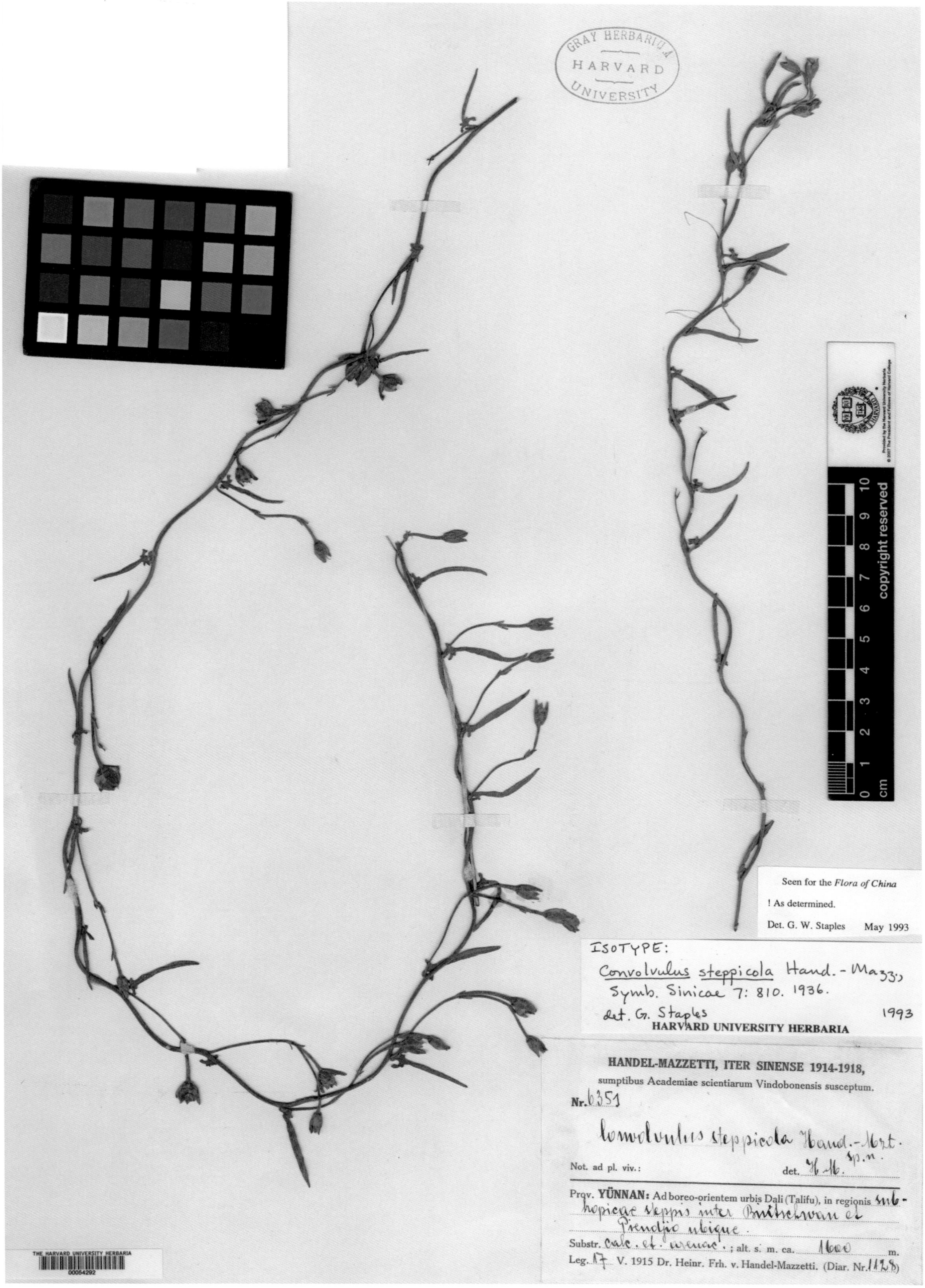

草坡旋花 ***Convolvulus steppicola*** Hand.-Mazz. in Symb. Sin. 7(4): 810. 1936. **Isotype**: China. Yunnan: Bintschwan (=Binchuan), alt. 1 600 m, 1915-05-17, H. R. E. Handel-Mazzetti 6351 (GH).

凹脉丁公藤 ***Erycibe elliptilimba*** Merr. & Chun in Sunyatsenia 2: 45. 1934. **Isotype:** China. Hainan: Po-ting (=Baoting), alt. 549 m, 1932-04-23, H. Y. Liang 61534 (A).

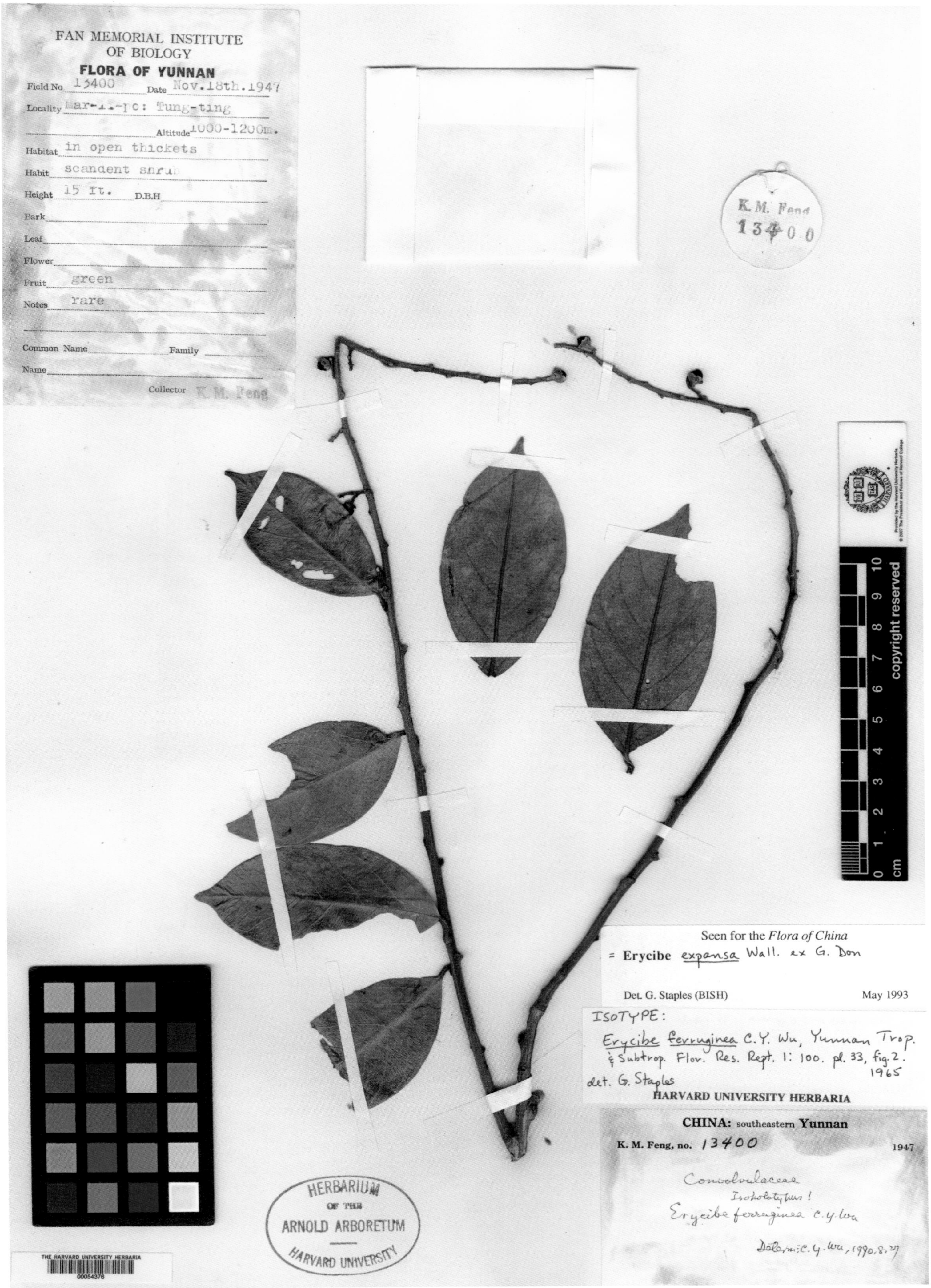

锈毛麻辣紫藤 ***Erycibe ferruginea*** C.Y. Wu, Rep. Stud. Pl. Trop. Subtrop. Reg. Yunnan 1: 100, pl. 33, f. 2. 1965. **Isotype**: China. Yunnan: Malipo, alt. 1 000~1 200 m, 1947-11-18, K. M. Feng 13400 (A).

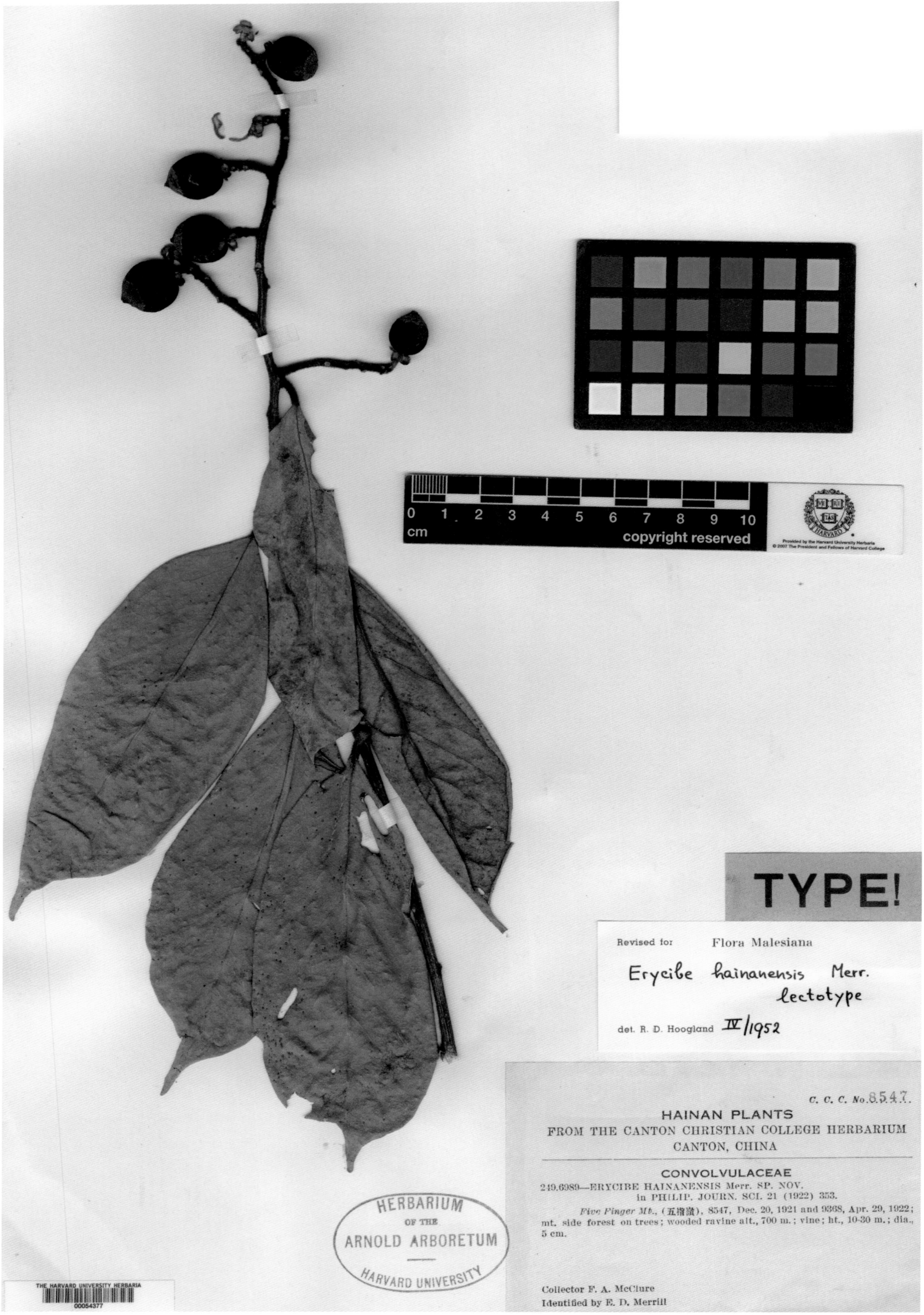

毛叶丁公藤 ***Erycibe hainanensis*** Merr. in Philipp. J. Sci. 21: 353. 1922. **Isotype:** China. Hainan: Qiongzhong, Wuzhi Shan, alt. 700 m, 1921-12-20, F. A. McClure 8547 (A).

台湾丁公藤 ***Erycibe henryi*** Prain in J. Asiat. Soc. Beng. 73(2): 15. 1904. **Isotype:** China. Taiwan: Takow, Ape's Hill, A. Henry 1884 (A).

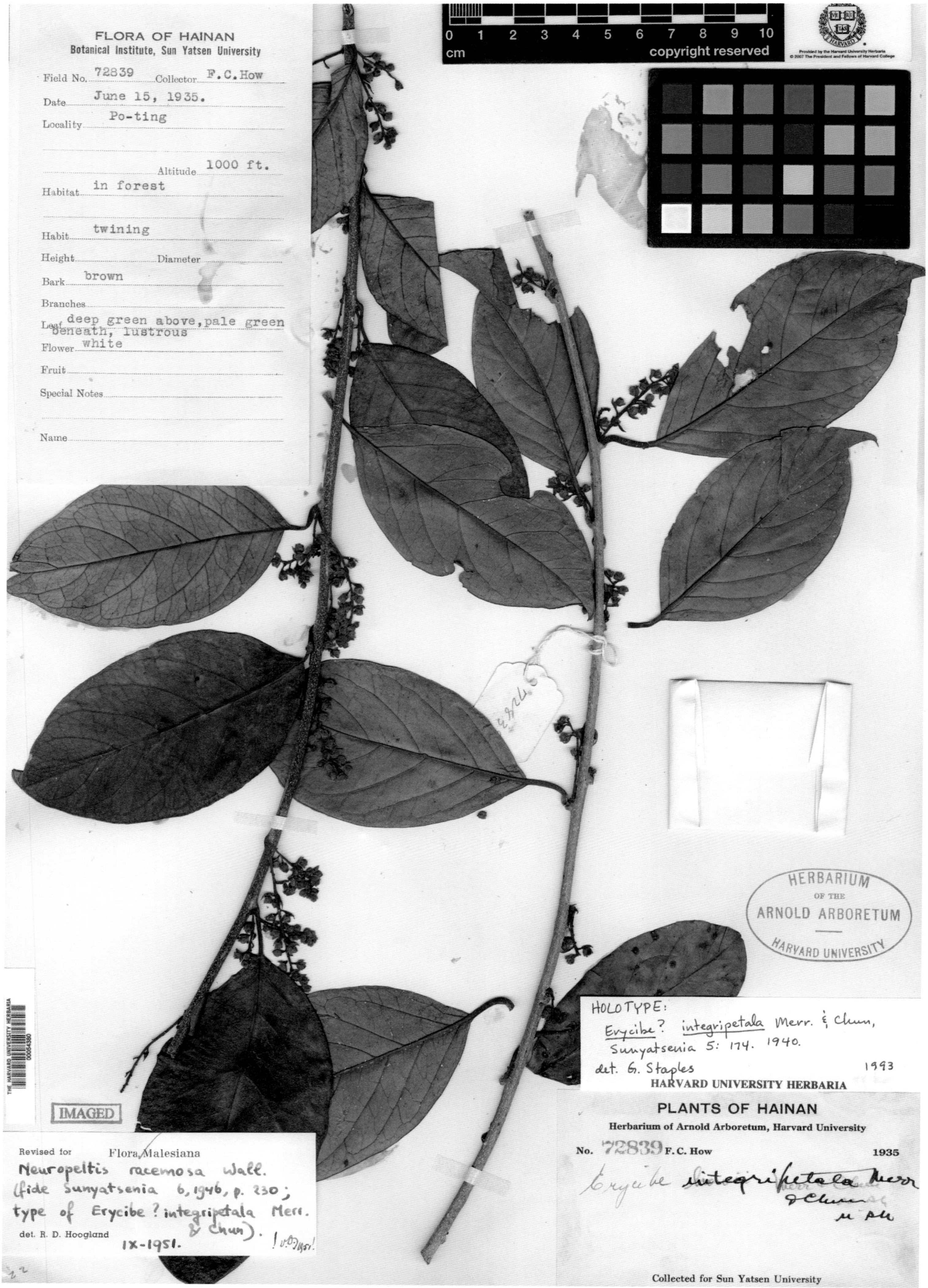

保亭盾苞藤 ***Erycibe integripetala*** Merr. & Chun in Sunyatsenia 5: 174. 1940. **Holotype**: China. Hainan: Po-ting(=Baoting), alt. 305 m, 1935-06-15, F. C. How 72839 (A).

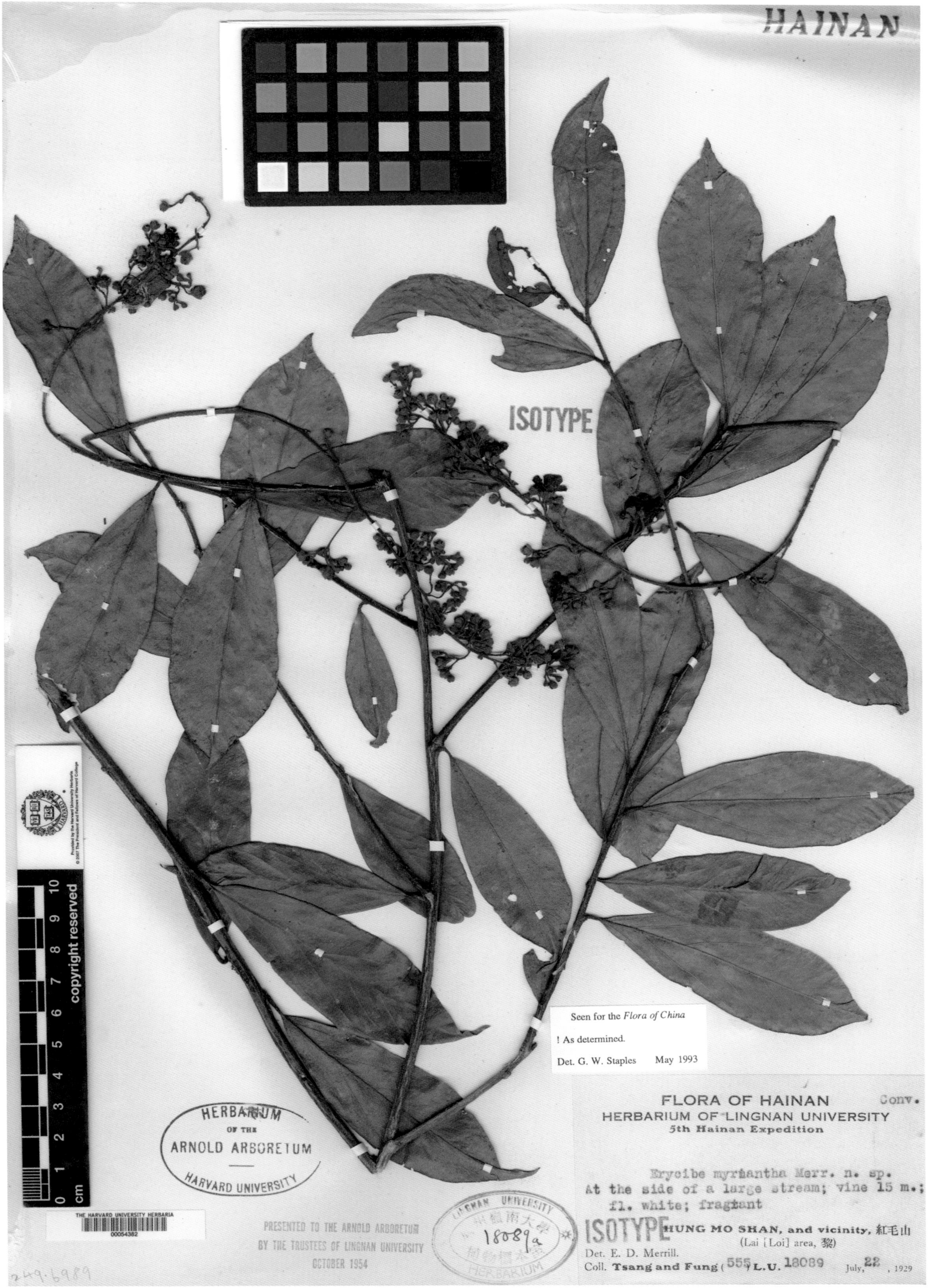

多花丁公藤 ***Erycibe myriantha*** Merr. in Lingnan Sci. J. 13: 70. 1934. **Isotype**: China. Hainan: Hongmao Shan, 1929-07-22, W. T. Tsang & H. Fung 555 (=Lingnan University 18089) (A).

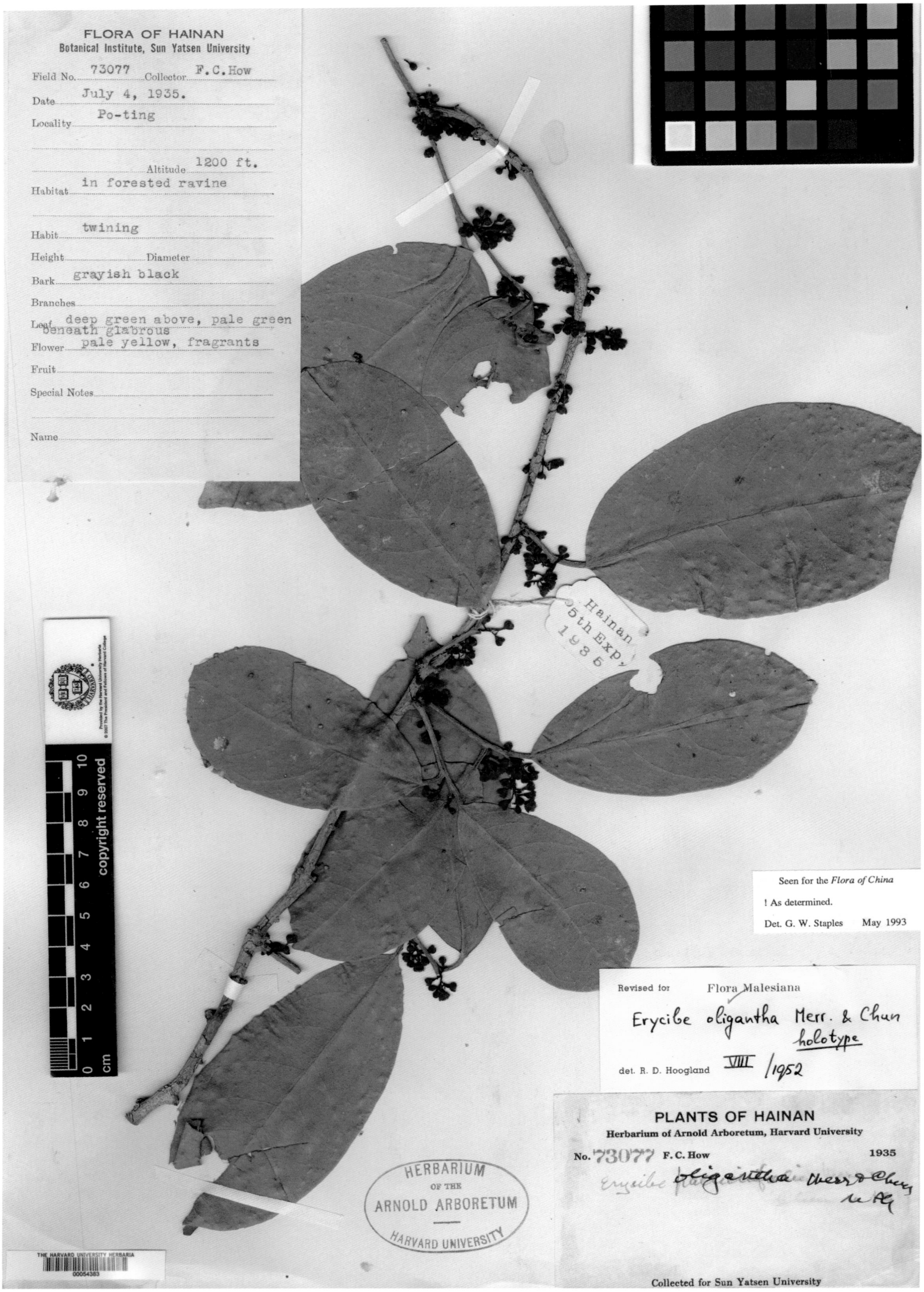

疏花丁公藤 ***Erycibe oligantha*** Merr. & Chun in Sunyatsenia 5: 175. 1940. **Holotype**: China. Hainan: Po-ting(=Baoting), alt. 366 m, 1935-07-04, F. C. How 73077 (A).

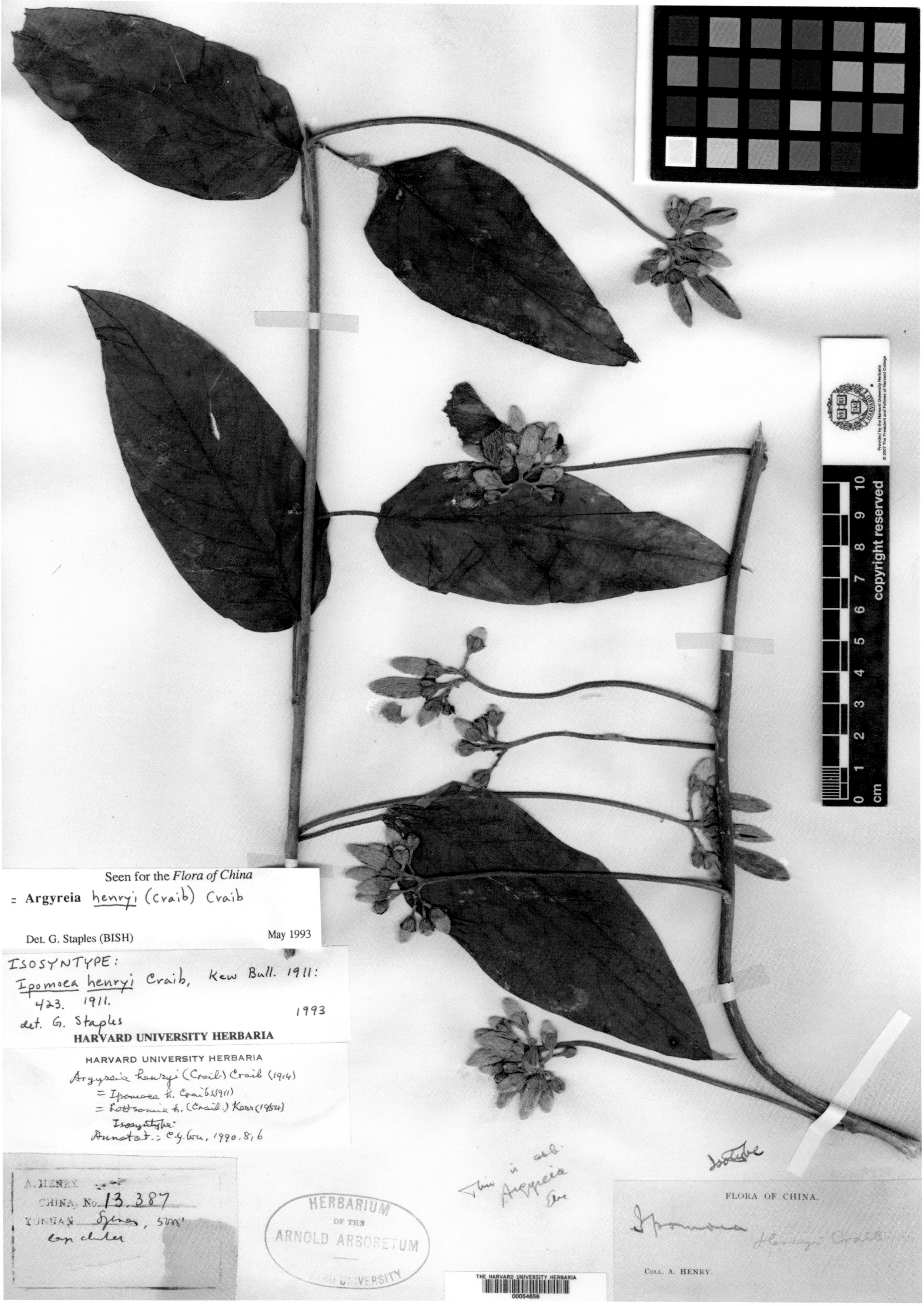

长叶银背藤 *Ipomoea henryi* Craib in Bull. Misc. Inform. Kew 1911(10): 423. 1911. **Isosyntype:** China.Yunnan: Simao, alt. 1 525 m, A. Henry 13387 (A).

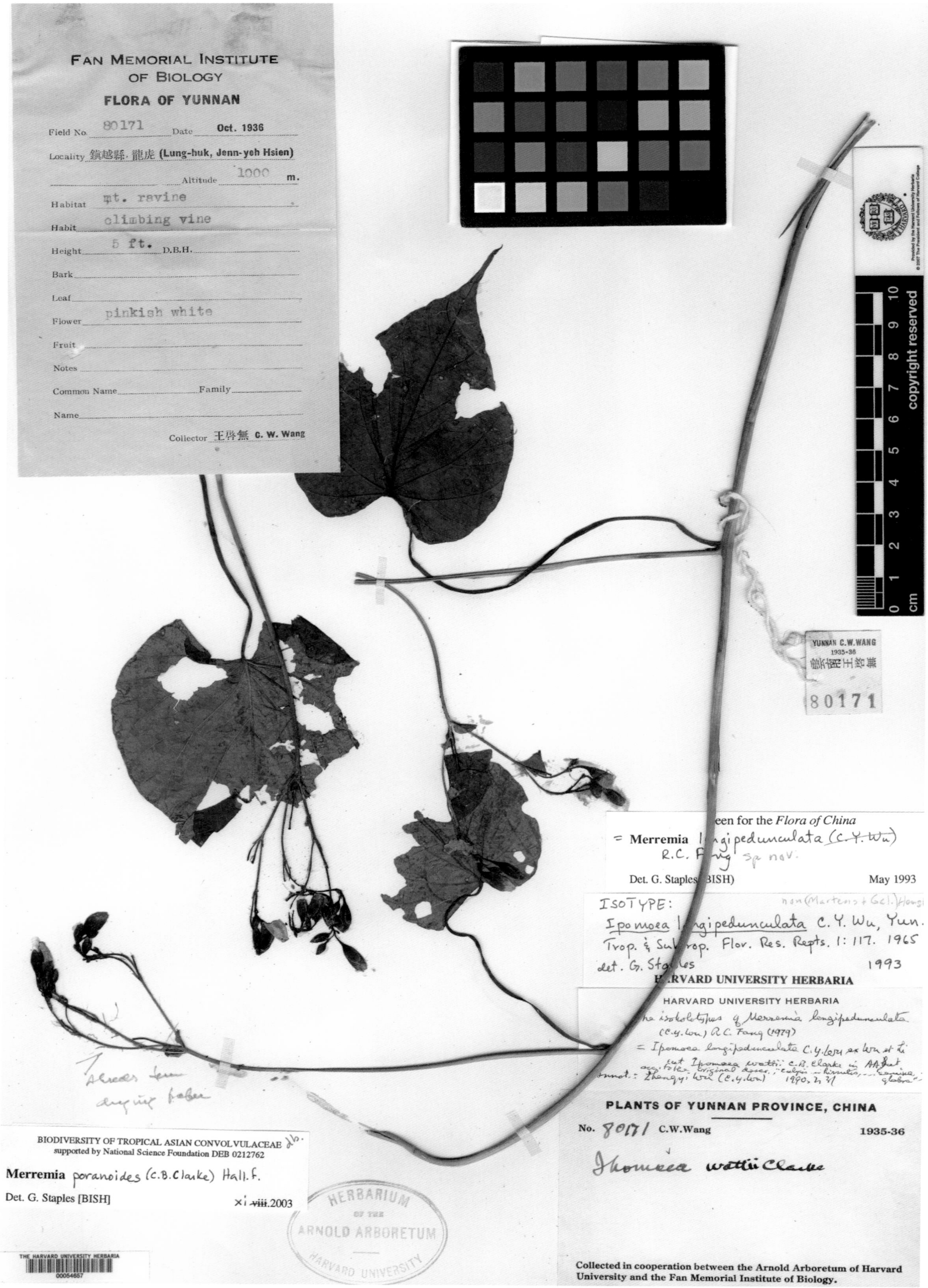

长梗土瓜 *Ipomoea longipedunculata* C.Y. Wu, Rep. Stud. Pl. Trop. Subtrop. Reg. Yunnan 1: 117, pl. 35, f. 1. 1965. **Isotype**: China. Yunnan: Jenn-yeh (=Mengla), alt. 1 000 m, 1936-10-??, C. W. Wang 80171 (A).

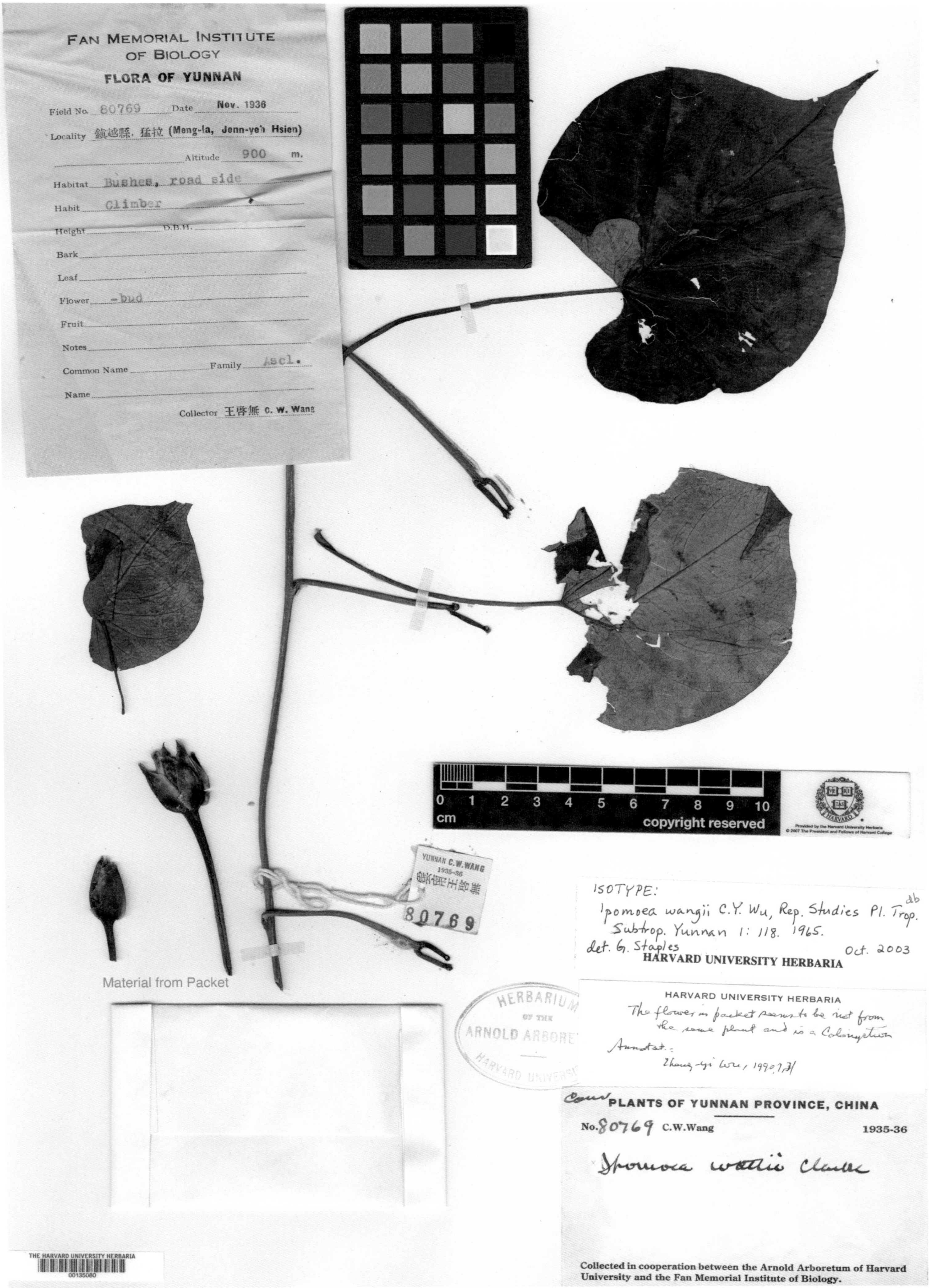

大萼山土瓜 ***Ipomoea wangii*** C.Y. Wu, Rep. Stud. Pl. Trop. Subtrop. Reg. Yunnan 1: 118, pl. 35, 2. 1965. **Isotype:** China. Yunnan: Jenn-yeh (=Mengla), alt. 900 m, 1936-11-??, C. W. Wang 80769 (A).

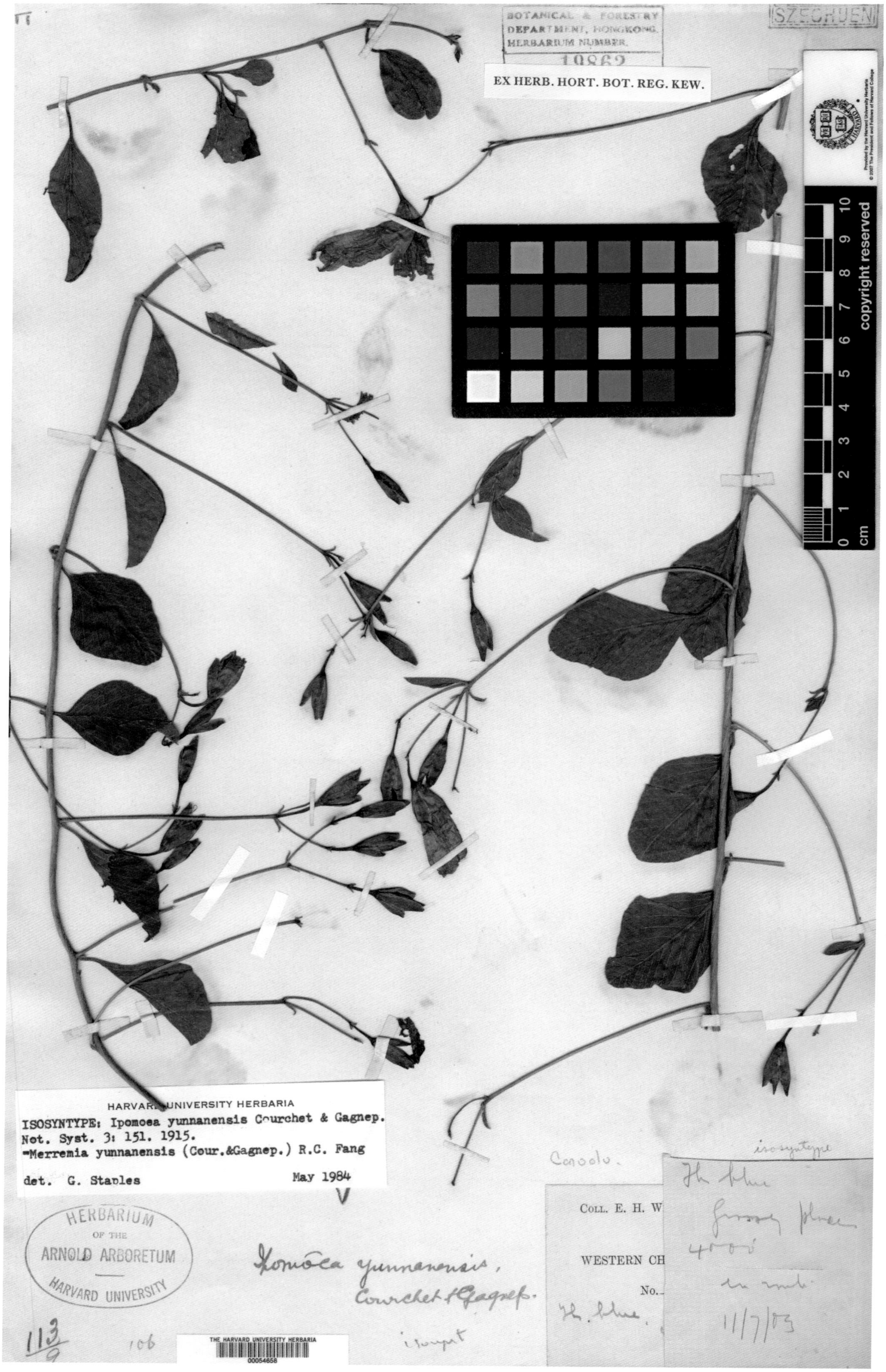

蓝花土瓜 ***Ipomoea yunnanensis*** Courch. & Gagnep. in Notul. Syst. (Paris) 3: 151. 1915. **Isosyntype**: China. Sichuan: Precise locality not known, alt. 1 220 m, 1903-07-11, E. H. Wilson 4183 (A).

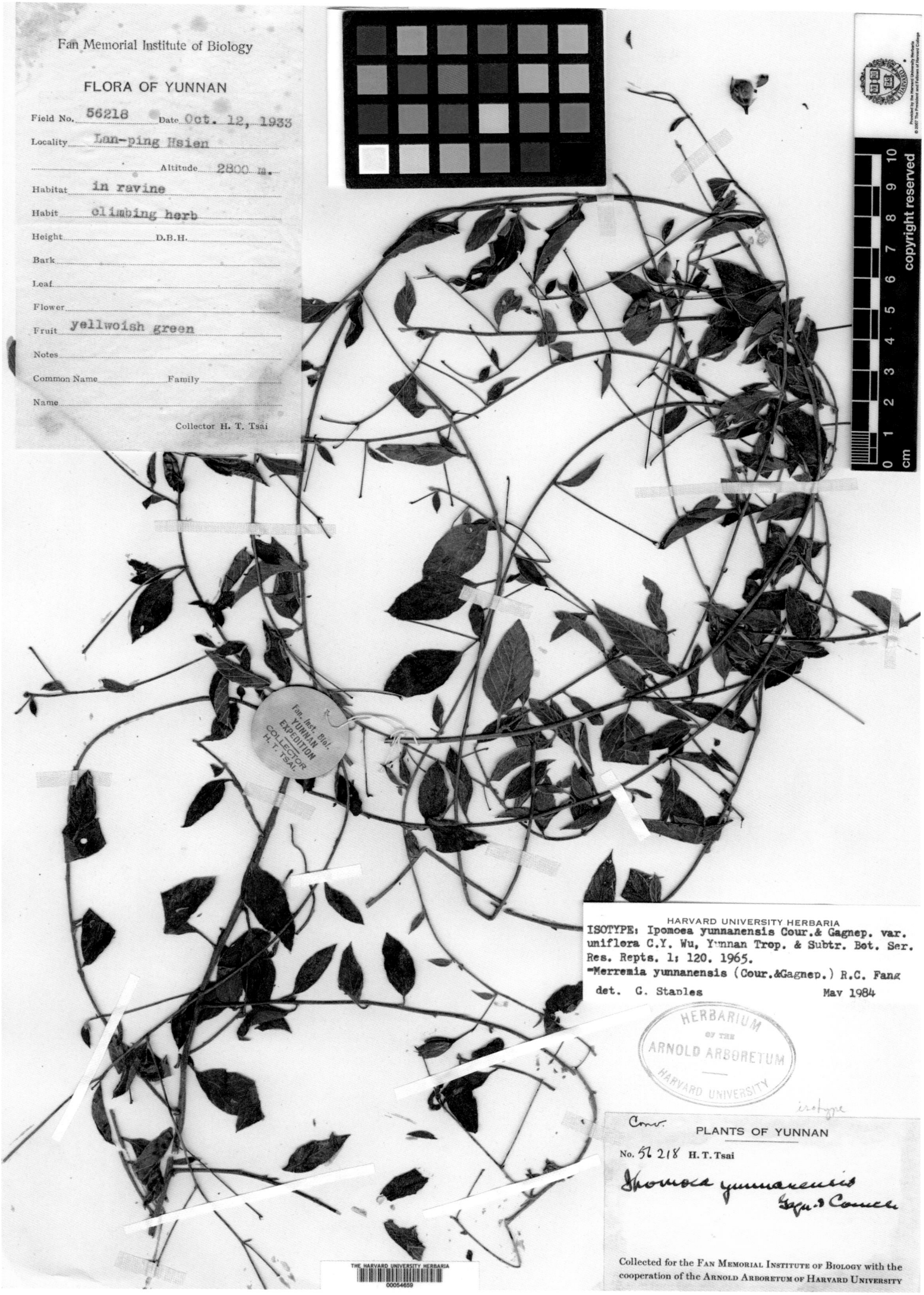

单花蓝花土瓜 ***Ipomoea yunnanensis*** Courch. & Gagnep. var. ***uniflora*** C.Y. Wu, Rep. Stud. Pl. Trop. Subtrop. Reg. Yunnan 1: 120, pl. 36, 2. 1965. **Isotype**: China. Yunnan: Lanping, alt. 2 800 m, 1933-10-12, H. T. Tsai 56218 (A).

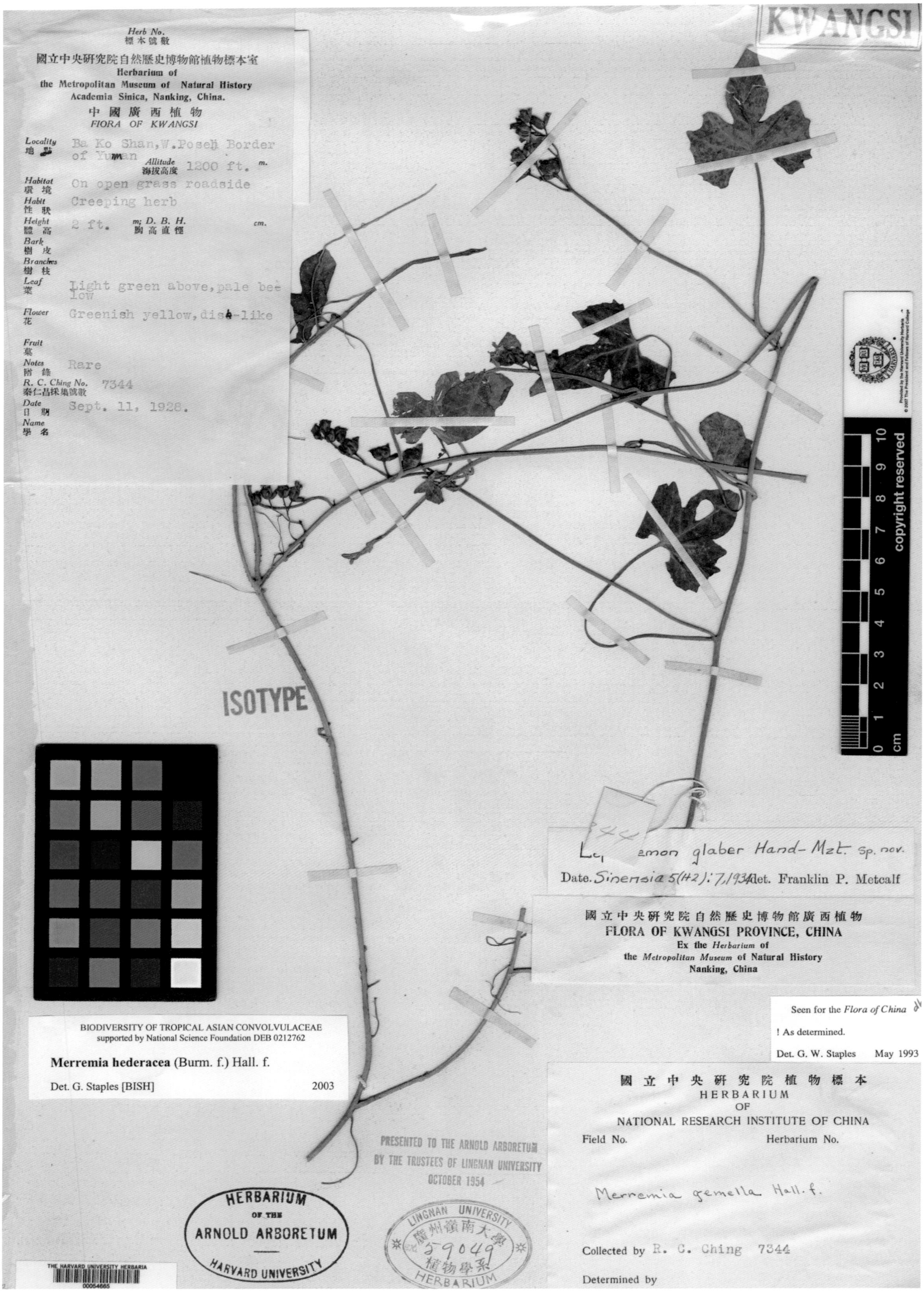

无毛鳞蕊藤 ***Lepistemon glaber*** Hand.-Mazz. in Sinensia 5: 7. 1934. **Isotype**: China. Guangxi: Poseh (=Baise), alt. 366 m, 1928-09-11, R. C. Ching 7344 (A).

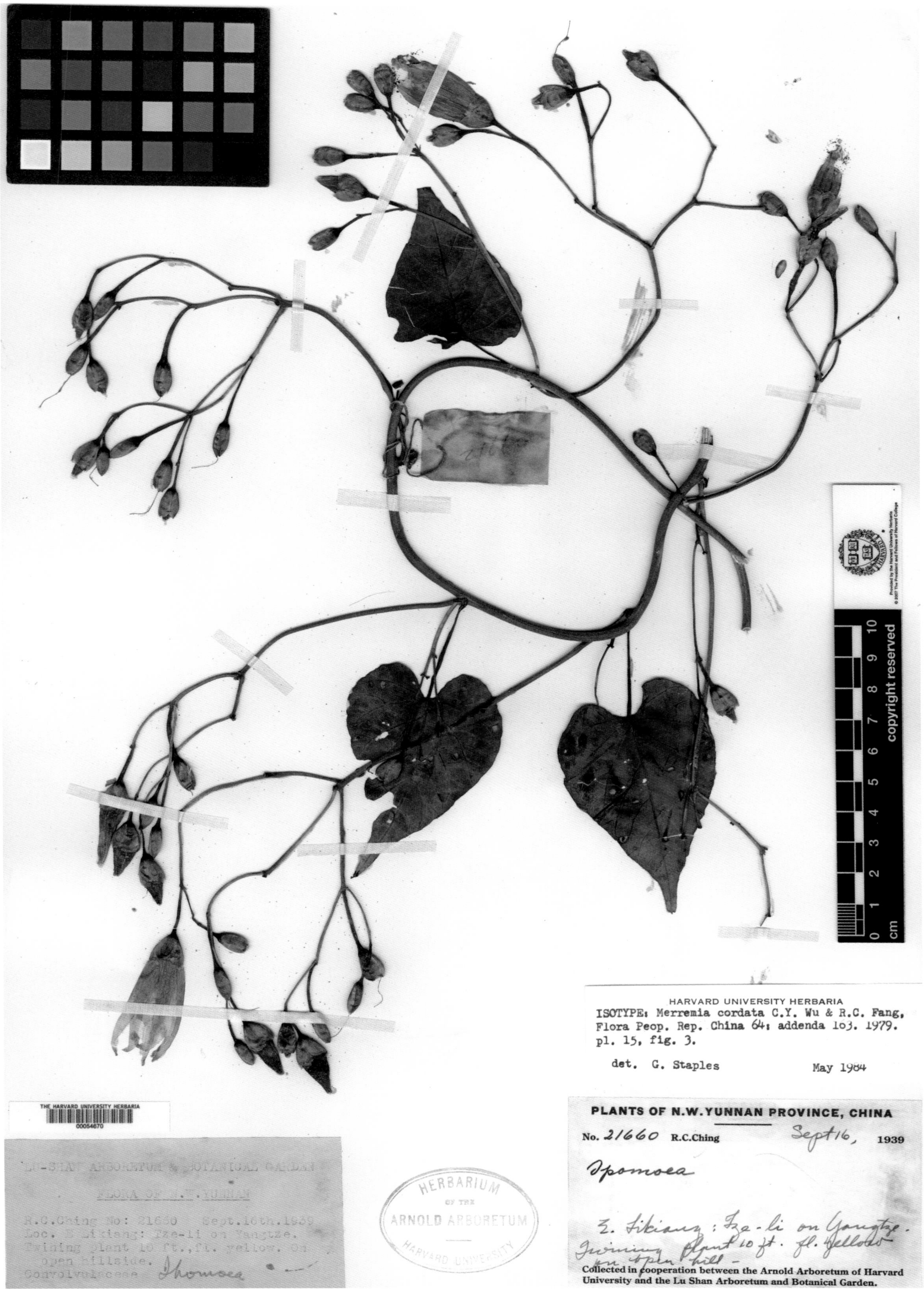

心叶山土瓜 ***Merremia cordata*** C.Y. Wu & R. C. Fang, Fl. Reip. Pop. Sin. 64(1): 78, 163, pl. 15: 3. 1979. **Isotype:** China. Yunnan: Lijiang, 1939-09-16, R. C. Ching 21660 (A).

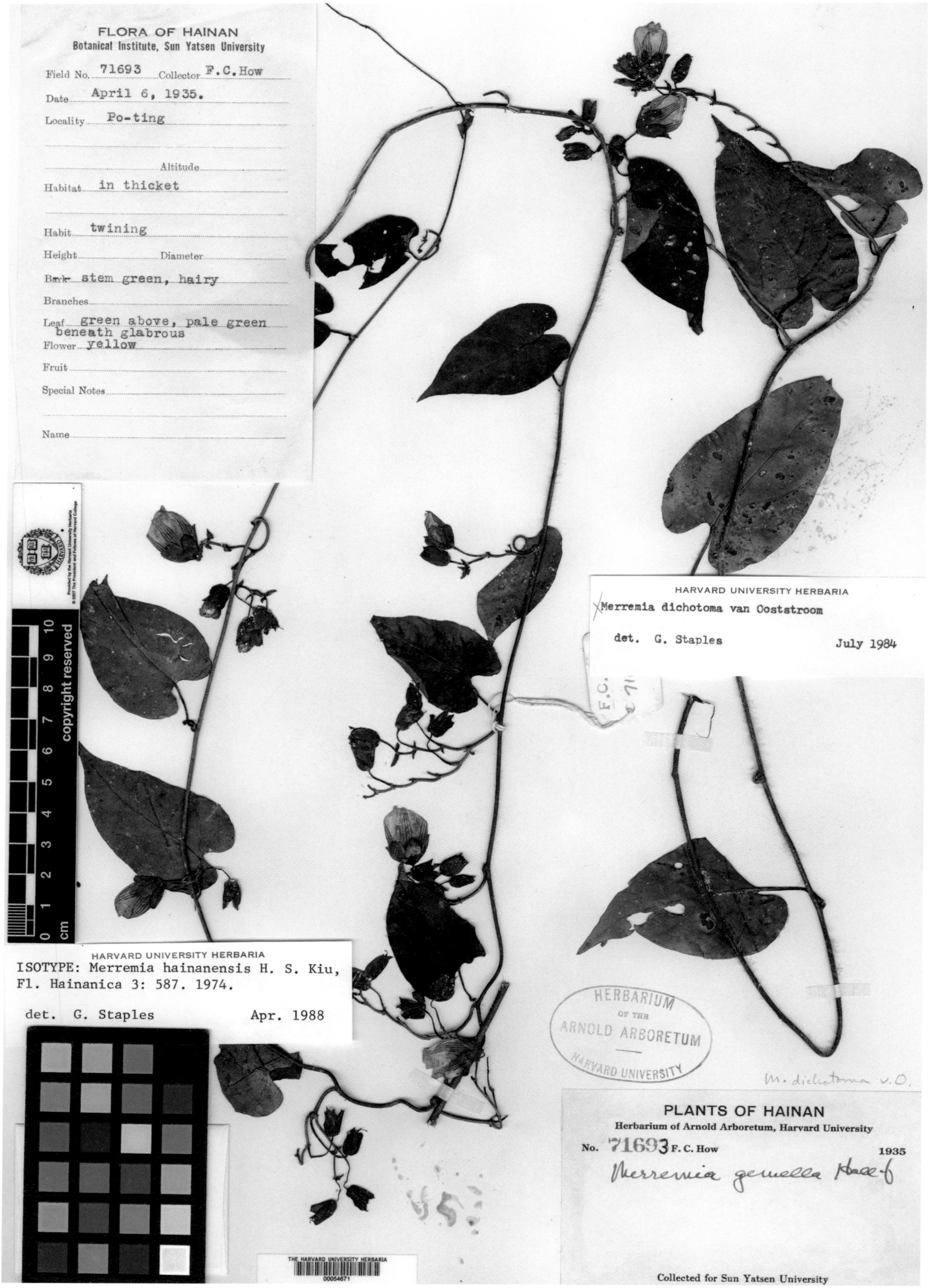

海南山猪菜 ***Merremia hainanensis*** H. S. Kiu, Fl. Hainan. 3: 587, f. 871. 1974. **Isotype**: China. Hainan: Po-ting (=Baoting), 1935-04-06, F. C. How 71693(A).

copyright reserved
cm 0 1 2 3 4 5 6 7 8 9 10
EX HERBARIO MUSEI PARISIENSIS
(P)
CHINE
CONVOLVULACEAE
Tridynamia sinensis (Hemsl.) Staples var. delavayi (Gagnep. & Courchet) Staples
Fide G. Staples in Novon 3(2):201.1993
Syntype de Porana delavayi Gagnep. & Courchet. Notul. Syst. (Paris) 3 :153.1915
Moung Moung Ky près de Tchen Keou.
Liane. Fleurs bleues.
Altitude : 1400 m.
Dupl. BISH, K, KUN, L, MO, PE
19/06/1892
P.G. Farges 871
EX HERB. MUS. PARIS.
Porana sinensis Hemsley
det. G. Staples
Aug 1984
Plantes de CHINE (Su-tchuen oriental.)
District de TCHEN-KÉOU-TIN.
R. P. FARGES 871
HERBARIUM OF THE ARNOLD ARBORETUM HARVARD UNIVERSITY
THE HARVARD UNIVERSITY HERBARIA
00293661

近无毛飞蛾藤 ***Porana delavayi*** Gagnep. & Courch. in Notul. Syst. Herb. Mus. Paris 3: 153. 1915. **Isosyntype:** China. Chongqing: Chengkou, alt. 1 400 m, 1892-06-19, R. P. Farges 871 (A).

蒙自飞蛾藤 ***Porana dinetoides*** Schneid. in Sargent, Pl. Wils. 3(2): 360. 1916. **Holotype:** China.Yunnan: Mengzi, alt. 1 677 m, A. Henry 9340 (A).

搭棚藤 ***Porana discifera*** Schneid. in Sargent, Pl. Wils. 3: 358. 1916. **Holotype:** China.Yunnan: Simao, alt. 1 525 m, A. Henry 12694 (A).

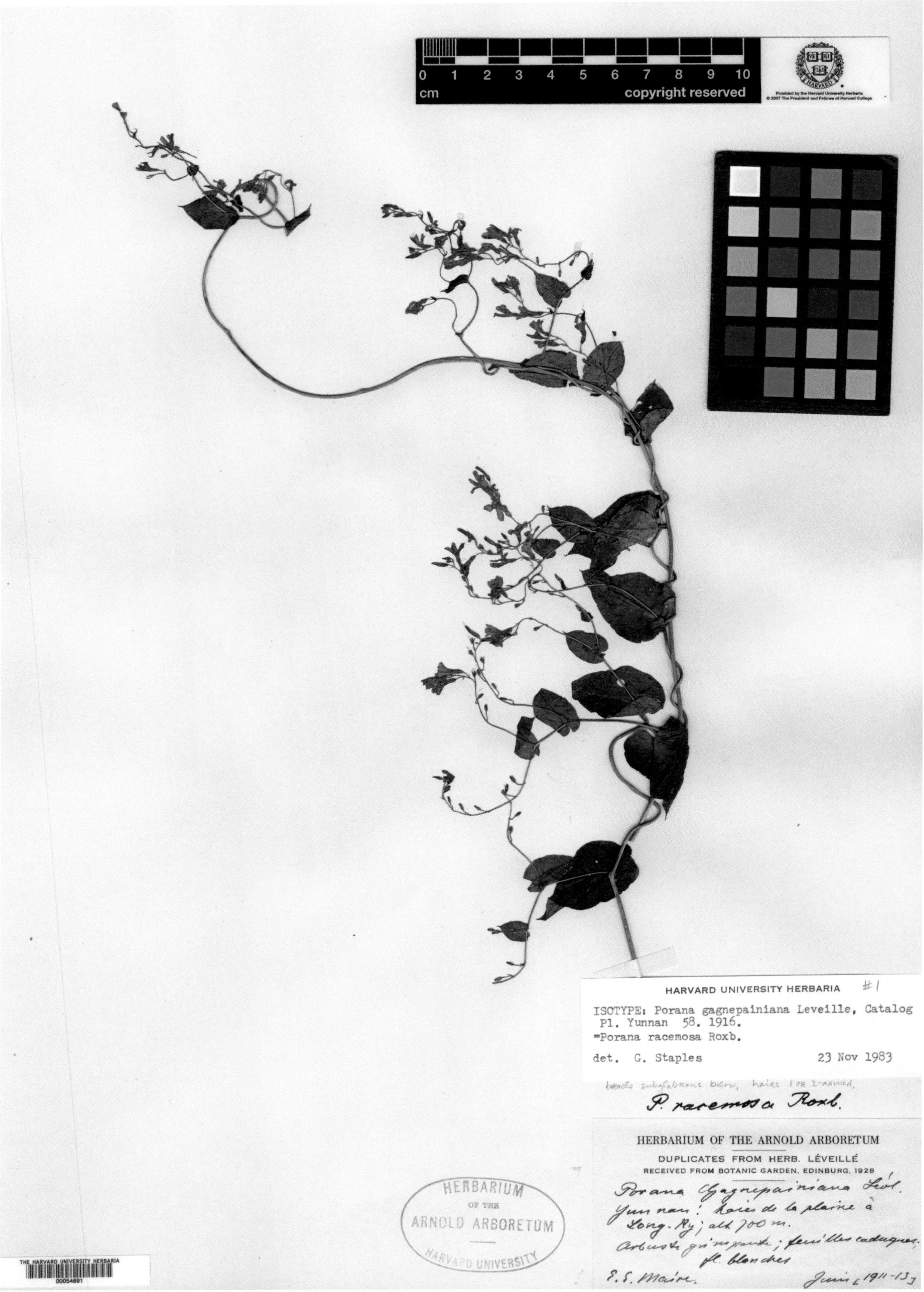

云南飞蛾藤 ***Porana gagnepainiana*** Lévl. Catal. Pl. Yun-Nan 58. 1916. **Isotype:** China. Yunnan: Long-Ky, alt. 700 m, 1912-06-??, E. E. Marie s. n. (A).

小萼飞蛾藤 ***Porana mairei*** Gagnep. in Notul. Syst. (Paris) 3: 154. 1915. **Isosyntype**: China. Yunnan: Eryuan, Ta-long-tan, 1888-07-16, J. M. Delavay 3302 (A).

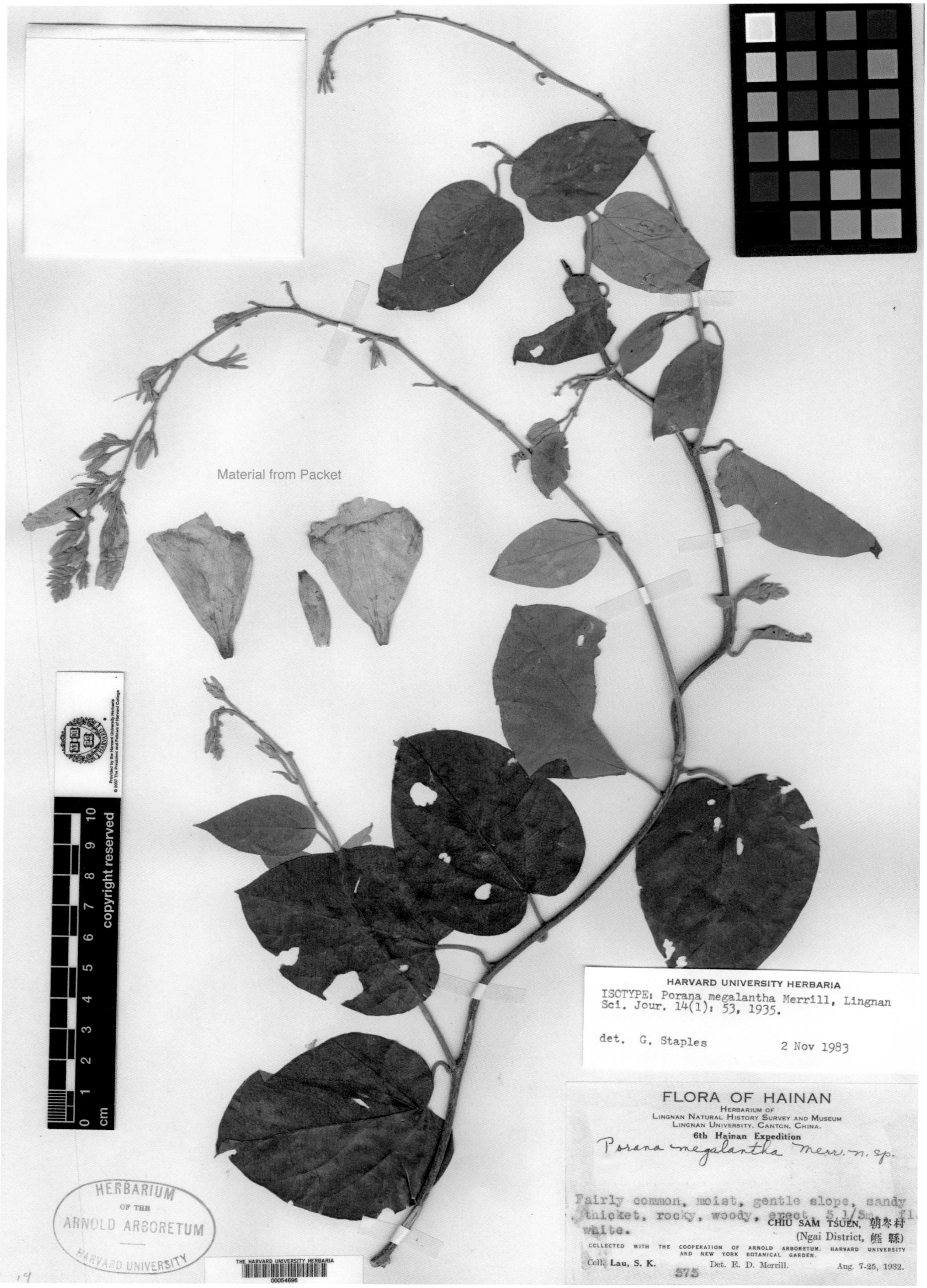
Material from Packet
copyright reserved
HARVARD UNIVERSITY HERBARIA
ISOTYPE: Porana megalantha Merrill, Lingnan Sci. Jour. 14(1): 53, 1935.
det. G. Staples 2 Nov 1983
FLORA OF HAINAN
HERBARIUM OF
LINGNAN NATURAL HISTORY SURVEY AND MUSEUM
LINGNAN UNIVERSITY, CANTON, CHINA.
6th Hainan Expedition
Porana megalantha Merr. n. sp.
Fairly common, moist, gentle slope, sandy thicket, rocky, woody, erect, 5.1/5m. fl. white.
CHIU SAM TSUEN, 朝参村
(Ngai District, 崖縣)
COLLECTED WITH THE COOPERATION OF ARNOLD ARBORETUM, HARVARD UNIVERSITY AND NEW YORK BOTANICAL GARDEN.
Coll. Lau, S. K. 373 Det. E. D. Merrill. Aug. 7-25, 1932.
HERBARIUM OF THE ARNOLD ARBORETUM HARVARD UNIVERSITY
THE HARVARD UNIVERSITY HERBARIA
00054696

大花飞蛾藤 ***Porana megalantha*** Merr. in Lingnan Sci. J. 14: 53, f. 18. 1935. **Isotype**: China. Hainan: Ngai (= Sanya), 1932-08-(07-25), S. K. Lau 373 (A).

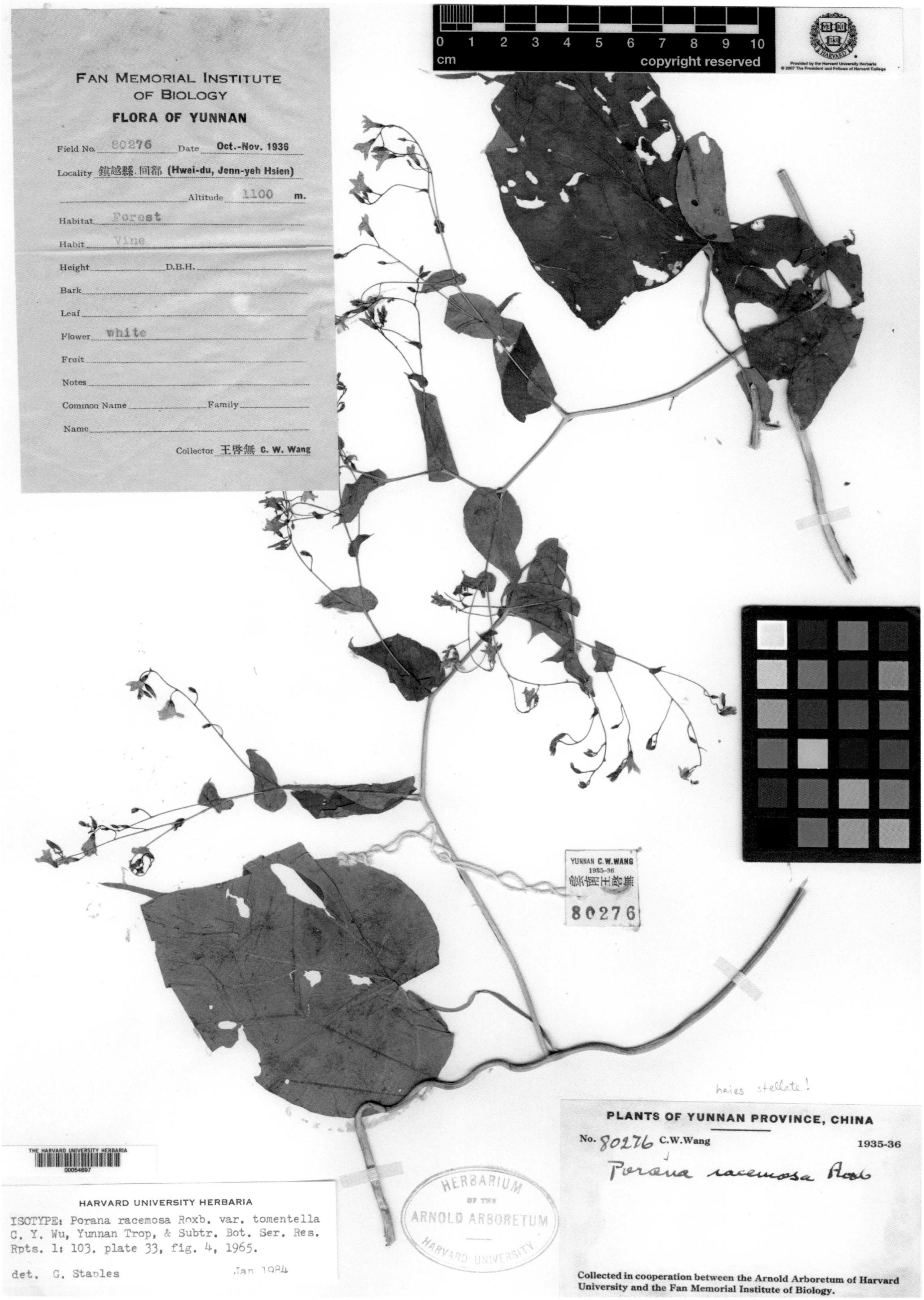

0 1 2 3 4 5 6 7 8 9 10
cm
copyright reserved
FAN MEMORIAL INSTITUTE OF BIOLOGY
FLORA OF YUNNAN
Field No. 80276 Date Oct.-Nov. 1936
Locality 鎮越縣.回都 (Hwei-du, Jenn-yeh Hsien)
Altitude 1100 m.
Habitat Forest
Habit Vine
Height D.B.H.
Bark
Leaf
Flower white
Fruit
Notes
Common Name Family
Name
Collector 王啓無 C. W. Wang
YUNNAN C.W.WANG 1935-36
雲南王啓無
80276
hairs stellate!
PLANTS OF YUNNAN PROVINCE, CHINA
No. 80276 C.W.Wang 1935-36
Porana racemosa Roxb.
Collected in cooperation between the Arnold Arboretum of Harvard University and the Fan Memorial Institute of Biology.
HERBARIUM OF THE ARNOLD ARBORETUM HARVARD UNIVERSITY
THE HARVARD UNIVERSITY HERBARIA
00054697
HARVARD UNIVERSITY HERBARIA
ISOTYPE: Porana racemosa Roxb. var. tomentella C. Y. Wu, Yunnan Trop, & Subtr. Bot. Ser. Res. Rpts. 1: 103. plate 33, fig. 4, 1965.
det. G. Staples Jan 1984

绒毛飞蛾藤 ***Porana racemosa*** Roxb. var. ***tomentella*** C.Y. Wu, Rep. Stud. Pl. Trop. Subtrop. Reg. Yunnan 1: 103, pl. 33: 4. 1965. **Isotype**: China. Yunnan: Jenn-yeh (=Mengla), alt. 1 100m, 1936-(10-11)-??, C. W. Wang 80276 (A).

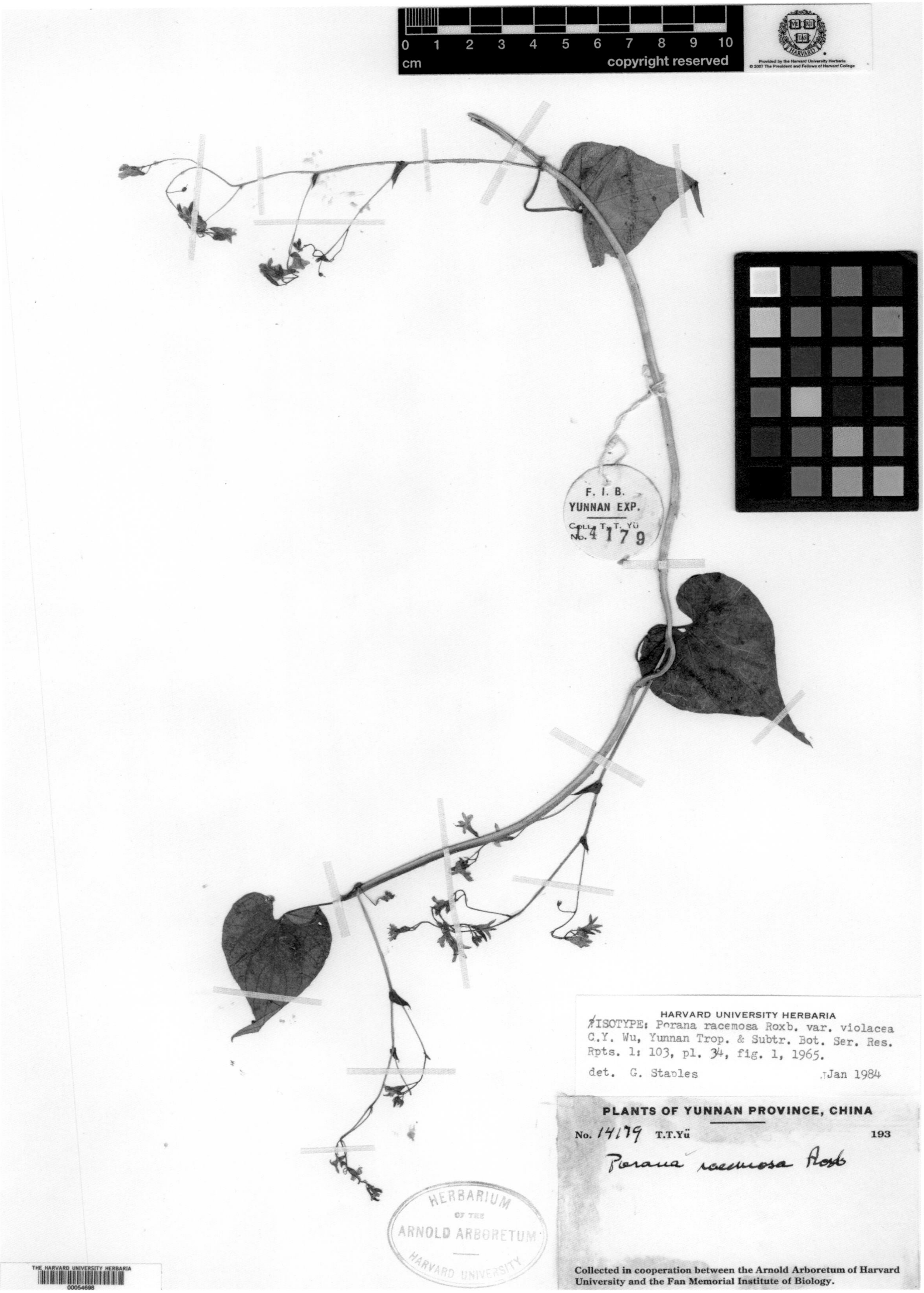

紫花飞蛾藤 ***Porana racemosa*** Roxb. var. ***violacea*** C. Y. Wu, Rep. Stud. Pl. Trop. Subtrop. Reg. Yunnan 1: 103, pl. 34: 1. 1965. **Isotype**: China. Sichuan: Muli, alt. 1 800 m, 1937-09-07, T. T. Yu 14179 (A).

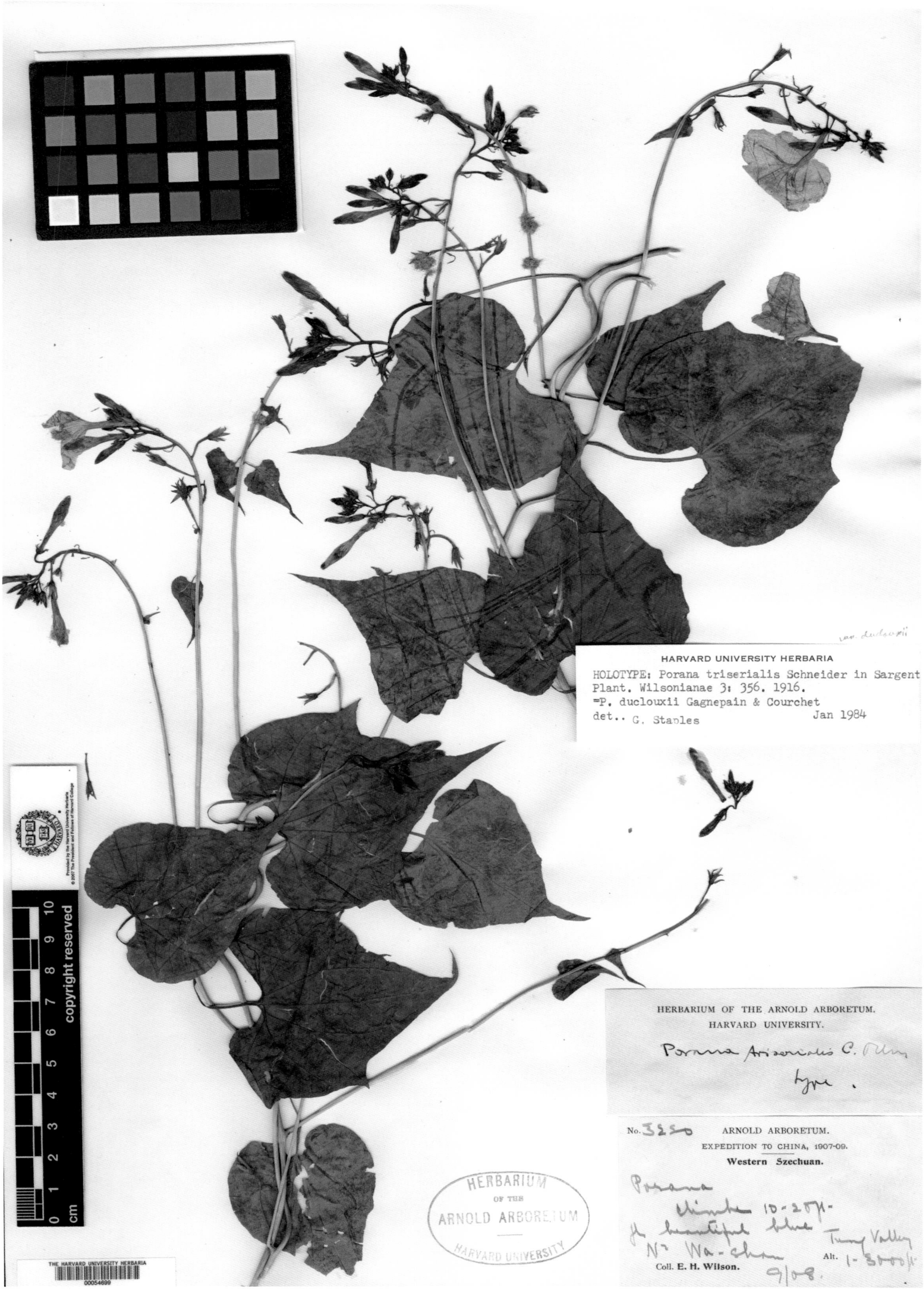

三列飞蛾藤 ***Porana triserialis*** Schneid. in Sargent, Pl. Wils. 3: 356. 1916. **Holotype:** China. Sichuan: Ebian, Washan, alt. 305~915 m, 1908-09-??, E. H. Wilson 3220 (A).

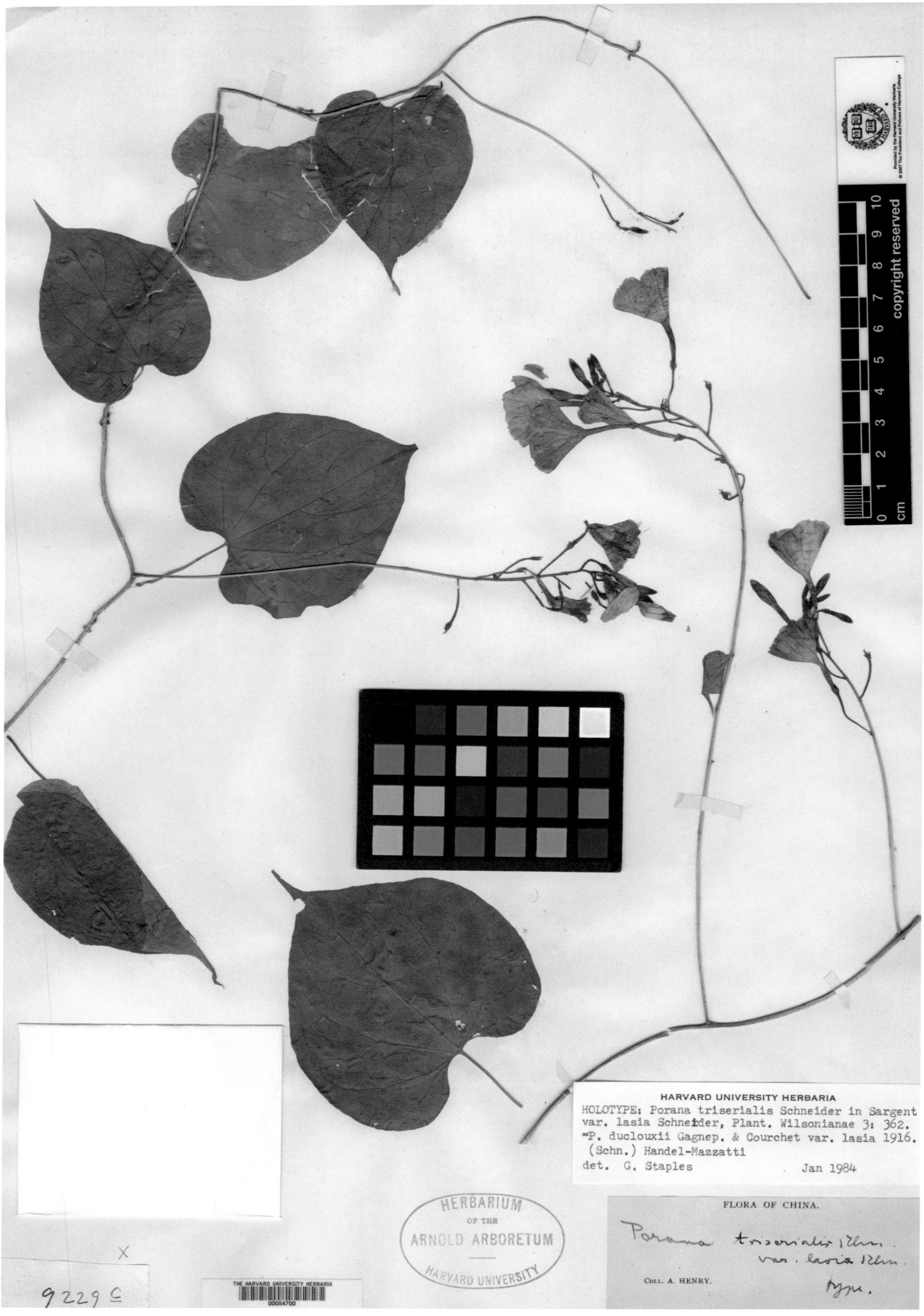
HARVARD UNIVERSITY HERBARIA
HOLOTYPE: Porana triserialis Schneider in Sargent
var. lasia Schneider, Plant. Wilsonianae 3: 362.
=P. duclouxii Gagnep. & Courchet var. lasia 1916.
(Schn.) Handel-Mazzatti
det. G. Staples Jan 1984
HERBARIUM OF THE ARNOLD ARBORETUM HARVARD UNIVERSITY
FLORA OF CHINA.
COLL. A. HENRY.
THE HARVARD UNIVERSITY HERBARIA
00054700
9229 C
copyright reserved

腺毛飞蛾藤 ***Porana triserialis*** Schneid. var. ***lasia*** Schneid. in Sargent, Pl. Wils. 3: 362. 1916. **Holotype:** China.Yunnan: Mengzi, A. Henry 9229 C (A).

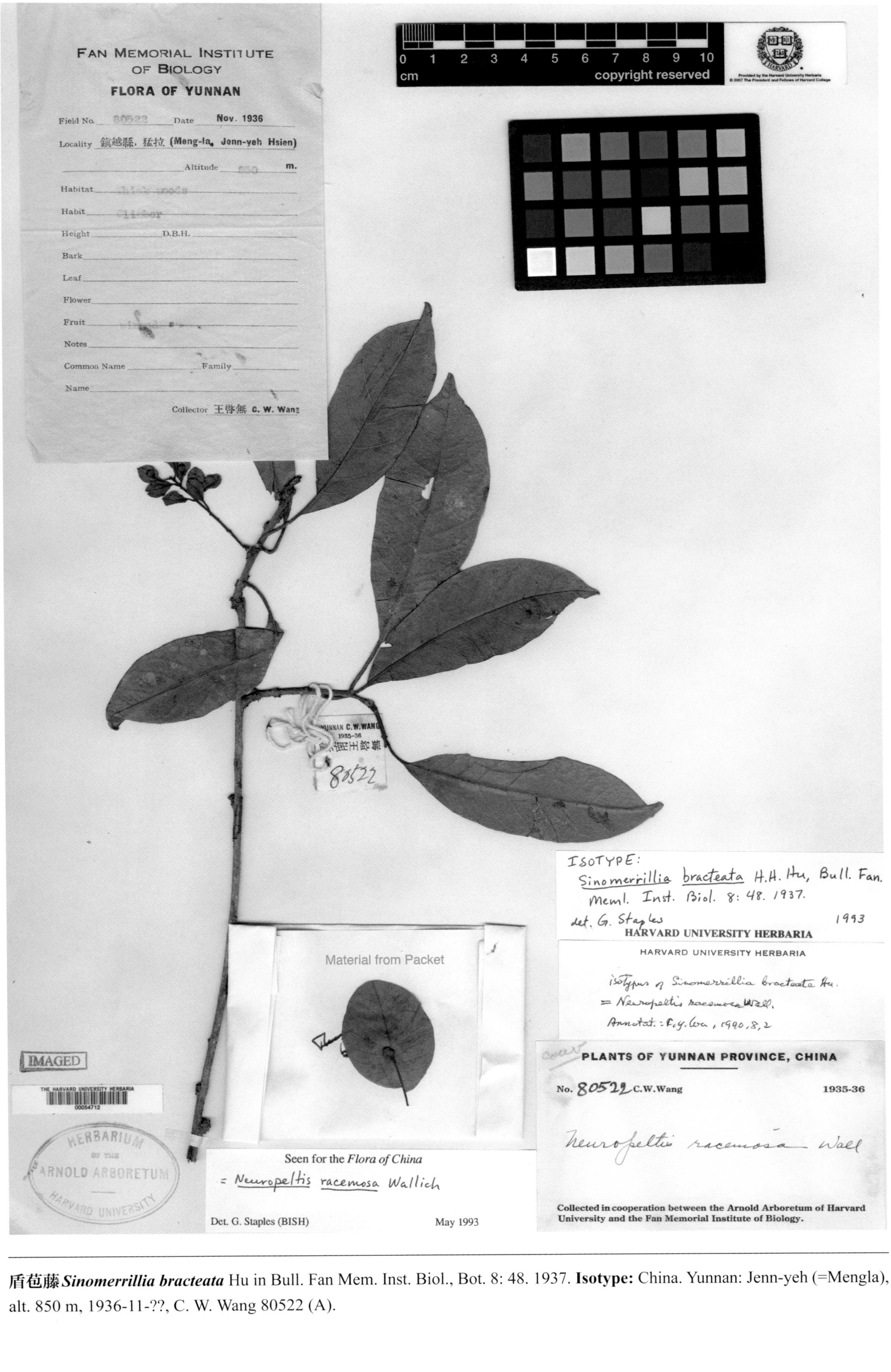

盾苞藤 ***Sinomerrillia bracteata*** Hu in Bull. Fan Mem. Inst. Biol., Bot. 8: 48. 1937. **Isotype:** China. Yunnan: Jenn-yeh (=Mengla), alt. 850 m, 1936-11-??, C. W. Wang 80522 (A).

紫草科

Boraginaceae

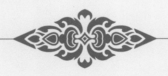

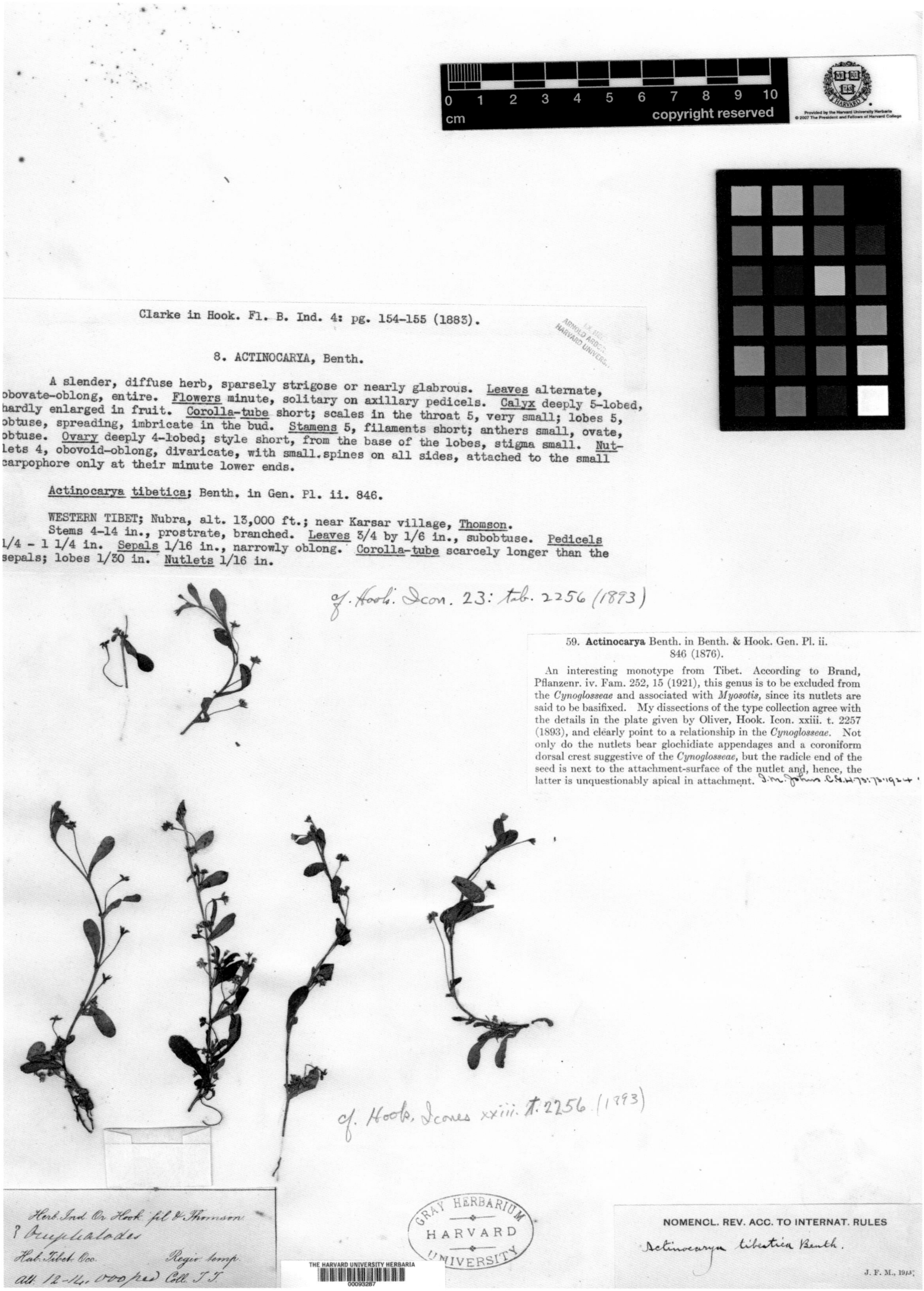

0 1 2 3 4 5 6 7 8 9 10
cm
copyright reserved
Clarke in Hook. Fl. B. Ind. 4: pg. 154-155 (1883).
8. ACTINOCARYA, Benth.
A slender, diffuse herb, sparsely strigose or nearly glabrous. Leaves alternate, obovate-oblong, entire. Flowers minute, solitary on axillary pedicels. Calyx deeply 5-lobed, hardly enlarged in fruit. Corolla-tube short; scales in the throat 5, very small; lobes 5, obtuse, spreading, imbricate in the bud. Stamens 5, filaments short; anthers small, ovate, obtuse. Ovary deeply 4-lobed; style short, from the base of the lobes, stigma small. Nutlets 4, obovoid-oblong, divaricate, with small spines on all sides, attached to the small carpophore only at their minute lower ends.
Actinocarya tibetica; Benth. in Gen. Pl. ii. 846.
WESTERN TIBET; Nubra, alt. 13,000 ft.; near Karsar village, Thomson.
Stems 4-14 in., prostrate, branched. Leaves 3/4 by 1/6 in., subobtuse. Pedicels 1/4 - 1 1/4 in. Sepals 1/16 in., narrowly oblong. Corolla-tube scarcely longer than the sepals; lobes 1/30 in. Nutlets 1/16 in.
cf. Hook. Icon. 23: tab. 2256 (1893)
59. Actinocarya Benth. in Benth. & Hook. Gen. Pl. ii. 846 (1876).
An interesting monotype from Tibet. According to Brand, Pflanzenr. iv. Fam. 252, 15 (1921), this genus is to be excluded from the Cynoglosseae and associated with Myosotis, since its nutlets are said to be basifixed. My dissections of the type collection agree with the details in the plate given by Oliver, Hook. Icon. xxiii. t. 2257 (1893), and clearly point to a relationship in the Cynoglosseae. Not only do the nutlets bear glochidiate appendages and a coroniform dorsal crest suggestive of the Cynoglosseae, but the radicle end of the seed is next to the attachment-surface of the nutlet and, hence, the latter is unquestionably apical in attachment.
cf. Hook. Icones xxiii. t. 2256 (1893)
Herb. Ind. Or. Hook. fil. & Thomson
Hab. Tibet. Occ.
Regio temp.
GRAY HERBARIUM
HARVARD
UNIVERSITY
THE HARVARD UNIVERSITY HERBARIA
00093287
NOMENCL. REV. ACC. TO INTERNAT. RULES
Actinocarya tibetica Benth.
J. F. M., 1935

锚刺果 ***Actinocarya tibetica*** Benth. in Benth. & Hook. f., Gen. Pl. 2: 846. 1876; Clarke in Hook. f., Fl. Brit. Ind. 4: 155. 1883.

Isotype: China. Xizang: Western Xizang, Nubra, alt. 3 660~4 270 m, J. D. Hooker & T. Thomson s. n. (GH).

川藏微孔草 ***Anoplocaryum limprichtii*** Brand in Fedde, Repert. Sp. Nov. 26: 170. 1929. **Isosyntype**: China. Sichuan: Dêgê, Limpricht 2155 (GH).

Clarke in Hook. Fl. B. Ind. 4: pg. 176 (1883).
3. Arnebia Thomsoni, Clarke; shaggy hispid, leaves narrowly oblong, sepals 1/5 in., corolla-tube 1/3 in., nutlets 1/10 in. ovoid-conic without tubercles. — Arnebia sp. n. 6, Herb. Ind. Or. H. f. & T.
WESTERN TIBET; Piti Valley, Thomson; Leh, Lance.
Biennial or perennial, diffuse, 3-10 in.; hairs white, long, dense, softer and more numerous than in A. hispidissima. Leaves 1 1/2 by 1/4 - 1/3 in. Spikes 1-2 in., dense; bracts oblong, obtuse, overtopping the sepals. Corolla nearly as of A. hispidissima. Nutlets gradually narrowed upwards, trigonous in horizontal section. — Stems and spikes much more villous than those of A. hispidissima, and the nutlets larger, smooth. Dimorphic.
0 1 2 3 4 5 6 7 8 9 10
cm
copyright reserved
Arnebia guttata Bunge
Type of var.
var. thomsoni (C.B. Clarke) Kazmi
Determined by S. M. A. Kazmi
1970
Herb. Ind. Or. Hook. fil. & Thomson
6. Arnebia Thomsoni Clarke
Fl. Brit. Ind. 4:176
Hab. Tibet. Occ.
Regio. alp.
alt. 14,000 ped.
Coll. T.T.
GRAY HERBARIUM
HARVARD UNIVERSITY
THE HARVARD UNIVERSITY HERBARIA
00094382
NOMENCL. REV. ACC. TO INTERNAT. RULES
Arnebia Thomsoni Clarke
J. F. M., 1946.

西藏软紫草 ***Arnebiatho msonii*** Clarke in Hook. f., Fl. Brit. India 4: 176. 1883. **Isosyntype**: China. Xizang: Western Xizang, Piti Valley, alt. 4 270 m, T. Thomson 6 (GH).

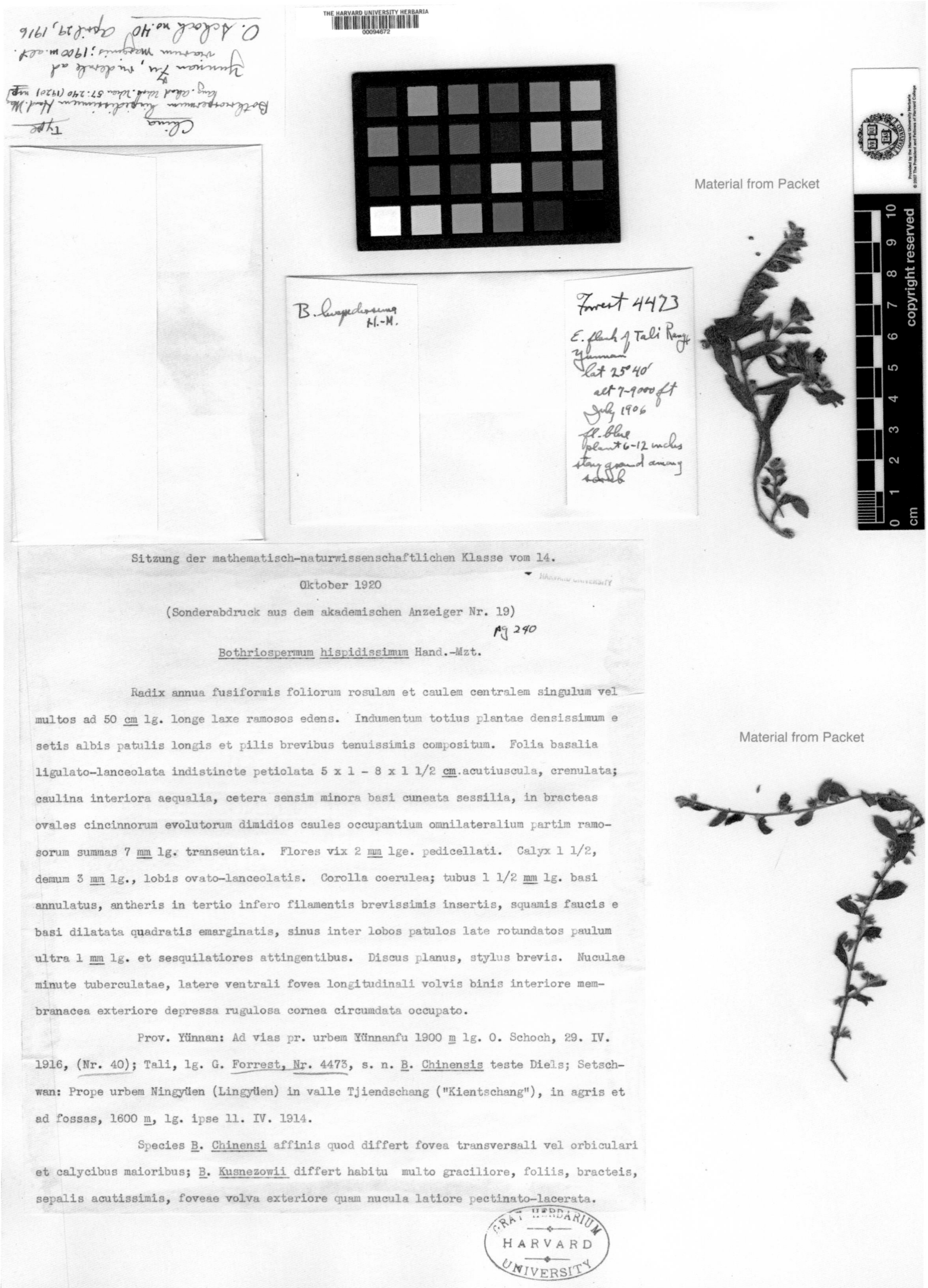
THE HARVARD UNIVERSITY HERBARIA
00094672
Material from Packet
copyright reserved
cm
Sitzung der mathematisch-naturwissenschaftlichen Klasse vom 14.
Oktober 1920
(Sonderabdruck aus dem akademischen Anzeiger Nr. 19)
Bothriospermum hispidissimum Hand.-Mzt.
Radix annua fusiformis foliorum rosulam et caulem centralem singulum vel multos ad 50 cm lg. longe laxe ramosos edens. Indumentum totius plantae densissimum e setis albis patulis longis et pilis brevibus tenuissimis compositum. Folia basalia ligulato-lanceolata indistincte petiolata 5 x 1 - 8 x 1 1/2 cm.acutiuscula, crenulata; caulina interiora aequalia, cetera sensim minora basi cuneata sessilia, in bracteas ovales cincinnorum evolutorum dimidios caules occupantium omnilateralium partim ramorum summas 7 mm lg. transeuntia. Flores vix 2 mm lge. pedicellati. Calyx 1 1/2, demum 3 mm lg., lobis ovato-lanceolatis. Corolla coerulea; tubus 1 1/2 mm lg. basi annulatus, antheris in tertio infero filamentis brevissimis insertis, squamis faucis e basi dilatata quadratis emarginatis, sinus inter lobos patulos late rotundatos paulum ultra 1 mm lg. et sesquilatiores attingentibus. Discus planus, stylus brevis. Nuculae minute tuberculatae, latere ventrali fovea longitudinali volvis binis interiore membranacea exteriore depressa rugulosa cornea circumdata occupato.
Prov. Yünnan: Ad vias pr. urbem Yünnanfu 1900 m lg. O. Schoch, 29. IV. 1916, (Nr. 40); Tali, lg. G. Forrest, Nr. 4473, s. n. B. Chinensis teste Diels; Setschwan: Prope urbem Ningyüen (Lingyüen) in valle Tjiendschang ("Kientschang"), in agris et ad fossas, 1600 m, lg. ipse 11. IV. 1914.
Species B. Chinensi affinis quod differt fovea transversali vel orbiculari et calycibus maioribus; B. Kusnezowii differt habitu multo graciliore, foliis, bracteis, sepalis acutissimis, foveae volva exteriore quam nucula latiore pectinato-lacerata.
GRAY HERBARIUM
HARVARD
UNIVERSITY

云南斑种草 ***Bothriospermum hispidissimum*** Hand.-Mazz. in Anzeig. Akad. Wiss. Wien. Math.-Nat. Kl. 57: 240. 1920. **Isosyntype**: China. Yunnan: Kunming, alt. 1 900 m, 1916-04-29, O. Schoch 40 (GH).

贵州琉璃草 ***Cynoglossum cavaleriei*** Lévl. in Fedde, Repert. Sp. Nov. 12: 534. 1913. **Isotype:** China. Guizhou: Gan-Pin (=Pingba), 1910-04-??, Cavalerie & Fortunat 2117 (GH).

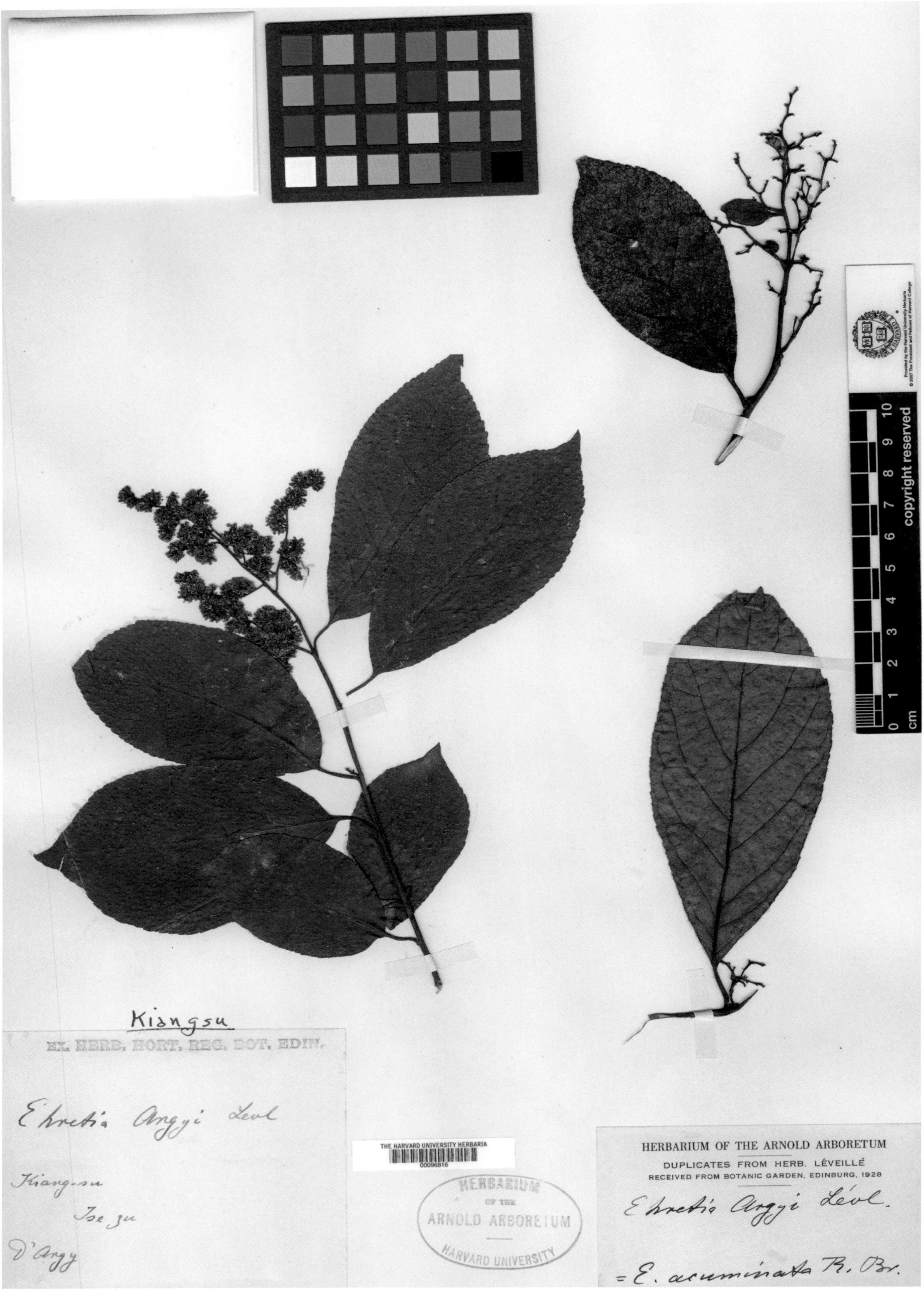

江苏厚壳树 ***Ehretia argyi*** Lévl. in Fedde, Repert. Sp. Nov. 11: 67. 1912. **Isotype:** China. Jiangsu: Precise locality not known, d'Argy s. n. (A).

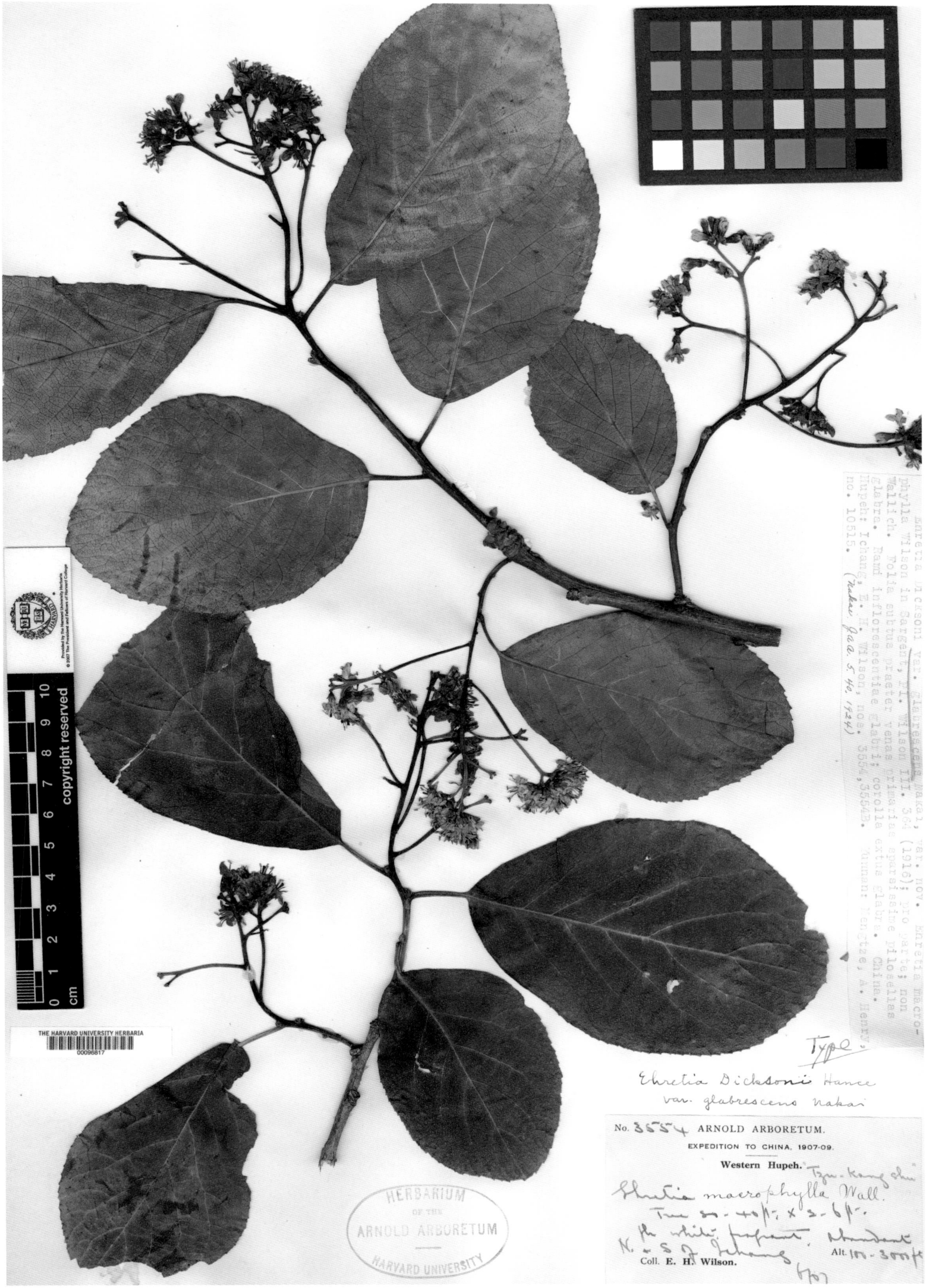

光叶粗糠树 ***Ehretia dicksoni*** Hance var. ***glabrescens*** Nakai in J. Arnold Arbor. 5: 40. 1924. **Isosyntype:** China. Hubei: Yichang, alt. 305~915 m, 1907-06-??, E. H. Wilson 3554 (A).

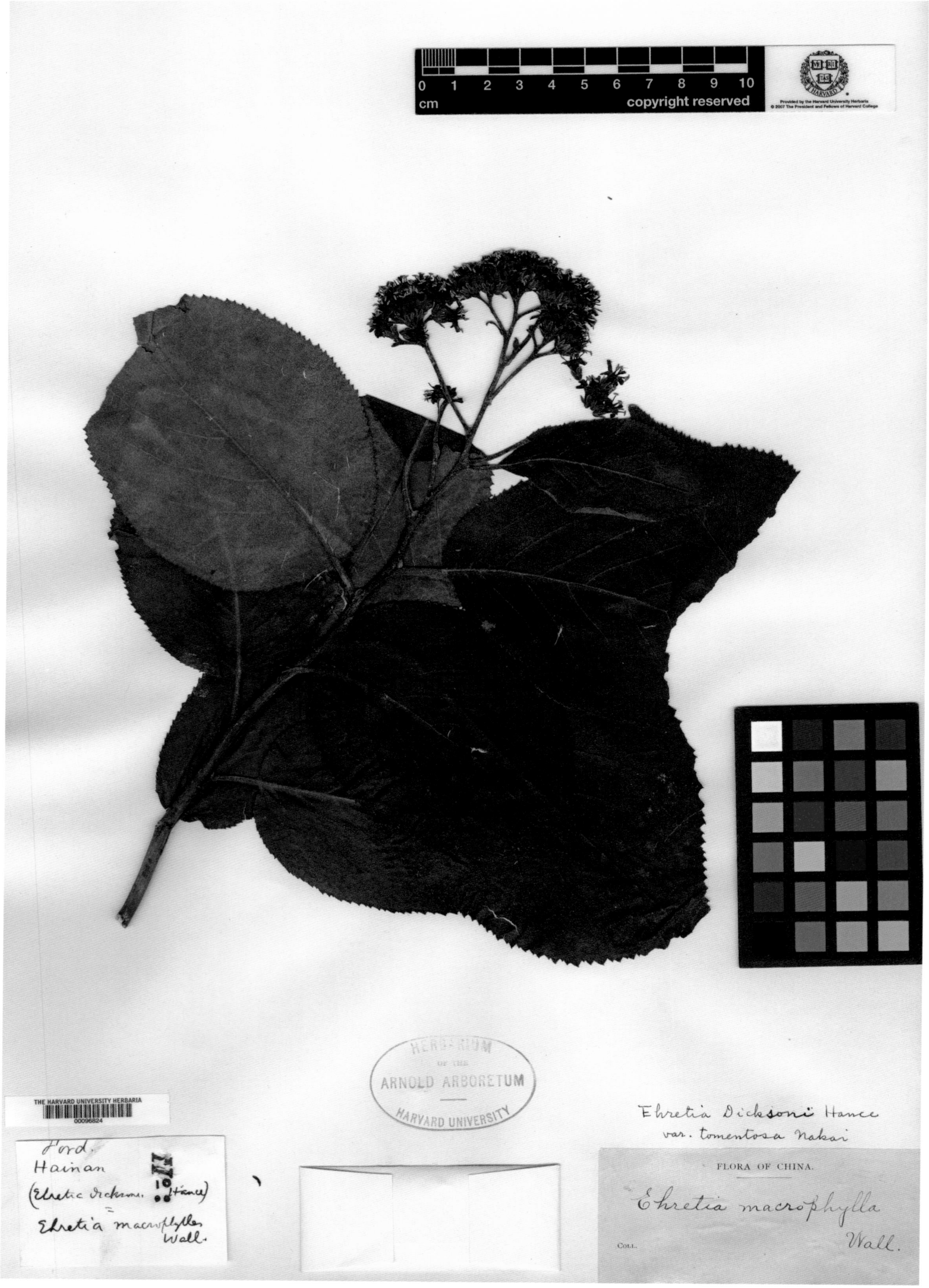

绒毛粗糠树 ***Ehretia dicksoni*** Hance var. ***tomentosa*** Nakai in J. Arnold Arbor. 5: 41. 1924. **Isosyntype:** China. Hainan: Precise locality not known, Ford s. n. (A).

HERBIER E. DRAKE
EX HERBARIO MUSEI PARISIENSIS
Ehretia Dunniana Levl.
Kweichou: Lo-fou
March 1909
J. Cavalerie no 3479
THE HARVARD UNIVERSITY HERBARIA
00096825
Material from Packet
copyright reserved
904 Ehretia Dunniana Levl., nov. spec. Fedde Repert 11 (1912)
page 65
Ab. E. Longiflora, cui affinis bene differt foliis dimidio minoribus, inflorescentia villosa et antheris linearibus elongatis.
Kouy-Tcheou: Lo-Fou, mars 1909 (Jul. Cavalerie, 3479).
Ehretia Dunniana Léveillé in Fedde, Rep. Spec. Nov. xi. 65 (1912); Fl. Kouy-Tchéou, 53 (1914).
CHINA. Kweichou: Lo-fou, J. Cavalerie, no. 3479, March 1909 (holotype; photo. in A. A.). Rhd JAA 15: 320. 193
Ehretia Dunniana is similar to E. longiflora Champ. but differs in the linear-oblong anthers about 1.75 mm. long, in the filaments shorter than the style, in the pubescent calyx and the more densely pubescent inflorescence.
TYPE SPECIMENS IN HERB. LÉVEILLÉ
BOTANIC GARDEN, EDINBURGH
ALFRED REHDER, 1934
Plate No. 2871.
Ehretia Dunniana Levl.
Cavalerie 7439 (holotype)
HERBARIUM OF THE ARNOLD ARBORETUM HARVARD UNIVERSITY

云贵厚壳树 ***Ehretia dunniana*** Lévl. in Fedde, Repert. Sp. Nov. 11: 65. 1912. **Isotype:** China. Guizhou: Lo-fou (=Luodian), 1909-03-??, J. Cavalerie 3479 (A).

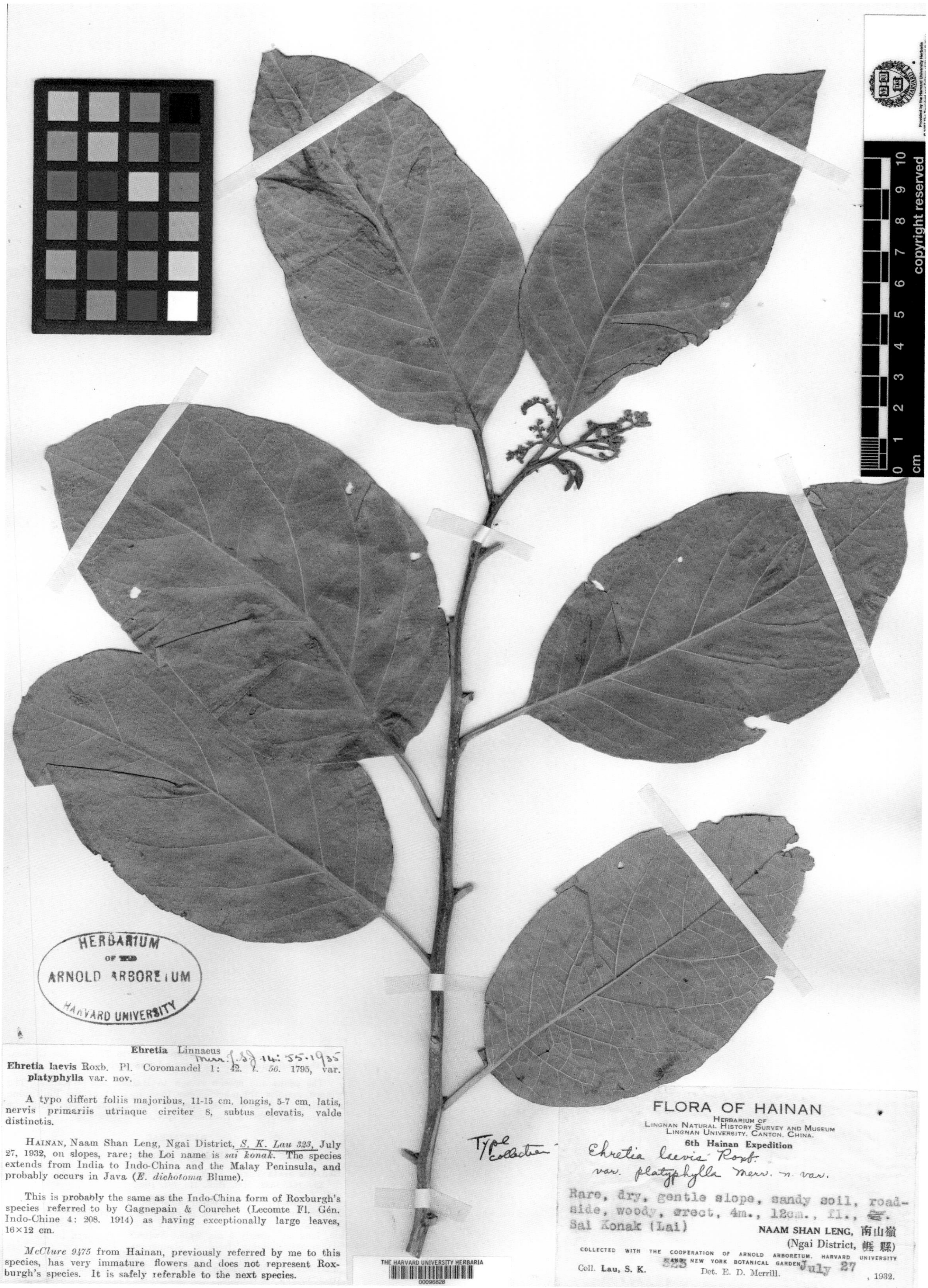
HERBARIUM OF THE ARNOLD ARBORETUM HARVARD UNIVERSITY
Ehretia Linnaeus
Merr. J. S. J. 14: 55. 1935
Ehretia laevis Roxb. Pl. Coromandel 1: 42. t. 56. 1795, var. platyphylla var. nov.
A typo differt foliis majoribus, 11-15 cm. longis, 5-7 cm. latis, nervis primariis utrinque circiter 8, subtus elevatis, valde distinctis.
HAINAN, Naam Shan Leng, Ngai District, S. K. Lau 323, July 27, 1932, on slopes, rare; the Loi name is sai konak. The species extends from India to Indo-China and the Malay Peninsula, and probably occurs in Java (E. dichotoma Blume).
This is probably the same as the Indo-China form of Roxburgh's species referred to by Gagnepain & Courchet (Lecomte Fl. Gén. Indo-Chine 4: 208. 1914) as having exceptionally large leaves, 16×12 cm.
McClure 9475 from Hainan, previously referred by me to this species, has very immature flowers and does not represent Roxburgh's species. It is safely referable to the next species.
THE HARVARD UNIVERSITY HERBARIA
00096828
Type collection
FLORA OF HAINAN
HERBARIUM OF
LINGNAN NATURAL HISTORY SURVEY AND MUSEUM
LINGNAN UNIVERSITY, CANTON, CHINA.
6th Hainan Expedition
Ehretia laevis Roxb.
var. platyphylla Merr. n. var.
Rare, dry, gentle slope, sandy soil, road-side, woody, erect, 4m., 12cm., fl.
Sai Konak (Lai)
NAAM SHAN LENG, 南山嶺
(Ngai District, 崖縣)
COLLECTED WITH THE COOPERATION OF ARNOLD ARBORETUM, HARVARD UNIVERSITY AND NEW YORK BOTANICAL GARDEN
Coll. Lau, S. K. 323 Det. E. D. Merrill. July 27, 1932.
copyright reserved
cm

宽叶厚壳树 ***Ehertia latvis*** Roxb. var. ***platyphylla*** Merr. in Lingnan Sci. J. 14: 55. 1935. **Holotype**: China. Hainan: Ngai (= Sanya), 1932-07-27, S. K. Lau 323 (A).

台湾厚壳树 ***Ehretia taiwaniana*** Nakai in J. Arnold Arbor. 5: 38. 1924. **Isosyntype:** China. Guangxi: Ta Yu, alt. 610 m, 1921-05-22, H. H. Hu 964 (A).

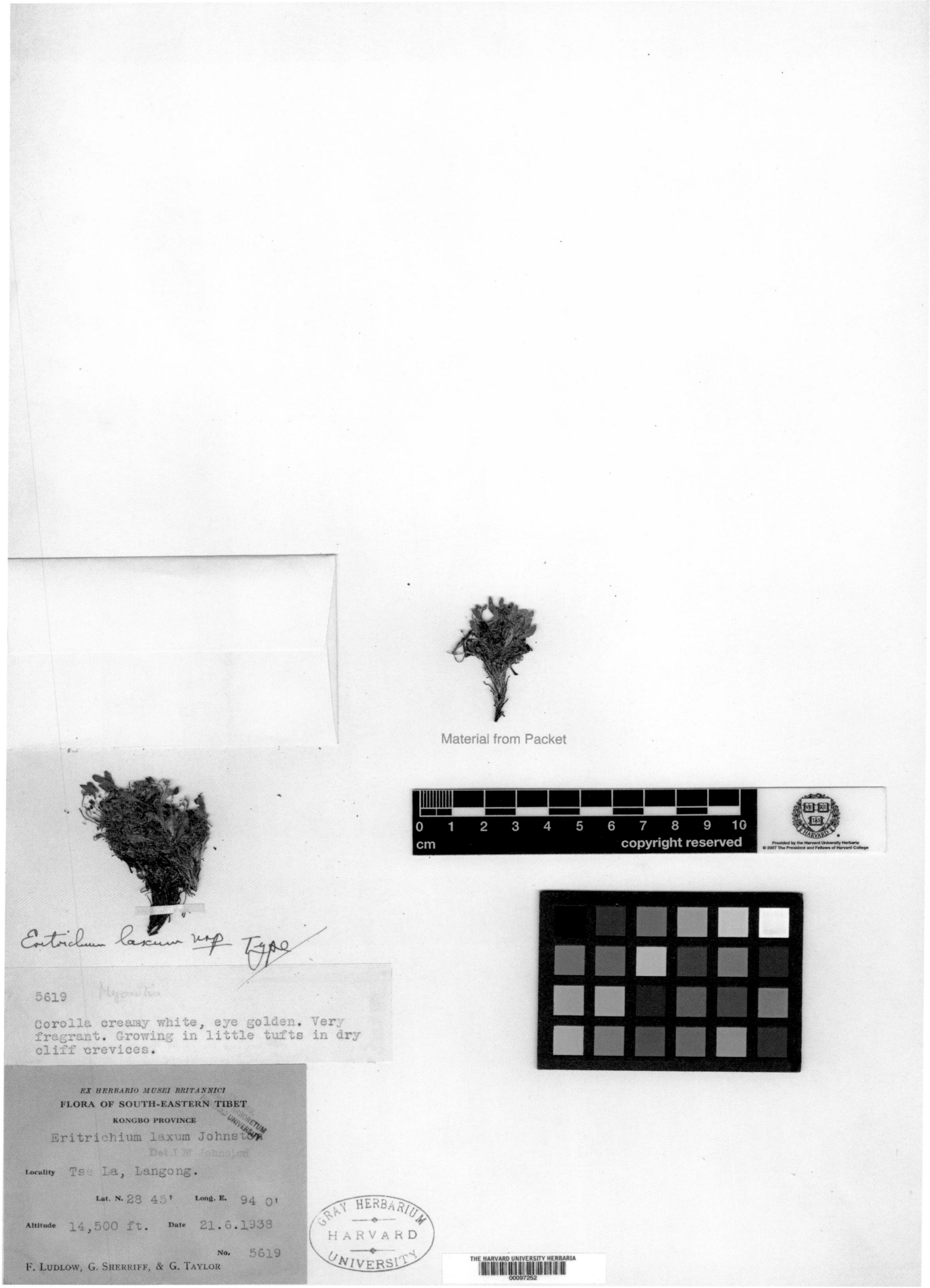

疏花齿缘草 ***Eritrichium laxum*** Johnst. in J. Arnold Arbor. 33: 66. 1952. **Holotype:** China. Xizang: Kongbo, Tse La, Langong, alt. 4 423 m, 1938-06-21, F. Ludlow, G. Sherriff & G. Taylor 5619 (GH).

0 1 2 3 4 5 6 7 8 9 10
cm
copyright reserved
ISOTYPE:
Eritrichium serxuense W. T. Wang, Guihaia 30: 437. 2010.
Plants of China
Boraginaceae
Eritrichium serxuense W. T. Wang, sp. nov., ISOTYPE
Sichuan Province, Serxu Xian: N of the town of Luoxu on road to Shiqu (Serxu), S of Shengbuka pass. 32°28'47"N, 98°1'19"E; 3380 m. Dry slopes with xerophytic shrubs and thickets along river; rocky soil. Dry slope. Corolla blue, white in center. Isotype (Holotype: PE): Guihaia 30: 437-438. 2010.
D. E. Boufford, J. H. Chen, K. Fujikawa, S. L. Kelley, R. H. Ree, H. Sun, J. P. Yue, D. C. Zhang & Y. H. Zhang
33760 30 July 2005
Harvard University Herbaria
HERBARIUM OF THE ARNOLD ARBORETUM HARVARD UNIVERSITY
THE HARVARD UNIVERSITY HERBARIA
00460286

石渠齿缘草 ***Eritrichium serxuense*** W. T. Wang in Guihaia 30: 437, f. 5. 2010. **Isotype**: China. Sichuan: Sêrxü, alt. 3 380 m, 2005-07-30, D. E. Boufford & al. 33760 (A).

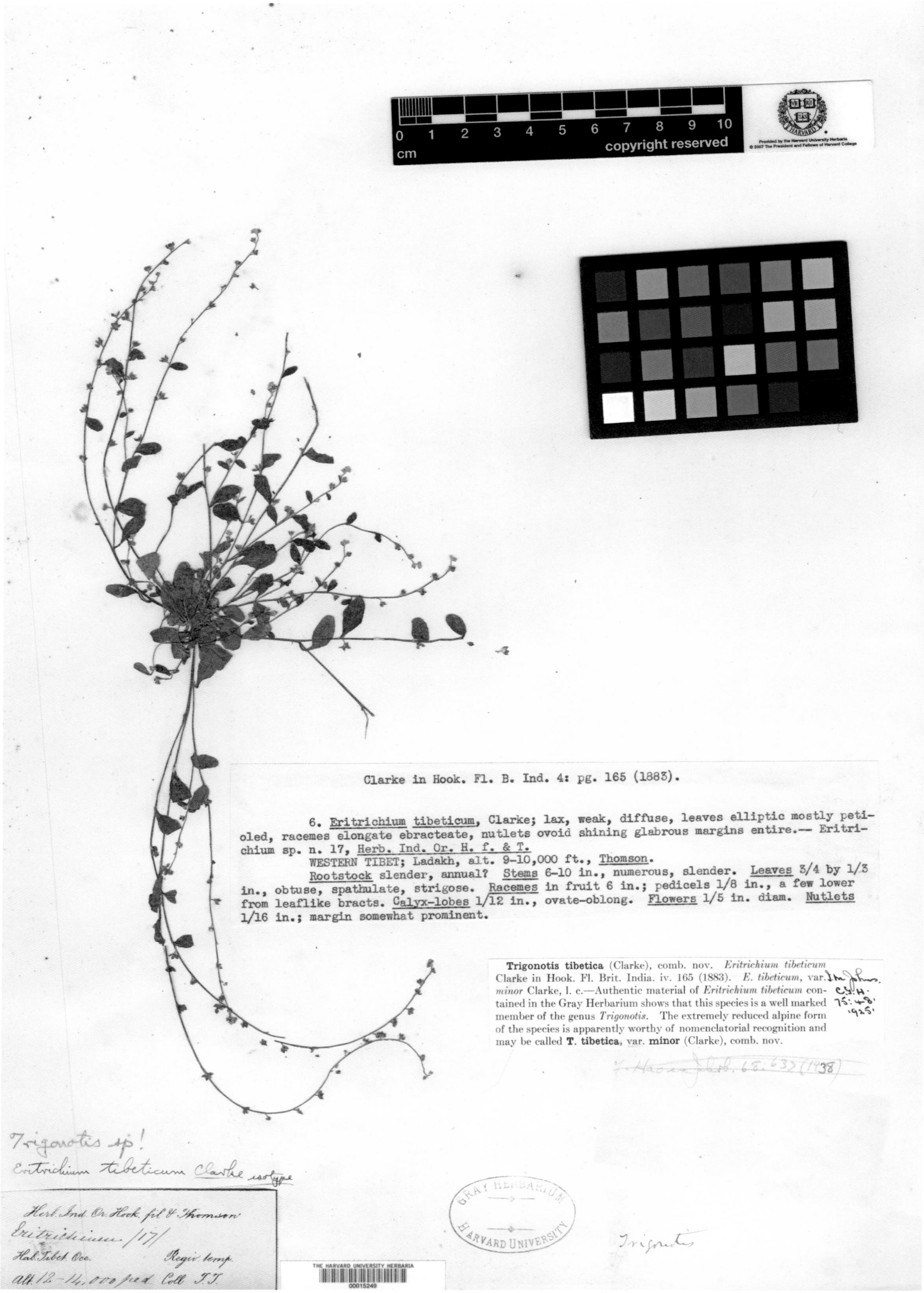
0 1 2 3 4 5 6 7 8 9 10
cm
copyright reserved
Clarke in Hook. Fl. B. Ind. 4: pg. 165 (1883).
6. Eritrichium tibeticum, Clarke; lax, weak, diffuse, leaves elliptic mostly petioled, racemes elongate ebracteate, nutlets ovoid shining glabrous margins entire.— Eritrichium sp. n. 17, Herb. Ind. Or. H. f. & T.
WESTERN TIBET; Ladakh, alt. 9-10,000 ft., Thomson.
Rootstock slender, annual? Stems 6-10 in., numerous, slender. Leaves 3/4 by 1/3 in., obtuse, spathulate, strigose. Racemes in fruit 6 in.; pedicels 1/8 in., a few lower from leaflike bracts. Calyx-lobes 1/12 in., ovate-oblong. Flowers 1/5 in. diam. Nutlets 1/16 in.; margin somewhat prominent.
Trigonotis tibetica (Clarke), comb. nov. Eritrichium tibeticum Clarke in Hook. Fl. Brit. India. iv. 165 (1883). E. tibeticum, var. minor Clarke, l. c.—Authentic material of Eritrichium tibeticum contained in the Gray Herbarium shows that this species is a well marked member of the genus Trigonotis. The extremely reduced alpine form of the species is apparently worthy of nomenclatorial recognition and may be called T. tibetica, var. minor (Clarke), comb. nov.
Trigonotis sp!
Eritrichium tibeticum Clarke isotype
Herb. Ind. Or. Hook. fil & Thomson
Eritrichium /17/
Hab. Tibet. Occ.
Regio temp.
Alt. 12-14,000 ped. Coll. T. T.
GRAY HERBARIUM
HARVARD UNIVERSITY
THE HARVARD UNIVERSITY HERBARIA
00015249
Trigonotis

西藏附地菜 ***Eritrichium tibeticum*** Clarke in Hook. f. Fl. Brit. India 4: 165. 1883. **Isotype**: China. Xizang: Western Xizang, Ladakh., alt. 2 745~3 050 m, T. Thomson s. n. (GH).

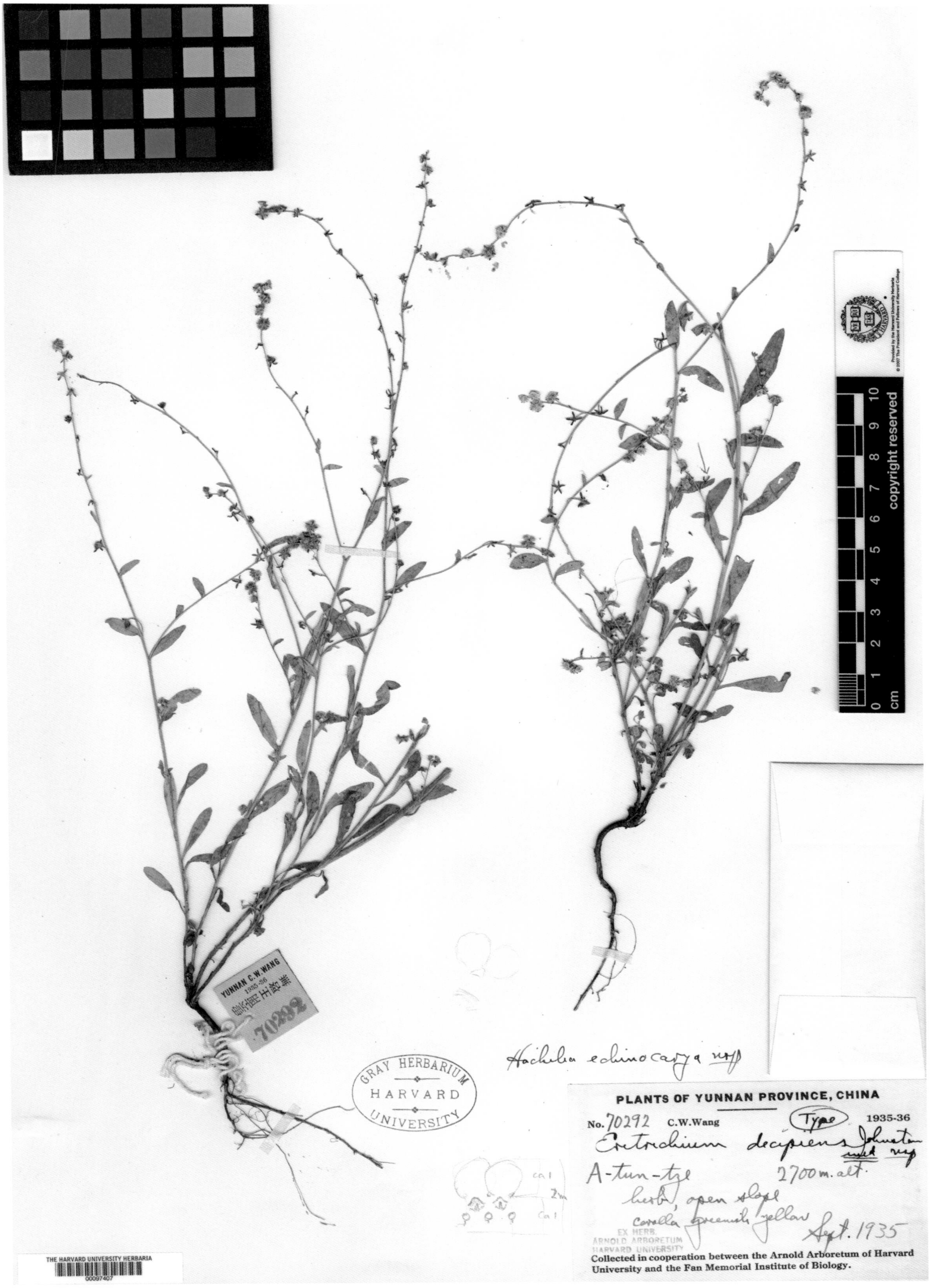

云南齿缘草 ***Hackelia echinocarya*** Johnst. in J. Arnold Arbor. 21: 54. 1940. **Holotype:** China. Yunnan: Atuntze (=Dêqên), alt. 2 700 m, 1935-09-??, C. W. Wang 70292 (GH).

西藏长柱琉璃草 ***Lindelofia benthami*** Hook. f. Fl. Brit. India 4: 159. 1883. **Isosyntype**: China. Xizang: Western Xizang, Northwest Himal., alt. 2 440~3 050 m, T. Thomson s. n. (GH).

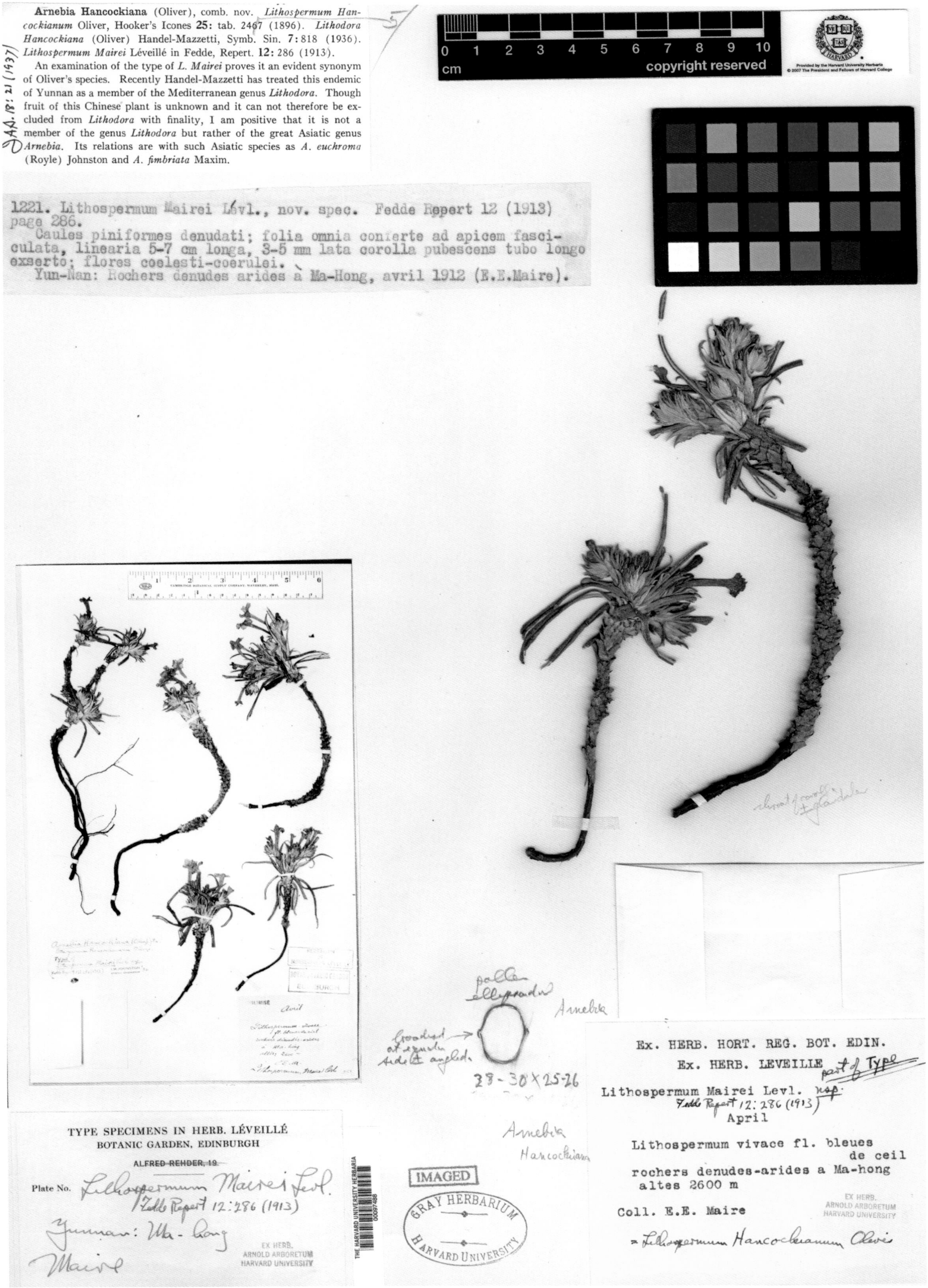
Arnebia Hancockiana (Oliver), comb. nov. *Lithospermum Hancockianum* Oliver, Hooker's Icones 25: tab. 2467 (1896). *Lithodora Hancockiana* (Oliver) Handel-Mazzetti, Symb. Sin. 7: 818 (1936). *Lithospermum Mairei* Léveillé in Fedde, Repert. 12: 286 (1913).
An examination of the type of *L. Mairei* proves it an evident synonym of Oliver's species. Recently Handel-Mazzetti has treated this endemic of Yunnan as a member of the Mediterranean genus *Lithodora*. Though fruit of this Chinese plant is unknown and it can not therefore be excluded from *Lithodora* with finality, I am positive that it is not a member of the genus *Lithodora* but rather of the great Asiatic genus *Arnebia*. Its relations are with such Asiatic species as *A. euchroma* (Royle) Johnston and *A. fimbriata* Maxim.
JAA. 18: 21 (1937)
0 1 2 3 4 5 6 7 8 9 10
cm
copyright reserved
1221. Lithospermum Mairei Lévl., nov. spec. Fedde Repert 12 (1913) page 286.
Caules piniformes denudati; folia omnia conferte ad apicem fasciculata, linearia 5-7 cm longa, 3-5 mm lata corolla pubescens tubo longo exserto; flores coelesti-coerulei.
Yun-Nan: Rochers denudes arides à Ma-Hong, avril 1912 (E.E.Maire).
TYPE SPECIMENS IN HERB. LÉVEILLÉ
BOTANIC GARDEN, EDINBURGH
ALFRED REHDER, 19
Plate No. Lithospermum Mairei Levl.
Fedde Repert 12: 286 (1913)
Yunnan: Ma-hong
Maire
EX HERB.
ARNOLD ARBORETUM
HARVARD UNIVERSITY
THE HARVARD UNIVERSITY HERBARIA
00097486
IMAGED
GRAY HERBARIUM
HARVARD UNIVERSITY
pollen ellipsoidal
Arnebia
broadest at equator sides ± angled
28-30 × 25-26
Arnebia Hancockiana
Ex. HERB. HORT. REG. BOT. EDIN.
Ex. HERB. LEVEILLE part of Type
Lithospermum Mairei Levl. n.sp.
Fedde Repert 12: 286 (1913)
April
Lithospermum vivace fl. bleues de ceil
rochers denudes-arides a Ma-hong
altes 2600 m
Coll. E.E. Maire
EX HERB.
ARNOLD ARBORETUM
HARVARD UNIVERSITY
= Lithospermum Hancockianum Oliver

云南紫草 ***Lithospermum mairei*** Lévl. in Fedde, Repert. Sp. Nov. 12: 286. 1913. **Isotype:** China.Yunnan: Ma-Hong, alt. 2 600 m, 1912-04-??, E. E. Marie s. n. (GH).

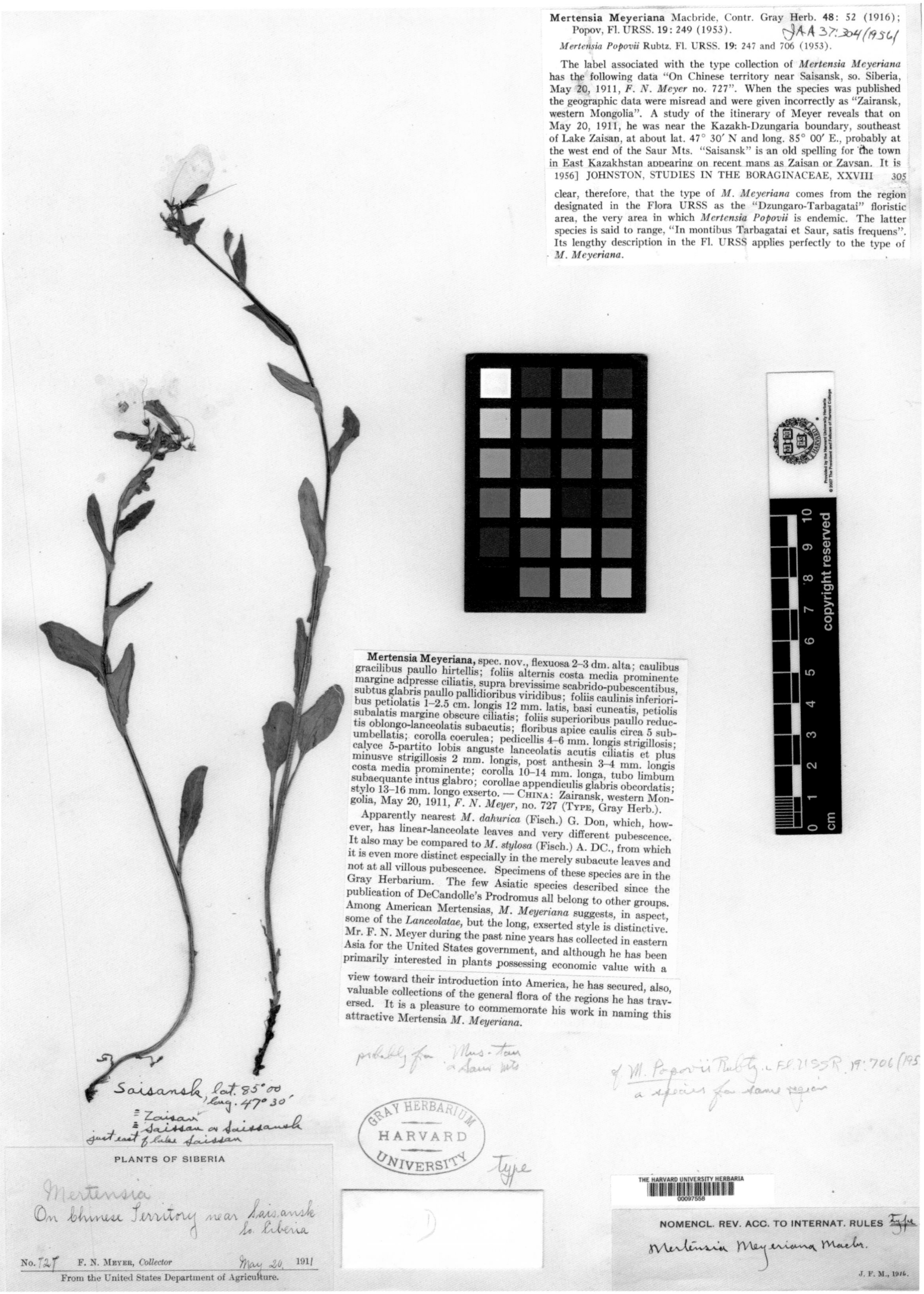
Mertensia Meyeriana Macbride, Contr. Gray Herb. 48: 52 (1916); Popov, Fl. URSS. 19: 249 (1953).
JAA 37: 304 (1956)
Mertensia Popovii Rubtz. Fl. URSS. 19: 247 and 706 (1953).
The label associated with the type collection of Mertensia Meyeriana has the following data "On Chinese territory near Saisansk, so. Siberia, May 20, 1911, F. N. Meyer no. 727". When the species was published the geographic data were misread and were given incorrectly as "Zairansk, western Mongolia". A study of the itinerary of Meyer reveals that on May 20, 1911, he was near the Kazakh-Dzungaria boundary, southeast of Lake Zaisan, at about lat. 47° 30′ N and long. 85° 00′ E., probably at the west end of the Saur Mts. "Saisansk" is an old spelling for the town in East Kazakhstan appearing on recent maps as Zaisan or Zaysan. It is
1956] JOHNSTON, STUDIES IN THE BORAGINACEAE, XXVIII 305
clear, therefore, that the type of M. Meyeriana comes from the region designated in the Flora URSS as the "Dzungaro-Tarbagatai" floristic area, the very area in which Mertensia Popovii is endemic. The latter species is said to range, "In montibus Tarbagatai et Saur, satis frequens". Its lengthy description in the Fl. URSS applies perfectly to the type of M. Meyeriana.
copyright reserved
cm
0 1 2 3 4 5 6 7 8 9 10
Mertensia Meyeriana, spec. nov., flexuosa 2–3 dm. alta; caulibus gracilibus paullo hirtellis; foliis alternis costa media prominente margine adpresse ciliatis, supra brevissime scabrido-pubescentibus, subtus glabris paullo pallidioribus viridibus; foliis caulinis inferioribus petiolatis 1–2.5 cm. longis 12 mm. latis, basi cuneatis, petiolis subalatis margine obscure ciliatis; foliis superioribus paullo reductis oblongo-lanceolatis subacutis; floribus apice caulis circa 5 subumbellatis; corolla coerulea; pedicellis 4–6 mm. longis strigillosis; calyce 5-partito lobis anguste lanceolatis acutis ciliatis et plus minusve strigillosis 2 mm. longis, post anthesin 3–4 mm. longis costa media prominente; corolla 10–14 mm. longa, tubo limbum subaequante intus glabro; corollae appendiculis glabris obcordatis; stylo 13–16 mm. longo exserto. — CHINA: Zairansk, western Mongolia, May 20, 1911, F. N. Meyer, no. 727 (TYPE, Gray Herb.).
Apparently nearest M. dahurica (Fisch.) G. Don, which, however, has linear-lanceolate leaves and very different pubescence. It also may be compared to M. stylosa (Fisch.) A. DC., from which it is even more distinct especially in the merely subacute leaves and not at all villous pubescence. Specimens of these species are in the Gray Herbarium. The few Asiatic species described since the publication of DeCandolle's Prodromus all belong to other groups. Among American Mertensias, M. Meyeriana suggests, in aspect, some of the Lanceolatae, but the long, exserted style is distinctive. Mr. F. N. Meyer during the past nine years has collected in eastern Asia for the United States government, and although he has been primarily interested in plants possessing economic value with a
view toward their introduction into America, he has secured, also, valuable collections of the general flora of the regions he has traversed. It is a pleasure to commemorate his work in naming this attractive Mertensia M. Meyeriana.
probably from Mus-tau & Saur Mts
cf. M. Popovii Rubtz. in Fl. URSS 19: 706 (195
a species from same region
Saisansk, lat. 85°00′ long. 47°30′
= Zaisan
= Saissan or Saissansk
just east of lake Saissan
PLANTS OF SIBERIA
Mertensia
On Chinese Territory near Saisansk So. Siberia
No. 727 F. N. MEYER, Collector May 20, 1911
From the United States Department of Agriculture.
GRAY HERBARIUM HARVARD UNIVERSITY
Type
THE HARVARD UNIVERSITY HERBARIA
00097558
NOMENCL. REV. ACC. TO INTERNAT. RULES Type
Mertensia Meyeriana Macbr.
J. F. M., 1916.

新疆滨紫草 ***Mertensia meyeriana*** Macbride in Contr. Gray Herb. Harvard Univ. 48: 52. 1916. **Holotype**: China. Xinjiang: Zairansk, 1911-05-20, F. N. Meyer 727 (GH).

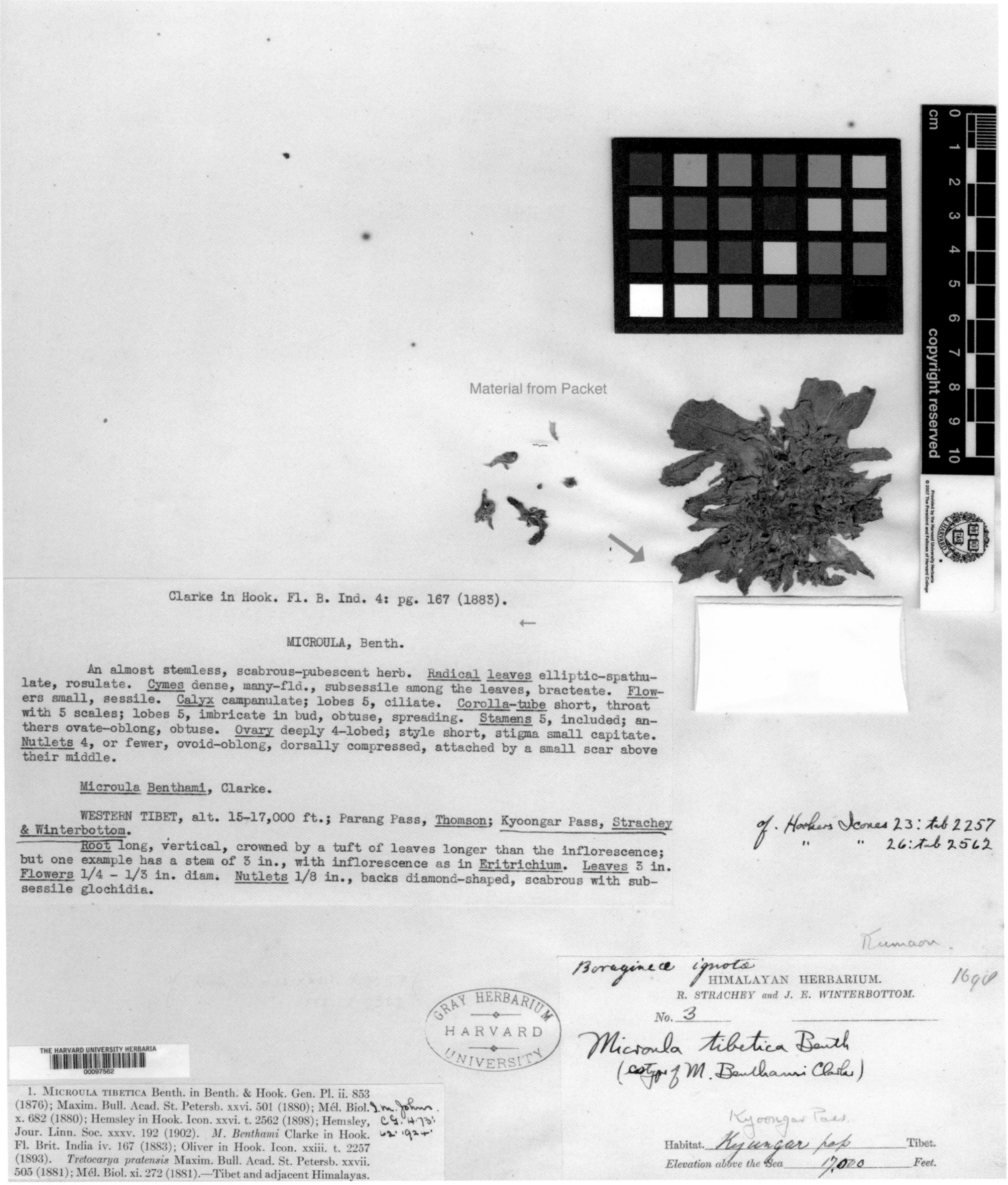

copyright reserved
Material from Packet
Clarke in Hook. Fl. B. Ind. 4: pg. 167 (1883).
MICROULA, Benth.
An almost stemless, scabrous-pubescent herb. Radical leaves elliptic-spathulate, rosulate. Cymes dense, many-fld., subsessile among the leaves, bracteate. Flowers small, sessile. Calyx campanulate; lobes 5, ciliate. Corolla-tube short, throat with 5 scales; lobes 5, imbricate in bud, obtuse, spreading. Stamens 5, included; anthers ovate-oblong, obtuse. Ovary deeply 4-lobed; style short, stigma small capitate. Nutlets 4, or fewer, ovoid-oblong, dorsally compressed, attached by a small scar above their middle.
Microula Benthami, Clarke.
WESTERN TIBET, alt. 15-17,000 ft.; Parang Pass, Thomson; Kyoongar Pass, Strachey & Winterbottom.
Root long, vertical, crowned by a tuft of leaves longer than the inflorescence; but one example has a stem of 3 in., with inflorescence as in Eritrichium. Leaves 3 in. Flowers 1/4 - 1/3 in. diam. Nutlets 1/8 in., backs diamond-shaped, scabrous with subsessile glochidia.
cf. Hookers Icones 23: tab 2257
" " 26: tab 2562
GRAY HERBARIUM HARVARD UNIVERSITY
THE HARVARD UNIVERSITY HERBARIA
00097562
1. MICROULA TIBETICA Benth. in Benth. & Hook. Gen. Pl. ii. 853 (1876); Maxim. Bull. Acad. St. Petersb. xxvi. 501 (1880); Mél. Biol. x. 682 (1880); Hemsley in Hook. Icon. xxvi. t. 2562 (1898); Hemsley, Jour. Linn. Soc. xxxv. 192 (1902). M. Benthami Clarke in Hook. Fl. Brit. India iv. 167 (1883); Oliver in Hook. Icon. xxiii. t. 2257 (1893). Tretocarya pratensis Maxim. Bull. Acad. St. Petersb. xxvii. 505 (1881); Mél. Biol. xi. 272 (1881).—Tibet and adjacent Himalayas.
Kumaon
Boragineae ignota
HIMALAYAN HERBARIUM.
R. STRACHEY and J. E. WINTERBOTTOM.
No. 3
Microula tibetica Benth
(cotype of M. Benthami Clarke)
Habitat. Kyungar pass Tibet.
Elevation above the Sea 17,000 Feet.

西藏微孔草 ***Microula benthami*** Clarke in Hook. f. Fl. Brit. India 4: 167. 1883. **Isosyntype:** China. Xizang: Kyoongar Pass, alt. 5 185 m, R. Strachey & J. E. Winterbottom 3 (GH).

FAN MEMORIAL INSTITUTE OF BIOLOGY
FLORA OF SI-KANG
Field No. 66203 Date Sep. Aug. 1935
Locality 西康·察瓦龍·折那 (Dzer-nar, Tsa-wa-rung)
Altitude 3000 m.
Habitat Mountain slope
Flower blue
Collector 王啓無 C. W. Wang
0 1 2 3 4 5 6 7 8 9 10
cm
copyright reserved
HARVARD UNIVERSITY HERBARIA
Type
Microula bothriospermoides W.T. Wang
fide W.T. Wang, Acta Phyt, Sin. 18:113 1980
GRAY HERBARIUM
HARVARD
UNIVERSITY
PLANTS OF SIKANG PROVINCE, CHINA
No. 66203 C.W.Wang 1935-36
EX HERB. ARNOLD ARBORETUM HARVARD UNIVERSITY
Microula
Collected in cooperation between the Arnold Arboretum of Harvard University and the Fan Memorial Institute of Biology.
THE HARVARD UNIVERSITY HERBARIA
00097563
YUNNAN C.W.WANG 1935-36
雲南王啓無
66203

显序微孔草 *Microula bothriospermoides* W. T. Wang in Acta Phytotax. Sin. 18(1): 113. 1980. **Isotype:** China.Xizang: Zayü, Cawarong, alt. 3 000 m, 1935-09-??, C. W. Wang 66203 (GH).

copyright reserved
cm 0 1 2 3 4 5 6 7 8 9 10
Isotype (Holotype: PE)
Microula filicaulis W. T. Wang
Guihaia 30: 435-437. 2010.
D. E. Boufford 28 January 2011
HARVARD UNIVERSITY HERBARIA
Plants of China
Boraginaceae
Microula filicaulis W. T. Wang (ined. Apr 2009)
Det. W. T. Wang, Mar-Apr 2009
Sichuan Province, Hongyuan Xian: Aba-Maerkang road (highway 302) between kilometer markers 204 and 205, E of junction with highway 209 (road to Hongyuan) and just E of the Chang Jiang-Huang He drainage divide, Chazhen Liangzi. 32°19'54"N, 102°26'58"E; 3730-3760 m. Moist stony slope with shrub thickets and open areas. Open stony slope. Corolla light blue with yellow eye.
D. E. Boufford, K. Fujikawa, S. L. Kelley, R. H. Ree, H. Sun, B. Xu, J. W. Zhang, T. C. Zhang, W. D. Zhu
40060 20 August 2007
Harvard University Herbaria
HERBARIUM OF THE ARNOLD ARBORETUM HARVARD UNIVERSITY
THE HARVARD UNIVERSITY HERBARIA
00353162

细茎微孔草 ***Microula filicaulis*** W. T. Wang in Guihaia 30: 435, f. 4. 2010. **Isotype:** China. Sichuan: Hongyuan, alt. 3 730~3 760 m, 2007-08-20, D. E. Boufford & al. 40060 (A).

丽江微孔草 ***Microula hirsuta*** Johnst. in Contr. Gray Herb. Harvard Univ. 75: 48. 1925. **Holotype:**China. Yunnan: Lijiang, alt. 4 100 m, 1923-08-??, J. F. Rock 10439 (GH).

白花微孔草 ***Microula leucantha*** W. T. Wang in Guihaia 30: 433, f. 3. 2010. **Isotype:** China.Xizang: Jiangda (=Jomda), 2004-08-01, D. E. Boufford & al. 31518 (A).

长梗微孔草 ***Microula longipes*** W. T. Wang in Acta Phytotax. Sin. 18: 272, pl. 1: 3. 1980. **Isotype**: China. Sichuan: Muli, alt. 3 500 m, 1937-07-07, T. T. Yu 7079 (GH).

柔毛微孔草 ***Microula rockii*** Johnst. in Contr. Gray Herb. Harvard Univ. 81: 82. 1928. **Holotype:** China. Gansu: Labrang (=Xiahe), alt. 4 056 m, 1926-07-29, J. F. Rock 14511 (GH).

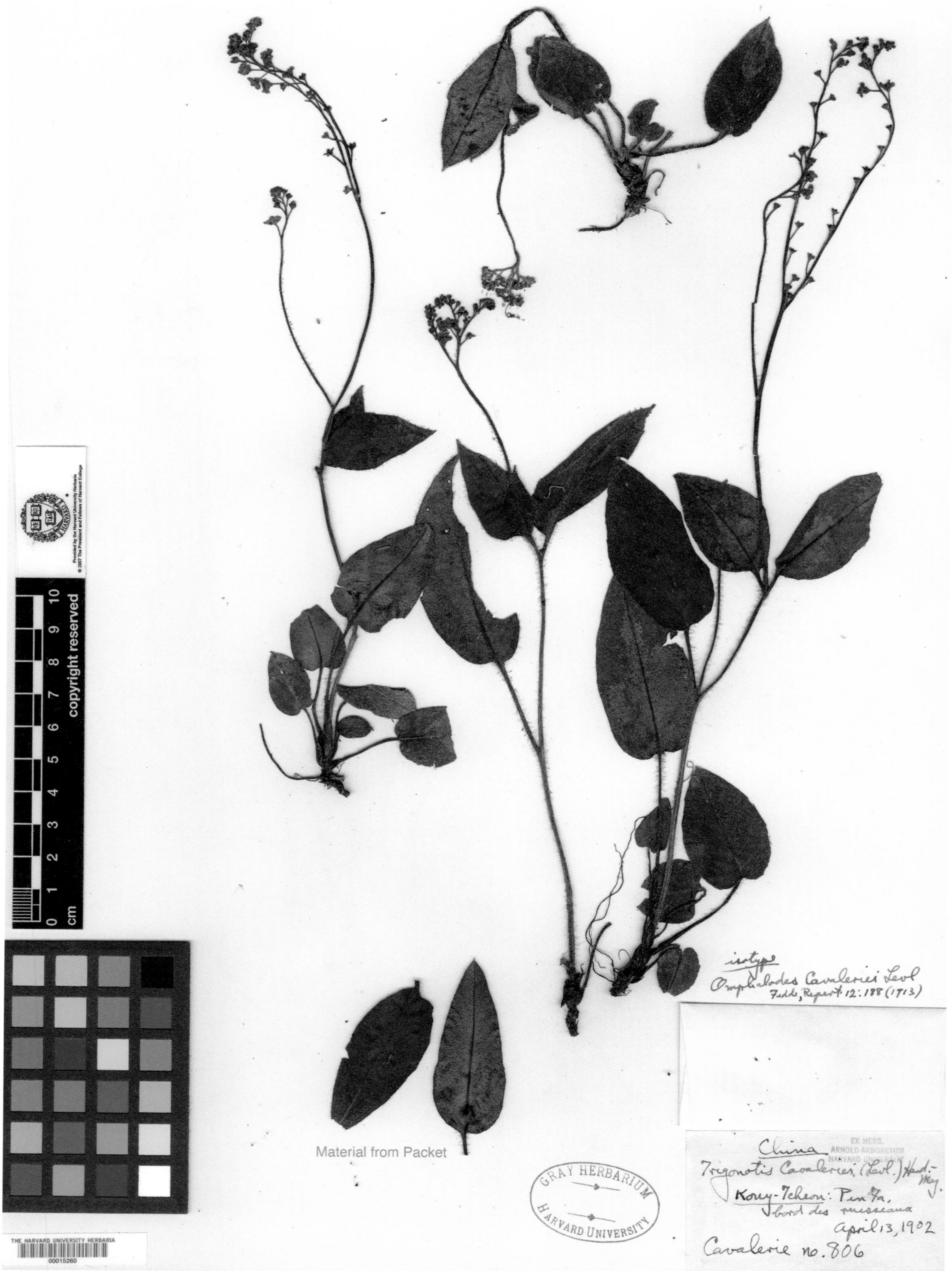

西南附地菜 ***Omphalodes cavaleriei*** Lévl. in Fedde, Repert. Sp. Nov. 12: 188. 1913. **Isotype:** China. Guizhou: Guiding, Pin Fa, 1902-04-13, J. Cavalerie 806 (GH).

长梗附地菜 ***Omphalodes mairei*** Lévl. in Fedde, Repert. Sp. Nov. 12: 188. 1913. **Isotype:** China.Yunnan: Yongshan, Longky, alt. 700 m, 1911-06-??, E. E. Marie s. n. (GH).

腺花滇紫草 ***Onosma adenopus*** Johnst. in J. Arnold Arbor. 32: 224. 1951. **Holotype:** China. Sichuan: Daocheng, Kon-ka-ling, 1937-08-??, T. T. Yu 12909 (GH).

昭通滇紫草 ***Onosma cingulatum*** W. W. Smith & Jeffrey in Notes Roy. Bot. Gard. Edinb. 9: 112. 1916. **Isosyntype:** China. Yunnan: Zhaotong, 1906-??-??, E. E. Maire 892 (GH).

FAN MEMORIAL INSTITUTE
OF BIOLOGY
FLORA OF YUNNAN
Field No. 16629 Date July 9, 1938
Locality Shunning, Wumulung
Altitude 2450 m.
Habitat Margin of thicket
Habit Herb
Height 1-2 ft. D.B.H.
Bark
Leaf
Flower Yellow
Fruit
Notes Common
Common Name
Name
34. Onosma dumetorum, sp. nov. 33: 361 (1951)
Planta cinerea 3–6 dm. alta; caulibus ad 7 dm. longis basim versus 4–5 mm. crassis hispidis (pilis gracilibus patentibus 2–3 mm. longis e basi bulbosa orientibus) basim versus ramosis, ramulis adscendentibus ad 3 dm. longis; foliis (radicalibus ignotis tempore florendi nullis) caulinis numerosis, facie superiore viridibus adpresse hispidis (pilis 1–2 mm. longis e basi discoidea pallida orientibus) et minute strigulosis, in facie inferiore pallidis adpresse hispidis et abundantissime strigulosis; foliis inferioribus plus minusve oblanceolatis 6–10 cm. longis 1.5–2 cm. latis apice acutis supra medium latioribus deinde deorsum basim versus gradatim attenuatis, foliis medialis et superioribus lanceolatis utroque acutis 4–8 cm. longis 1–2 cm. latis medium versus latioribus; cymis terminalibus furcatis sub anthesi ca. 2 cm. latis; calyce 5–7 mm. longo, tubo cupuliformi 1–2 mm. profundo, lobis anguste triangularibus 4–5 mm. longis basi 1.5–2 mm. latis extus villoso-hispidis, intus pilis albis adpressis dense vestitis; pedicello 2–10 mm. longo; corolla lutea 12 mm. longa utroque contracta medium versus crassissima (4–5 mm. crassa) basi 2 mm. crassa, ore 3–4 mm. diametro, extus minute retrorseque strigulosa, a fundis sinuum usque ad medium tubi 5-sulcata, infra medium tubi costis 5 inflatis et areolis 5 planis ellipticis apice haud invaginatis ornata, intus basim versus filamentorum villulosa; lobis obtusiusculis 1–1.5 mm. longis latisque; antheris 4 mm. longis basi cohaerentibus inclusis, 1 mm. supra basim affixis, apicibus sterilibus ca. 1 mm. longis, basibus ca. 5 mm. infra sinus corollae positis; filamentis 5 mm. longis subulatis 2–3 mm. supra basim corollae affixis, duobus symmetricis medionervatis transverse arcuateque affixis, ceteris asymmetricis nervio excentrico donatis duobus oblique et uno verticaliter affixis et plus minusve decurrentibus; nectario 1 mm. alto villoso; stylo 10–12 mm. longo glabro; nuculis tuberculatis et minute papillatis opacis.
CHINA: Shunning, Wumulung, southwestern Yunnan, 2450 m. alt., common herb 1–2 ft. tall, at margin of thicket, fl. yellow, July 9, 1938, T. T. Yü 16629 (TYPE, Gray Herb.).
A very well marked species perhaps most closely related to O. lycopsioides, from which it is quickly distinguished by its small, proportionately more elongate corollas, yellow rather than blue or bluish purple in color.
THE HARVARD UNIVERSITY HERBARIA
00097502
GRAY HERBARIUM
HARVARD UNIVERSITY
Maharanga dumetorum (Johnston) Johnston
PLANTS OF YUNNAN PROVINCE, CHINA
No. 16629 T.T.Yü July 9 1938
Onosma dumetorum Johnston
Shunning, Wumulung
margin of thicket, 2450 m. alt.
herb 1-2 ft tall, common.
flower yellow
Collected in cooperation between the Arnold Arboretum of Harvard University and the Fan Memorial Institute of Biology.
copyright reserved
cm 0 1 2 3 4 5 6 7 8 9 10

丛林滇紫草 ***Onosma dumetorum*** Johnst. in J. Arnold Arbor. 32: 361. 1951. **Holotype:** China.Yunnan: Shunning (=Fengqing), alt. 2 450 m, 1938-07-09, T. T. Yu 16629 (GH).

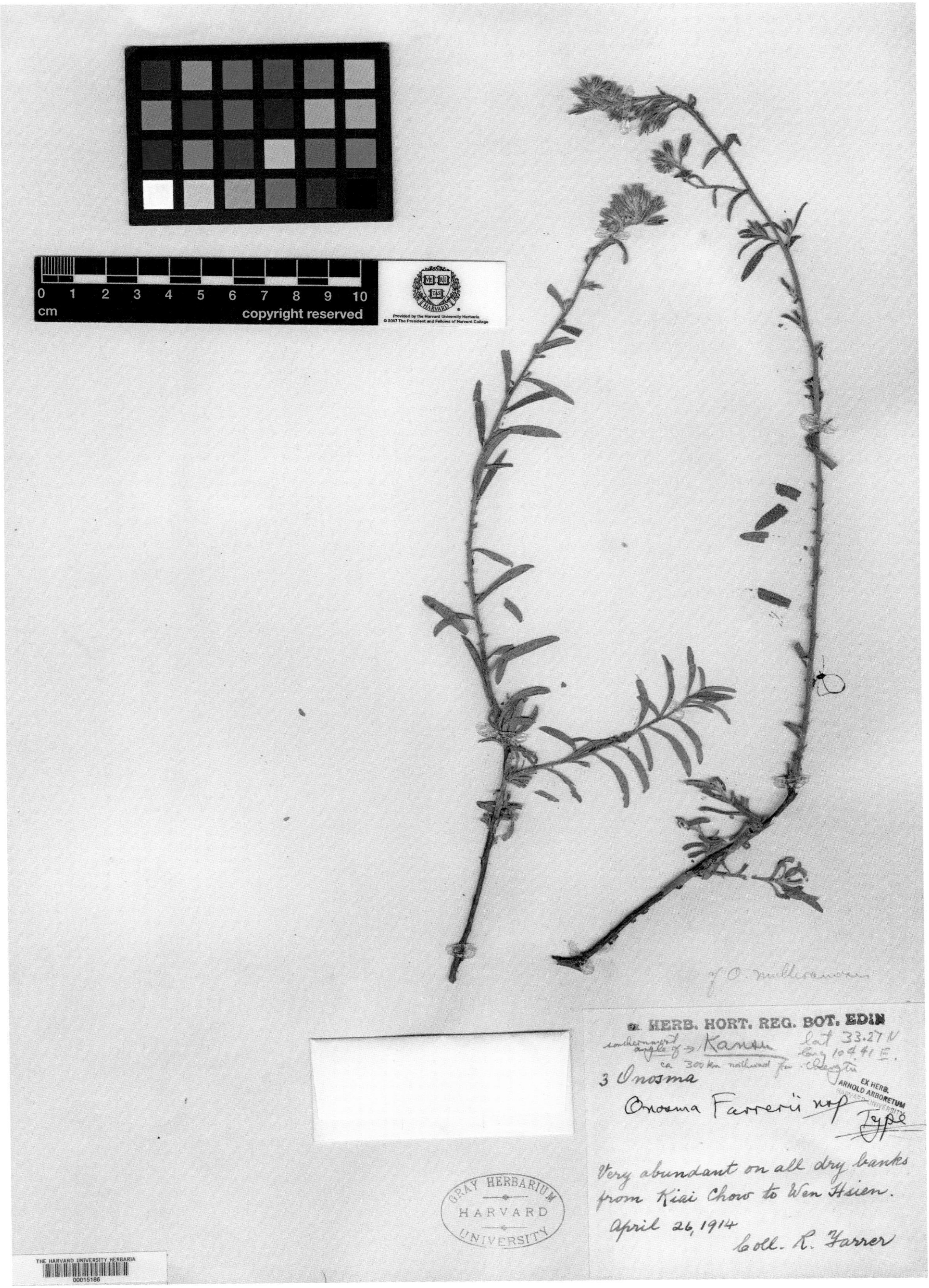

小花滇紫草 ***Onosma farrerii*** Johnst. in J. Arnold Arbor. 32: 345. 1951. **Holotype**: China. Gansu: Wen Xian, 1914-04-26, R. Farrer 3 (GH).

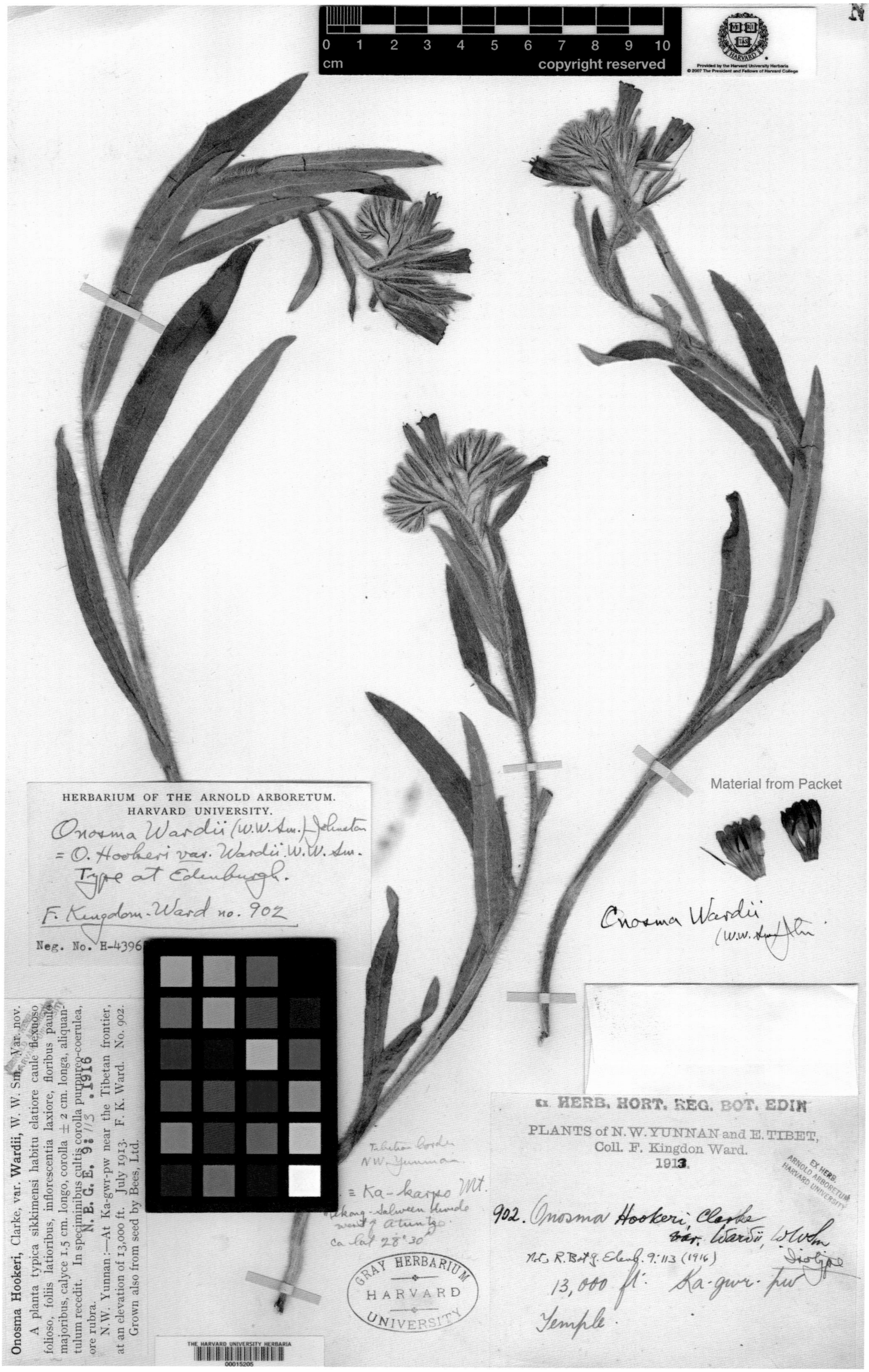

德钦滇紫草 ***Onosma hookeri*** Clarke var. ***wardii*** W. W. Smith in Notes Roy. Bot. Gard. Edinb. 9: 113. 1916. **Isotype:** China. Yunnan: Dêqên, Ka-gwr-pw, alt. 3 965 m, 1913-07-??, F. K. Ward 902 (GH).

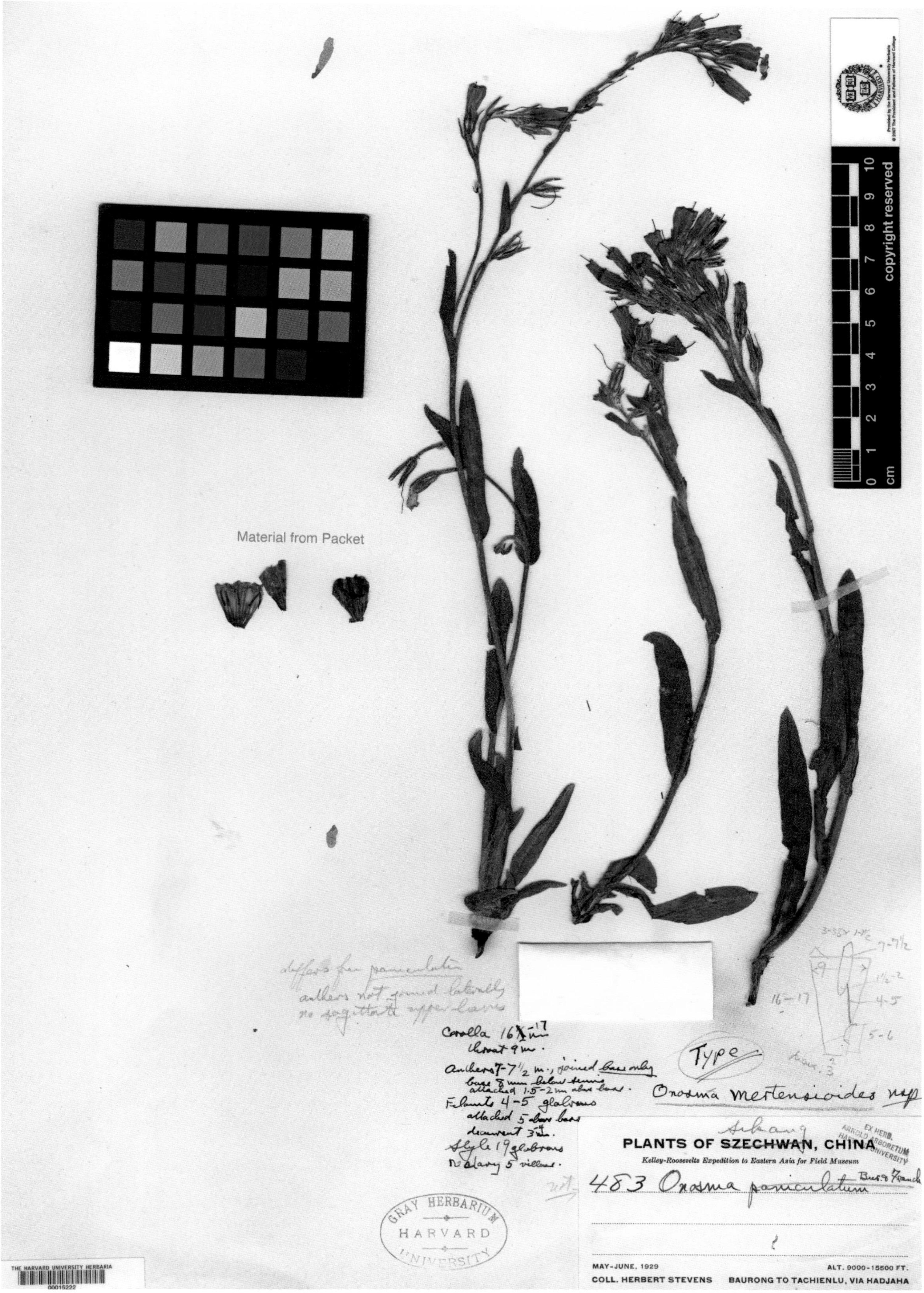

川西滇紫草 ***Onosma mertensioides*** Johnst. in J. Arnold Arbor. 32: 353. 1951. **Holotype:** China. Sichuan: Kangding, alt. 2 745~4 727 m, 1929-(05-06)-??, H. Stevens 483 (GH).

镇康滇紫草 ***Onosma microstoma*** Johnst. in J. Arnold Arbor. 32: 360. 1951. **Holotype:** China.Yunnan: Zhenkang, alt. 3 000 m, 1938-08-05, T. T. Yu 17227 (GH).

昆明滇紫草 ***Onosma tsiangii*** Johnst. in J. Arnold Arbor. 32: 356. 1951. **Holotype:** China.Yunnan: Kunming, alt. 2 000~2 300 m, 1933-07-20, Y. Tsiang 11201 (GH).

宽叶丛茎滇紫草 ***Onosma waddellii*** Duthie f. ***latifolium*** W. T. Wang in Guihaia 30: 431, f. 1: D-E. 2010. **Isotype**: China. Xizang: Jomda, alt. 3 400 m, 2005-07-30, D. E. Boufford & al. 33858 (A).

copyright reserved
cm 0 1 2 3 4 5 6 7 8 9 10
Isotype (Holotype: PE)
Onosma xiangchengense W. T. Wang
Guihaia 30: 429-431. 2010.
D. E. Boufford 28 January 2011
HARVARD UNIVERSITY HERBARIA
Plants of China
Boraginaceae
Onosma xiangchengense W. T. Wang, ined. (Apr 2009)
Det. W. T. Wang, Mar-Apr 2009
Sichuan Province, Xiangcheng Xian: Vicinity of the town of Reda. Rizhao Shen Shan from gorge behind Silong village. 29°6'9"N, 99°40'15"E; 3600-3850 m. Open meadows with seepages surrounded by forest, moist areas along small streamlets within and outside of forest, and Quercus guyavifolia-Picea likiangensis forests. Limestone gorge near stream. Corolla red.
D. E. Boufford, J. H. Chen, S. L. Kelley, J. Li, R. H. Ree, H. Sun, J. P. Yue & Y. H. Zhang
30767 16 July 2004
Harvard University Herbaria
HERBARIUM OF THE ARNOLD ARBORETUM HARVARD UNIVERSITY
THE HARVARD UNIVERSITY HERBARIA
00309922

乡城滇紫草 ***Onosma xiangchengense*** W. T. Wang in Guihaia 30: 429, f. 1: A-C. 2010. **Isotype**: China. Sichuan: Xiangcheng, alt. 3 600~3 850 m, 2004-07-16, D. E. Boufford & al. 30767 (A).

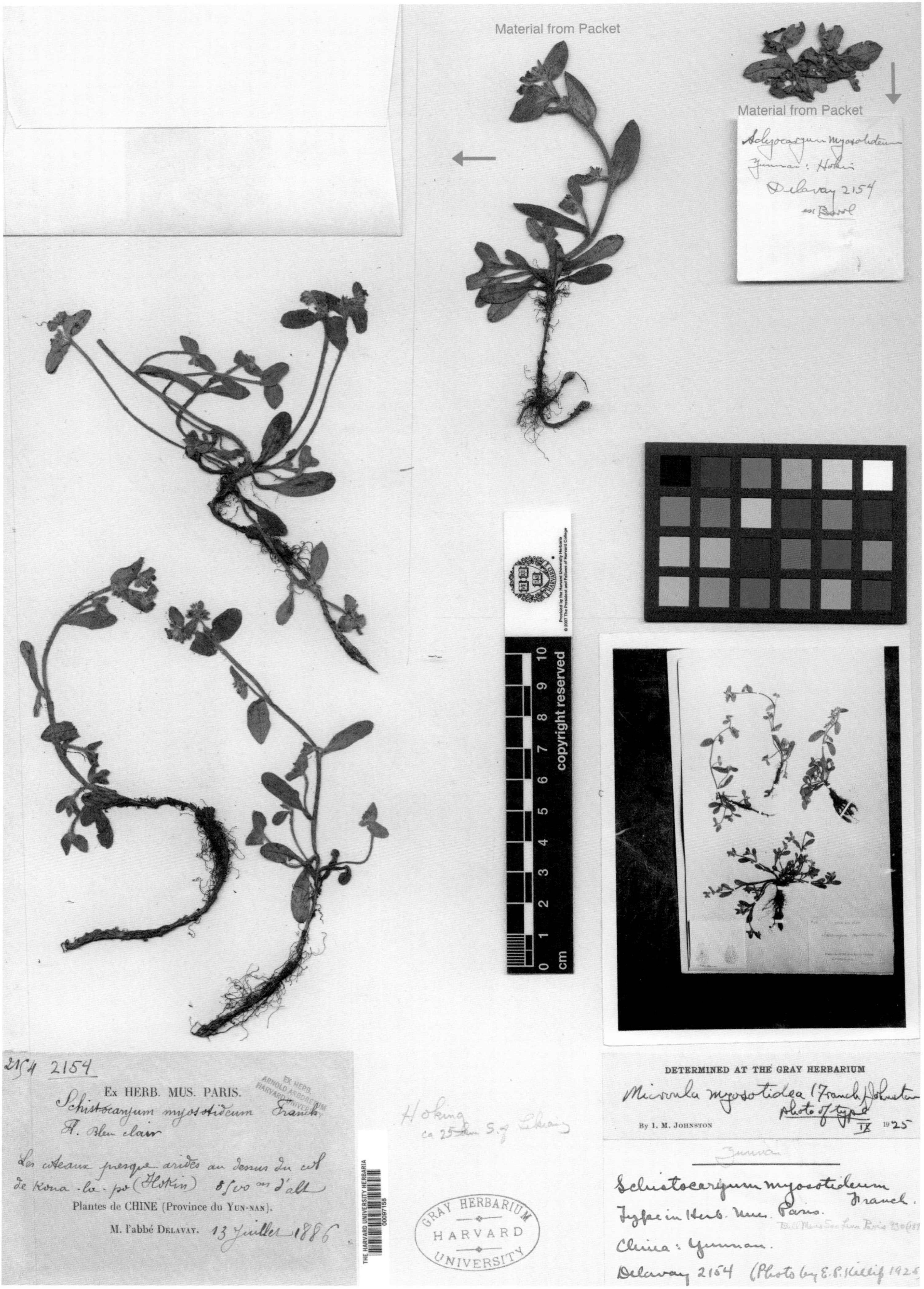

鹤庆微孔草 ***Schistocaryum myosotideum*** Franch. in Bull. Mens. Soc. Linn. Paris 2: 930. 1891. **Isosyntype**: China. Yunnan: Hoking (=Heqing), alt. 3 500 m, 1886-07-13, J. M. Delavay 2154 (GH).

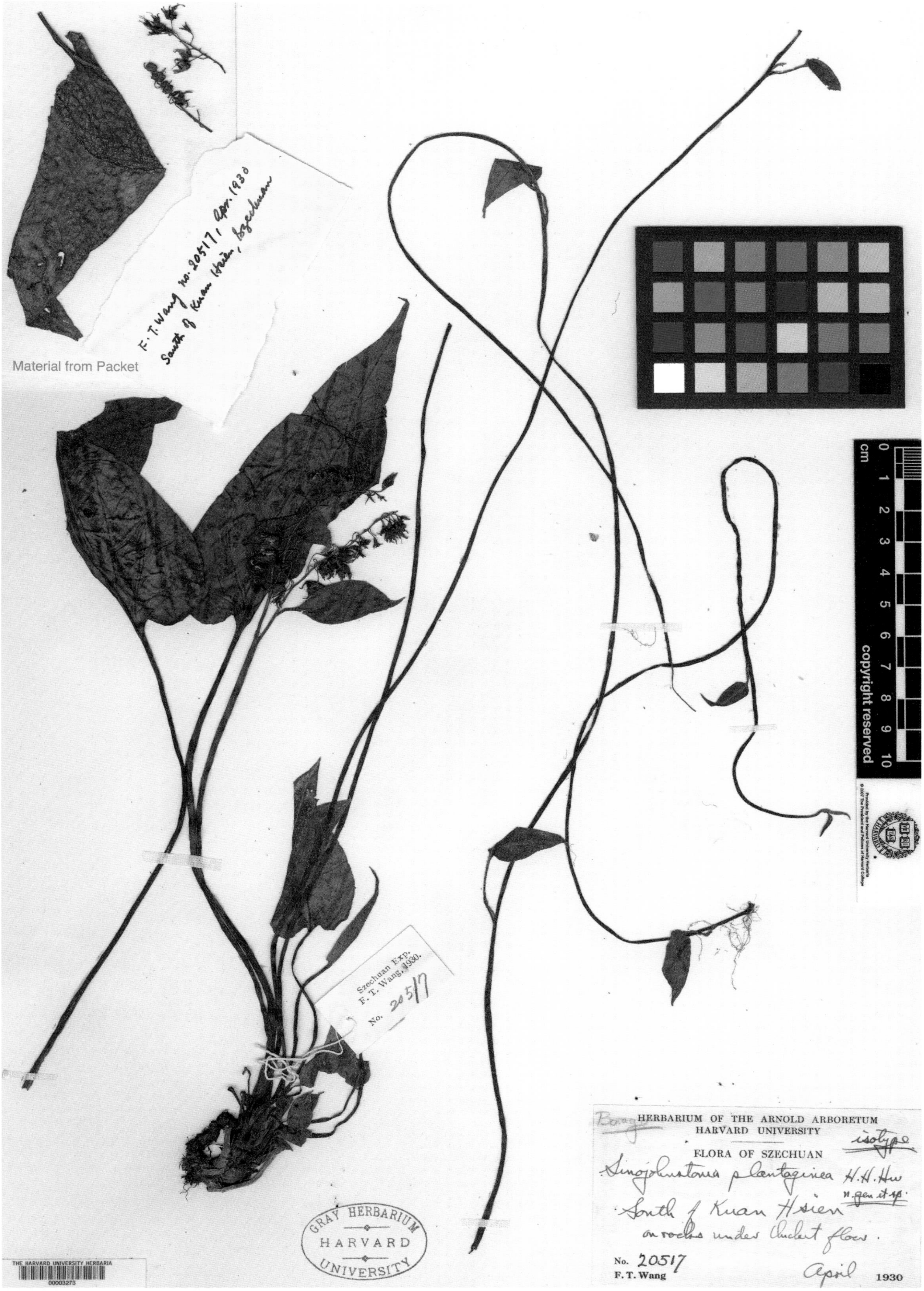

车前紫草 ***Sinojohnstonia plantaginea*** Hu in Bull. Fan. Mem. Inst. Biol., Bot. 7: 203. 1936. **Isotype**: China. Sichuan: Kuan Hsien (= Dujiangyan), 1930-04-??, F. T. Wang 20517 (GH).

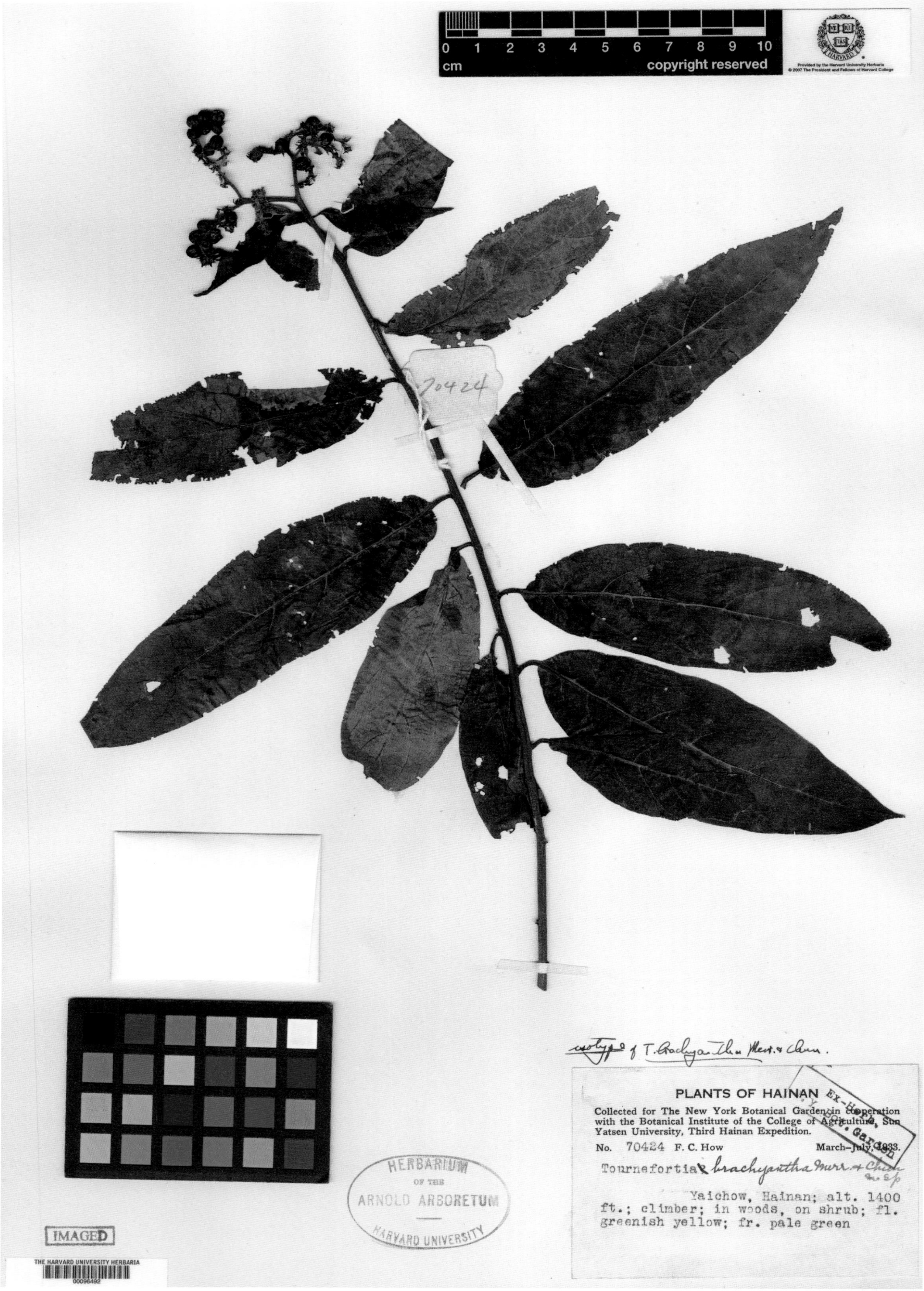

短花紫丹 ***Tournefortia brachyantha*** Merr. & Chun in Sunyatsenia 2: 314, f. 43. 1935. **Isotype**: China. Hainan: Yaichow (=Sanya), alt. 427 m, 1933-03-24, F. C. How 70424 (A).

山普森紫丹 ***Tournefortia sampsoni*** Hance in J. Bot. 6: 330. 1868. **Isotype:** China. Guangdong: Guangzhou, Sai-chii-shan, 1866-04-??, T. Sampson s. n. (=Herb. H. F. Hance 13035) (GH).

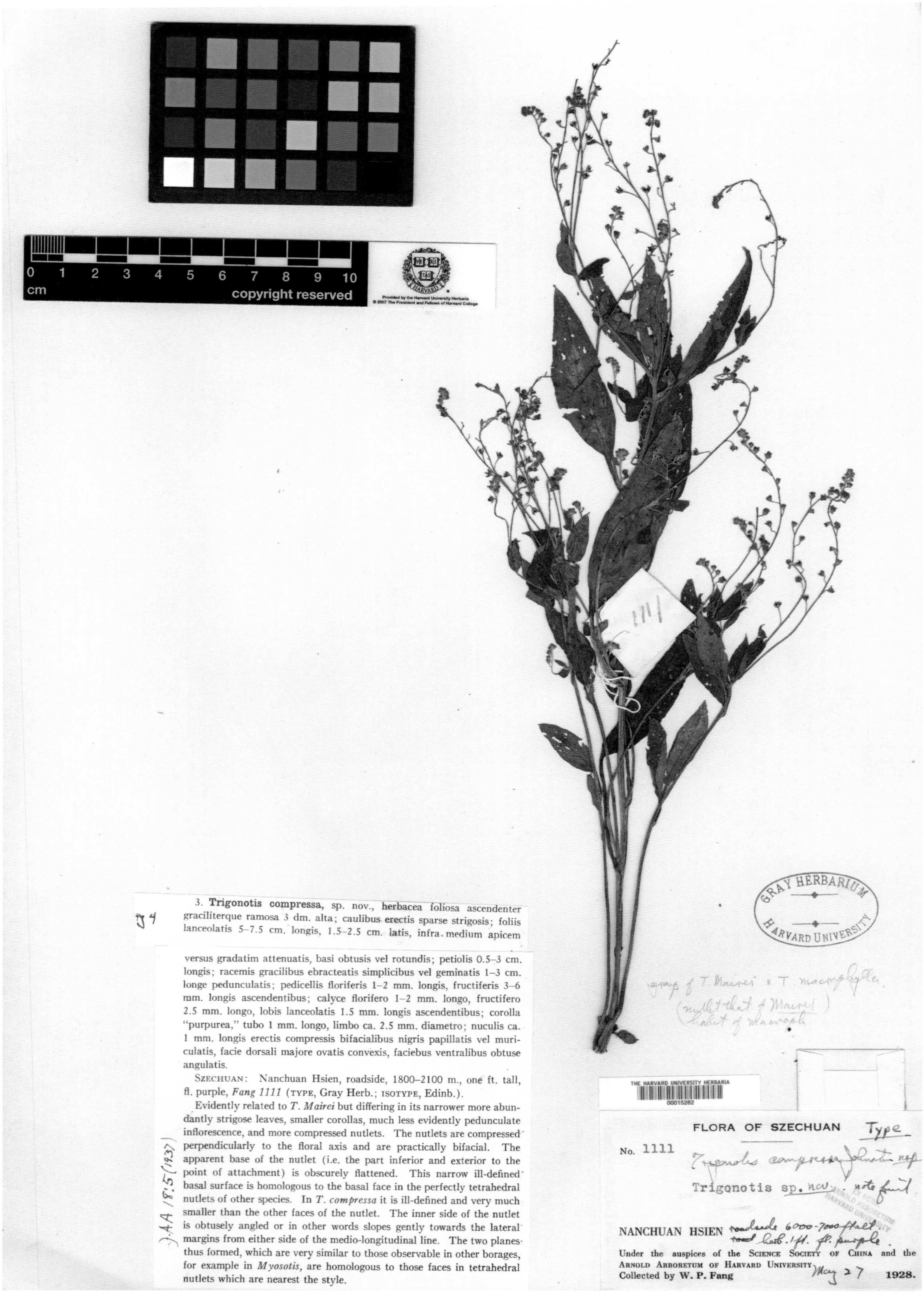
0 1 2 3 4 5 6 7 8 9 10
cm
copyright reserved
Provided by the Harvard University Herbaria
© 2007 The President and Fellows of Harvard College
3. Trigonotis compressa, sp. nov., herbacea foliosa ascendenter graciliterque ramosa 3 dm. alta; caulibus erectis sparse strigosis; foliis lanceolatis 5–7.5 cm. longis, 1.5–2.5 cm. latis, infra medium apicem versus gradatim attenuatis, basi obtusis vel rotundis; petiolis 0.5–3 cm. longis; racemis gracilibus ebracteatis simplicibus vel geminatis 1–3 cm. longe pedunculatis; pedicellis floriferis 1–2 mm. longis, fructiferis 3–6 mm. longis ascendentibus; calyce florifero 1–2 mm. longo, fructifero 2.5 mm. longo, lobis lanceolatis 1.5 mm. longis ascendentibus; corolla "purpurea," tubo 1 mm. longo, limbo ca. 2.5 mm. diametro; nuculis ca. 1 mm. longis erectis compressis bifacialibus nigris papillatis vel muriculatis, facie dorsali majore ovatis convexis, faciebus ventralibus obtuse angulatis.
SZECHUAN: Nanchuan Hsien, roadside, 1800–2100 m., one ft. tall, fl. purple, Fang 1111 (TYPE, Gray Herb.; ISOTYPE, Edinb.).
Evidently related to T. Mairei but differing in its narrower more abundantly strigose leaves, smaller corollas, much less evidently pedunculate inflorescence, and more compressed nutlets. The nutlets are compressed perpendicularly to the floral axis and are practically bifacial. The apparent base of the nutlet (i.e. the part inferior and exterior to the point of attachment) is obscurely flattened. This narrow ill-defined basal surface is homologous to the basal face in the perfectly tetrahedral nutlets of other species. In T. compressa it is ill-defined and very much smaller than the other faces of the nutlet. The inner side of the nutlet is obtusely angled or in other words slopes gently towards the lateral margins from either side of the medio-longitudinal line. The two planes thus formed, which are very similar to those observable in other borages, for example in Myosotis, are homologous to those faces in tetrahedral nutlets which are nearest the style.
J.AA 18:5 (1937)
GRAY HERBARIUM
HARVARD UNIVERSITY
THE HARVARD UNIVERSITY HERBARIA
00015282
FLORA OF SZECHUAN Type
No. 1111
Trigonotis sp. nov.
EX HERB. ARNOLD ARBORETUM HARVARD UNIVERSITY
NANCHUAN HSIEN
Under the auspices of the SCIENCE SOCIETY OF CHINA and the ARNOLD ARBORETUM OF HARVARD UNIVERSITY
Collected by W. P. Fang May 27 1928.

狭叶附地菜 ***Trigonotis compressa*** Johnst. in J. Arnold Arbor. 18: 4. 1937. **Holotype**: China. Chongqing: Nanchuan, alt. 1 830~2 135 m, 1928-05-27, W. P. Fang 1111(GH).

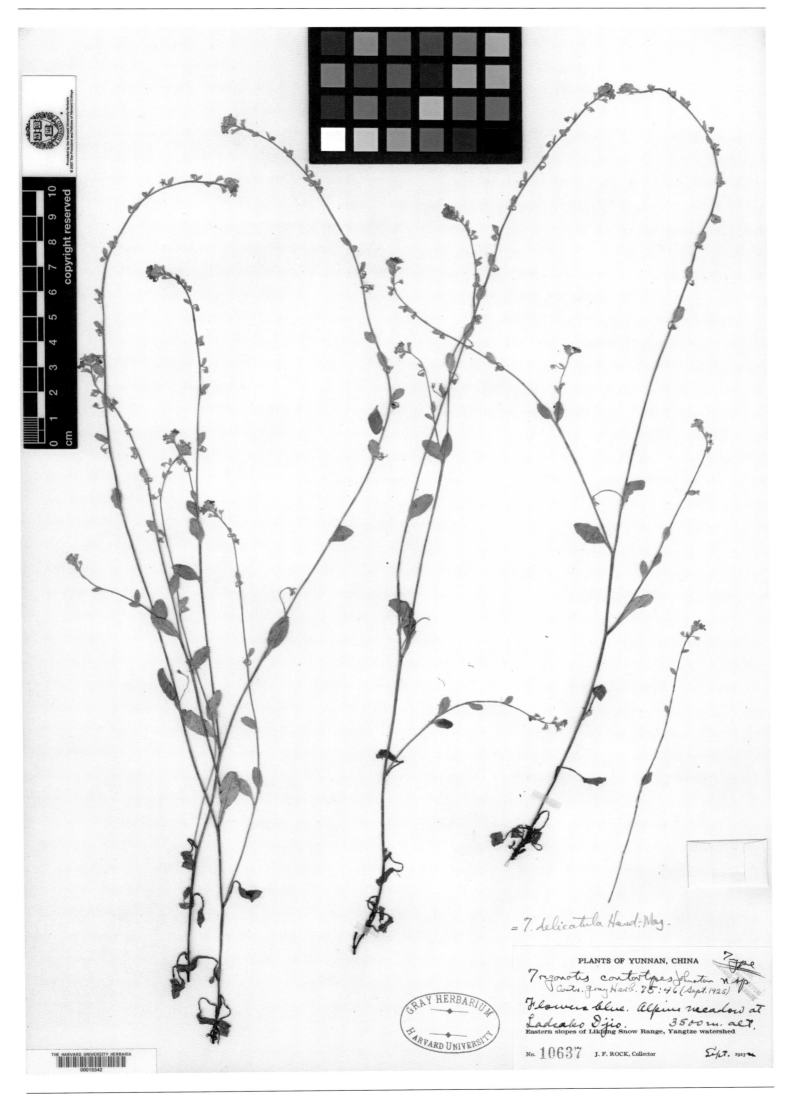

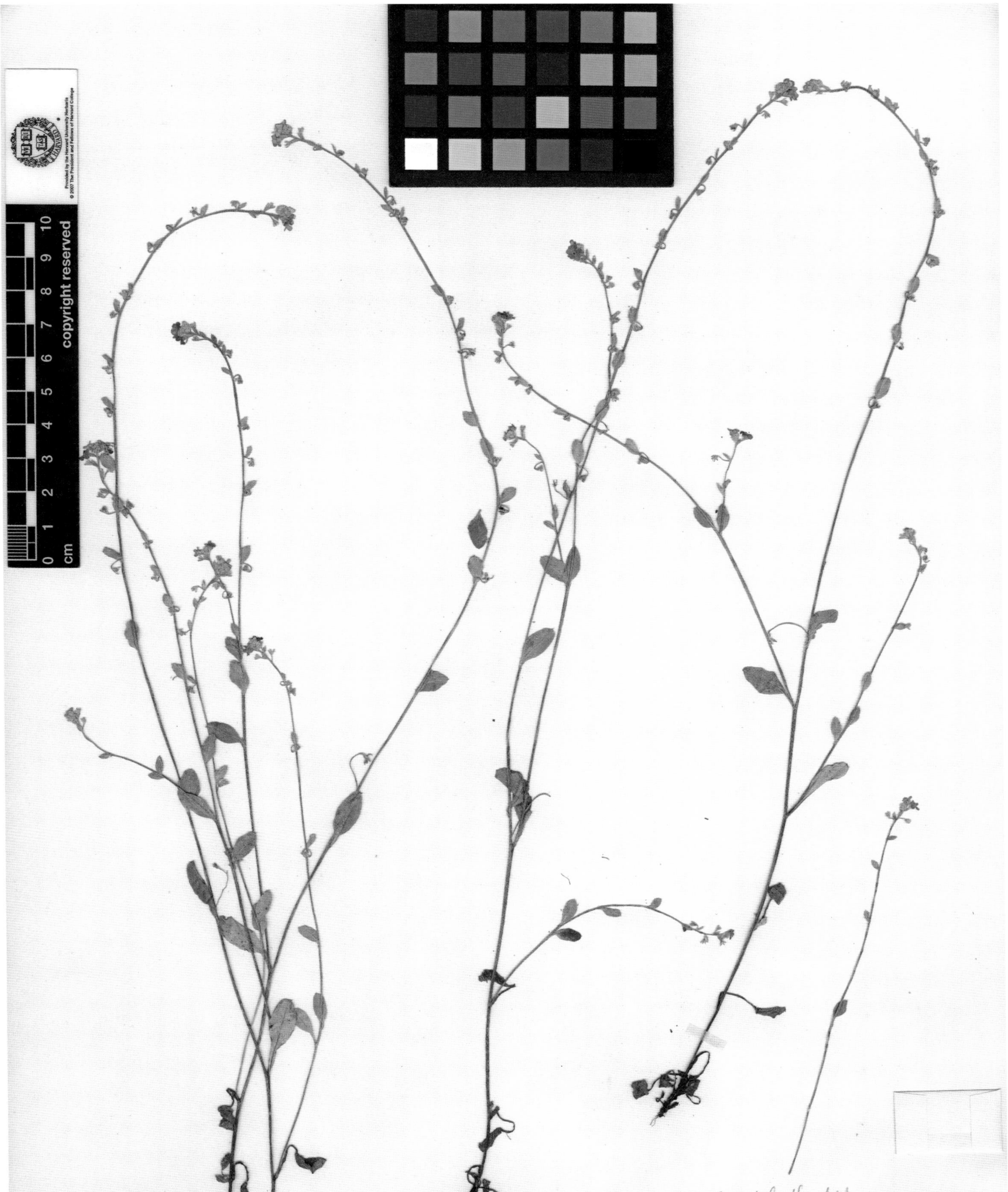

扭附地菜 ***Trigonotis contortipes*** Johnst. in Contr. Gray Herb. Harvard Univ. 75: 46. 1925. **Holotype**: China. Yunnan: Lijiang, alt. 3 500 m, 1923-09-??, J. F. Rock 10637 (GH).

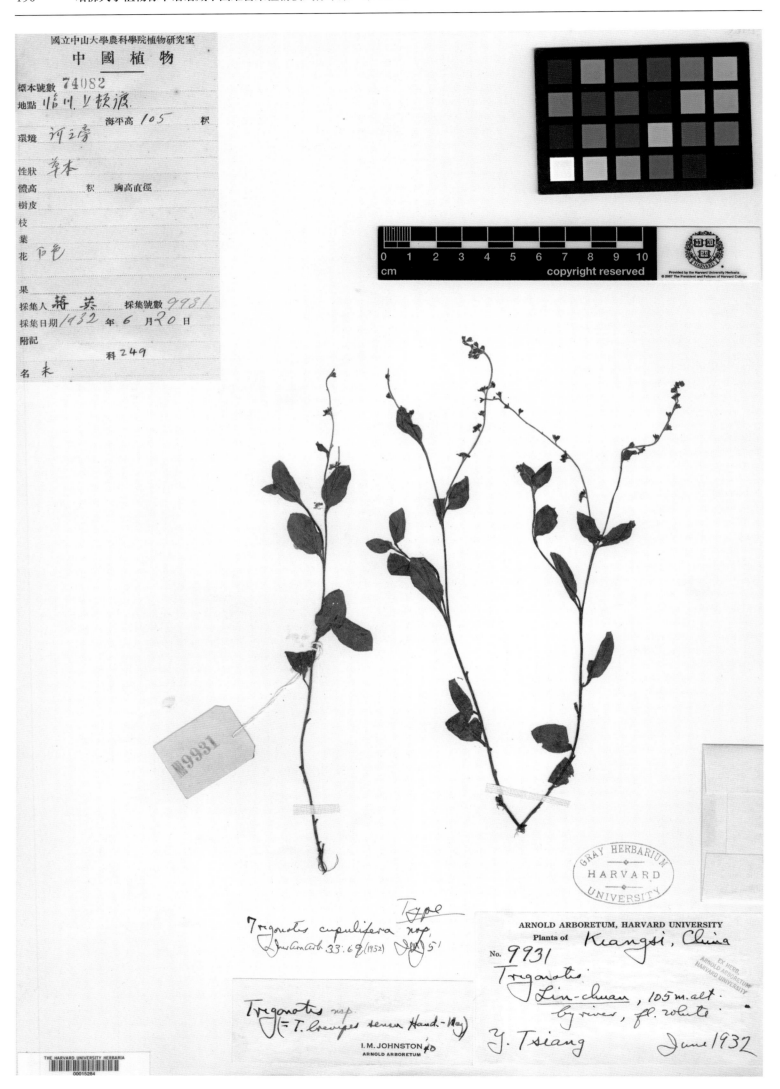

皿果草 ***Trigonotis cupulifera*** Johnst. in J. Arnold Arbor. 33: 69. 1952. **Holotype:** China. Jiangxi: Linchuan, alt. 105 m, 1932-06-20, Y. Tsiang 9931 (GH).

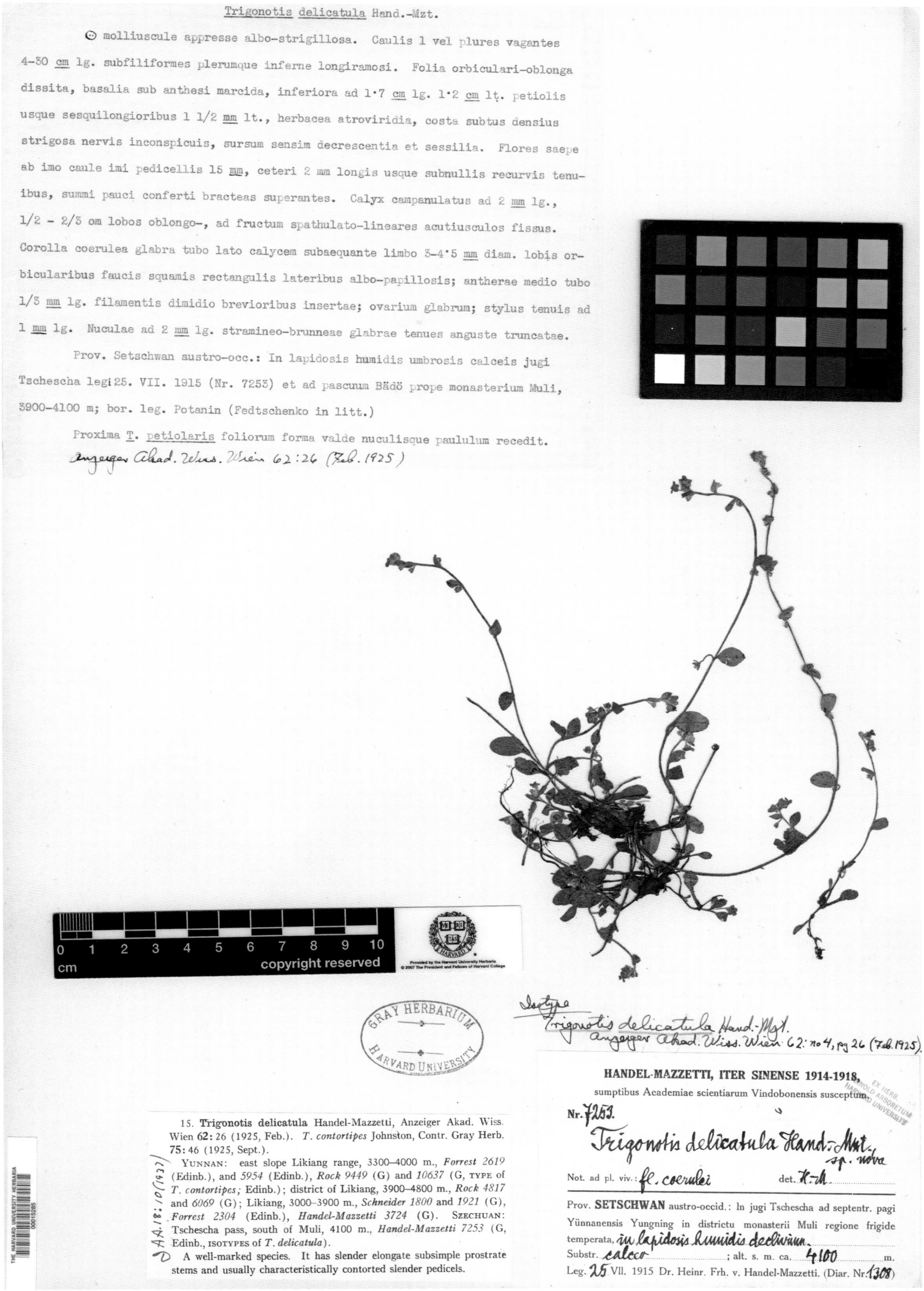
Trigonotis delicatula Hand.-Mzt.
⊙ molliuscule appresse albo-strigillosa. Caulis 1 vel plures vagantes 4-30 cm lg. subfiliformes plerumque inferne longiramosi. Folia orbiculari-oblonga dissita, basalia sub anthesi marcida, inferiora ad 1·7 cm lg. 1·2 cm lt. petiolis usque sesquilongioribus 1 1/2 mm lt., herbacea atroviridia, costa subtus densius strigosa nervis inconspicuis, sursum sensim decrescentia et sessilia. Flores saepe ab imo caule imi pedicellis 15 mm, ceteri 2 mm longis usque subnullis recurvis tenuibus, summi pauci conferti bracteas superantes. Calyx campanulatus ad 2 mm lg., 1/2 - 2/3 om lobos oblongo-, ad fructum spathulato-lineares acutiusculos fissus. Corolla coerulea glabra tubo lato calycem subaequante limbo 3-4·5 mm diam. lobis orbicularibus faucis squamis rectangulis lateribus albo-papillosis; antherae medio tubo 1/3 mm lg. filamentis dimidio brevioribus insertae; ovarium glabrum; stylus tenuis ad 1 mm lg. Nuculae ad 2 mm lg. stramineo-brunneae glabrae tenues anguste truncatae.
Prov. Setschwan austro-occ.: In lapidosis humidis umbrosis calceis jugi Tschescha legi 25. VII. 1915 (Nr. 7253) et ad pascuum Bädö prope monasterium Muli, 3900-4100 m; bor. leg. Potanin (Fedtschenko in litt.)
Proxima T. petiolaris foliorum forma valde nuculisque paululum recedit.
Anzeiger Akad. Wiss. Wien 62:26 (Feb. 1925)
0 1 2 3 4 5 6 7 8 9 10
cm
copyright reserved
GRAY HERBARIUM
HARVARD UNIVERSITY
Isotype
Trigonotis delicatula Hand.-Mzt.
Anzeiger Akad. Wiss. Wien 62: no 4, pg 26 (Feb. 1925)
15. Trigonotis delicatula Handel-Mazzetti, Anzeiger Akad. Wiss. Wien 62: 26 (1925, Feb.). T. contortipes Johnston, Contr. Gray Herb. 75: 46 (1925, Sept.).
YUNNAN: east slope Likiang range, 3300–4000 m., Forrest 2619 (Edinb.), and 5954 (Edinb.), Rock 9449 (G) and 10637 (G, TYPE of T. contortipes; Edinb.); district of Likiang, 3900–4800 m., Rock 4817 and 6069 (G); Likiang, 3000–3900 m., Schneider 1800 and 1921 (G), Forrest 2304 (Edinb.), Handel-Mazzetti 3724 (G). SZECHUAN: Tschescha pass, south of Muli, 4100 m., Handel-Mazzetti 7253 (G, Edinb., ISOTYPES of T. delicatula).
A well-marked species. It has slender elongate subsimple prostrate stems and usually characteristically contorted slender pedicels.
HANDEL-MAZZETTI, ITER SINENSE 1914-1918,
sumptibus Academiae scientiarum Vindobonensis susceptum.
Nr. 7253.
Trigonotis delicatula Hand.-Mzt. sp. nova
Not. ad pl. viv.: fl. coerulei det. H.-M.
Prov. SETSCHWAN austro-occid.: In jugi Tschescha ad septentr. pagi Yünnanensis Yungning in districtu monasterii Muli regione frigide temperata, in lapidosis humidis declivium.
Substr. calceo; alt. s. m. ca. 4100 m.
Leg. 25 VII. 1915 Dr. Heinr. Frh. v. Handel-Mazzetti. (Diar. Nr. 1308)

扭梗附地菜 ***Trigonotis delicatula*** Hand.-Mazz. in Anzeig. Akad. Wiss. Wien. Math.-Nat. Kl. 62: 26. 1925. **Isotype**: China. Sichuan: Muli, alt. 4 100 m, 1915-07-25, H. R. E. Handel-Mazzetti 7253 (GH).

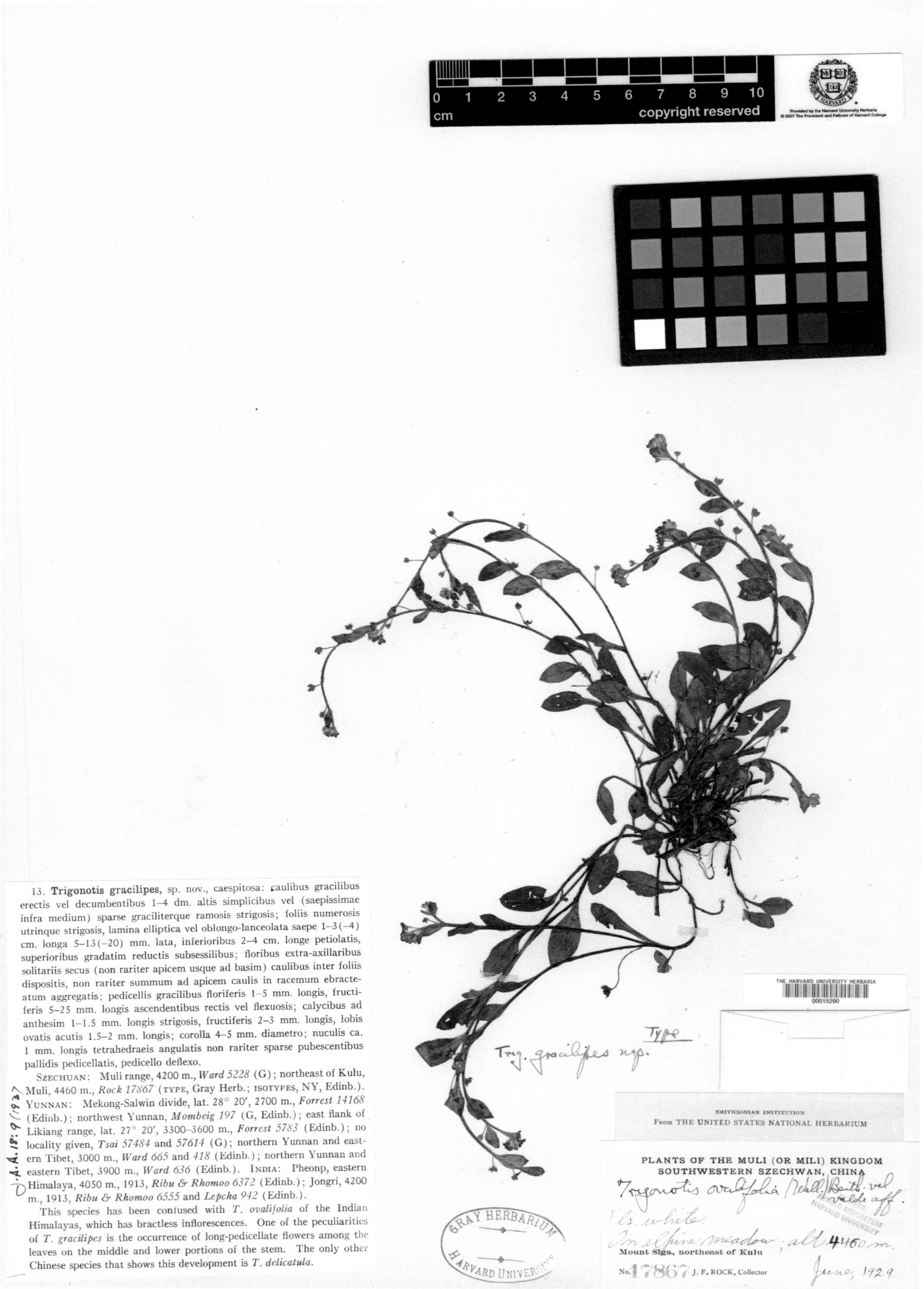
0 1 2 3 4 5 6 7 8 9 10
cm
copyright reserved
Provided by the Harvard University Herbaria
© 2007 The President and Fellows of Harvard College
13. Trigonotis gracilipes, sp. nov., caespitosa: caulibus gracilibus erectis vel decumbentibus 1–4 dm. altis simplicibus vel (saepissimae infra medium) sparse graciliterque ramosis strigosis; foliis numerosis utrinque strigosis, lamina elliptica vel oblongo-lanceolata saepe 1–3(–4) cm. longa 5–13(–20) mm. lata, inferioribus 2–4 cm. longe petiolatis, superioribus gradatim reductis subsessilibus; floribus extra-axillaribus solitariis secus (non rariter apicem usque ad basim) caulibus inter foliis dispositis, non rariter summum ad apicem caulis in racemum ebracteatum aggregatis; pedicellis gracilibus floriferis 1–5 mm. longis, fructiferis 5–25 mm. longis ascendentibus rectis vel flexuosis; calycibus ad anthesim 1–1.5 mm. longis strigosis, fructiferis 2–3 mm. longis, lobis ovatis acutis 1.5–2 mm. longis; corolla 4–5 mm. diametro; nuculis ca. 1 mm. longis tetrahedraeis angulatis non rariter sparse pubescentibus pallidis pedicellatis, pedicello deflexo.
SZECHUAN: Muli range, 4200 m., Ward 5228 (G); northeast of Kulu, Muli, 4460 m., Rock 17867 (TYPE, Gray Herb.; ISOTYPES, NY, Edinb.). YUNNAN: Mekong-Salwin divide, lat. 28° 20′, 2700 m., Forrest 14168 (Edinb.); northwest Yunnan, Mombeig 197 (G, Edinb.); east flank of Likiang range, lat. 27° 20′, 3300–3600 m., Forrest 5783 (Edinb.); no locality given, Tsai 57484 and 57614 (G); northern Yunnan and eastern Tibet, 3000 m., Ward 665 and 418 (Edinb.); northern Yunnan and eastern Tibet, 3900 m., Ward 636 (Edinb.). INDIA: Pheonp, eastern Himalaya, 4050 m., 1913, Ribu & Rhomoo 6372 (Edinb.); Jongri, 4200 m., 1913, Ribu & Rhomoo 6555 and Lepcha 942 (Edinb.).
This species has been confused with T. ovalifolia of the Indian Himalayas, which has bractless inflorescences. One of the peculiarities of T. gracilipes is the occurrence of long-pedicellate flowers among the leaves on the middle and lower portions of the stem. The only other Chinese species that shows this development is T. delicatula.
J.A.A. 18: 9 (1937)
THE HARVARD UNIVERSITY HERBARIA
00015290
Type
Trig. gracilipes n. sp.
GRAY HERBARIUM
HARVARD UNIVERSITY
SMITHSONIAN INSTITUTION
FROM THE UNITED STATES NATIONAL HERBARIUM
PLANTS OF THE MULI (OR MILI) KINGDOM
SOUTHWESTERN SZECHWAN, CHINA
Trigonotis ovalifolia (Wall.) Benth. vel valde aff.
Fls. white.
On alpine meadow, alt. 4460 m.
Mount Siga, northeast of Kulu
No. 17867 J. F. ROCK, Collector
June, 1929
ARNOLD ARBORETUM
HARVARD UNIVERSITY

细梗附地菜 ***Trigonotis gracilipes*** Johnst. in J. Arnold Arbor. 18: 9. 1937. **Holotype:** China. Sichuan: Muli, alt. 4 460 m, 1929-06-??, J. F. Rock 17867 (GH).

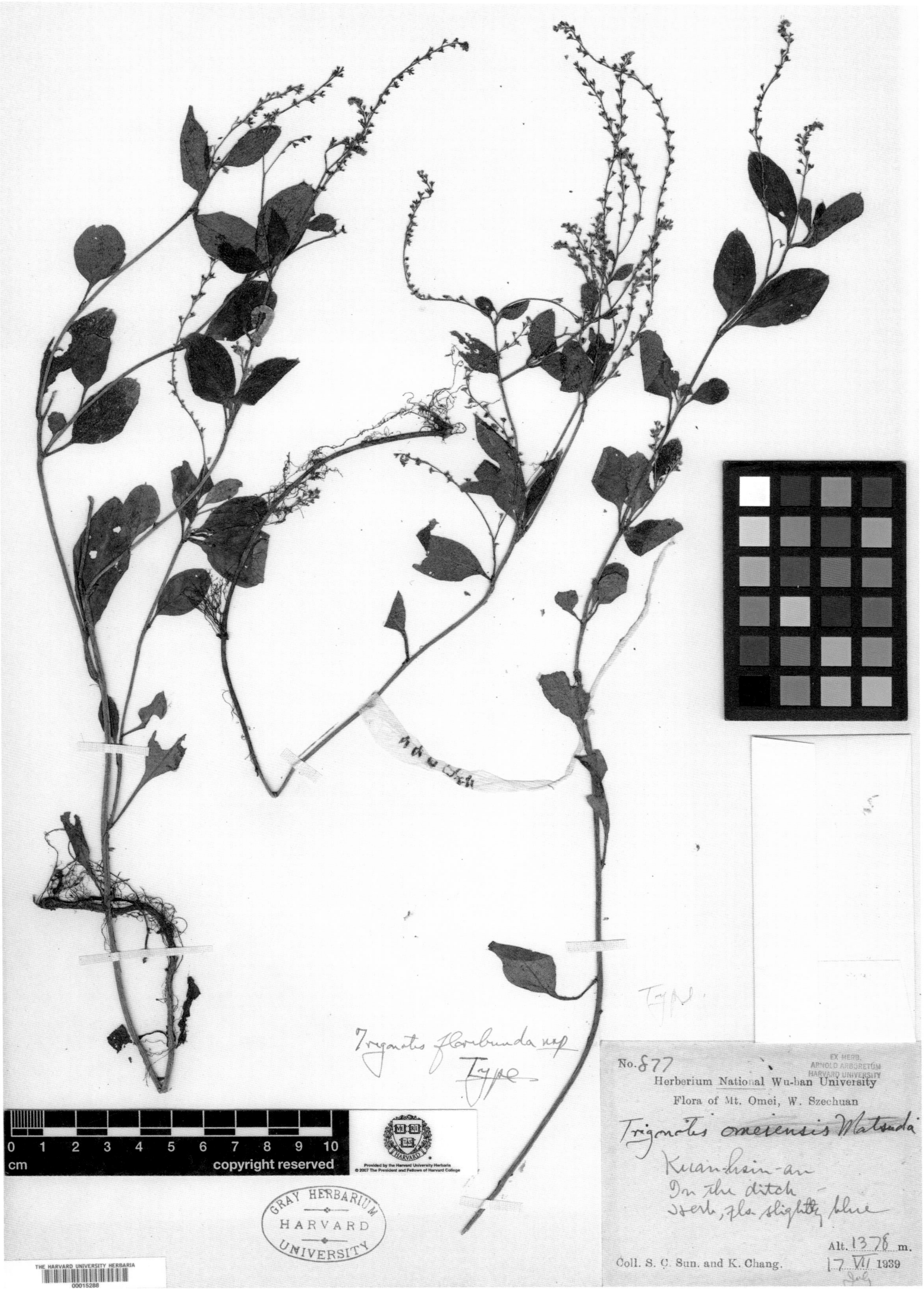

多花附地菜 ***Trigonotis floribunda*** Johnst. in J. Arnold Arbor. 33: 70. 1952. **Holotype:** China.Sichuan: Emeishan, Emei Shan, alt. 1 738 m, 1939-07-17, S. C. Sun & K. Chang 877 (GH).

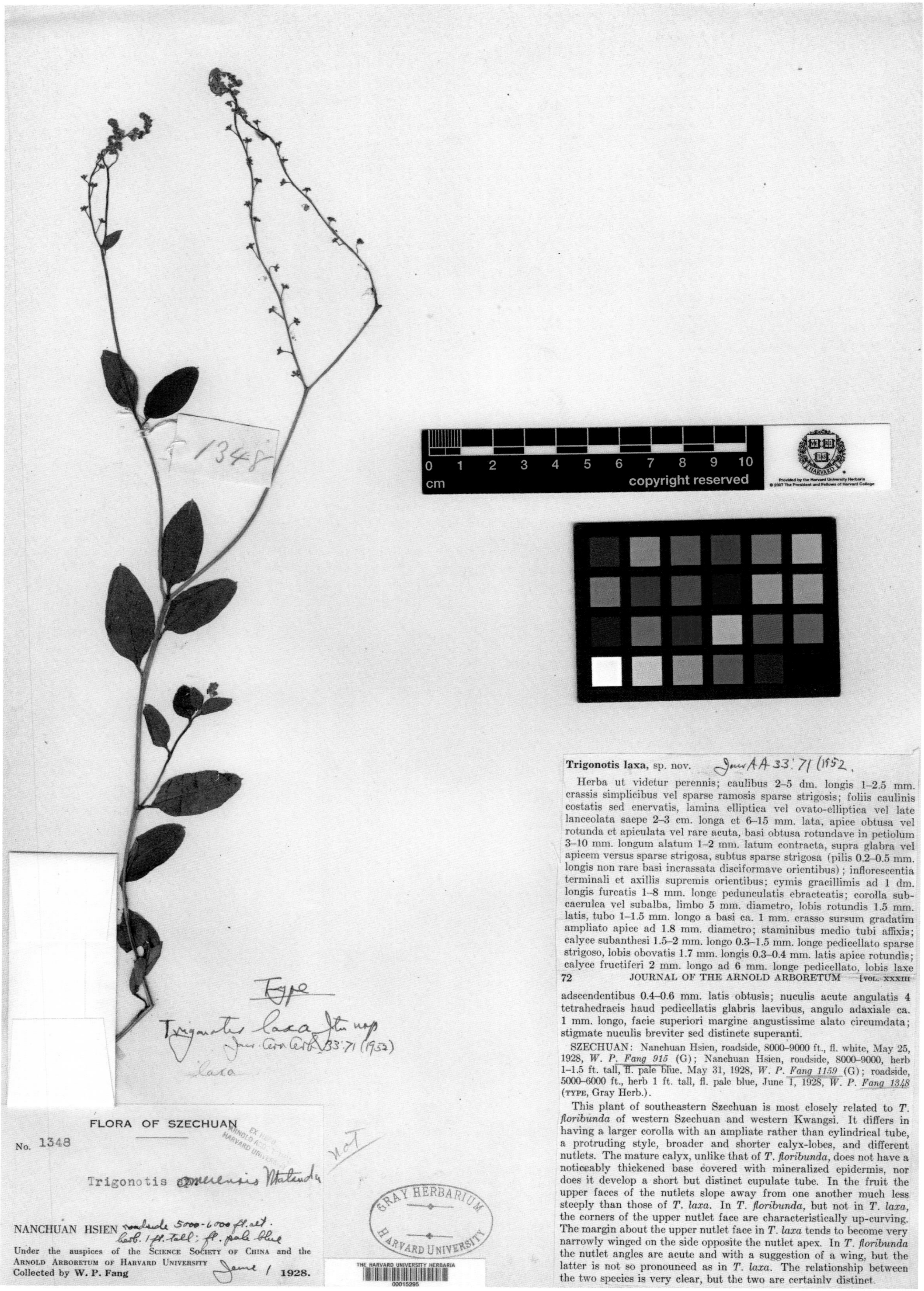
0 1 2 3 4 5 6 7 8 9 10
cm
copyright reserved
Trigonotis laxa, sp. nov.
Herba ut videtur perennis; caulibus 2–5 dm. longis 1–2.5 mm. crassis simplicibus vel sparse ramosis sparse strigosis; foliis caulinis costatis sed enervatis, lamina elliptica vel ovato-elliptica vel late lanceolata saepe 2–3 cm. longa et 6–15 mm. lata, apice obtusa vel rotunda et apiculata vel rare acuta, basi obtusa rotundave in petiolum 3–10 mm. longum alatum 1–2 mm. latum contracta, supra glabra vel apicem versus sparse strigosa, subtus sparse strigosa (pilis 0.2–0.5 mm. longis non rare basi incrassata disciformave orientibus); inflorescentia terminali et axillis supremis orientibus; cymis gracillimis ad 1 dm. longis furcatis 1–8 mm. longe pedunculatis ebracteatis; corolla subcaerulea vel subalba, limbo 5 mm. diametro, lobis rotundis 1.5 mm. latis, tubo 1–1.5 mm. longo a basi ca. 1 mm. crasso sursum gradatim ampliato apice ad 1.8 mm. diametro; staminibus medio tubi affixis; calyce subanthesi 1.5–2 mm. longo 0.3–1.5 mm. longe pedicellato sparse strigoso, lobis obovatis 1.7 mm. longis 0.3–0.4 mm. latis apice rotundis; calyce fructiferi 2 mm. longo ad 6 mm. longe pedicellato, lobis laxe
72 JOURNAL OF THE ARNOLD ARBORETUM [VOL. XXXIII
adscendentibus 0.4–0.6 mm. latis obtusis; nuculis acute angulatis 4 tetrahedraeis haud pedicellatis glabris laevibus, angulo adaxiale ca. 1 mm. longo, facie superiori margine angustissime alato circumdata; stigmate nuculis breviter sed distincte superanti.
SZECHUAN: Nanchuan Hsien, roadside, 8000–9000 ft., fl. white, May 25, 1928, W. P. Fang 915 (G); Nanchuan Hsien, roadside, 8000–9000, herb 1–1.5 ft. tall, fl. pale blue, May 31, 1928, W. P. Fang 1159 (G); roadside, 5000–6000 ft., herb 1 ft. tall, fl. pale blue, June 1, 1928, W. P. Fang 1348 (TYPE, Gray Herb.).
This plant of southeastern Szechuan is most closely related to T. floribunda of western Szechuan and western Kwangsi. It differs in having a larger corolla with an ampliate rather than cylindrical tube, a protruding style, broader and shorter calyx-lobes, and different nutlets. The mature calyx, unlike that of T. floribunda, does not have a noticeably thickened base covered with mineralized epidermis, nor does it develop a short but distinct cupulate tube. In the fruit the upper faces of the nutlets slope away from one another much less steeply than those of T. laxa. In T. floribunda, but not in T. laxa, the corners of the upper nutlet face are characteristically up-curving. The margin about the upper nutlet face in T. laxa tends to become very narrowly winged on the side opposite the nutlet apex. In T. floribunda the nutlet angles are acute and with a suggestion of a wing, but the latter is not so pronounced as in T. laxa. The relationship between the two species is very clear, but the two are certainly distinct.
Type
FLORA OF SZECHUAN
No. 1348
Trigonotis
NANCHUAN HSIEN
Under the auspices of the SCIENCE SOCIETY OF CHINA and the ARNOLD ARBORETUM OF HARVARD UNIVERSITY
Collected by W. P. Fang
1928.
GRAY HERBARIUM
HARVARD UNIVERSITY
THE HARVARD UNIVERSITY HERBARIA
00015295

南川附地菜 ***Trigonotis laxa*** Johnst. in J. Arnold Arbor. 33: 71. 1952. **Holotype**: China. Chongqing: Nanchuan, alt. 1 700~2 000 m, 1928-06-01, W. P. Fang 1348 (GH).

大叶附地菜 ***Trigonotis macrophylla*** Vaniot in Monde Pl. Rev. Mens. Bot. 7: 42. 1905. **Isotype**: China. Guizhou: Guiyang, 1900-07-12, E. M. Bodinier 2426 (GH).

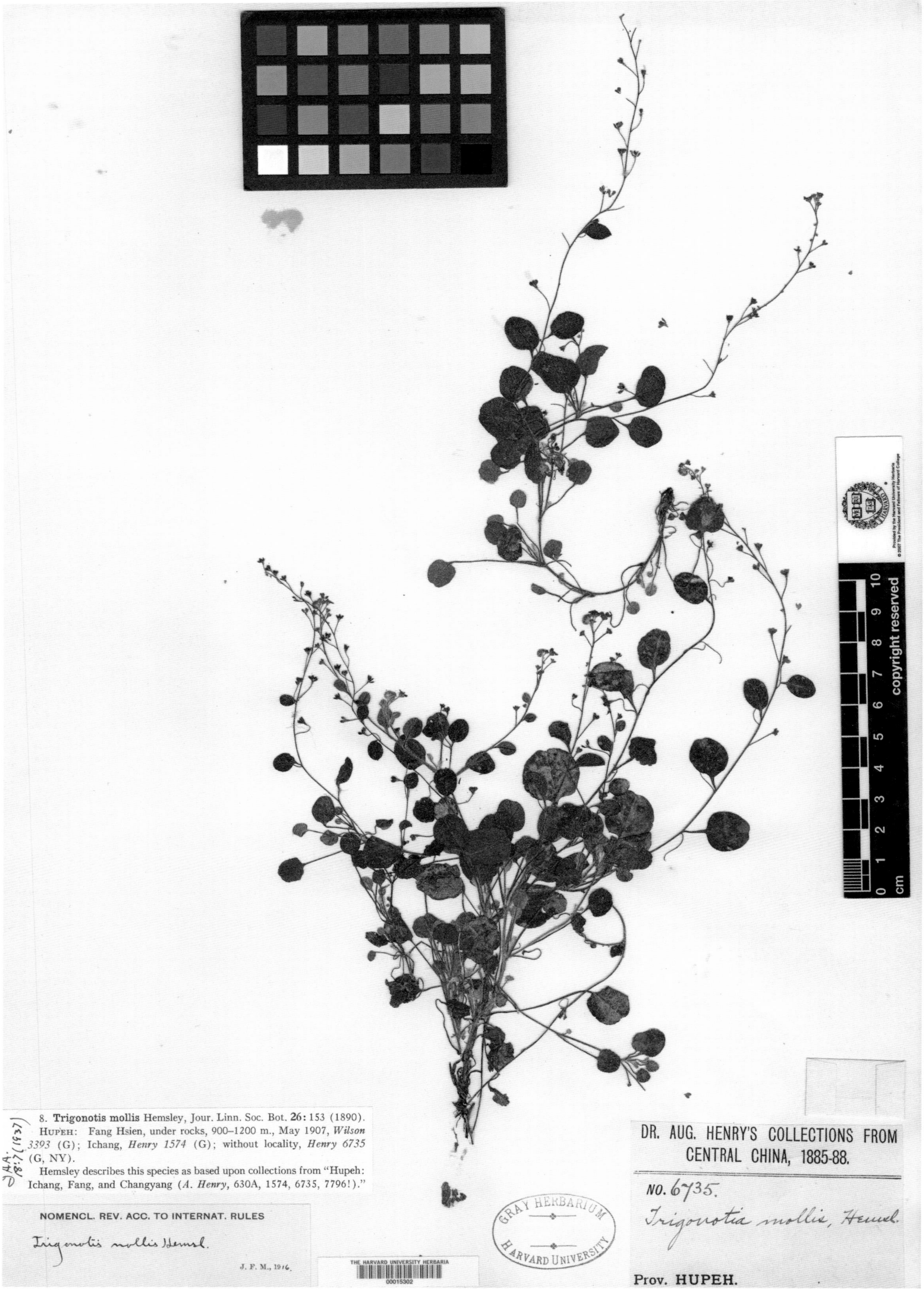
8. **Trigonotis mollis** Hemsley, Jour. Linn. Soc. Bot. **26:** 153 (1890).
HUPEH: Fang Hsien, under rocks, 900–1200 m., May 1907, *Wilson 3393* (G); Ichang, *Henry 1574* (G); without locality, *Henry 6735* (G, NY).
Hemsley describes this species as based upon collections from "Hupeh: Ichang, Fang, and Changyang (*A. Henry*, 630A, 1574, 6735, 7796!)."
NOMENCL. REV. ACC. TO INTERNAT. RULES
Trigonotis mollis Hemsl.
J. F. M., 1916.
THE HARVARD UNIVERSITY HERBARIA
00015302
GRAY HERBARIUM
HARVARD UNIVERSITY
DR. AUG. HENRY'S COLLECTIONS FROM CENTRAL CHINA, 1885-88.
No. 6735.
Trigonotis mollis, Hemsl.
Prov. HUPEH.
copyright reserved
cm
0 1 2 3 4 5 6 7 8 9 10

湖北附地菜 ***Trigonotis mollis*** Hemsl. in J. Linn. Soc. Bot. 26: 153. 1890. **Isosyntype:** China. Hubei: Yichang, (1885-1888)-??-??, A. Henry 6735 (GH).

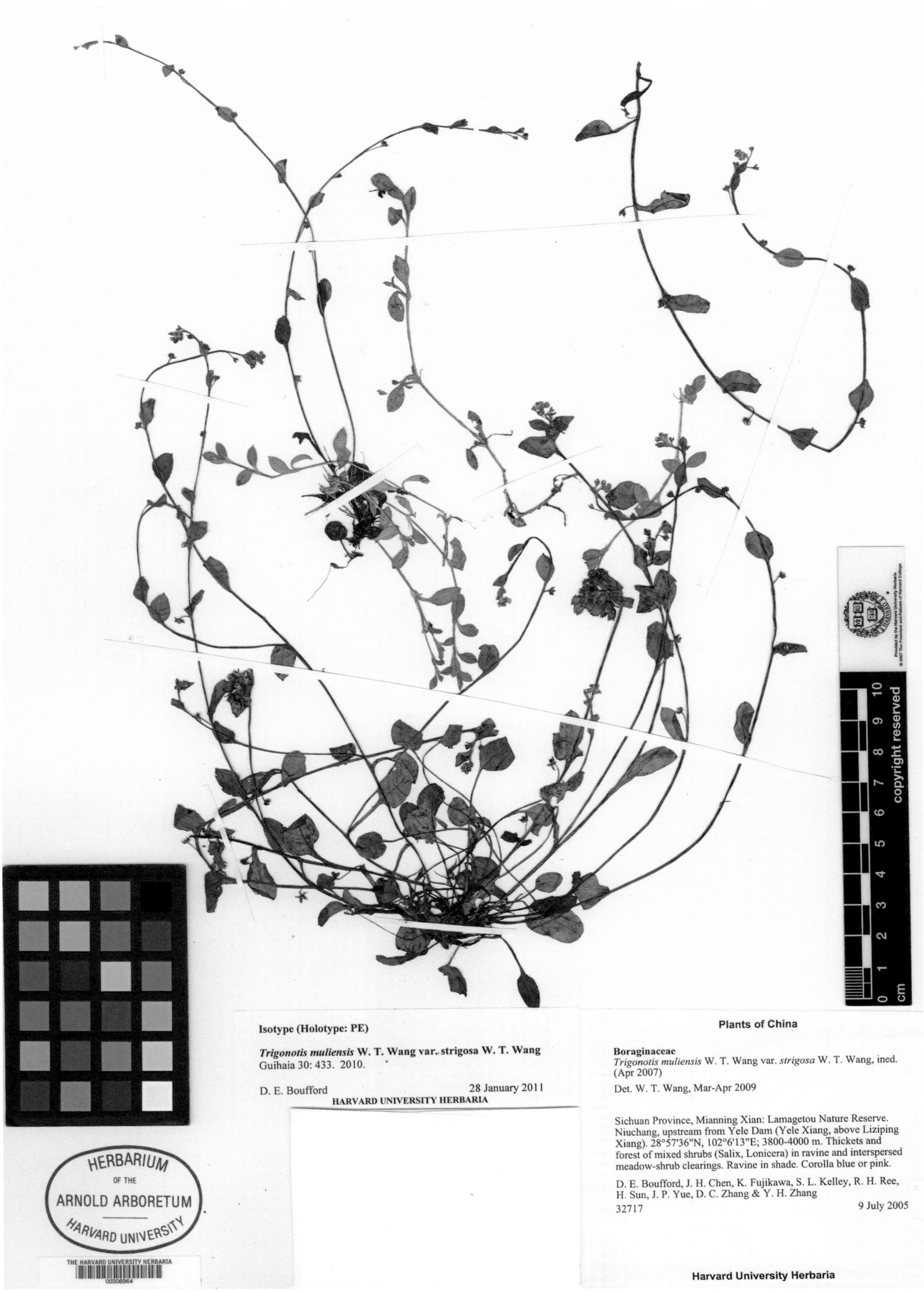
copyright reserved
cm 0 1 2 3 4 5 6 7 8 9 10
Isotype (Holotype: PE)
Trigonotis muliensis W. T. Wang var. strigosa W. T. Wang
Guihaia 30: 433. 2010.
D. E. Boufford 28 January 2011
HARVARD UNIVERSITY HERBARIA
Plants of China
Boraginaceae
Trigonotis muliensis W. T. Wang var. strigosa W. T. Wang, ined. (Apr 2007)
Det. W. T. Wang, Mar-Apr 2009
Sichuan Province, Mianning Xian: Lamagetou Nature Reserve. Niuchang, upstream from Yele Dam (Yele Xiang, above Liziping Xiang). 28°57'36"N, 102°6'13"E; 3800-4000 m. Thickets and forest of mixed shrubs (Salix, Lonicera) in ravine and interspersed meadow-shrub clearings. Ravine in shade. Corolla blue or pink.
D. E. Boufford, J. H. Chen, K. Fujikawa, S. L. Kelley, R. H. Ree, H. Sun, J. P. Yue, D. C. Zhang & Y. H. Zhang
32717 9 July 2005
Harvard University Herbaria
HERBARIUM OF THE ARNOLD ARBORETUM HARVARD UNIVERSITY
THE HARVARD UNIVERSITY HERBARIA
00306964

冕宁附地菜 ***Trigonotis muliensis*** W. T. Wang var. ***strigosa*** W. T. Wang in Guihaia 30: 433, f. 2: F. 2010. **Isotype**: China. Sichuan: Mianning, alt. 3 800~4 000 m, 2005-07-09, D. E. Boufford & al. 32717 (A).

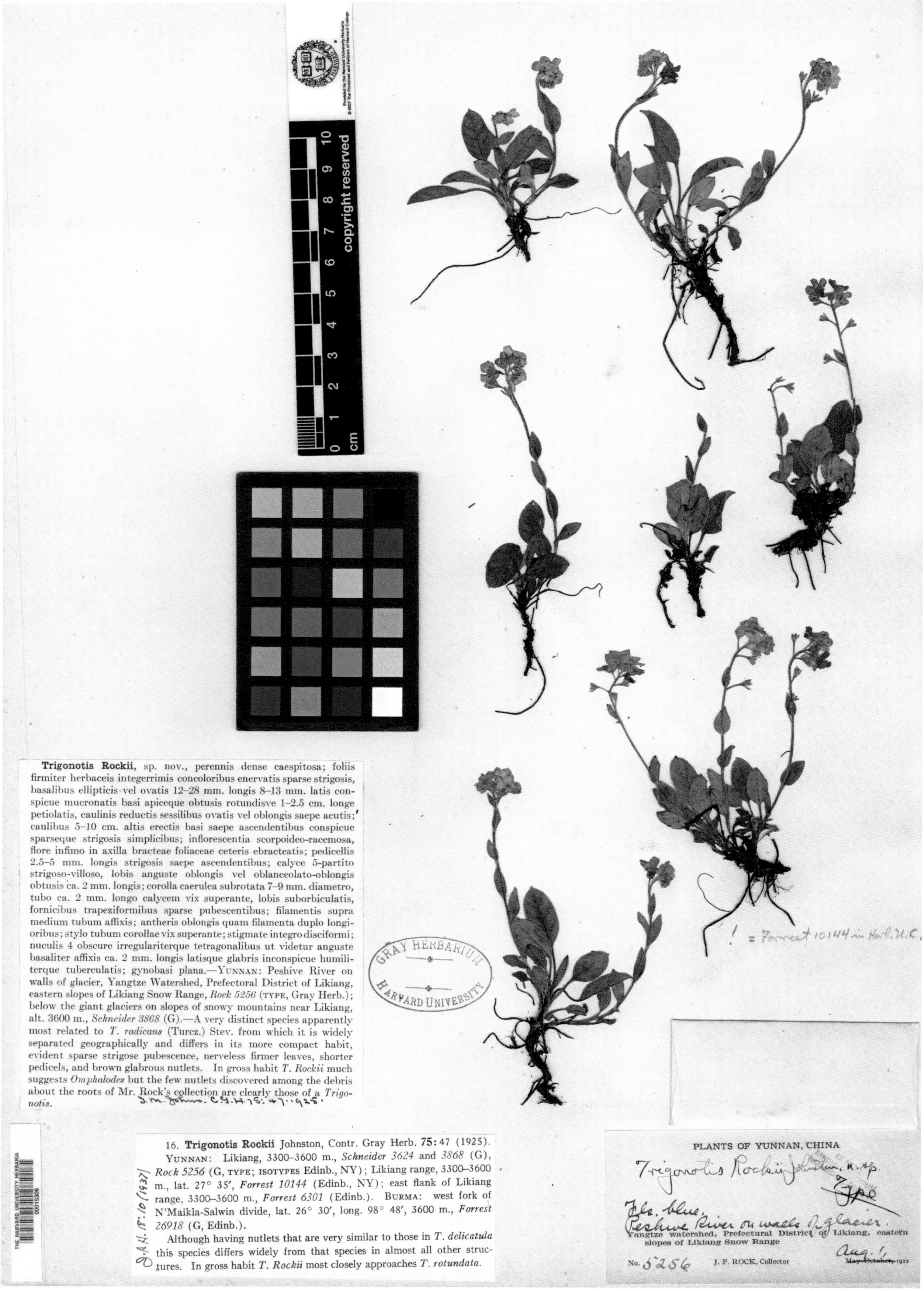
copyright reserved
cm 0 1 2 3 4 5 6 7 8 9 10
Trigonotis Rockii, sp. nov., perennis dense caespitosa; foliis firmiter herbaceis integerrimis concoloribus enervatis sparse strigosis, basalibus ellipticis vel ovatis 12–28 mm. longis 8–13 mm. latis conspicue mucronatis basi apiceque obtusis rotundisve 1–2.5 cm. longe petiolatis, caulinis reductis sessilibus ovatis vel oblongis saepe acutis; caulibus 5–10 cm. altis erectis basi saepe ascendentibus conspicue sparseque strigosis simplicibus; inflorescentia scorpoideo-racemosa, flore infimo in axilla bracteae foliaceae ceteris ebracteatis; pedicellis 2.5–5 mm. longis strigosis saepe ascendentibus; calyce 5-partito strigoso-villoso, lobis anguste oblongis vel oblanceolato-oblongis obtusis ca. 2 mm. longis; corolla caerulea subrotata 7–9 mm. diametro, tubo ca. 2 mm. longo calycem vix superante, lobis suborbiculatis, fornicibus trapeziformibus sparse pubescentibus; filamentis supra medium tubum affixis; antheris oblongis quam filamenta duplo longioribus; stylo tubum corollae vix superante; stigmate integro disciformi; nuculis 4 obscure irregulariterque tetragonalibus ut videtur anguste basaliter affixis ca. 2 mm. longis latisque glabris inconspicue humiliterque tuberculatis; gynobasi plana.—YUNNAN: Peshive River on walls of glacier, Yangtze Watershed, Prefectoral District of Likiang, eastern slopes of Likiang Snow Range, Rock 5256 (TYPE, Gray Herb.); below the giant glaciers on slopes of snowy mountains near Likiang, alt. 3600 m., Schneider 3868 (G).—A very distinct species apparently most related to T. radicans (Turcz.) Stev. from which it is widely separated geographically and differs in its more compact habit, evident sparse strigose pubescence, nerveless firmer leaves, shorter pedicels, and brown glabrous nutlets. In gross habit T. Rockii much suggests Omphalodes but the few nutlets discovered among the debris about the roots of Mr. Rock's collection are clearly those of a Trigonotis.
GRAY HERBARIUM
HARVARD UNIVERSITY
! = Forrest 10144 in Herb. U.C.
THE HARVARD UNIVERSITY HERBARIA
00015306
16. Trigonotis Rockii Johnston, Contr. Gray Herb. 75: 47 (1925).
YUNNAN: Likiang, 3300–3600 m., Schneider 3624 and 3868 (G), Rock 5256 (G, TYPE; ISOTYPES Edinb., NY); Likiang range, 3300–3600 m., lat. 27° 35′, Forrest 10144 (Edinb., NY); east flank of Likiang range, 3300–3600 m., Forrest 6301 (Edinb.). BURMA: west fork of N'Maikla-Salwin divide, lat. 26° 30′, long. 98° 48′, 3600 m., Forrest 26918 (G, Edinb.).
Although having nutlets that are very similar to those in T. delicatula this species differs widely from that species in almost all other structures. In gross habit T. Rockii most closely approaches T. rotundata.
PLANTS OF YUNNAN, CHINA
Trigonotis Rockii
Type
Fls. blue.
Peshive River on walls of glacier.
Yangtze watershed, Prefectural District of Likiang, eastern slopes of Likiang Snow Range
Aug. 1,
No. 5256 J. F. ROCK, Collector May-October, 1922

高山附地菜 ***Trigonotis rockii*** Johnst. in Contr. Gray Herb. Harvard Univ. 75: 47. 1925. **Holotype**: China. Yunnan: Lijiang, 1922-08-01, J. F. Rock 5256 (GH).

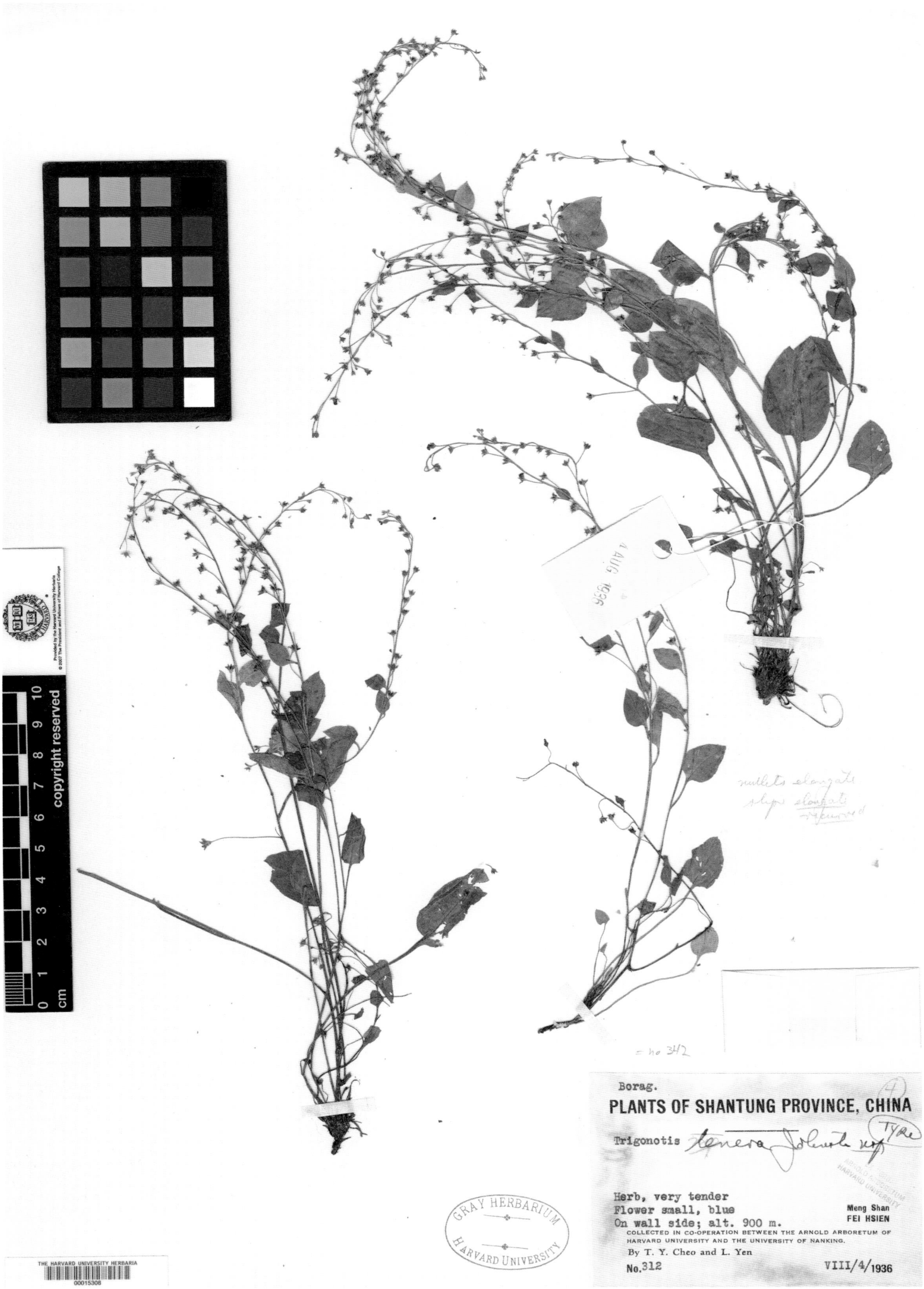

蒙山附地菜 ***Trigonotis tenera*** Johnst. in J. Arnold Arbor. 21: 56. 1940. **Holotype:** China. Shandong: Fei Xian, Meng Shan, alt. 900 m, 1936-08-04, T. Y. Cheo & L. Yen 312 (GH).

马鞭草科

Verbenaceae

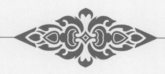

狭叶紫珠 ***Callicarpa acuminata*** Roxb. var. ***angustifolia*** Metc. in Lingnan Sci. J. 11: 407. 1932. **Holotype**: China. Hainan: Precise locality not known, Ford s. n. (A).

平基紫珠 ***Callicarpa basitruncata*** Merr. ex Moldenke in Phytologia 3: 406. 1951. **Isotype:** China. Hainan: Liamui (= Leng Mum), alt. 420 m, 1935-08-01, J. L. Gressitt 1168(A).

丘陵紫珠 ***Callicarpa collina*** Diels in Notizbl. Bot. Gart. Mus. Berlin. 9: 1030. 1926. **Isotype**: China. Jiangxi: Tzu Chi (=Ziqi), alt. 610 m, 1921-07-12, H. H. Hu 1250 (A).

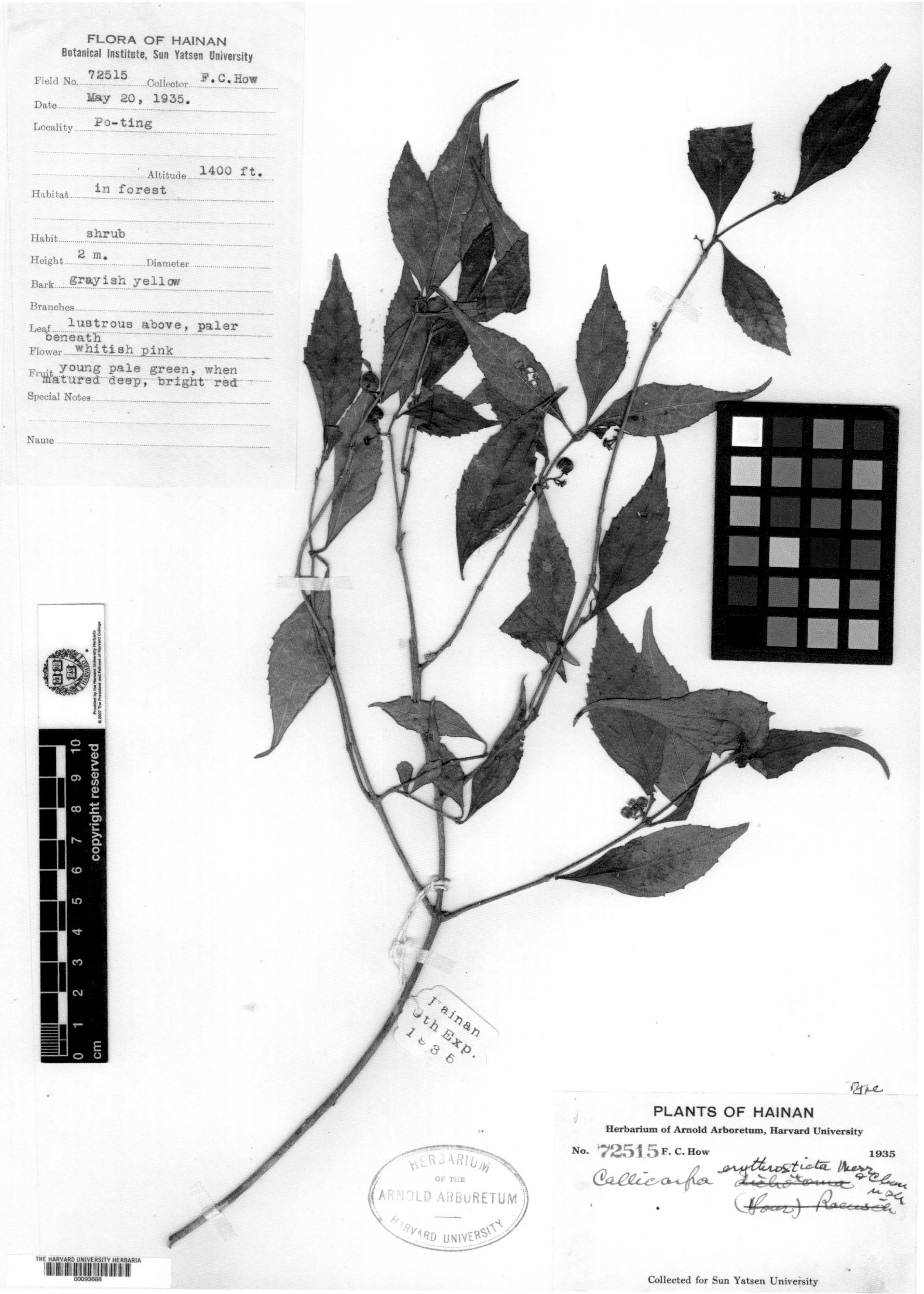

红腺紫珠 ***Callicarpa erythrosticta*** Merr. & Chun in Sunyatsenia 5: 178. pl. 27. 1940. **Holotype**: China. Hainan: Po-ting (=Baoting), alt. 427 m, 1935-05-20, F. C. How 72515 (A).

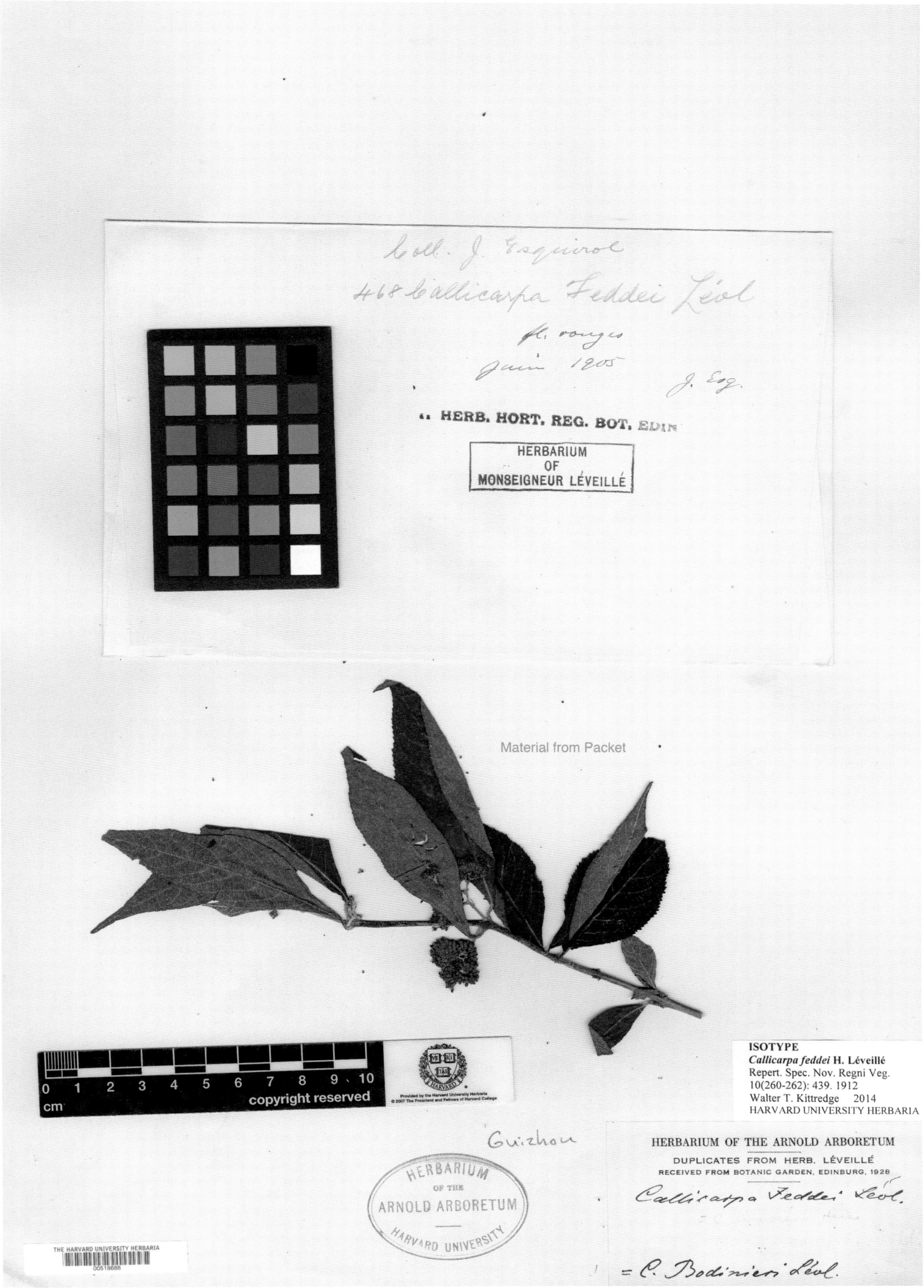
coll. J. Esquirol
468 Callicarpa Feddei Lévl
fl. rouges
juin 1905
J. Esq.
HERB. HORT. REG. BOT. EDIN
HERBARIUM
OF
MONSEIGNEUR LÉVEILLÉ
Material from Packet
0 1 2 3 4 5 6 7 8 9 10
cm
copyright reserved
ISOTYPE
Callicarpa feddei H. Léveillé
Repert. Spec. Nov. Regni Veg.
10(260-262): 439. 1912
Walter T. Kittredge 2014
HARVARD UNIVERSITY HERBARIA
Guizhou
HERBARIUM
OF THE
ARNOLD ARBORETUM
HARVARD UNIVERSITY
HERBARIUM OF THE ARNOLD ARBORETUM
DUPLICATES FROM HERB. LÉVEILLÉ
RECEIVED FROM BOTANIC GARDEN, EDINBURG, 1928
Callicarpa Feddei Lévl.
= C. Bodinieri Lévl.
THE HARVARD UNIVERSITY HERBARIA
00518688

贵州紫珠 ***Callicarpa feddei*** Lévl. in Fedde, Repert. Sp. Nov. 10: 439. 1912. **Isotype**: China. Guizhou: Precise locality not known, 1905-06-??, J. Esquirol 468 (A).

SYNTYPE
Callicarpa formosana var. chinensis C. P'ei
Mem. Sci. Soc. China 1(3): 30. 1932
= C. integerrima var. chinensis (C. P'ei) S. L. Chen,
fide Fl. China (Revised) 17: 7. 1994Walter T.
Kittredge 2014
HARVARD UNIVERSITY HERBARIA
Callicarpa pedunculata R. Brown
var. chinensis [P'ei] Metcalf var. nov.
中山大學農科標本
Herbarium of College of Agriculture
Sun Yatsen University, Canton
F.No.5828
Coll. W. Y. Chun
Herb. No.
CALLICARPA FORMOSANA Rolfe.var
Locality Chang Kiang, Kwangtung
Determined by:
Dec. 22, 1927
HERBARIUM OF THE ARNOLD ARBORETUM HARVARD UNIVERSITY
THE HARVARD UNIVERSITY HERBARIA
copyright reserved

藤紫珠 ***Callicarpa formosana*** Rolfe var. ***chinensis*** P'ei in Mem. Sci. Soc. China 1(3): 30. 1932. **Isosyntype**: China. Hainan: Chang Kiang (= Changjiang), 1927-12-22, W. Y. Chun 5828 (A).

湖北紫珠 ***Callicarpa gracilipes*** Rehd. in Sargent, Pl. Wils. 3: 371. 1916. **Holotype**: China. Hubei: Western Hubei, Precise locality not known, A. Henry 7690 (GH).

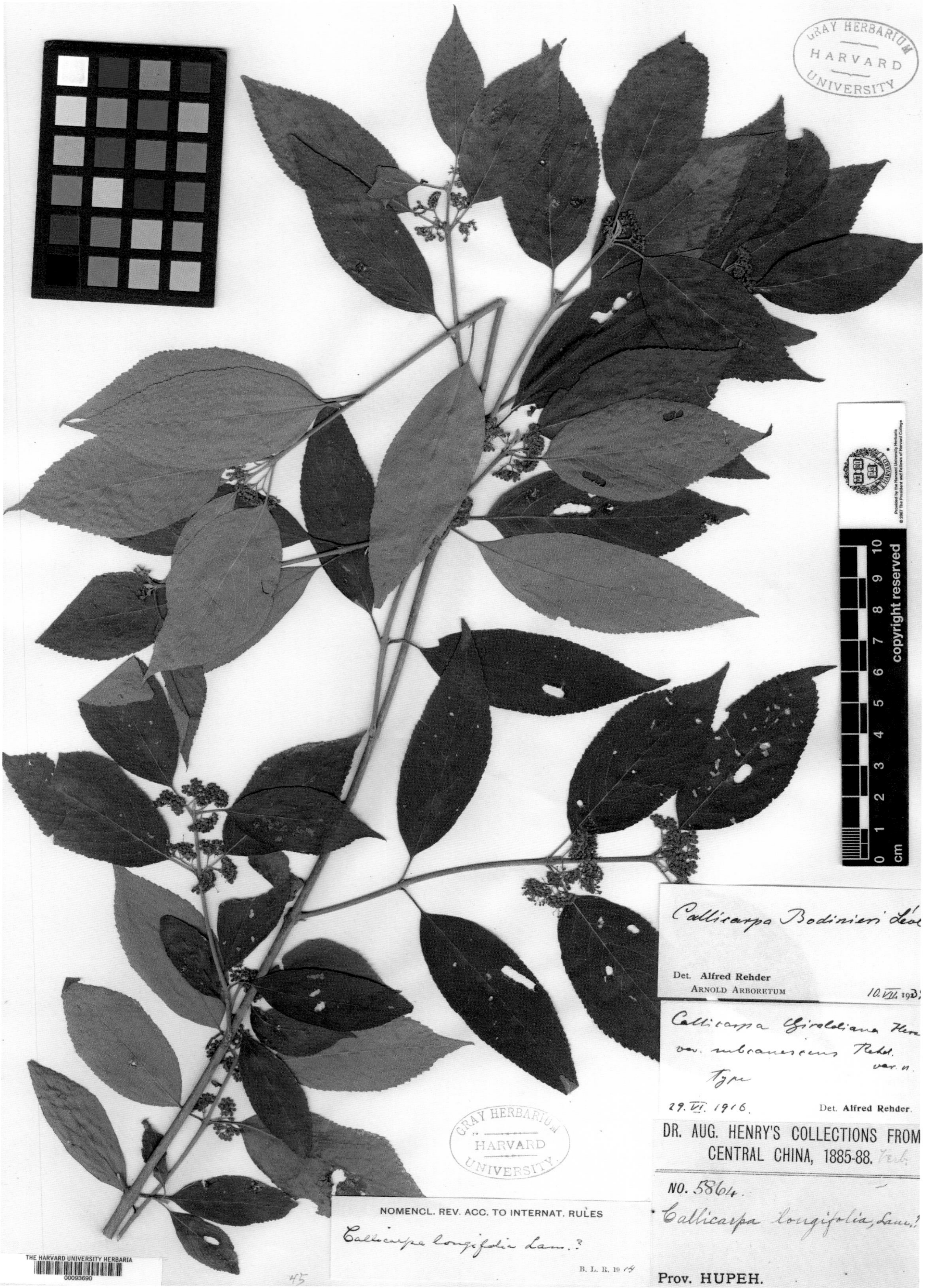

灰色紫珠 ***Callicarpa giraldiana*** Hesse var. ***subcanescens*** Rehd. in Sargent, Pl. Wils. 3: 368. 1916. **Holotype**: China. Hubei: Western Hubei, Precise locality not known, (1885-1888)-??-??, A. Henry 5864 (GH).

细锯齿叶紫珠 ***Callicarpa integerrima*** Champ. var. ***serrulata*** H. L. Li in J. Arnold Arbor. 25: 425. 1944. **Holotype**: China. Guangdong: Conghua, 1935-05-(01-25), W. T. Tsang 25228 (A).

窄叶紫珠 ***Callicarpa japonica*** Thunb. var. ***angustata*** Rehd. in Sargent, Pl. Wils. 3: 369. 1916. **Holotype**: China. Hubei: Xing Shan, alt. 1 525 m, 1907-07-??, E. H. Wilson 2195 (A).

尖萼紫珠 ***Callicarpa loboapiculata*** Metc. in Lingnan Sci. J. 11: 406. 1932. **Holotype**: China. Hong Kong, Ford s. n. (A).

尖尾枫 ***Callicarpa longifolia*** Lamk. var. ***longissima*** Hemsl. in J. Linn. Soc. Bot. 26: 253. 1890. **Isosyntype**: China.Guangdong: Guangzhou, 1859-08-??, Herb. H. F. Hance 4956 (GH).

毛叶老鸦糊 ***Callicarpa lyi*** Lévl. in Fedde, Repert. Sp. Nov. 10: 439. 1912. **Isotype**: China. Guizhou: Guiding, Pin-Fa, 1903-06-03, J. Cavalerie 1026 (A).

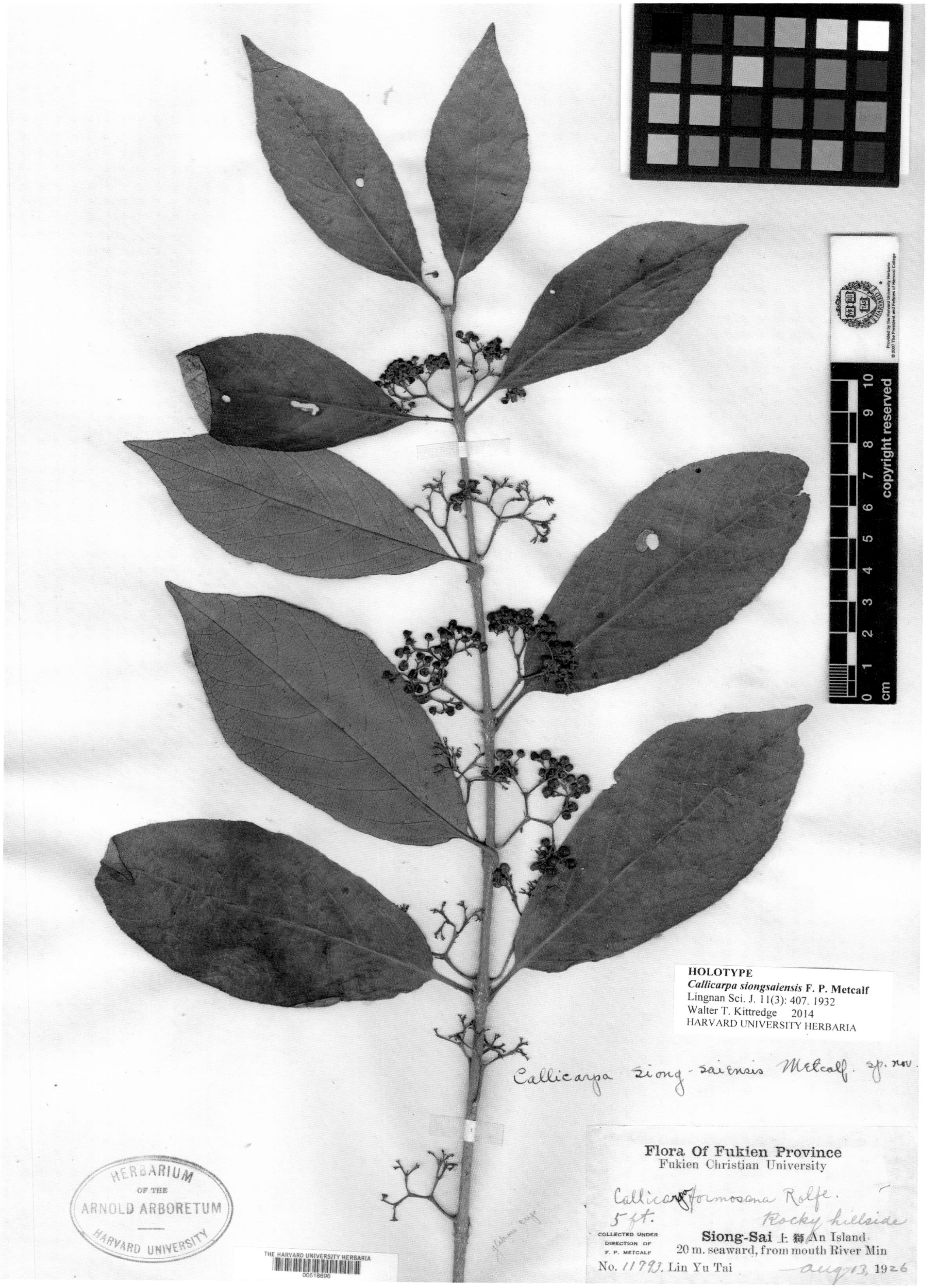

上狮紫珠 ***Callicarpa siongsaiensis*** Metc. in Lingnan Sci. J. 11(3): 407. 1932. **Holotype**: China. Fujian: Shangshi Island, 1926-08-13, Y. T. Lin s. n. (=Fujian Christian University 11793) (A).

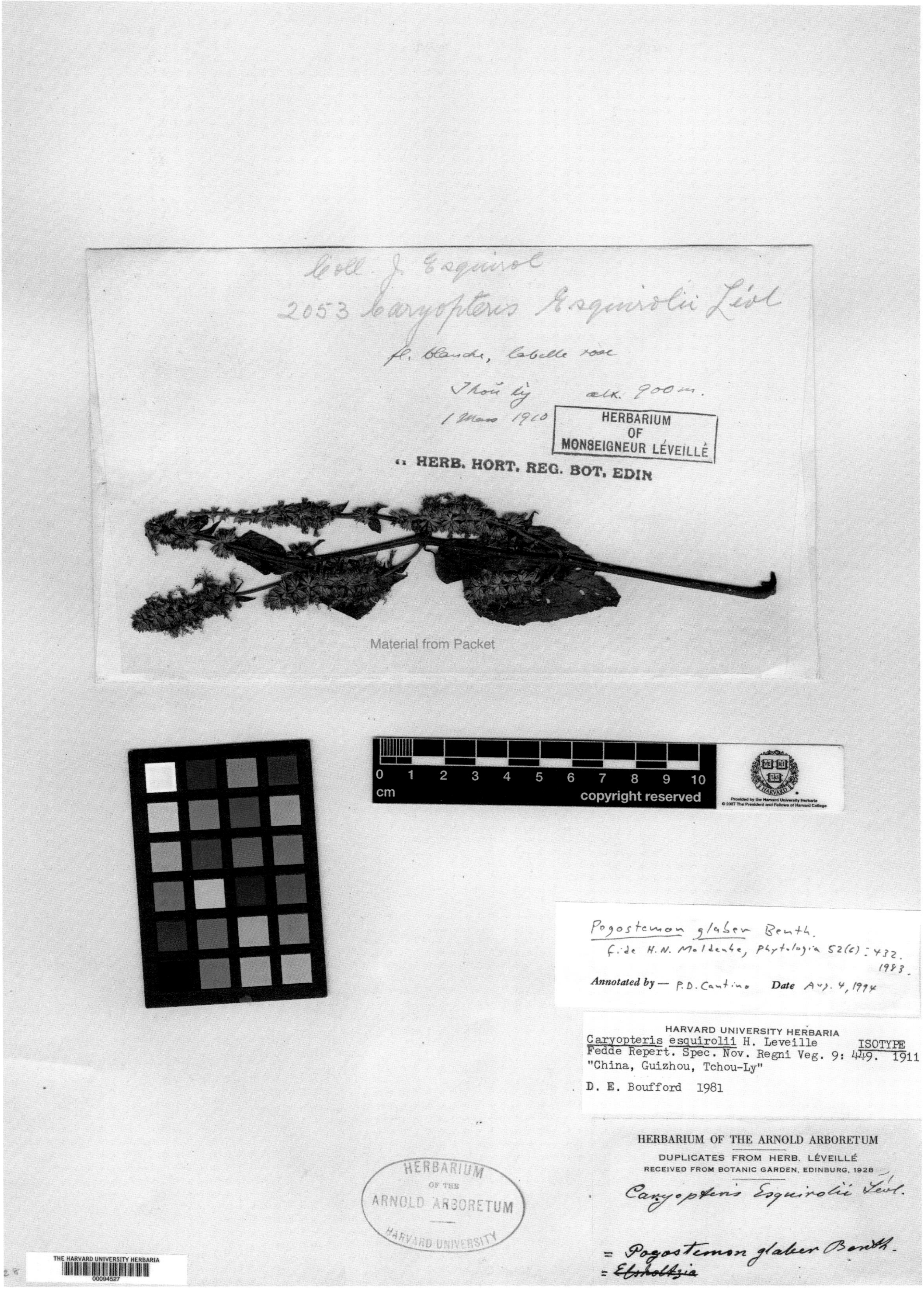

贵州莸 ***Caryopteris esquirolii*** Lévl. in Fedde, Repert. Sp. Nov. 9: 449. 1911. **Isotype**: China. Guizhou: Tchou-Ly, alt. 900 m, 1910-03-01, J. Esquirol 2053 (A).

黏叶莸 ***Caryopteris glutinosa*** Rehd. in Sargent, Pl. Wils. 3: 378. 1916. **Holotype**: China. Sichuan: Min River Valley, alt. 1 647 m, 1903-08-??, E. H. Wilson 4309 (A).

闽粤大青 ***Clerodendrum amplius*** Hance in Ann. Sci. Nat. Bot. ser. 5. 5: 233. 1866. **Isosyntype**: China. Fujian: Amoy (=Xiamen), 1857-10-??, Hance 397 (GH).

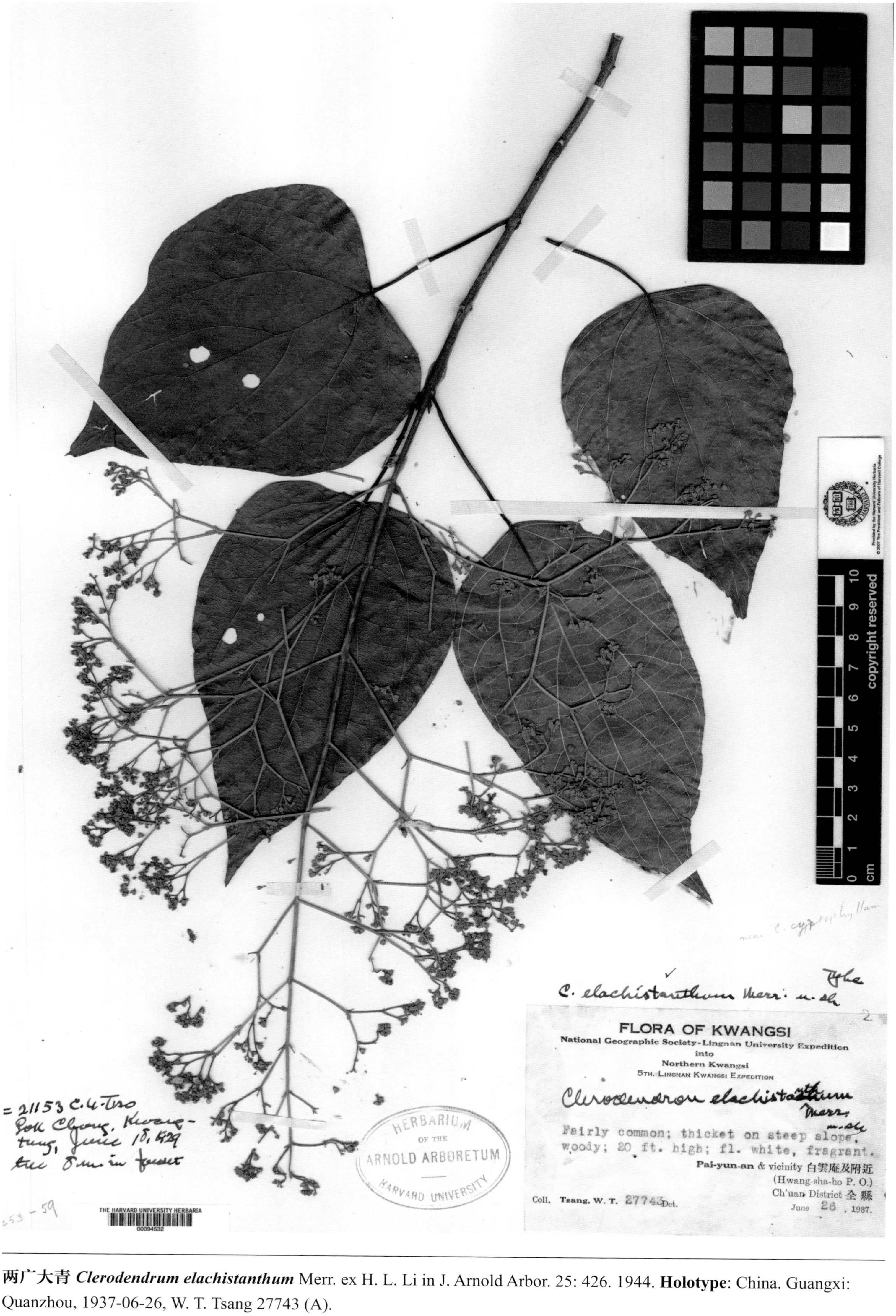

两广大青 ***Clerodendrum elachistanthum*** Merr. ex H. L. Li in J. Arnold Arbor. 25: 426. 1944. **Holotype**: China. Guangxi: Quanzhou, 1937-06-26, W. T. Tsang 27743 (A).

copyright reserved
HOLOTYPE
Clerodendrum kwangtungense
var. puberulum H. L. Li
J. Arnold Arbor. 25(4): 426. 1944
= C. mandarinorum Diels,
fide Fl. China (Revised) 17: 41. 1994
Walter T. Kittredge 2014
HARVARD UNIVERSITY HERBARIA
FLORA OF KWANGTUNG
HERBARIUM OF
LINGNAN NATURAL HISTORY SURVEY AND MUSEUM
LINGNAN UNIVERSITY, CANTON, CHINA
Clerodendron Kwangtungense H. M. var.
Woody; erect; ht. 9 ft., diam. 2 in.
Fruit, blue
Yang Shan, and vicinity 陽山及附近
South of Linchow
(Yang Shan District 陽山縣)
Coll. Tsui, T. M. 785
Det. E. D. Merrill July-Sept., 1932.
HERBARIUM OF THE ARNOLD ARBORETUM
THE HARVARD UNIVERSITY HERBARIA
00518707

微柔毛广东大青 ***Clerodendrum kwangtungense*** Hand.-Mazz. var. ***puberulum*** H. L. Li in J. Arnold Arbor. 25(4): 426. 1944.

Holotype: China.Guangdong: Yangshan, 1932-(07-09)-??, T. M. Tsui 785 (A).

Fan Memorial Institute of Biology
FLORA OF YUNNAN
Field No. 61748 Date Sept.1, 1934
Locality Ping-pien Hsien
Altitude 1400 m.
Habitat in ravine
Habit tree
Height 20 ft. D.B.H. 5 inches
Bark
Leaf
Flower white
Fruit
Notes timber collected
Common Name Family
Name
Collector H. T. Tsai
OLOTYPE
lerodendrum tsaii H. L. Li
. Arnold Arbor. 25: 315. 1944.
. Yelton Sep 2002
HARVARD UNIVERSITY HERBARIA
copyright reserved
cm
Fan. Inst. Biol. YUNNAN EXPEDITION COLLECTOR H. T. TSAI
HERBARIUM OF THE ARNOLD ARBORETUM HARVARD UNIVERSITY
THE HARVARD UNIVERSITY HERBARIA
00125001
PLANTS OF YUNNAN
No. 61748 H. T. Tsai
Clerodendron Tsaii sp. nov. Li
Type
Collected for the FAN MEMORIAL INSTITUTE OF BIOLOGY with the cooperation of the ARNOLD ARBORETUM OF HARVARD UNIVERSITY

屏边大青 ***Clerodendrum tsaii*** H. L. Li in J. Arnold Arbor. 25: 315. 1944. **Holotype**: China.Yunnan: Pingbian, alt. 1 400 m, 1934-09-01, H. T. Tsai 61748 (A).

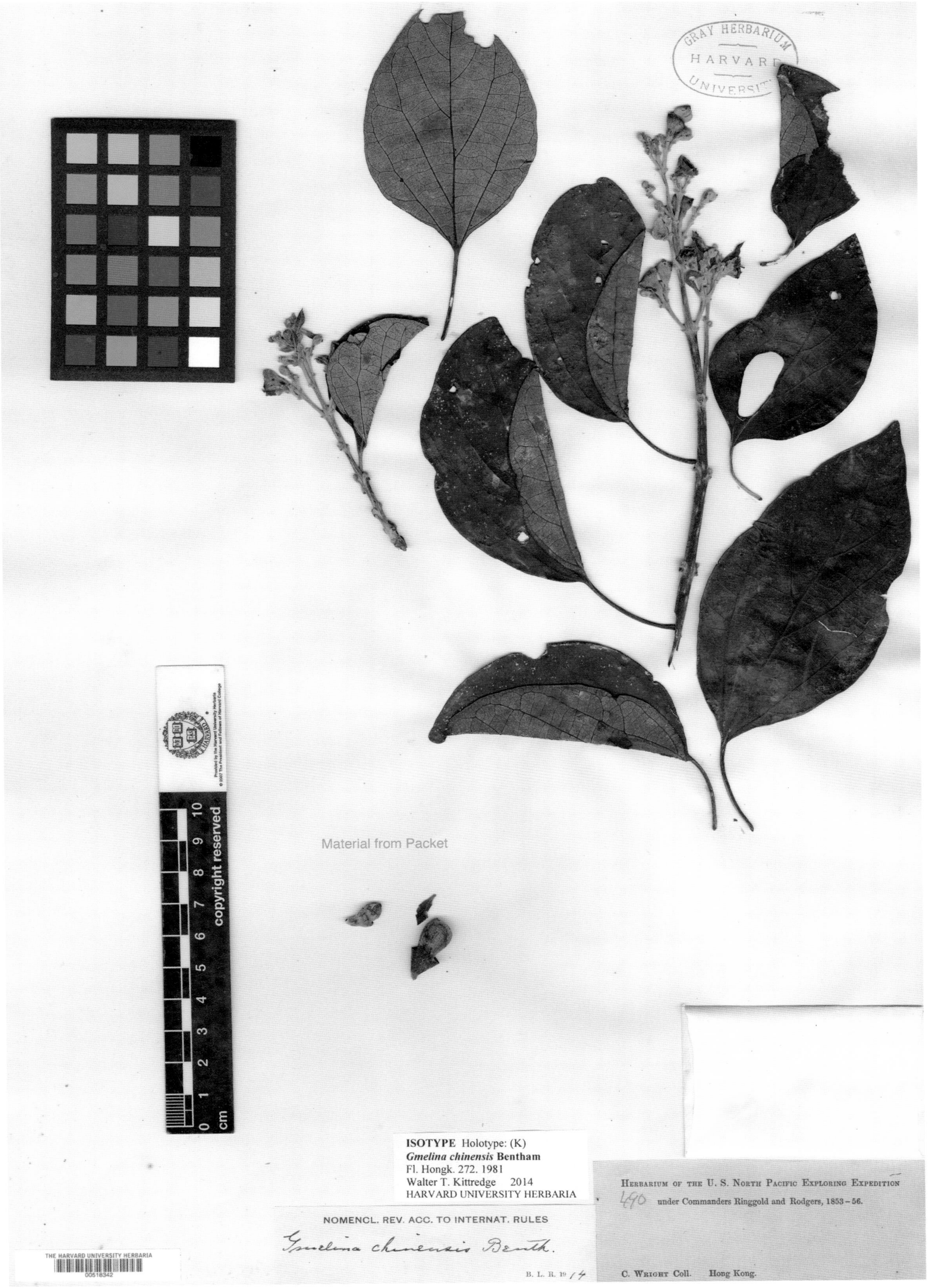

石梓 ***Gmelina chinensis*** Benth, Fl. Hongk. 272. 1861. **Isotype**: China. Hong Kong, (1853-1856)-??-??, C. Wright 490 (GH).

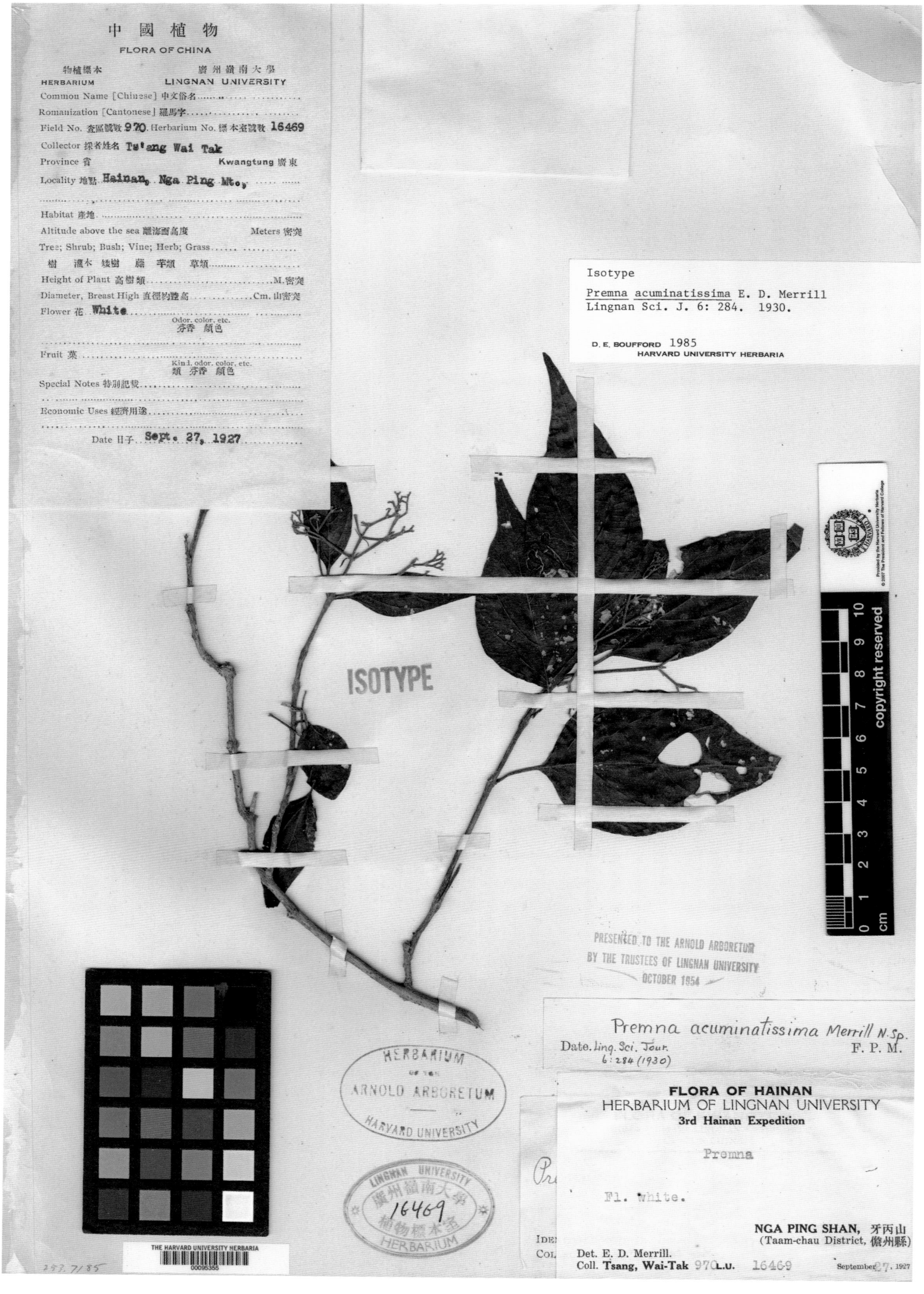

长渐尖豆腐柴 ***Premna acuminatissima*** Merr. in Lingnan. Sci. J. 6: 284. 1928. **Isotype**: China. Hainan: Danzhou, 1927-09-27, W. T. Tsang 970 (= Lingnan University 16469) (A).

花溪豆腐柴 ***Premna anthopotamica*** Hand.-Mazz. in Anzeig. Akad. Wiss. Wien. Math.-Nat. Kl. 58: 231. 1921. **Isotype**: China. Guizhou: Southwest Guizhou, Hoadjiau-ho, Falang, alt. 900 m, 1917-06-20, H. R. E. Handel-Mazzetti 10381 (A).

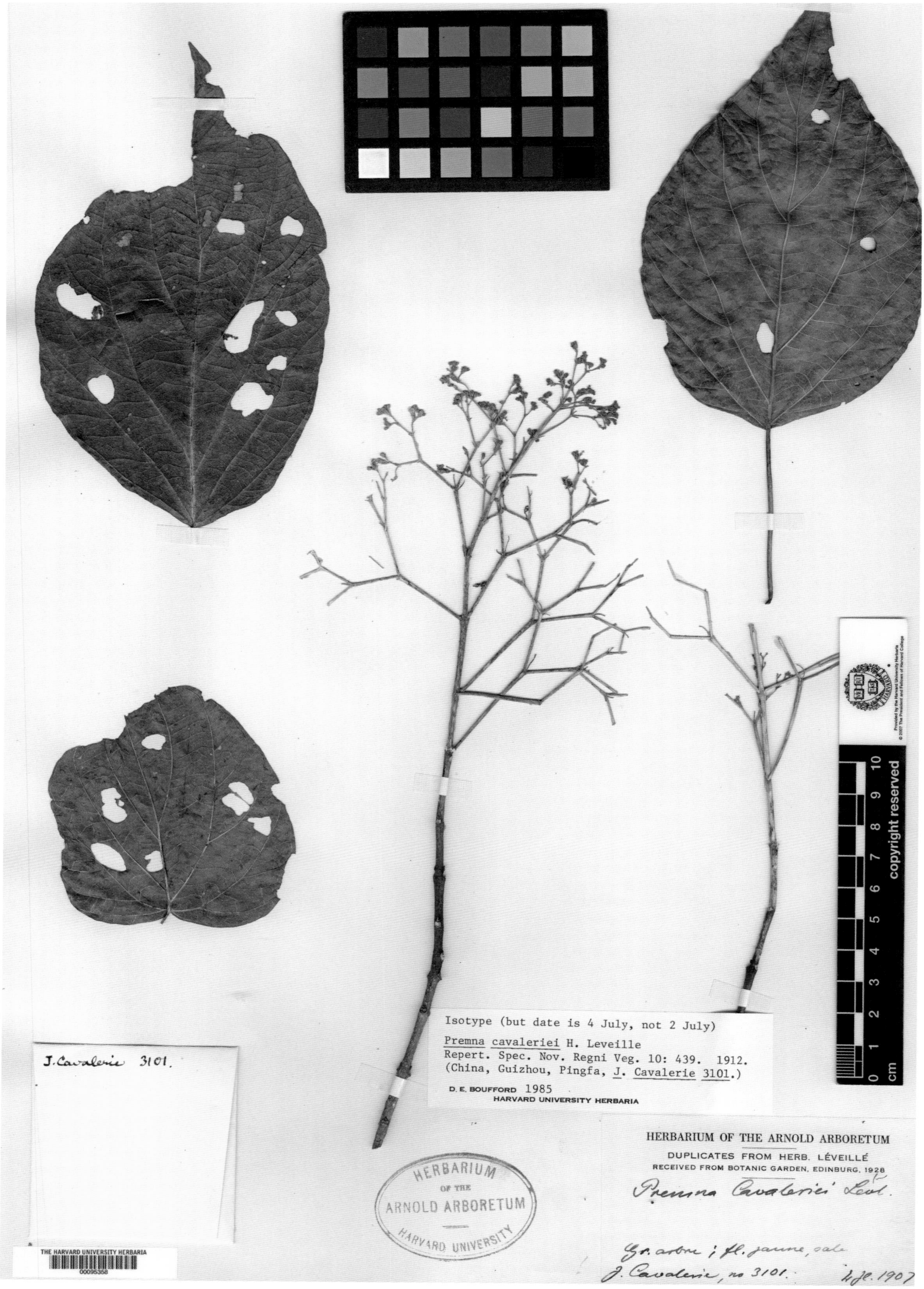
Isotype (but date is 4 July, not 2 July)
Premna cavaleriei H. Leveille
Repert. Spec. Nov. Regni Veg. 10: 439. 1912.
(China, Guizhou, Pingfa, J. Cavalerie 3101.)
D. E. BOUFFORD 1985
HARVARD UNIVERSITY HERBARIA
J. Cavalerie 3101.
HERBARIUM OF THE ARNOLD ARBORETUM
DUPLICATES FROM HERB. LÉVEILLÉ
RECEIVED FROM BOTANIC GARDEN, EDINBURG, 1928
Premna Cavaleriei Lévl.
HERBARIUM OF THE ARNOLD ARBORETUM HARVARD UNIVERSITY
THE HARVARD UNIVERSITY HERBARIA
00095358
copyright reserved
cm

黄药 ***Premna cavaleriei*** Lévl. in Fedde, Repert. Sp. Nov. 10: 439. 1912. **Isotype**: China. Guizhou: Guiding, Pin-fa, 1907-07-02, J. Cavalerie 3101 (A).

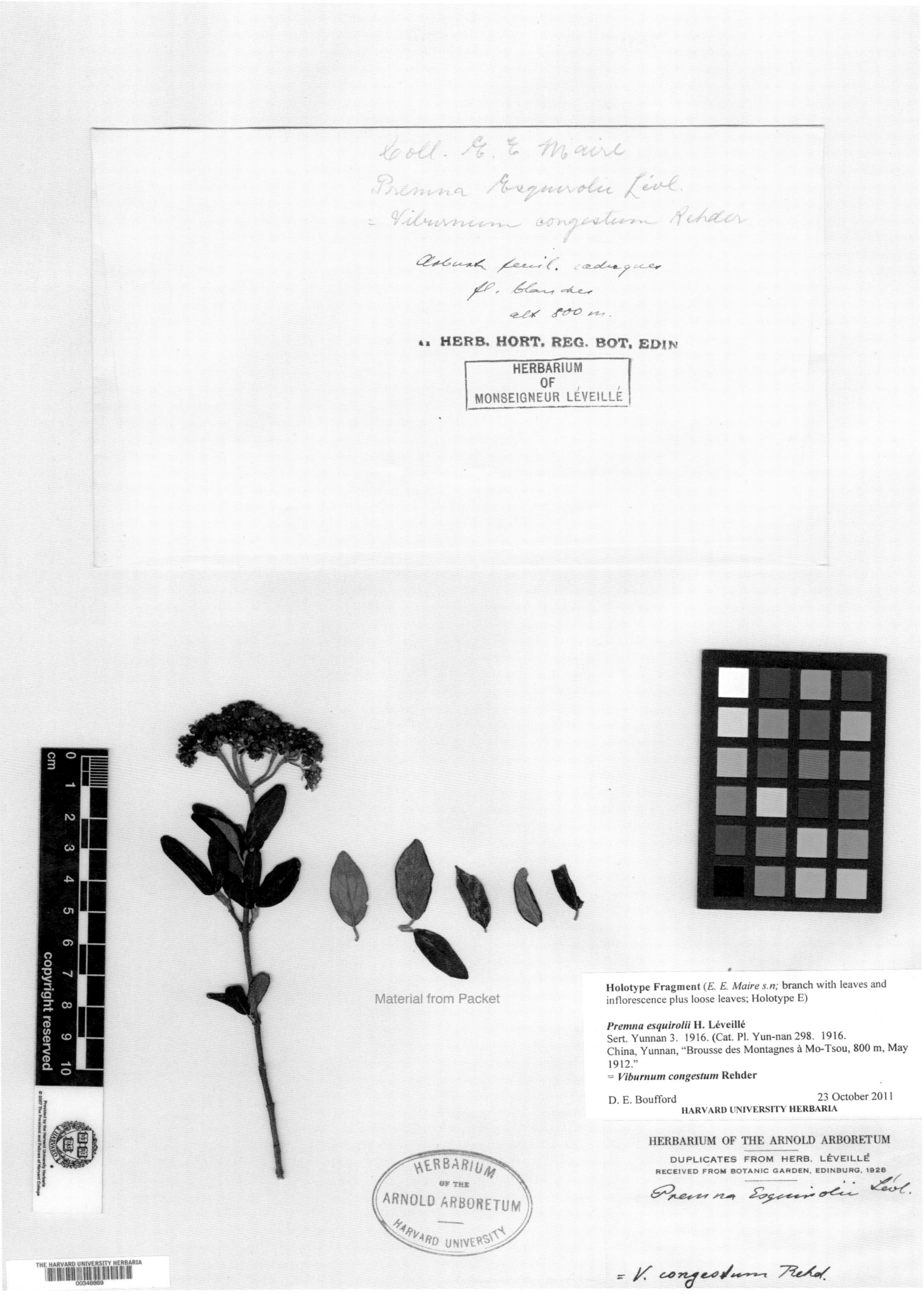

洱源豆腐柴 ***Premna esquirolii*** Lévl., Catal. Pl. Yun-Nan 298. 1916. **Isotype**: China. Yunnan: Eryuan, Mo-Tsou, alt. 800 m, 1912-05-??, E. E. Maire s. n. (A).

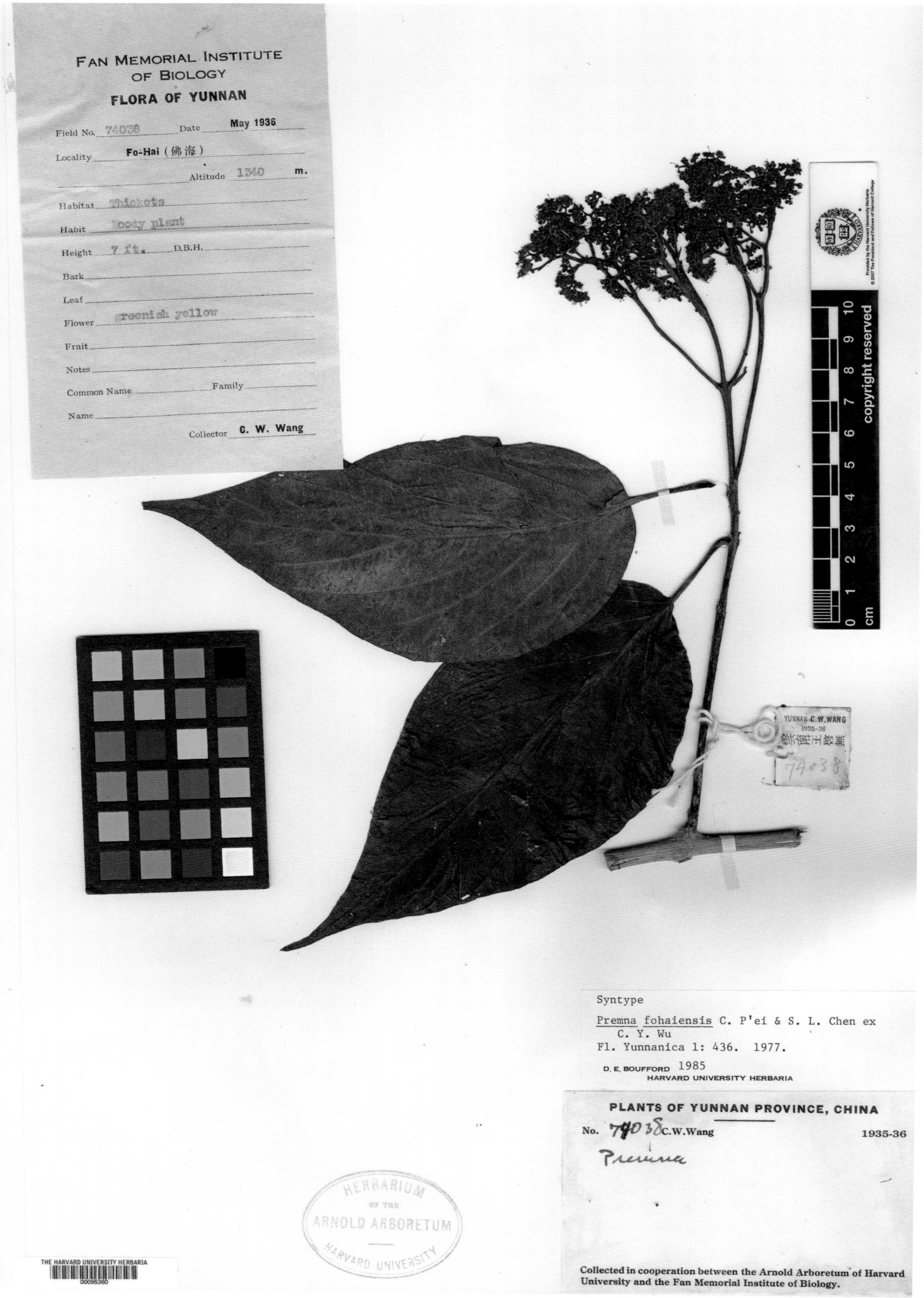

勐海豆腐柴 ***Premna fohaiensis*** P'ei & S. L. Chen ex C. Y. Wu, Fl. Yunnan. 1: 436, pl. 103: 4–5. 1977. **Isotype**: China. Yunnan: Fo-Hai (=Menghai), alt. 1 340 m, 1936-05-??, C. W. Wang 74038 (A).

FLORA OF KWANGTUNG
Botanical Institute, Sun Yatsen University
Field No. 69450 Collector H.Y.Liang
Date July 7, 1937
Locality East of Tung Hing City
Altitude
Habitat in shaded woods, open wet places
Habit shrub
Height 1 m. Diameter
Bark
Branches
Leaf deep green above, pale green beneath
Flower yellow- green
Fruit scarlet green
Special Notes
Name
69450
copyright reserved
cm
Isotype
Premna fordii Dunn & Tutch.
var. glabra S. L. Chen
Fl. Reipub. Pop. Sin 65(1): 211. 1982.
D. E. BOUFFORD 1985
HARVARD UNIVERSITY HERBARIA
Kwangtung
PLANTS OF KWANGSI
Herbarium of the Arnold Arboretum, Harvard University
No. 69450 H.Y.Liang
May-July, 1937
Premna
Sup-man-ta Shan
Collected for Sun Yatsen University
HERBARIUM
ARNOLD ARBORETUM
HARVARD UNIV
THE HARVARD UNIVERSITY HERBARIA
00095361

无毛臭黄荆 ***Premna fordii*** Dunn & Tutch. var. ***glabra*** C. L. Chen, Fl. Reip. Pop. Sin. 65(1): 211. 1982. **Isotype**: China. Guangxi: Tung Hing (= Dongxing), 1937-07-07, H. Y. Liang 69450 (A).

台湾豆腐柴 ***Premna formosana*** Maxim. in Bull. Acad. Imp. Sci. St-Petersb. sér. 3. 31: 80. 1886. **Isotype**: China. Taiwan: Taipei, Tamsuy, 1864-??-??, R. Oldham 385(GH).

臭黄荆 ***Premna ligustroides*** Hemsl. in J. Linn. Soc. Bot. 26: 256. 1890. **Isosyntype**: China. Guizhou: Precise locality not known, E. Faber 590 (A).

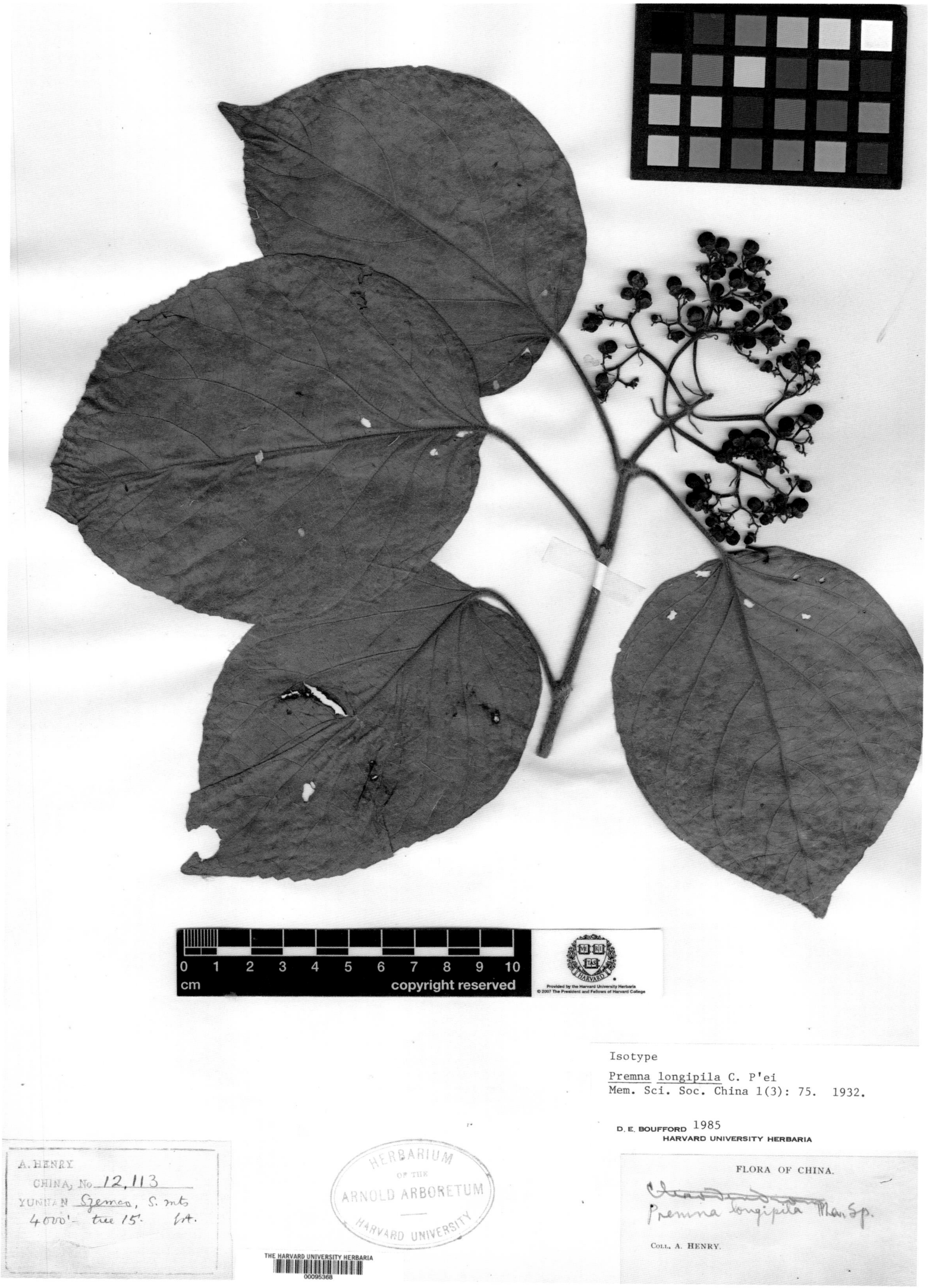

长柔毛豆腐柴 ***Premna longipila*** P'ei in Mem. Sci. Soc. China 1(3): 75. 1932. **Isotype:** China. Yunnan: Simao, alt. 1 220 m, A. Henry 12113 (A).

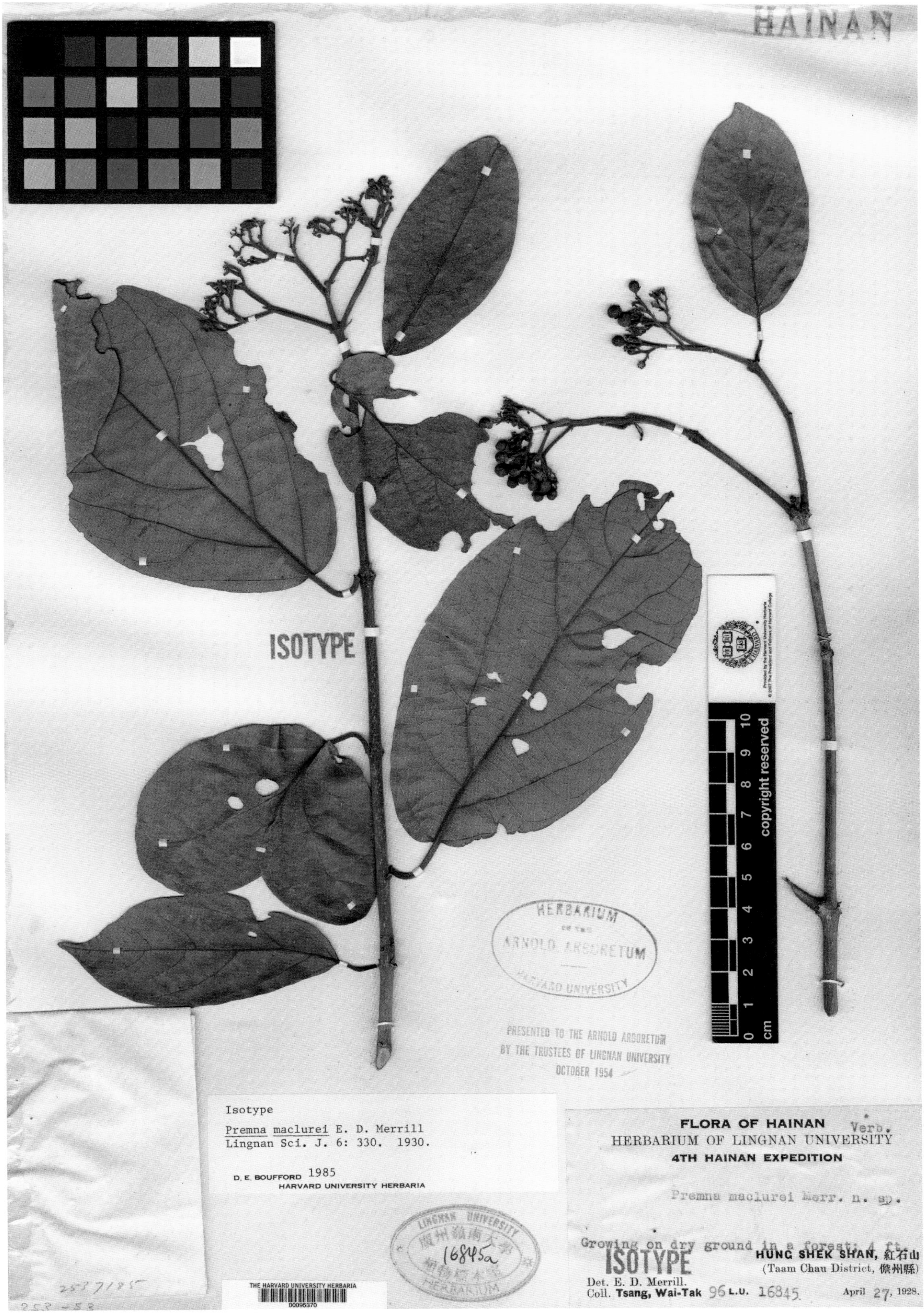

弯毛臭黄荆 ***Premna maclurei*** Merr. in Lingnan Sci. J. 6: 330. 1928. **Isotype:** China. Hainan: Danzhou, 1928-04-27, W. T. Tsang 96 (=Lingnan University 16845) (A).

倒卵叶豆腐柴 ***Premna obovata*** Merr. in J. Arnold Arbor. 32: 77. 1951. **Holotype**: China.Yunnan: Shunning (=Fengqing), alt. 1 280 m, 1938-06-23, T. T. Yu 16431 (A).

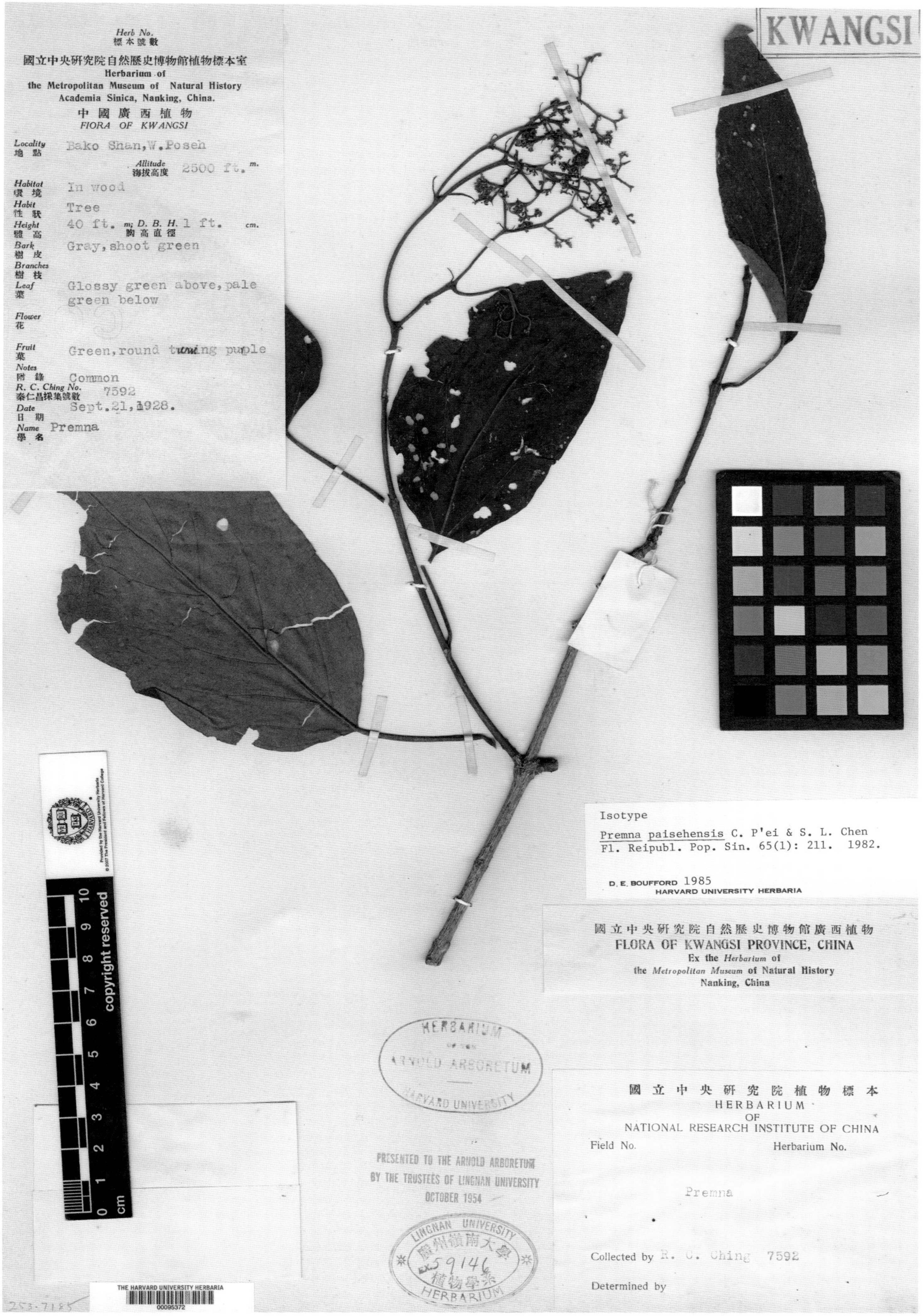

百色豆腐柴 ***Premna paisehensis*** P'ei & S. L. Chen, Fl. Reip. Pop. Sin. 65(1): 211, pl. 12. 1982. **Isotype**: China. Guangxi: Poseh (= Baise), alt. 763 m, 1928-09-21, R. C. Ching 7592 (A).

疏柔毛豆腐柴 ***Premna pilosa*** P'ei in Mem. Sci. Soc. China 1(3): 66. 1932. **Holotype:** China. Yunnan: San-Kia, alt. 2 600 m, E. E. Maire 24 (A).

近头状豆腐柴 ***Premna subcapitata*** Rehd. in Sargent, Pl. Wils. 3: 458. 1917. **Holotype**: China. Sichuan: Emeishan, Emei Shan, alt. 1 067 m, 1903-06-??, E. H. Wilson 3761 (A).

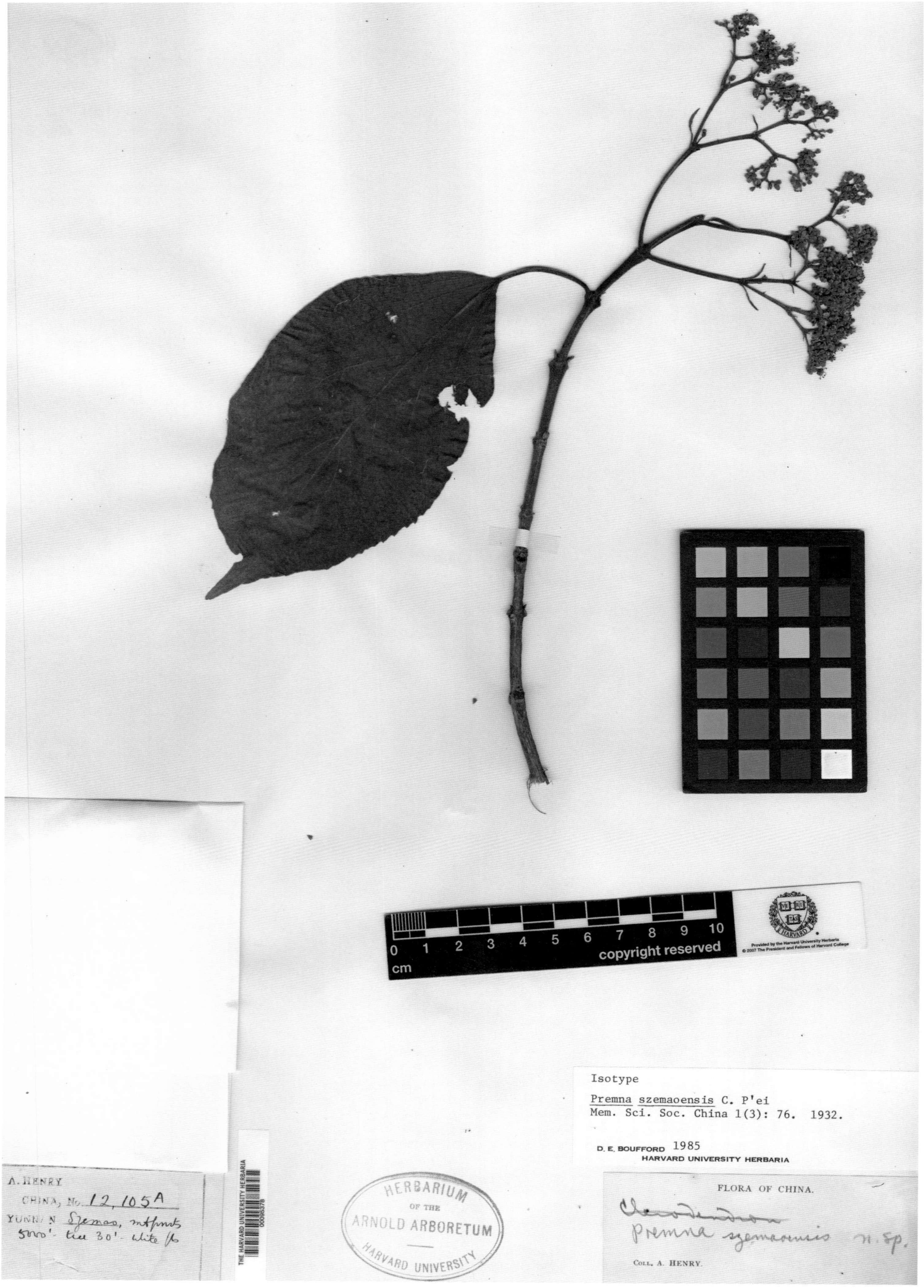

思茅豆腐柴 ***Premna szemaoensis*** P'ei in Mem. Sci. Soc. China 1(3): 76. 1932. **Isotype**: China. Yunnan: Simao, alt. 1 525 m, A. Henry 12105 A (A).

圆叶豆腐柴 ***Premna tenii*** P'ei in Mem. Sci. Soc. China 1(3): 66. 1932. **Holotype**: China. Yunnan: Dayao, Kou Ty, 1917-??-??, Semon Ten 426 (A).

麻叶豆腐柴 ***Premna urticifolia*** Rehd. in Sargent, Pl. Wils. 3: 458. 1917. **Holotype**: China.Yunnan: Simao, alt. 1 525 m, A. Henry 13389 (A).

云南豆腐柴 ***Premna yunnanensis*** W. W. Smith in Notes Roy. Bot. Gard. Edinb. 9: 120. 1916. **Isotype**: China.Yunnan: Lijiang, alt. 2 745~3 050 m, 1913-09-??, G. Forrest 11240 (A).

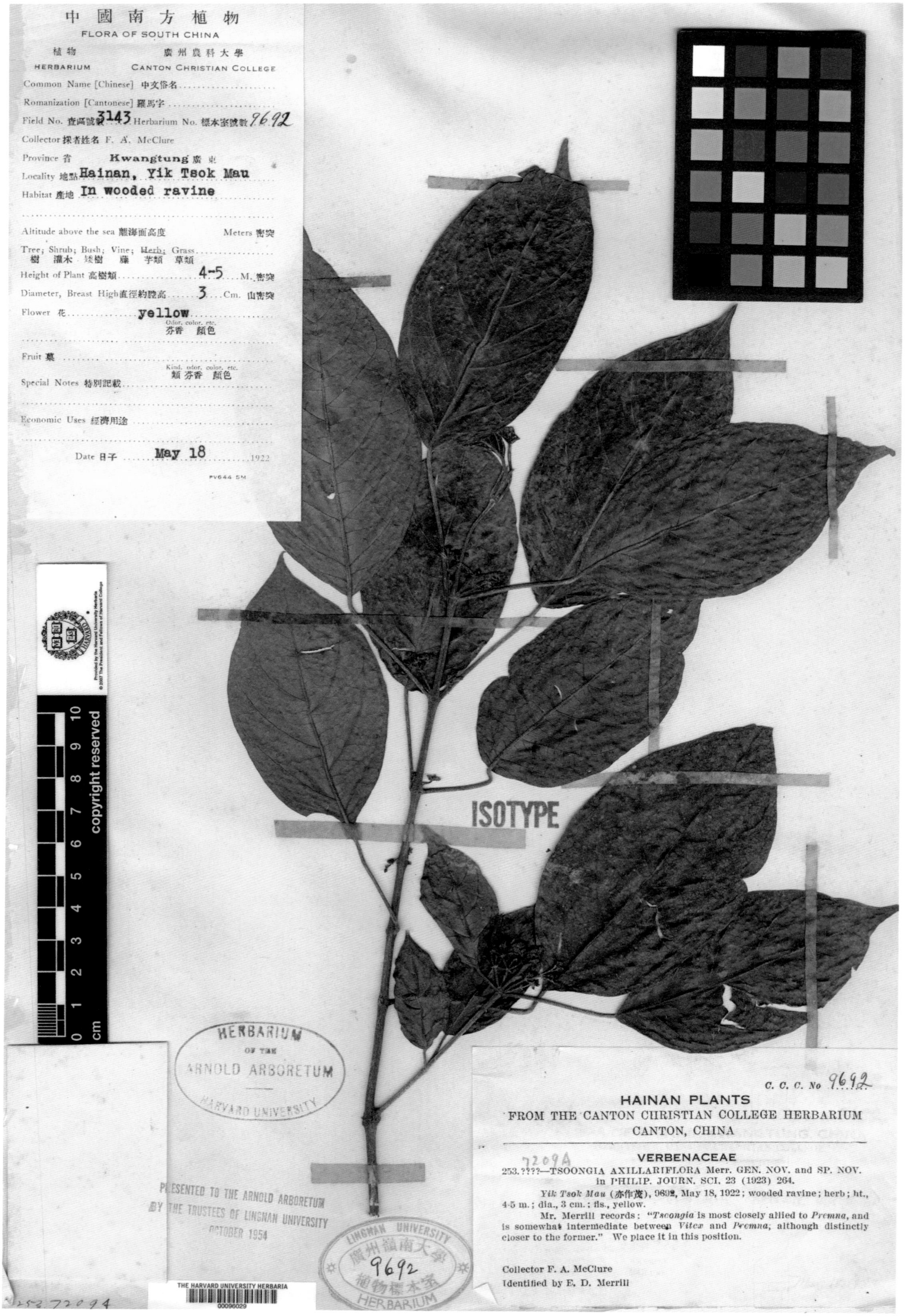

假紫珠 ***Tsoongia axillariflora*** Merr. in Philipp. J. Sci. 23: 264. 1923. **Isotype**: China. Hainan: Yik Tsok Mau, 1922-05-18, McClure 3143 (= Canton Christian College 9692) (A).

贵州牡荆 ***Vitex kweichowensis*** C. Pei in Sinensia 2(4): 71. 1931. **Paratype:** China. Guizhou: Tuyun (=Duyun), alt. 500 m, 1930-07-15, Y. Tsiang 5831 (A).

小叶黄荆 ***Vitex negundo*** L. var. ***microphylla*** Hand.-Mazz. in Symb. Sin. 7(4): 906. 1936. **Isotype**: China. Yunnan: Lijiang, alt. 2 050 m, 1916-05-29, H. R. E. Handel-Mazzetti 8781 (A).

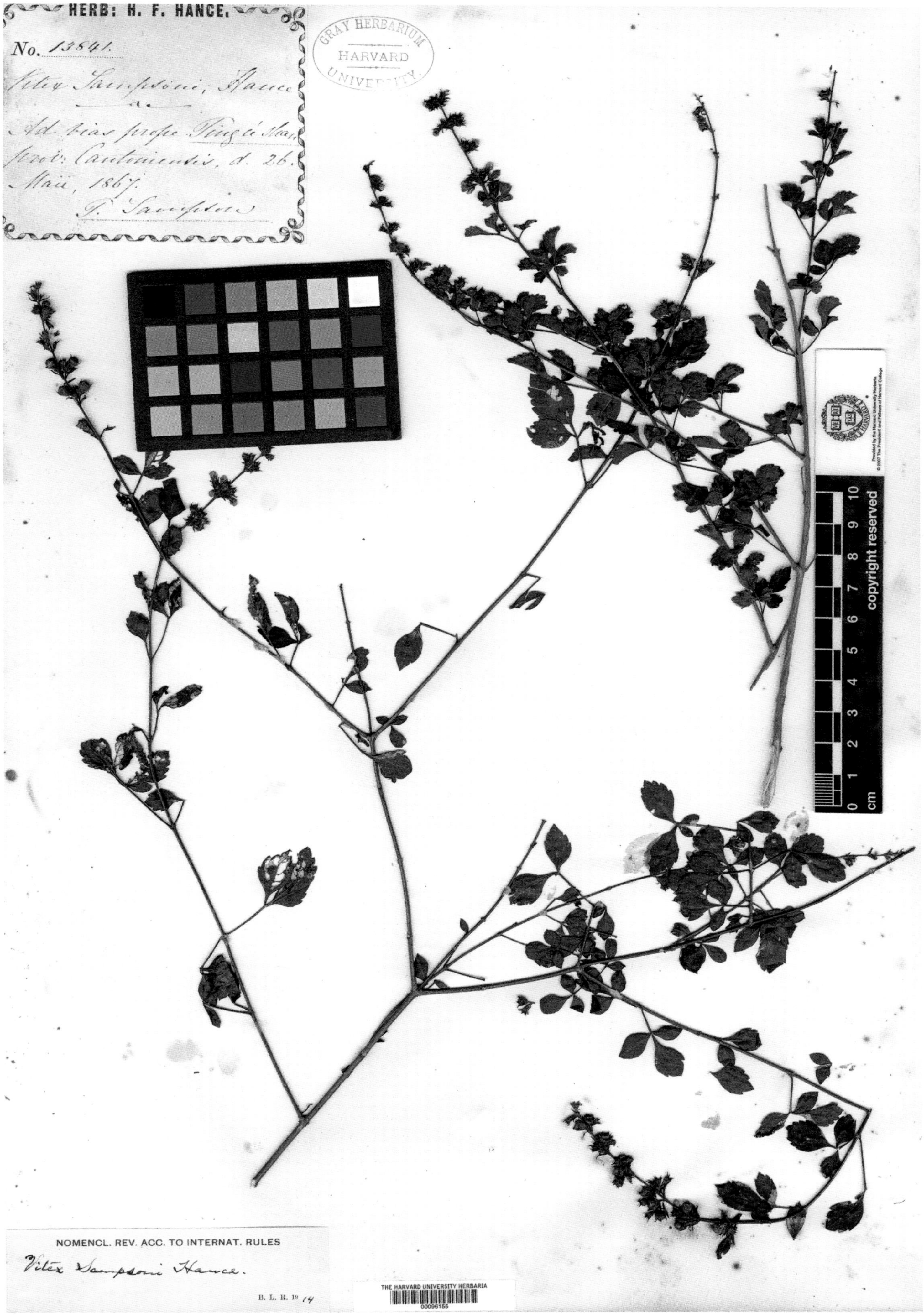

广东牡荆 ***Vitex sampsoni*** Hance in J. Bot. 6: 115. 1868. **Isotype**: China. Guangdong: Zhaoqing, Dinghu Shan, 1867-05-26, T. Sampson s. n. (= Herb. H. F. Hance 13841) (GH).

滇牡荆 ***Vitex yunnanensis*** W. W. Smith in Notes Roy. Bot. Gard. Edinb. 9: 141. 1916. **Isosyntype**: China.Yunnan: Lijiang, alt. 2 745~3 050 m, 1913-06-??, G. Forrest 10100 (A).

唇形科

Lamiaceae

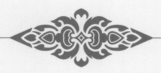

高山筋骨草 ***Ajuga nubigena*** Diels in Notizbl. Bot. Gart. Mus. Berlin. 9: 1 030. 1926. **Isotype**: China. Yunnan: Lijiang, alt. 4 423 m, 1923-08-??, J. F. Rock 10438 (GH).

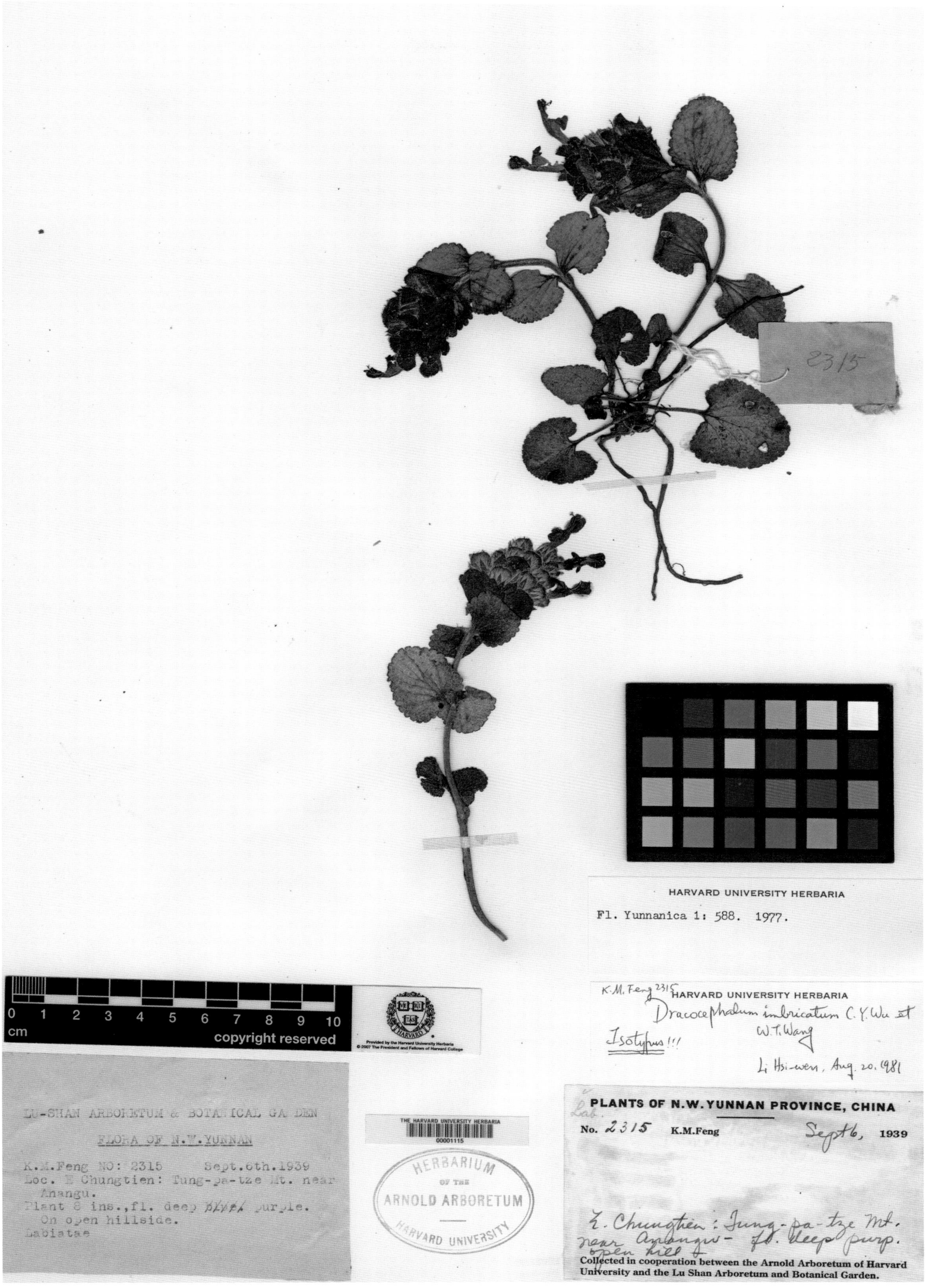

覆苞毛建草 ***Dracocephalum imbricatum*** C. Y. Wu & W. T. Wang, Fl. Yunnan. 1: 588, pl. 142, f. 12–13. 1977. **Isotype**: China. Yunnan: Zhongdian (=Shangri-La), alt. 4 000 m, 1939-09-06, K. M. Feng 2315 (A).

小花毛建草 ***Dracocephalum microflorum*** C. Y. Wu & W. T. Wang, Fl. Reip. Pop. Sin. 65(2): 593. 1977. **Isotype:** China. Sichuan: Muli, alt. 4 423 m, 1932-(05-06)-??, J. F. Rock 24001 (GH).

滇西北毛建草 ***Dracocephalum rockii*** Diels in Notizbl. Bot. Gart. Mus. Berlin. 9: 1 030. 1926. **Isotype**: China. Yunnan: Mountains of Moting, northeast of the Yangtze-Mekong watershed, alt. 4 270 m, 1923-06-??, J. F. Rock 10327 (GH).

截萼毛建草 ***Dracocephalum truncatum*** Sun in Acta Phytotax. Sin. 8(1): 25, pl. 2. 1959. **Isotype**: China. Gansu: Lianhua Shan, alt. 3 000 m, 1925-07-(14-20), J. F. Rock 12767 (GH).

复序美花毛建草 ***Dracocephalum wallichii*** Sealy var. ***proliferum*** C. Y. Wu & W. T. Wang, Fl. Reip. Pop. Sin. 65(2): 593. 1977. **Isotype**: China. Sichuan: Gongga Ling, alt. 3 800~4 000 m, 1937-08-30, T. T. Yu 13019(A).

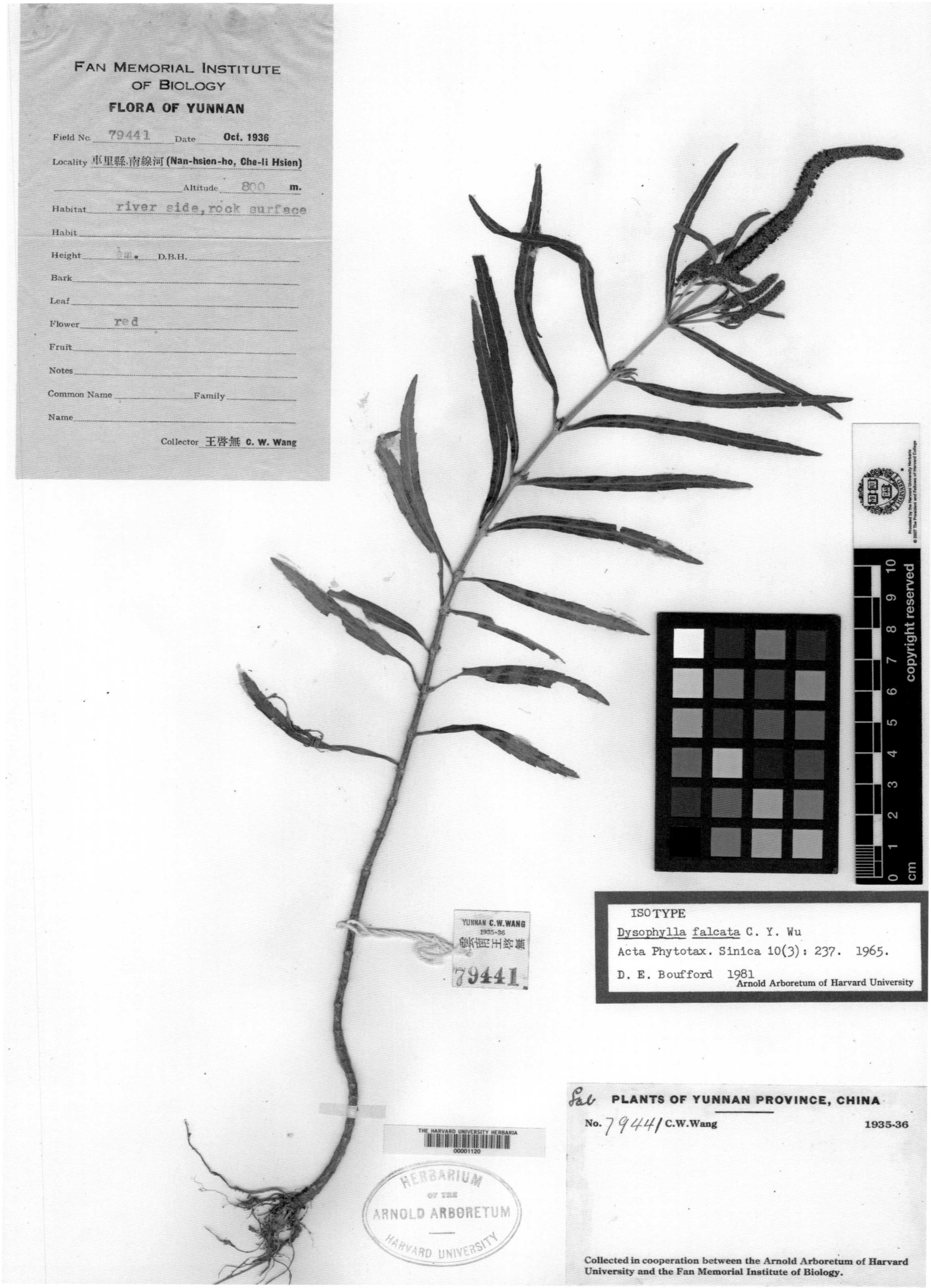

镰叶水珍珠菜 ***Dysophylla falcata*** C. Y. Wu in Acta Phytotax. Sin. 10(3): 237. 1965. **Isotype**: China. Yunnan: Che-li (=Jinghong), alt. 800 m, 1936-10-??, C. W. Wang 79441 (A).

钩子木 ***Elsholtzia dependens*** Rehd. in Sargent, Pl. Wils. 3: 383. 1916. **Holotype**: China. Sichuan: Ebian, Wa Shan, alt. 610~1 220 m, 1908-(09-11)-??, E. H. Wilson 3534 (A).

鸡骨柴小叶变种 ***Elsholtzia fruticosa*** (D. Don) Rehd. var. ***parvifolia*** C. Y. Wu & S. C. Huang in Acta Phytotax. Sin. 12(3): 338. 1974. **Isotype:** China. Yunnan: Dêqên, alt. 3 800 m, 1937-08-08, T. T. Yu 9425 (A).

少齿香薷 ***Elsholtzia fruticosa***(D. Don) Rehd.var. ***paucidentata*** Hand.-Mazz. in Acta Horti Gothob. 13: 356. 1939. **Isotype**: China. Yunnan: Dali, Cang Shan, alt. 2 400 m, 1914-10-??, C. Schneider 3274 (GH).

绒毛香薷 ***Elsholtzia fruticosa*** (D. Don) Rehd. var. ***tomentella*** Rehd. in Sargent, Pl. Wils. 3: 382. 1916. **Holotype**: China. Sichuan: Ebian, Wa Shan, 1903-10-??, E. H. Wilson 4307 (A).

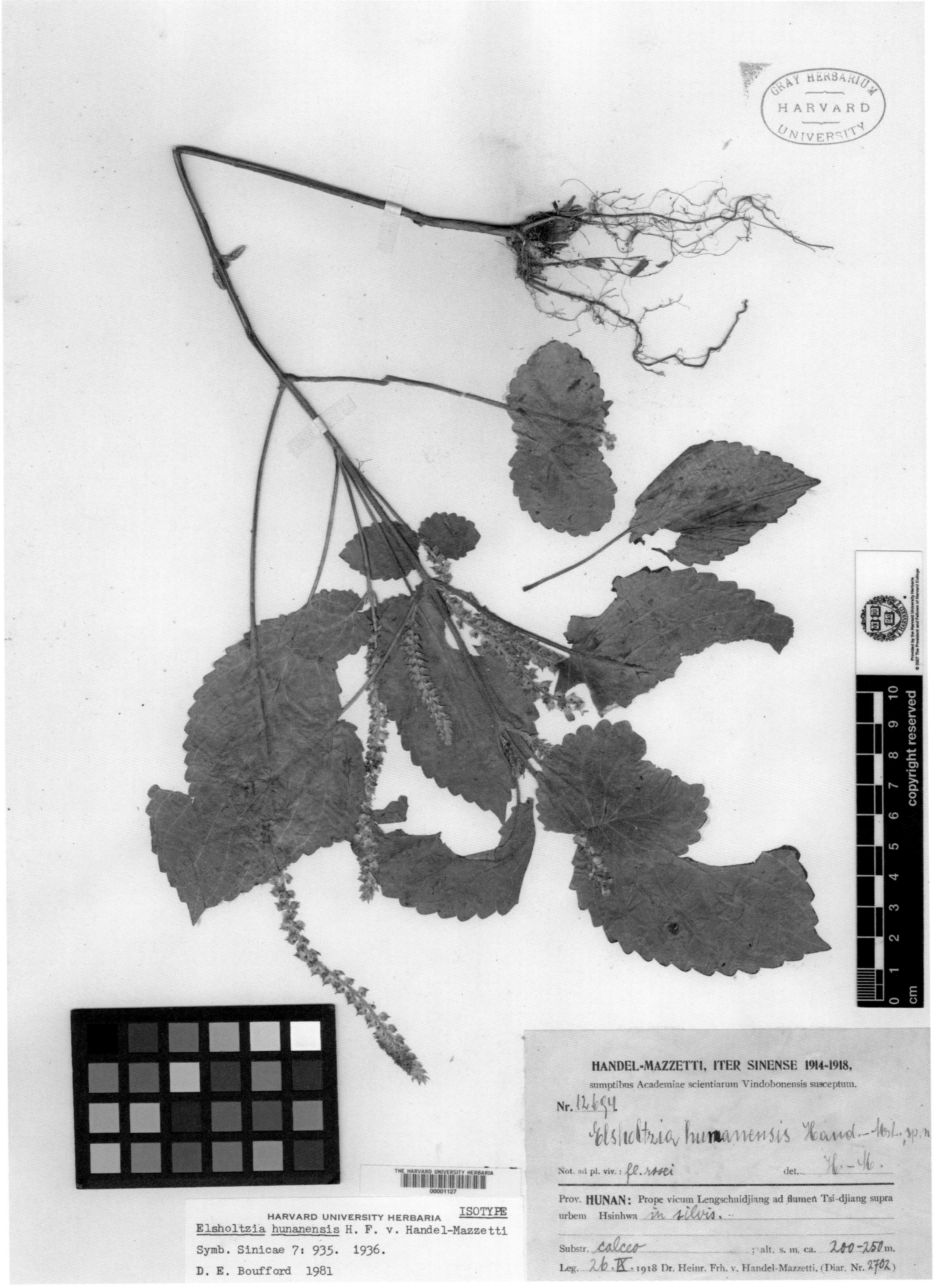

湖南香薷 ***Elsholtzia hunanensis*** Hand.-Mazz. in Symb. Sin. 7: 935, pl. 28, f. 9. 1936. **Isotype**: China. Hunan: Xinhua, alt. 200~250 m, 1918-09-26, H. R. E. Handel-Mazzetti 12694 (GH).

独龙糙苏 ***Phlomis forrestii*** Diels var. ***taronensis*** C. H. Yu, Fl. Yunnan. 1: 612. 1977. **Isotype**: China. Yunnan: Gongshan, alt. 2 600 m, 1938-09-03, T. T. Yu 20094 (A).

异唇香茶菜 ***Rabdosia anisochila*** C. Y. Wu, Fl. Reip. Pop. Sin. 66: 588. 1977. **Isotype**: China. Sichuan: Muli, alt. 2 200 m, 1937-07-22, T. T. Yu 7347(A).

雪花香茶菜 ***Rabdosia chionantha*** C. Y. Wu, Fl. Reip. Pop. Sin. 66: 589, pl. 91. 1977. **Isotype**: China. Sichuan: Muli, alt. 3 300 m, 1937-06-17, T. T. Yu 6350(A).

多毛大锥香茶菜 ***Rabdosia megathyrsa*** (Diels) Hara var. ***strigosissima*** C. Y. Wu & H. W. Li, Fl. Yunnan. 1:799. 1977. **Isotype**: China. Yunnan: Weixi, (1933-1934)-??-??, H. T. Tsai 57655 (A).

多花香茶菜 ***Rabdosia pluriflora*** C. Y. Wu & H. W. Li, Fl. Yunnan. 1: 796, pl. 188, f. 1–2. 1977. **Isotype**: China. Yunnan: Lijiang, 1939-10-25, R. C. Ching 21930 (A).

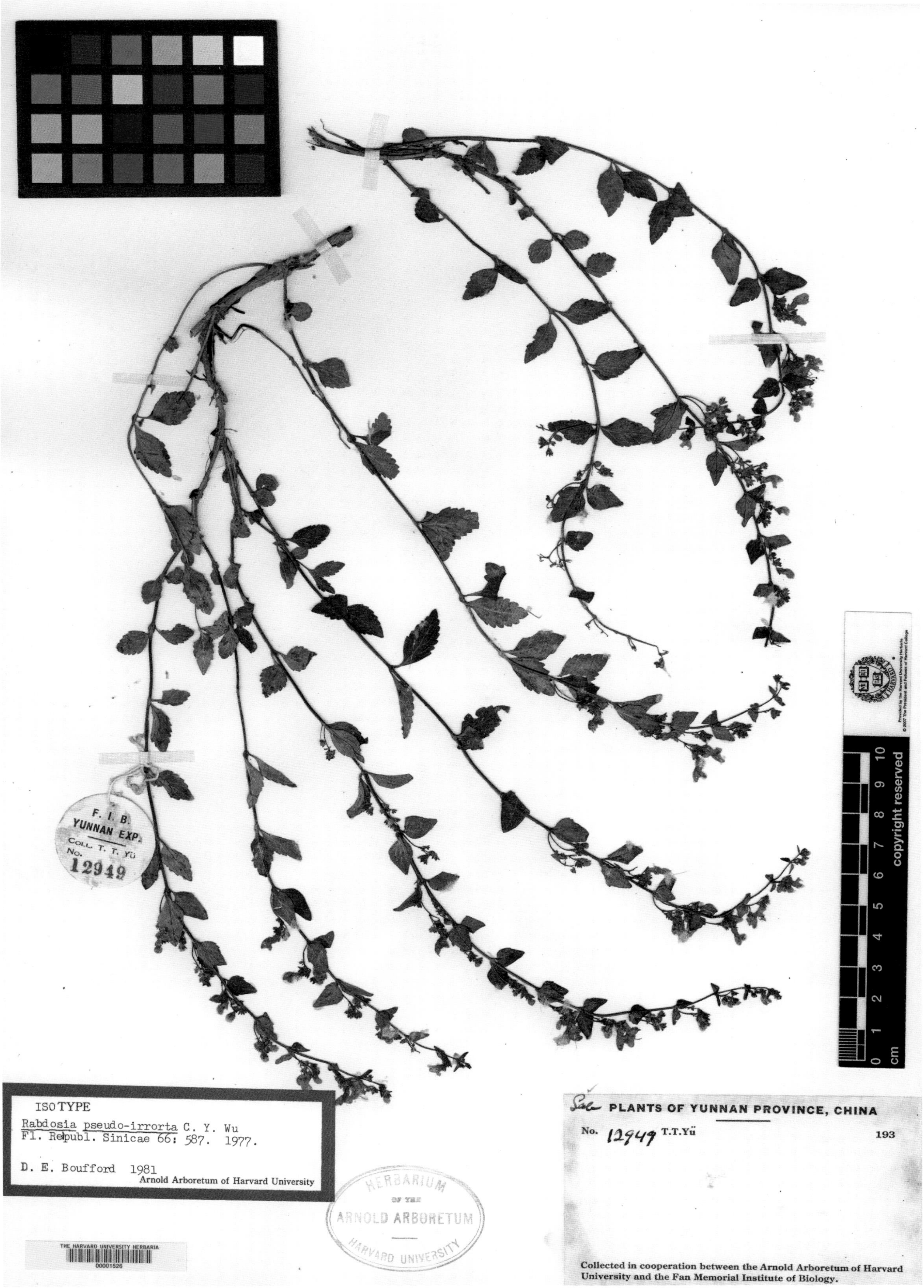

川藏香茶菜 ***Rabdosia pseudo-irrorta*** C.Y. Wu, Fl. Reip. Pop. Sin. 66: 463, 587. 1977. **Isotype**: China. Sichuan: Daocheng, alt. 3 300 m, 1937-08-28, T. T. Yu 12949 (A).

侧花香茶菜 ***Rabdosia secundiflora*** C.Y. Wu, Fl. Reip. Pop. Sin. 66: 502, 589. 1977. **Isotype**: China. Sichuan: Muli, alt. 2 300 m, 1939-09-08, K. M. Feng 2933 (A).

FAN MEMORIAL INSTITUTE OF BIOLOGY
FLORA OF SI-KANG
Field No. 66185 Date Sept. 1935
Locality 西康,察瓦龍,梅空 (Me-kong, Tsa-wa-rung)
Altitude 3000 m.
Habitat
Habit
Height D.B.H.
Bark
Leaf
Flower light purple
Fruit
Notes
Common Name Family Lab.
Name
Collector 王啓無 C. W. Wang
ISOTYPE
Rabdosia sinuolata C. Y. Wu & H. W. Li
Fl. Reipublicae Sinicae 66: 586. 1977.
D. E. Boufford 1981
Arnold Arboretum of Harvard University
66185
copyright reserved
cm
PLANTS OF SIKANG PROVINCE, CHINA
No. 66185 C.W.Wang 1935-36
Collected in cooperation between the Arnold Arboretum of Harvard University and the Fan Memorial Institute of Biology.
HERBARIUM OF THE ARNOLD ARBORETUM HARVARD UNIVERSITY
THE HARVARD UNIVERSITY HERBARIA
00001529

波齿香茶菜 ***Rabdosia sinuolata*** C.Y. Wu & H. W. Li, Fl. Reip. Pop. Sin. 66: 454, 586. 1977. **Isotype**: China. Xizang: Zayü, Tsa-wa-rung (=Cawarong), alt. 3 000 m, 1935-09-??, C. W. Wang 66185 (A).

维西香茶菜 ***Rabdosia weisiensis*** C. Y. Wu, Fl. Yunnan. 1: 802, pl. 189, f. 1–2. 1977. **Isotype**: China. Yunnan: Weixi, (1933-1934)-??-??, H. T. Tsai 57673 (A).

暗紫鼠尾草 ***Salvia atropurpurea*** C. Y. Wu, Fl. Yunnan. 1: 676, pl. 165, f. 4–6. 1977. **Isotype**: China. Yunnan: Zhenkang, alt. 3 460 m, 1938-07-24, T. T. Yu 16938 (A).

红花鼠尾草 ***Salvia atrorubra*** C. Y. Wu, Fl. Yunnan. 1: 679, pl. 166, f. 5–8. 1977. **Isotype**: China. Yunnan: Lijiang, alt. 2 700 m, 1939-06-27, R. C. Ching 20934 (A).

开萼鼠尾 ***Salvia bifidocalyx*** C. Y. Wu & Y. C. Huang, Fl. Yunnan. 1: 675. 1977. **Isotype:** China. Yunnan: Chungtien (=Shangri-La), alt. 3 500 m, 1937-07-26, T. T. Yu 12463 (A).

GRAY HERBARIUM
HARVARD
UNIVERSITY
copyright reserved
Salvia cyclostegia Stib.
cited in orig. descr.
act. Hort. Goth. 9:119
ITER CHINENSE 1914
SOCIETATIS DENDROLOGICAE AUSTRIAE ET HUNGARIAE
Camillo Schneider
No. 1439
Salvia
Szechuan austr., in valle prope
Tatiao ko in dumetis,
Mense Maj. 29 Alt. circiter 2300 m.
Isotype
Salvia cyclostegia E. Stibal
Acta Horti Gothorb. 9: 118. 1934.
D. E. BOUFFORD 1991
HARVARD UNIVERSITY HERBARIA
THE HARVARD UNIVERSITY HERBARIA
00001979

圆苞鼠尾草 ***Salvia cyclostegia*** Stib. in Acta Horti Gothob. 9: 118. 1934. **Isoparatype:** China. Sichuan: Southern Sichuan, Tatiao ko, alt. 2 300 m, 1929-05-29, C. K. Schneider 1439 (GH).

HERB: H. F. HANCE.

No. 15511.

Salvia Prionitis, Hance

In herbidis juxta lapicidinas derelictas ad Lien fa shan, h. e. "mons Nelumbii", secus fluvium Cantoniensem, ipse legi, die 3. Maii 1869.

HARVARD UNIVERSITY HERBARIA
Probable Isotype
Salvia prionitis Hance,
J. Bot. 8:74 1870.

P. D. Cantino 1981

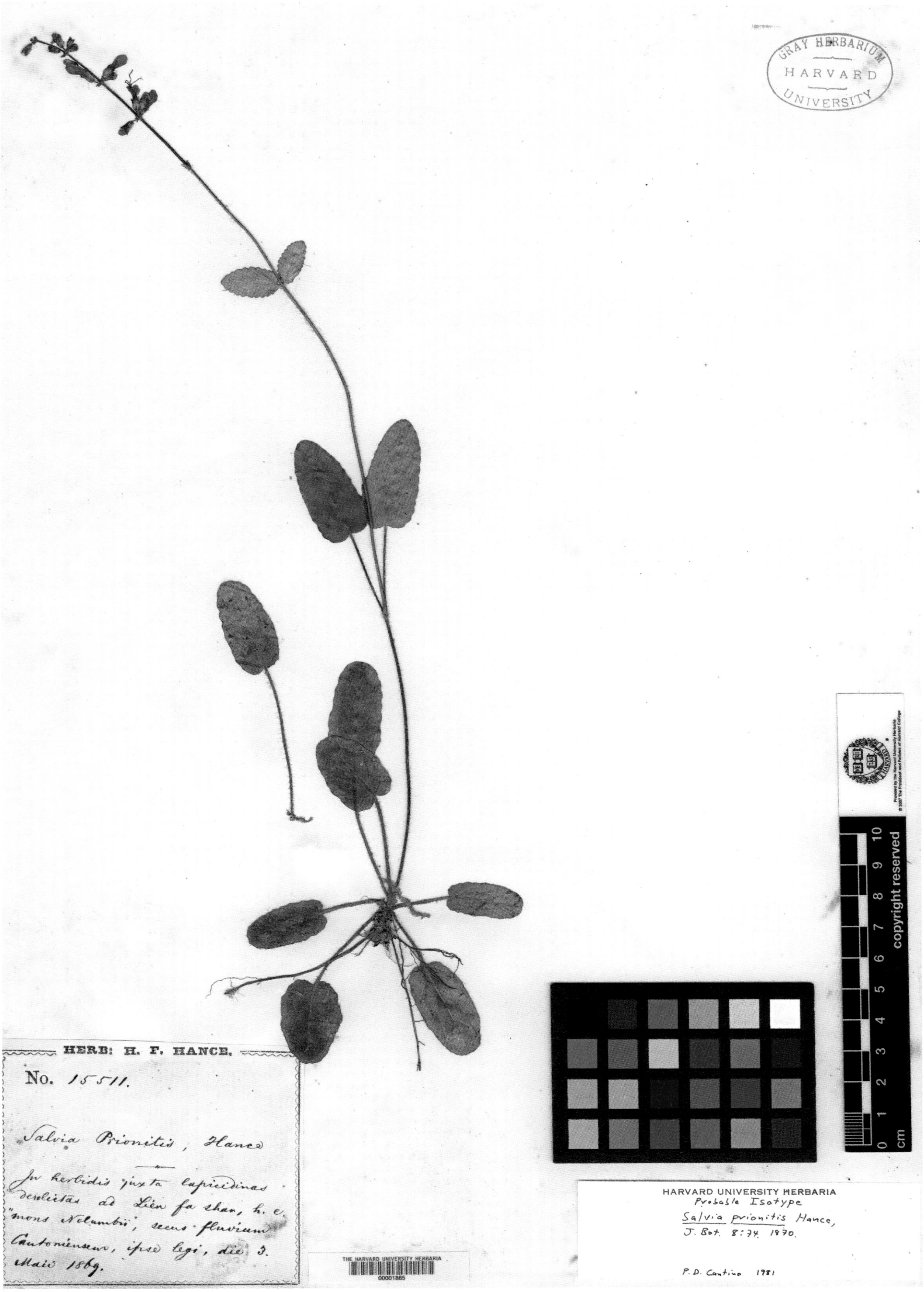

红根草 *Salvia prionitis* Hance in J. Bot. Birt. & For. 8: 74. 1870. **Isotype**: China. Guangdong: Guangzhou, Whampoam, 1869-05-03, Herb. H. F. Hance 15511 (GH).

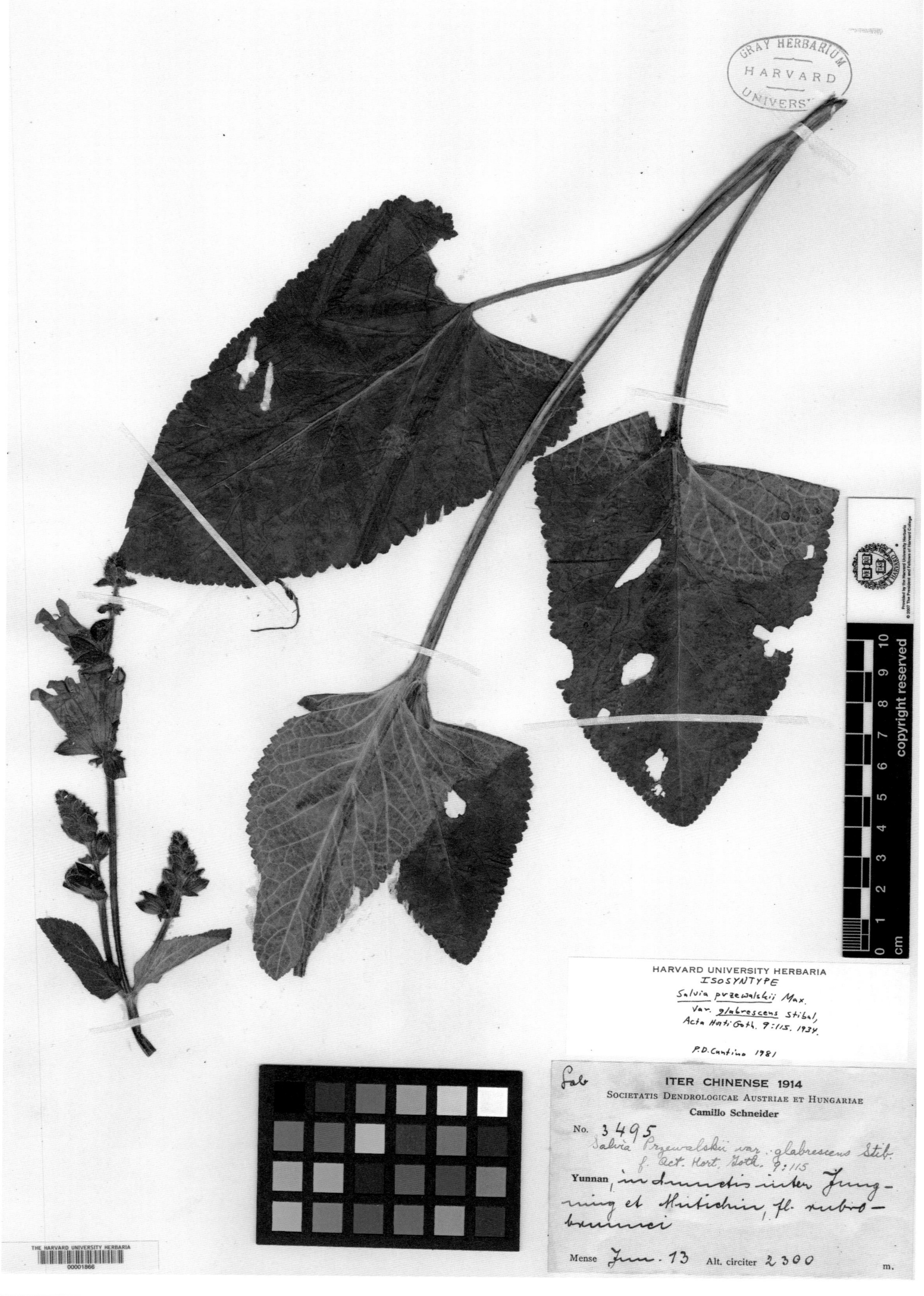

少毛甘西鼠尾草 ***Salvia przewalskii*** Maxim. var. ***glabrescens*** Stibal. in Acta Horti Gothob. 9: 115. 1934. **Isosyntype**: China. Yunnan: Northwest Yunnan, Precise locality not known, alt. 2 300 m, 1914-06-13, C. Schneider 3495 (GH).

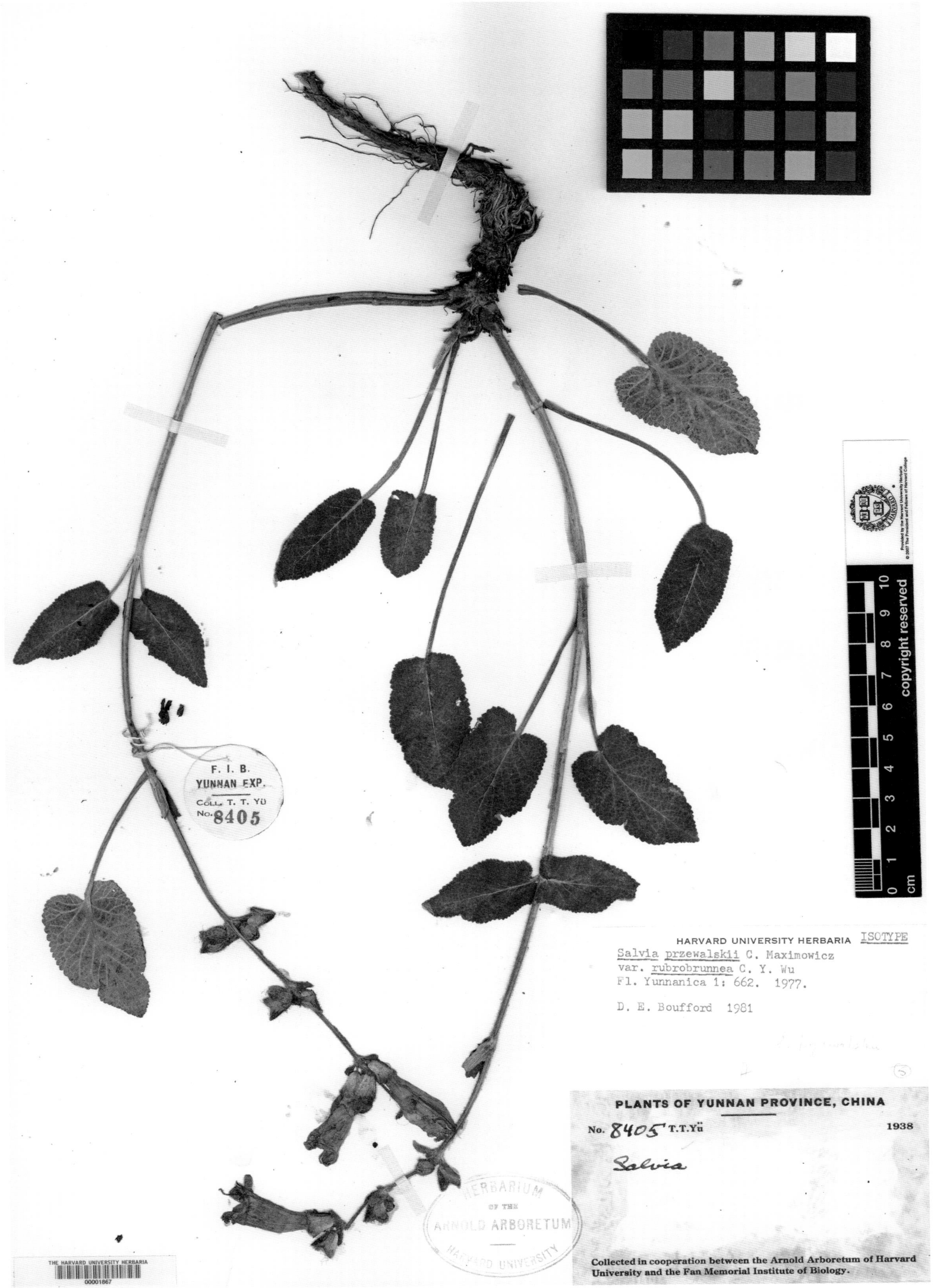

红褐甘西鼠尾草 ***Salvia przewalskii*** Maxim. var. ***rubrobrunnea*** C. Y. Wu, Fl. Yunnan. 1: 662. 1977. **Isotype**: China. Yunnan: Dêqên, alt. 3 200 m, 1938-??-??, T. T. Yu 8405 (A).

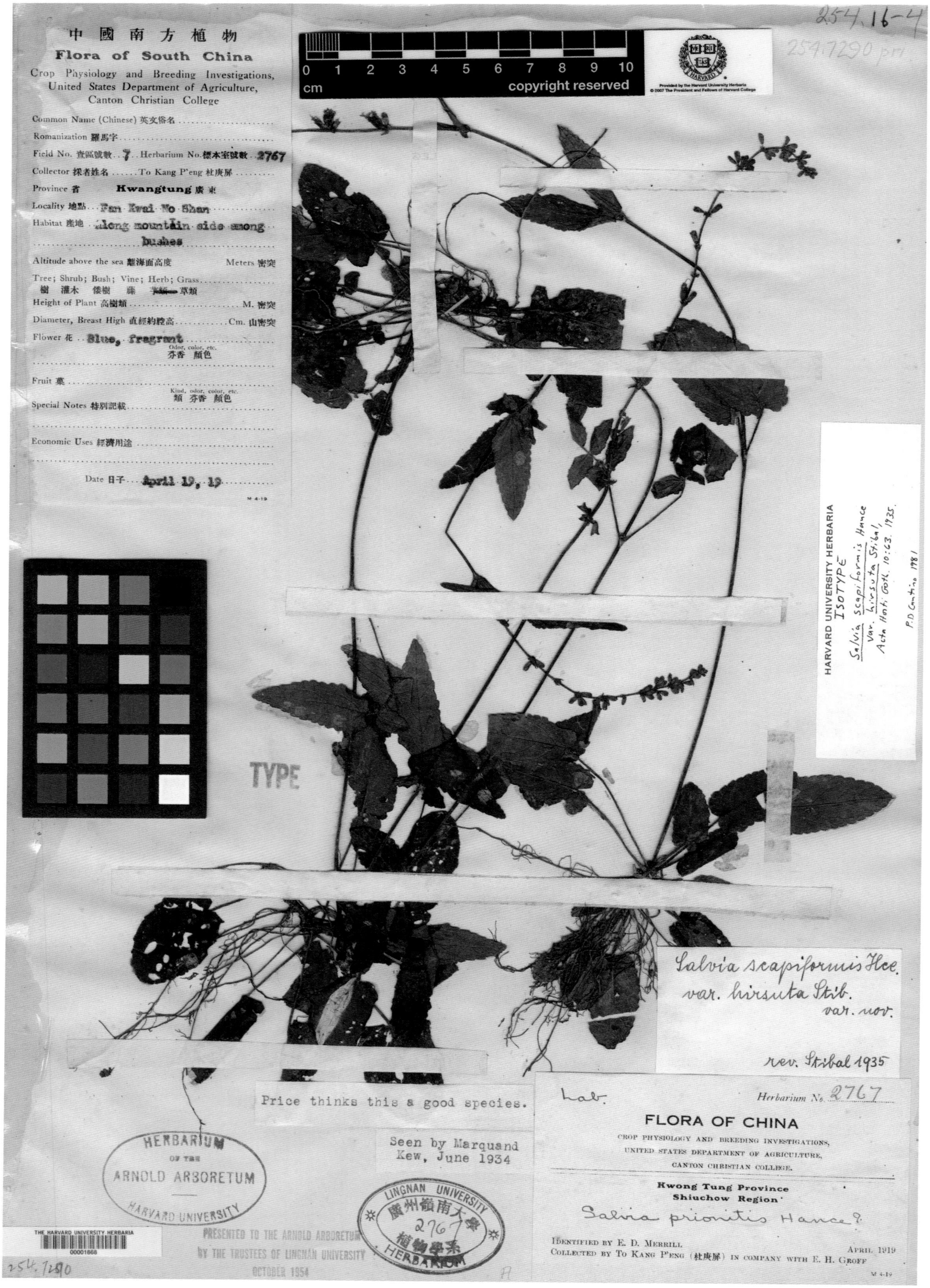

硬毛地梗鼠尾草 ***Salvia scapiformis*** Hance var. ***hirsuta*** Stib. in Acta Horti Gothob. 10: 63. 1935. **Isotype**: China. Guangdong: Shinchow (=Chaozhou), 1919-04-19, K. P. To & E. H. Groff 7 (= Canton Christian College 2767) (A).

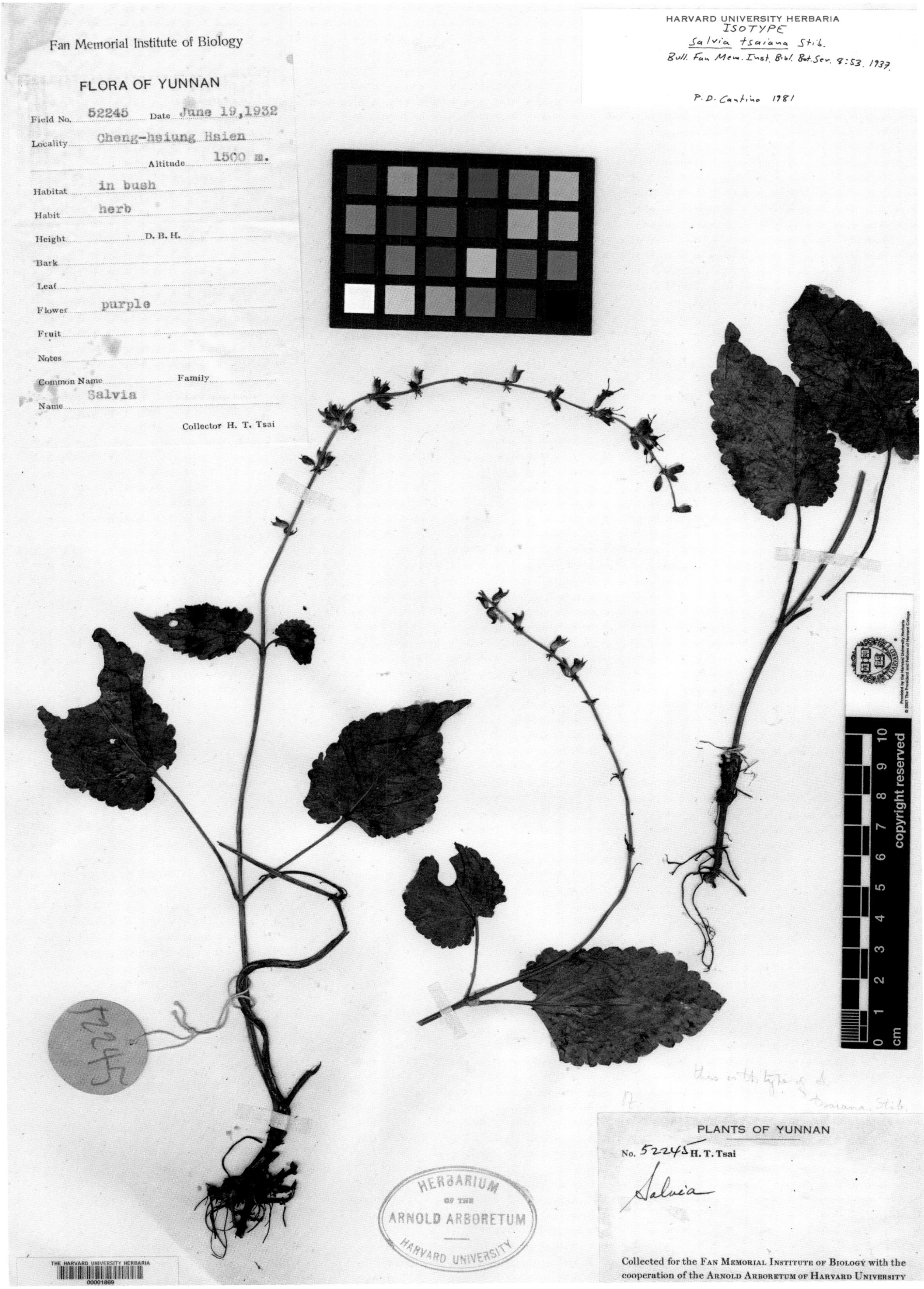

蔡氏鼠尾草 ***Salvia tsaiana*** Pet.-Stib. in Bull. Fan Mem. Inst. Biol., Bot. 8: 53. 1937. **Isotype:** China. Yunnan: Cheng-hsiung (=Zhenxiong), alt. 1 500 m, 1932-06-19, H. T. Tsai 52245 (A).

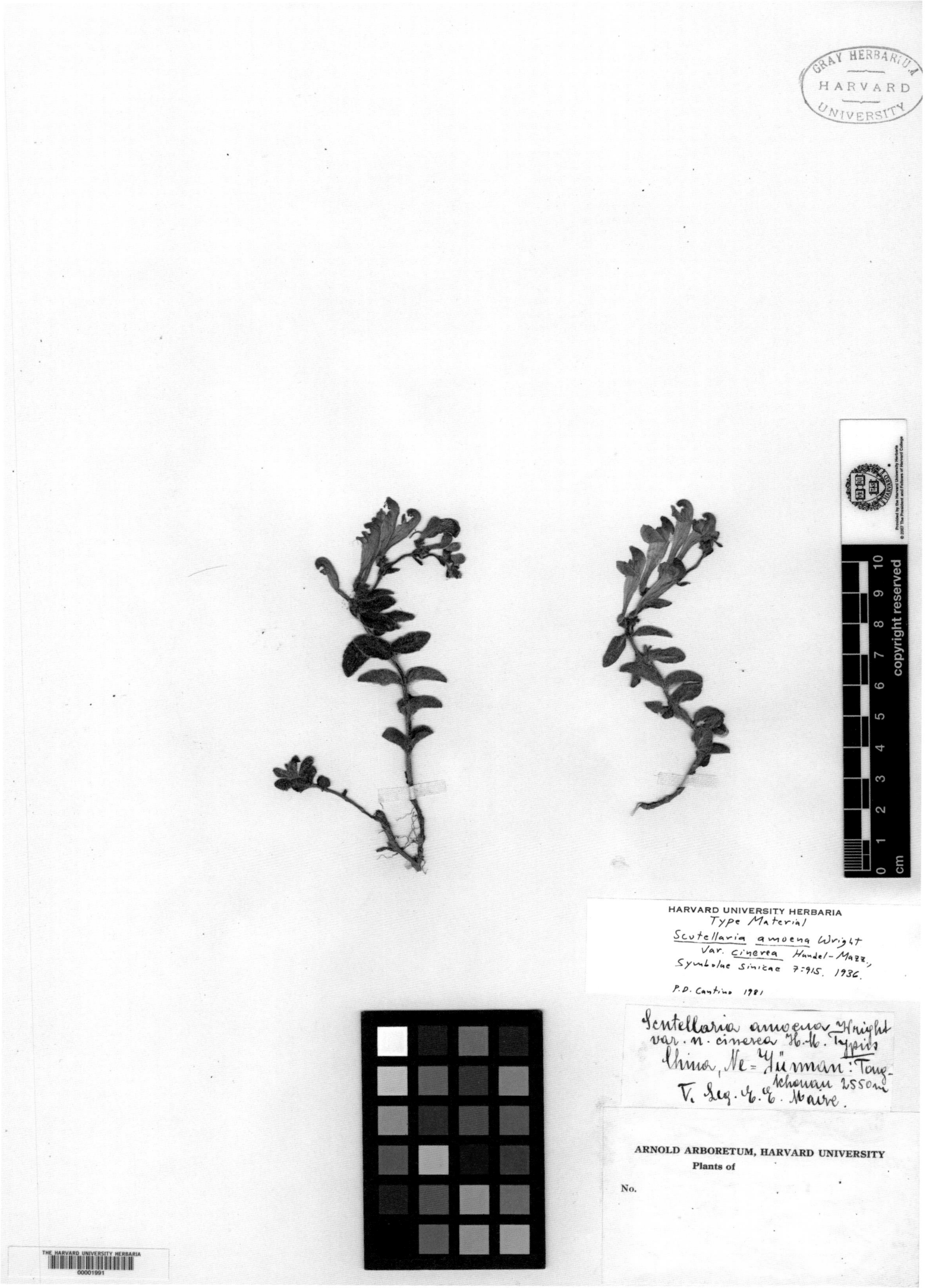

灰毛滇黄芩 ***Scutellaria amoena*** G. H. Wright var. ***cinerea*** Hand.-Mazz. in Symb. Sin. 7: 915. 1936. **Isotype:** China. Yunnan: Dongchuan, alt. 2 550 m, E. E. Maire s. n. (GH).

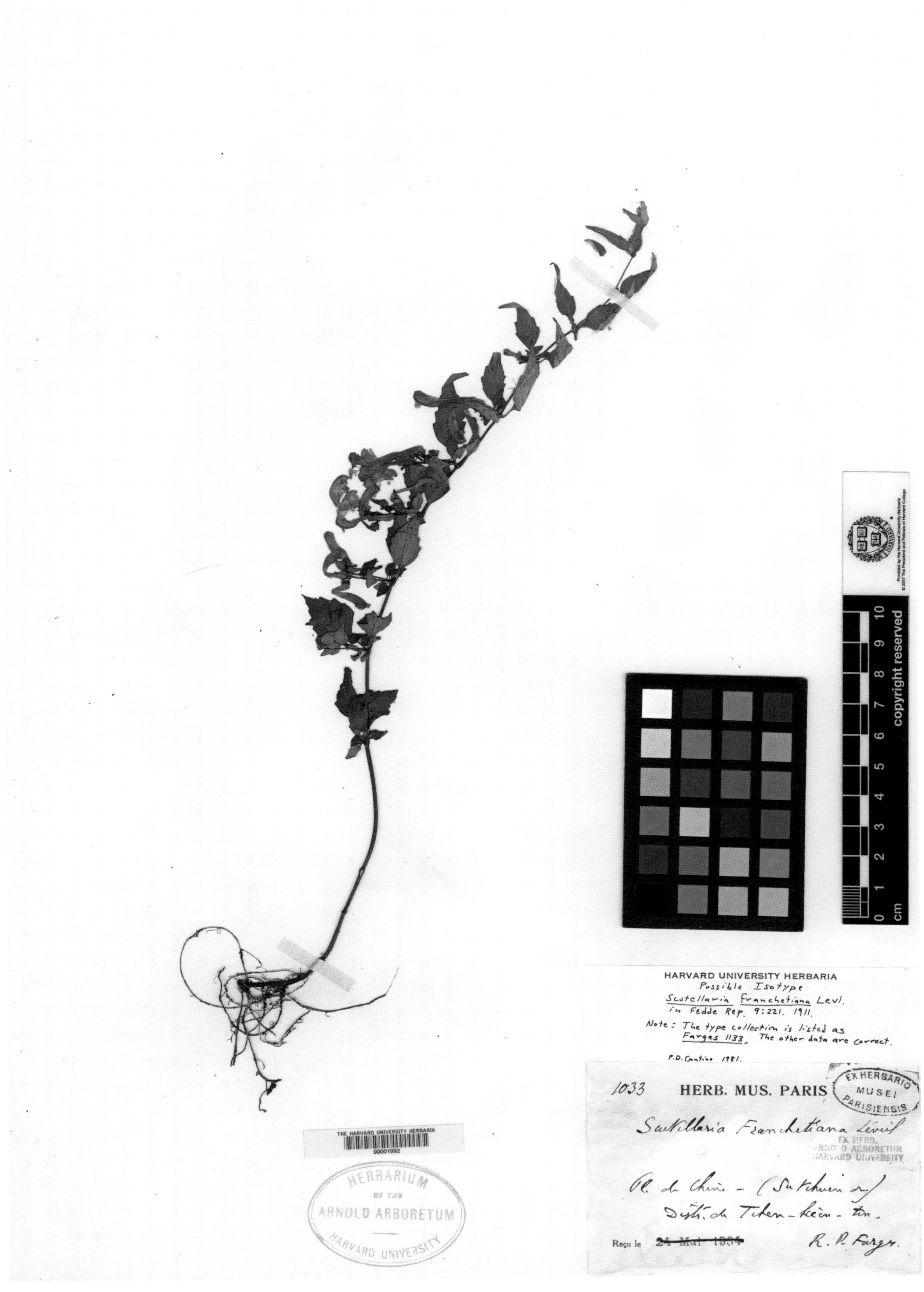

岩藿香 ***Scutellaria franchetiana*** Lévl. in Fedde, Repert. Sp. Nov. 9: 221. 1911. **Isotype:** China. Chongqing: Chen-Keou-Tin (=Chengkou), R. P. Farges 1033 (A).

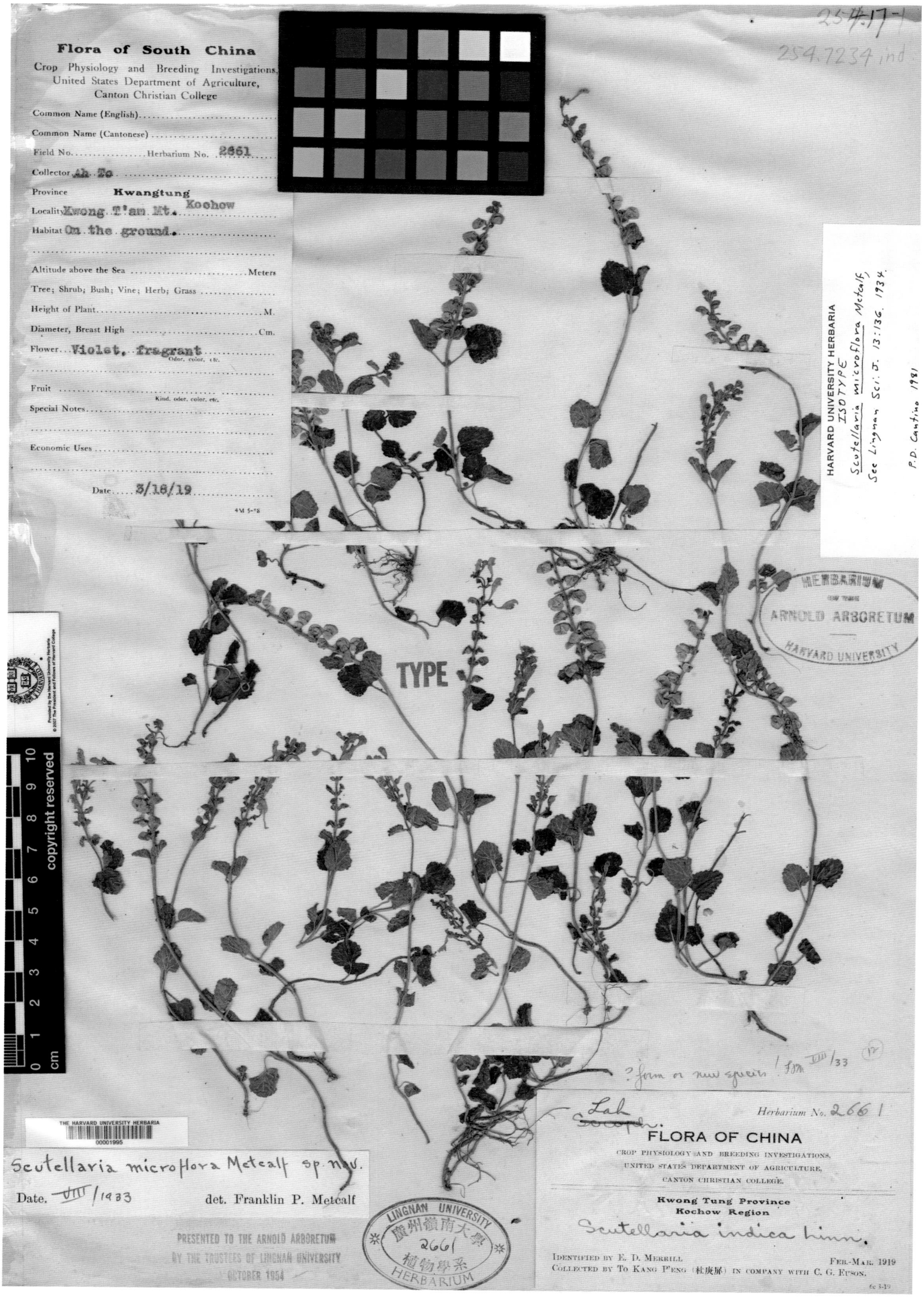

小花黄芩 ***Scutellaria microflora*** Metc. in Lingnan Sci. J. 13: 136, pl. 10. 1934. **Isotype**: China. Guangdong: Kochow (=Maoming), 1919-03-18, K. P. To & C. G. Fuson s. n. (=Canton Christian College 2661) (A).

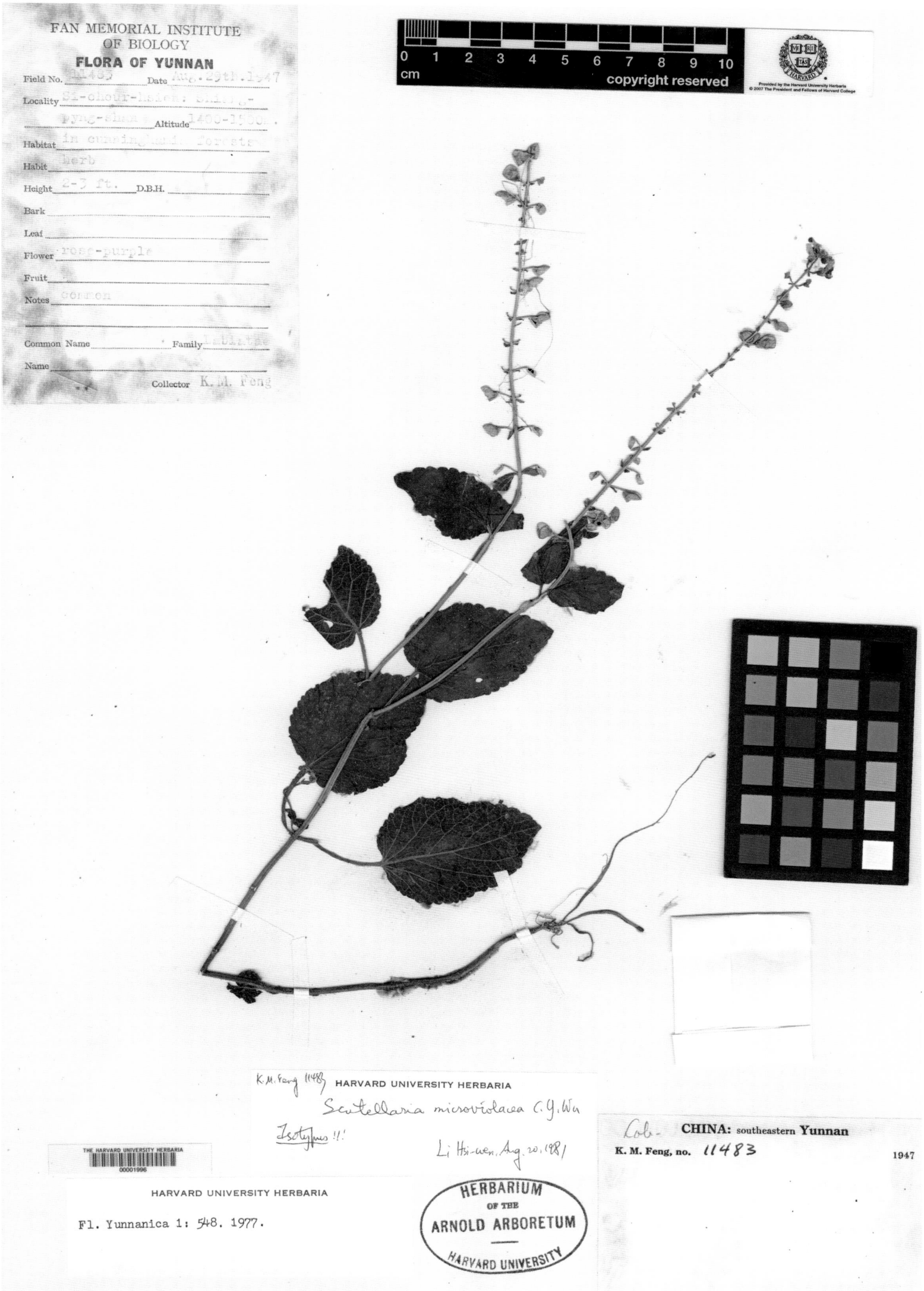

小紫黄芩 ***Scutellaria microviolacea*** C. Y. Wu, Fl. Yunnan. 1: 548, pl. 132, f. 1–3. 1977. **Isotype**: China. Yunnan: Xichou, alt. 1 400~1 500 m, 1947-08-29, K. M. Feng 11483 (A).

紫心黄芩 ***Scutellaria pupureocardia*** C. Y. Wu, Fl. Yunnan. 1: 548, pl. 132, f. 4–10. 1977. **Isotype**: China. Yunnan: Shunning (=Fengqing), alt. 2 100 m, 1938-06-17, T. T. Yu 16338 (A).

甘肃黄芩 ***Scutellaria rehderiana*** Diels in Notizbl. Bot. Gart. Mus. Berlin. 10: 889. 1930. **Isotype**: China. Gansu: Min Xian, T'ao River basin, alt. 2 897 m, 1925-07-??, J. F. Rock 12827 (GH).

白花子宫草 ***Skapanthus oreophilus*** (Diels) C. Y. Wu & H. W. Li var. ***oreophilus*** (Diels) C. Y. Wu & H. W. Li f. ***albus*** C. Y. Wu ex H. W. Li in Acta Phytotax. Sin. 13(1): 78. 1975. **Isotype**: China. Yunnan: Lijiang, alt. 3 000 m , 1937-08-??, T. T. Yu 15476 (A).

蜗儿菜 ***Stachys arrecta*** L. H. Bailey in Gentes Herb. 1: 43. 1920. **Isotype**: China. Henan: Xinyang, Chikung Shan (=Jigong Shan), alt. 457~762 m, 1917-06-13, L. H. Bailey s. n. (GH).

直花水苏 ***Stachys strictiflora*** C. Y. Wu in Acta Phytotax. Sin. 10(3): 220. 1965. **Isotype**: China.Yunnan: Shunning (=Fengqing), alt. 1 680 m, 1938-07-07, T. T. Yu 16578 (A).

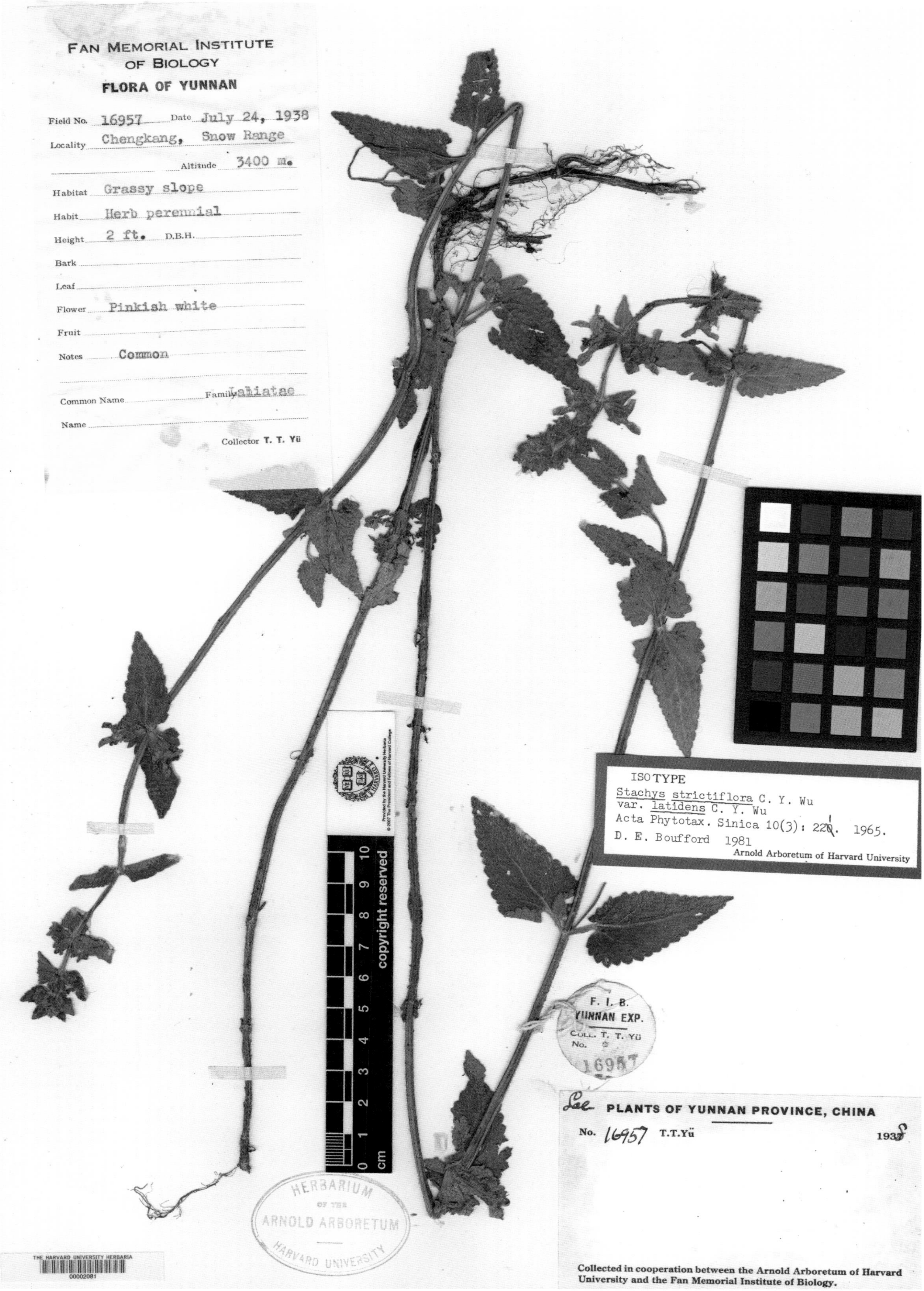

宽齿直花水苏 ***Stachys strictiflora*** C. Y. Wu var. ***latidens*** C. Y. Wu & H. W. Li in Acta Phytotax. Sin. 10(3): 221. 1965. **Isotype**: China. Yunnan: Zhenkang, alt. 3 400 m, 1938-07-24, T. T. Yu 16957(A).

粉红动蕊花 ***Teucrium albo-rubrum*** Hemsl. in J. Linn. Soc. Bot. 26: 311. 1890. **Isosyntype**: China. Hubei: Yichang, (1885-1888)-??-??, A. Henry 2919 (GH).

二齿香科科 ***Teucrium bidentatum*** Hemsl. in J. Linn. Soc. Bot. 26: 312. 1890. **Isosyntype**: China. Hubei: Yichang, (1885-1888)-??-??, A. Henry 4150 (GH).

保亭花 ***Wenchengia alternifolia*** C. Y. Wu & S. Chow in Acta Phytotax. Sin. 10(3): 251, pl. 47. 1965. **Isotype**: China. Hainan: Baoting, alt. 350 m, 1935-09-20, F. C. How 73689 (A).

茄科
Solanaceae

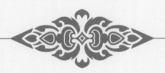

江南散血丹 ***Chamaesaracha heterophylla*** Hemsl. in J. Linn. Soc. Bot. 26: 174. 1890. **Isotype**: China. Hubei: Fang Xian, (1885-1888)-??-??, A. Henry 6702 (GH).

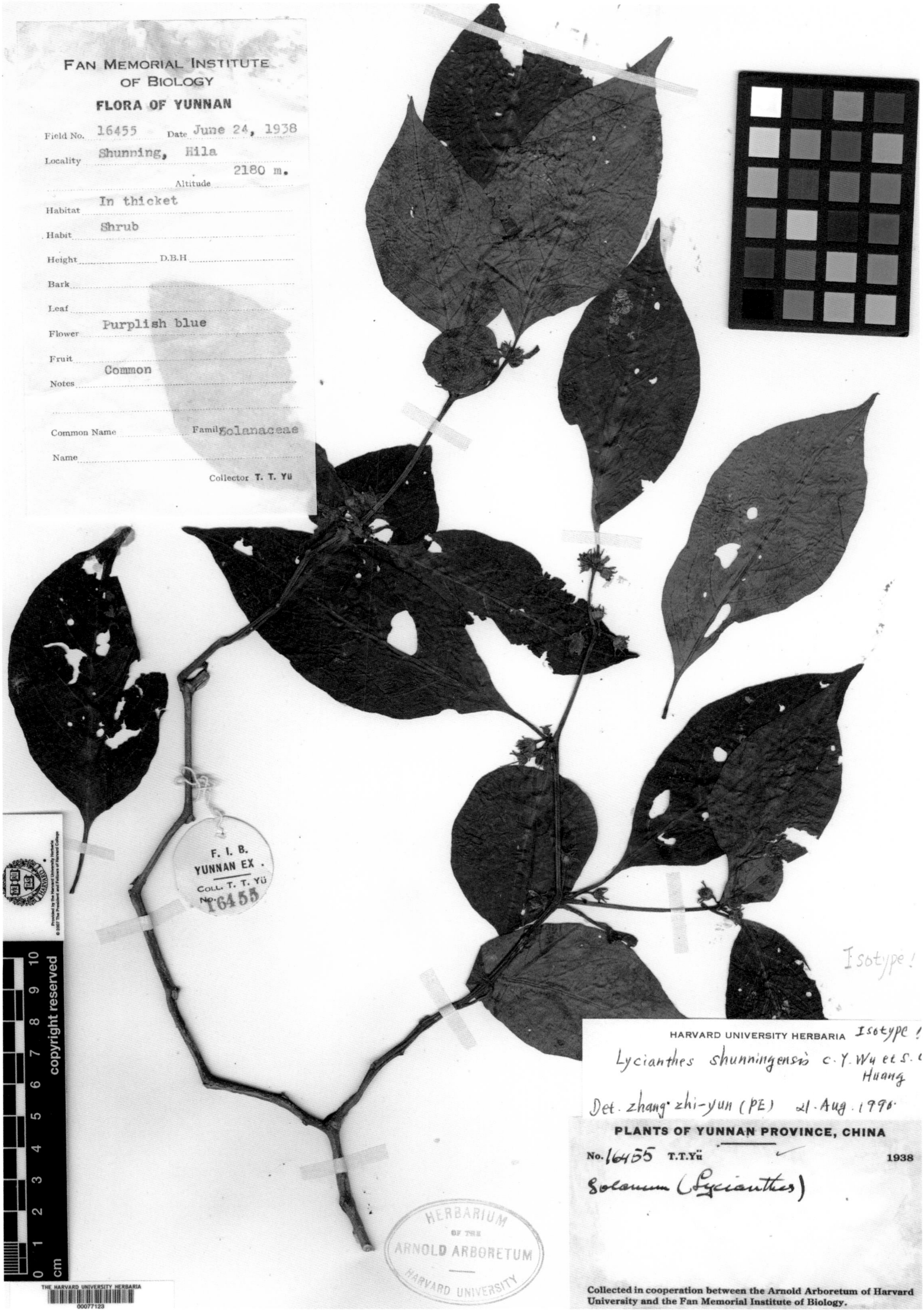

顺宁红丝线 *Lycianthes shunningensis* C. Y. Wu & S. C. Huang in Acta Phytotax. Sin. 16(2): 77, pl. 5: 1–2. 1978. **Isotype**: China.Yunnan: Shunning (=Fengqing), alt. 2 180 m, 1938-06-24, T. T. Yu 16455 (A).

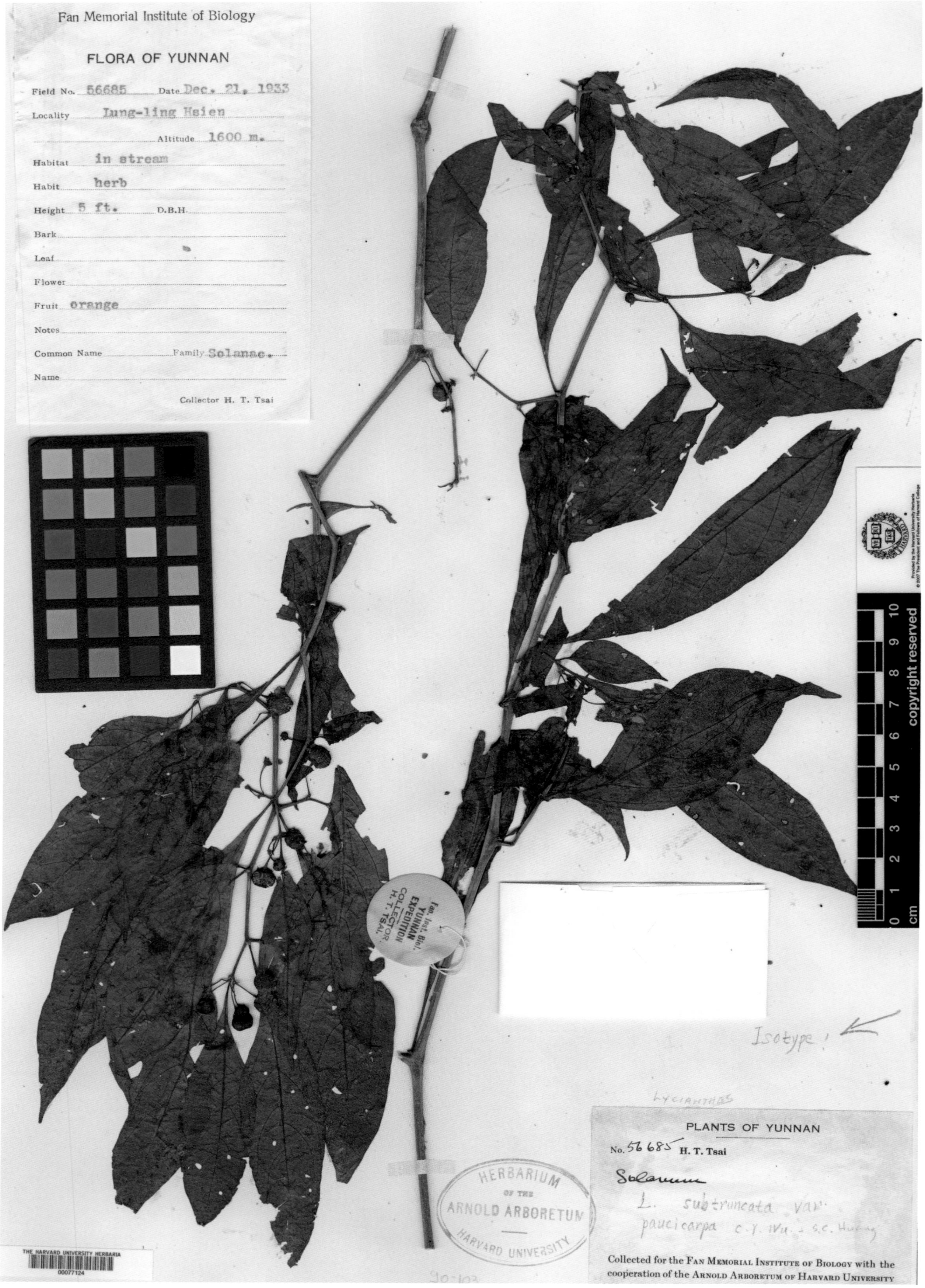

疏果截萼红丝线 ***Lycianthes subtruncata*** (Wall.) Bitt. var. ***paucicarpa*** C. Y. Wu & S. C. Huang in Acta Phytotax. Sin. 16(2): 79. 1978. **Isotype:** China. Yunnan: Longling, alt. 1 600 m, 1933-12-21, H. T. Tsai 56685 (A).

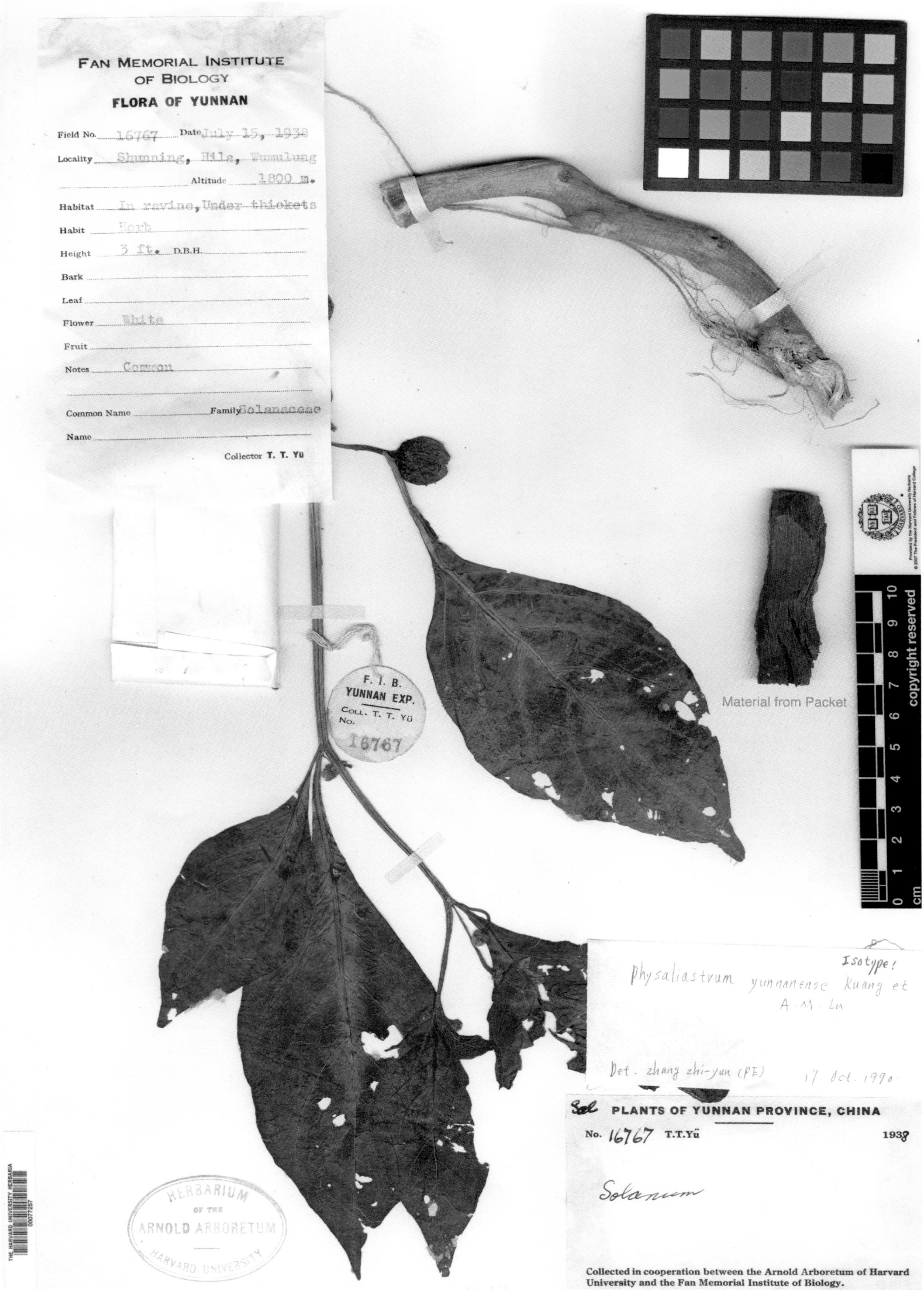

云南散血丹 ***Physaliastrum yunnanense*** Kuang & A. M. Lu in Acta Phytotax. Sin. 10(4): 348, pl. 75. 1965. **Isotype:** China. Yunnan: Shunning (=Fengqing), alt. 1 800 m, 1938-07-15, T. T. Yu 16767 (A).

齿叶赛莨菪 *Scopolia carniolicoides* C. Y. Wu & C. Chen var. ***dentata*** C. Y. Wu & C. Chen in Acta Phytotax. Sin. 15(2): 60. 1977. **Isotype:** China. Sichuan: Muli, alt. 3 600 m, 1937-06-15, T. T. Yu 6291 (A).

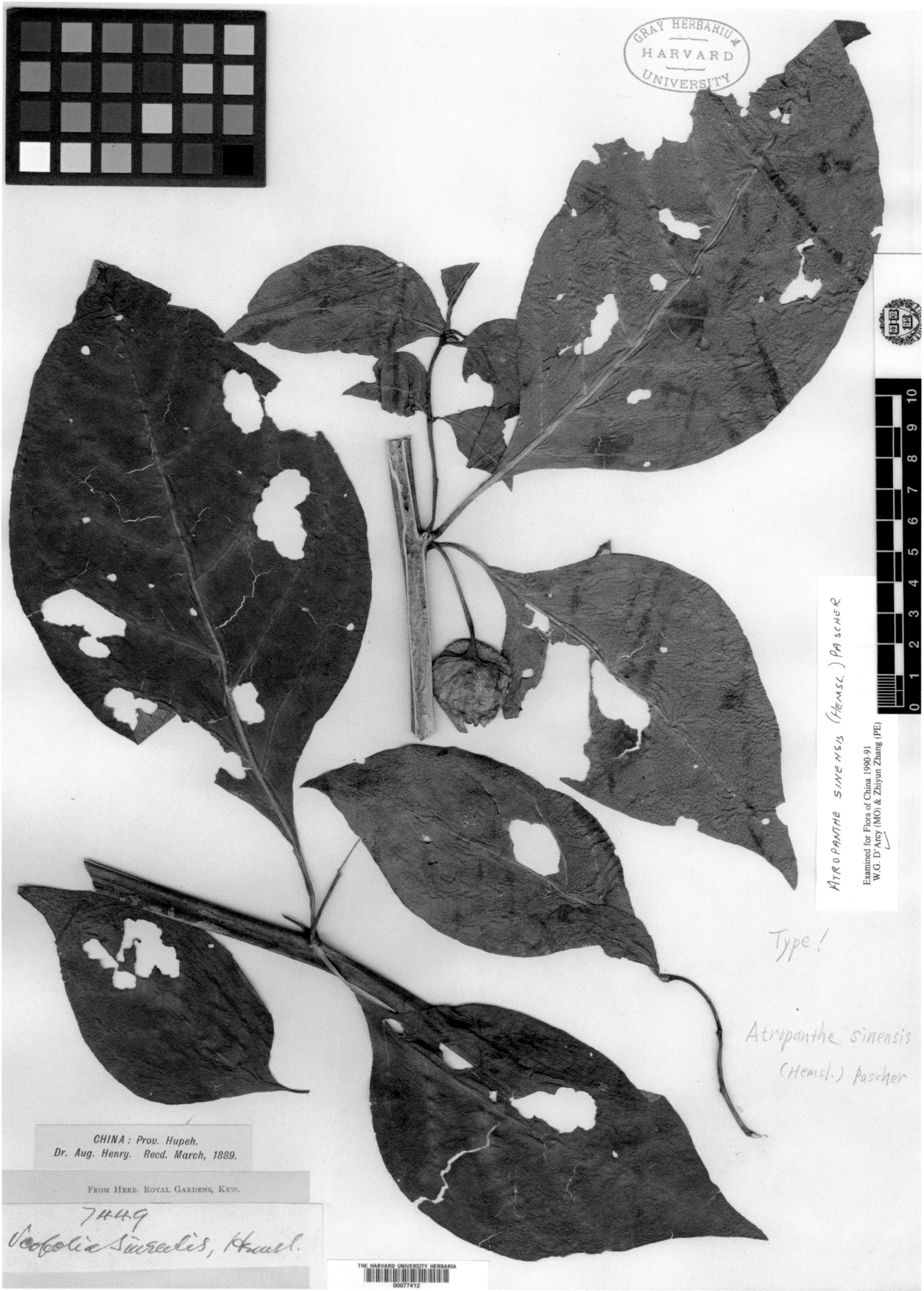

天蓬子 ***Scopolia sinensis*** Hemsl. in J. Linn. Soc. Bot. 26: 176. 1890. **Isosyntype**: China. Hubei: Badong, A. Henry 7449 (GH).

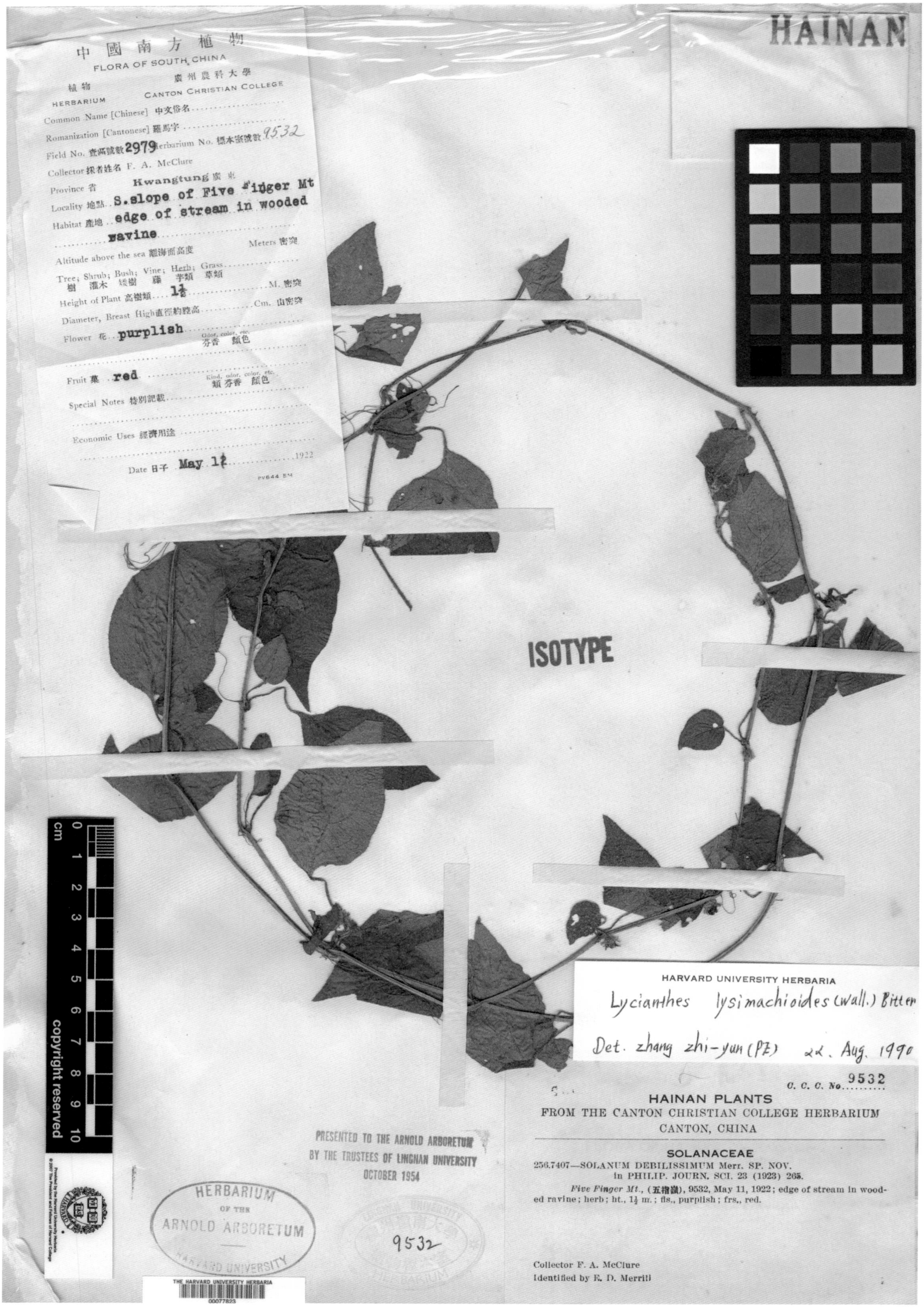

五指山红丝线 ***Solanum debilissimum*** Merr. in Philipp. J. Sci. 23: 265. 1923. **Isotype**: China. Hainan: Wuzhishan, Wuzhi Shan, 1922-05-11, F. A. McClure 2979 (= Canton Christian College 9532) (A).

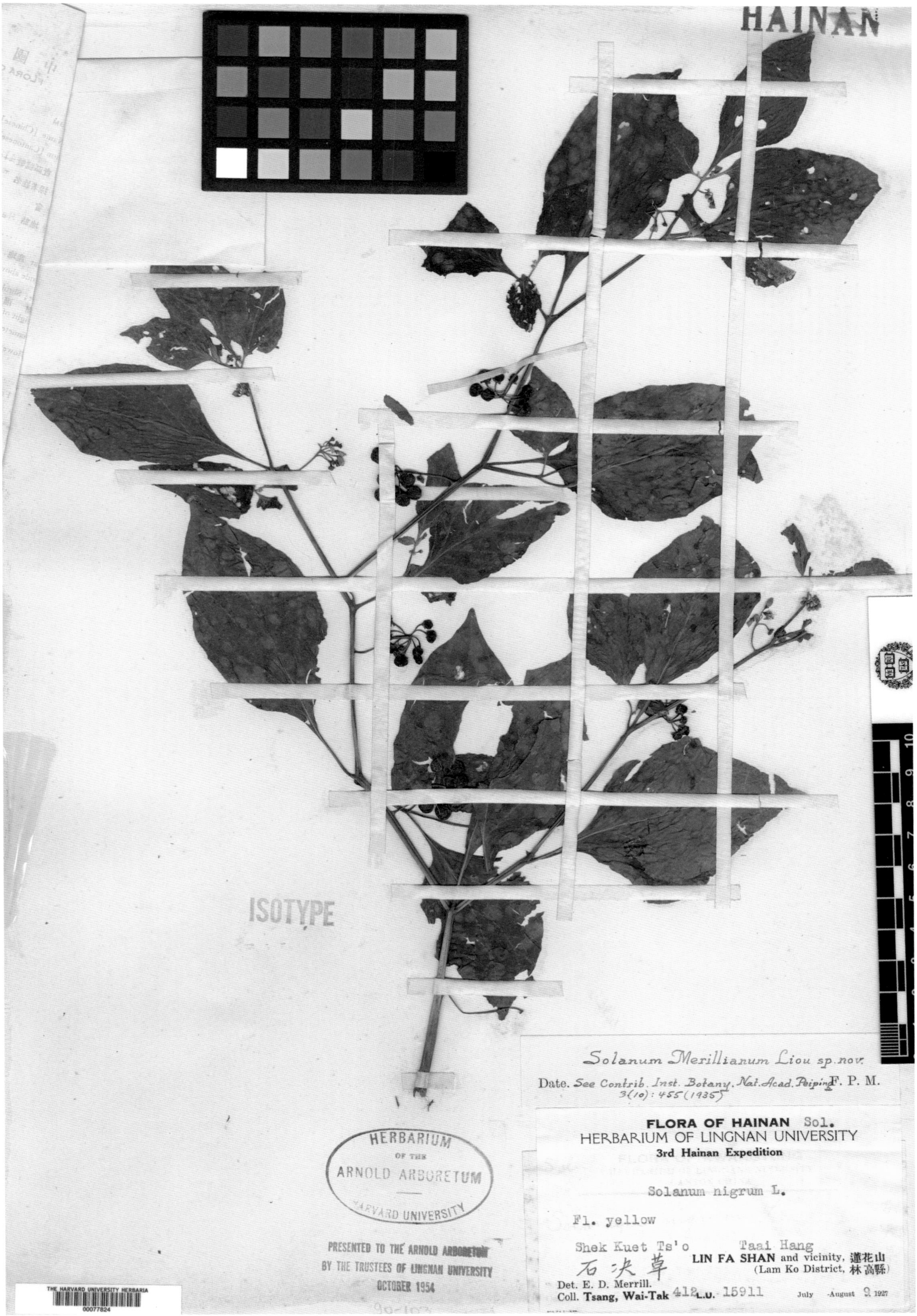

光枝木龙葵 ***Solanum merrillianum*** Liou in Contr. Inst. Bot. Nat. Acad. Peiping 3(10): 455. 1935. **Isotype:** China. Hainan: Lam Ko (=Lingao), Lianhua Shan, 1927-08-09, W. T. Tsang 412 (=Lingnan University 15911) (A).

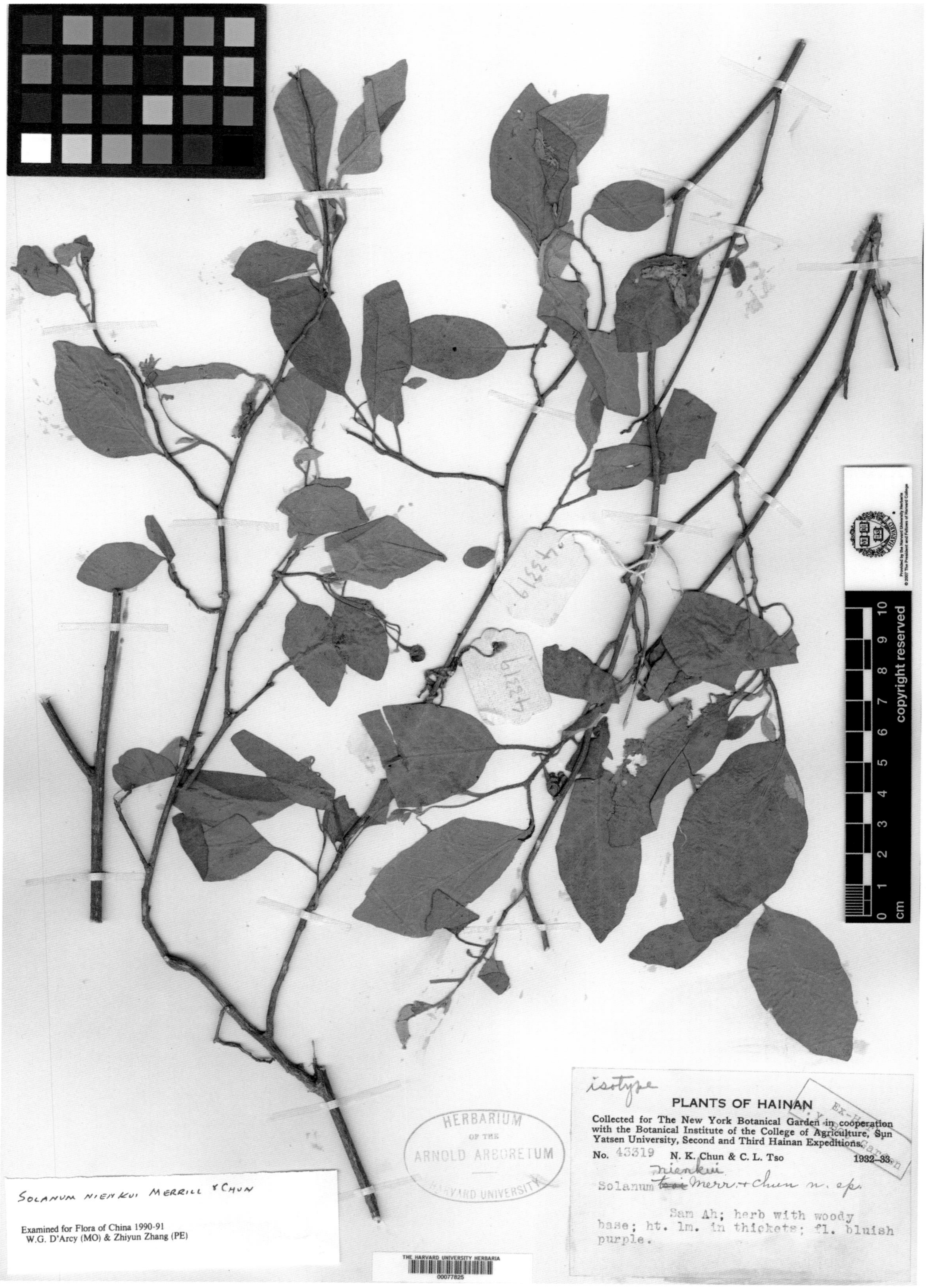
copyright reserved
cm 0 1 2 3 4 5 6 7 8 9 10
isotype
PLANTS OF HAINAN
Collected for The New York Botanical Garden in cooperation with the Botanical Institute of the College of Agriculture, Sun Yatsen University, Second and Third Hainan Expeditions.
No. 43319 N. K. Chun & C. L. Tso 1932–33.
Solanum nienkui Merr. + Chun n. sp.
Sam Ah; herb with woody base; ht. 1m. in thickets; fl. bluish purple.
HERBARIUM OF THE ARNOLD ARBORETUM HARVARD UNIVERSITY
Solanum nienkui Merrill & Chun
Examined for Flora of China 1990-91
W.G. D'Arcy (MO) & Zhiyun Zhang (PE)
THE HARVARD UNIVERSITY HERBARIA
00077825

疏刺茄 ***Solanum nienkui*** Merr. & Chun in Sunyatsenia 2: 318, f. 44. 1935. **Isotype:** China. Hainan: Sanya, alt. 250 m, 1932-07-21, N. K. Chun & C. L. Tso 43319 (A).

大花茄 ***Solanum wrightii*** Benth. Fl. Hongk. 243. 1861. **Isotype**: China. Hong Kong, (1853-1856)-??-??, C. Wright 489 (GH).

玄参科

Scrophulariaceae

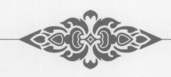

长穗腹水草 ***Botryopleuron longispicatum*** Merr. in Philipp. J. Sci. 21: 509. 1922. **Isotype**: China. Guangdong: Wanchi Shan, 1921-09-27, Wai Tak s. n. (=Canton Christian College 8728) (A).

退毛来江藤 ***Brandisia glabrescens*** Rehd. in Sargent, Pl. Wils. 1: 574. 1913. **Syntype**: China.Yunnan: south of Red River, Manmei, alt. 2 135 m, A. Henry 9716 (A).

广西来江藤 ***Brandisia kwangsiensis*** H. L. Li in J. Arnold Arbor. 28: 133. 1947. **Holotype**: China. Guangxi: Lingyun, 1937-07-17, S. K. Lau 28688 (A).

鲜绿来江藤 ***Brandisia laetevirens*** Rehd. in Sargent, Pl. Wils. 1: 573. 1913. **Holotype**: China.Yunnan: Simao, alt. 1 300 m, A. Henry 12605 (A).

腹水草 ***Calorhabdos stenostachya*** Hemsl. in J. Linn. Soc. Bot. 26: 196. 1890. **Isosyntype**: China. Hubei: Yichang, (1885-1888)-??-??, A. Henry 3044 (GH).

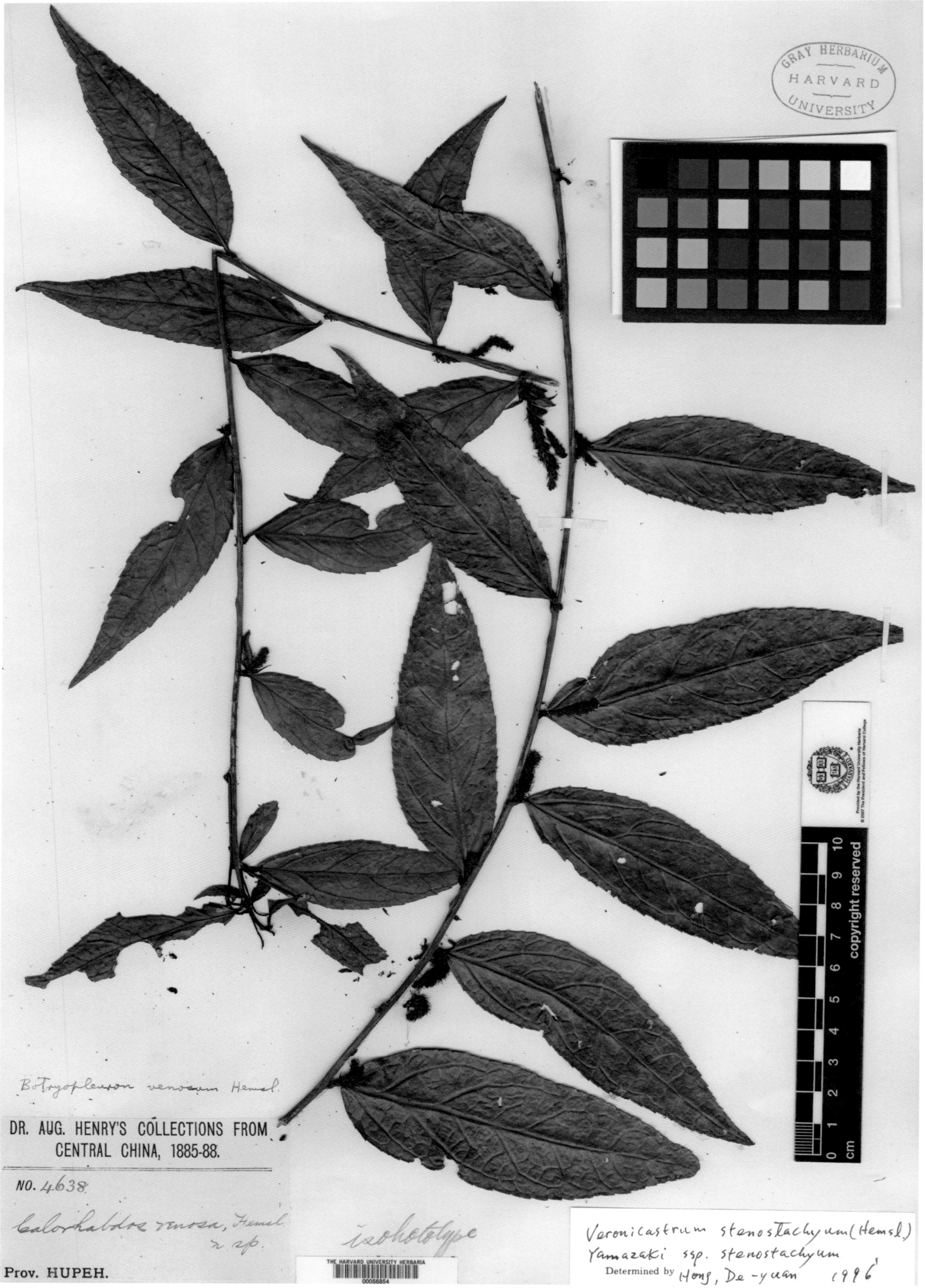

多脉腹水草 ***Calorhabdos venosa*** Hemsl. in J. Linn. Soc. Bot. 26: 197. 1890. **Isosyntype**: China. Hubei: Yichang, (1885-1888)-??-??, A. Henry 4638 (GH).

红胡麻草 ***Centranthera rubra*** H. L. Li in Bot. Bull. Acad. Sin. 2: 76. 1961. **Holoype**: China.Yunnan: Che-li (=Jinghong), alt. 1 000 m, 1936-10-??, C. W. Wang 79531 (A).

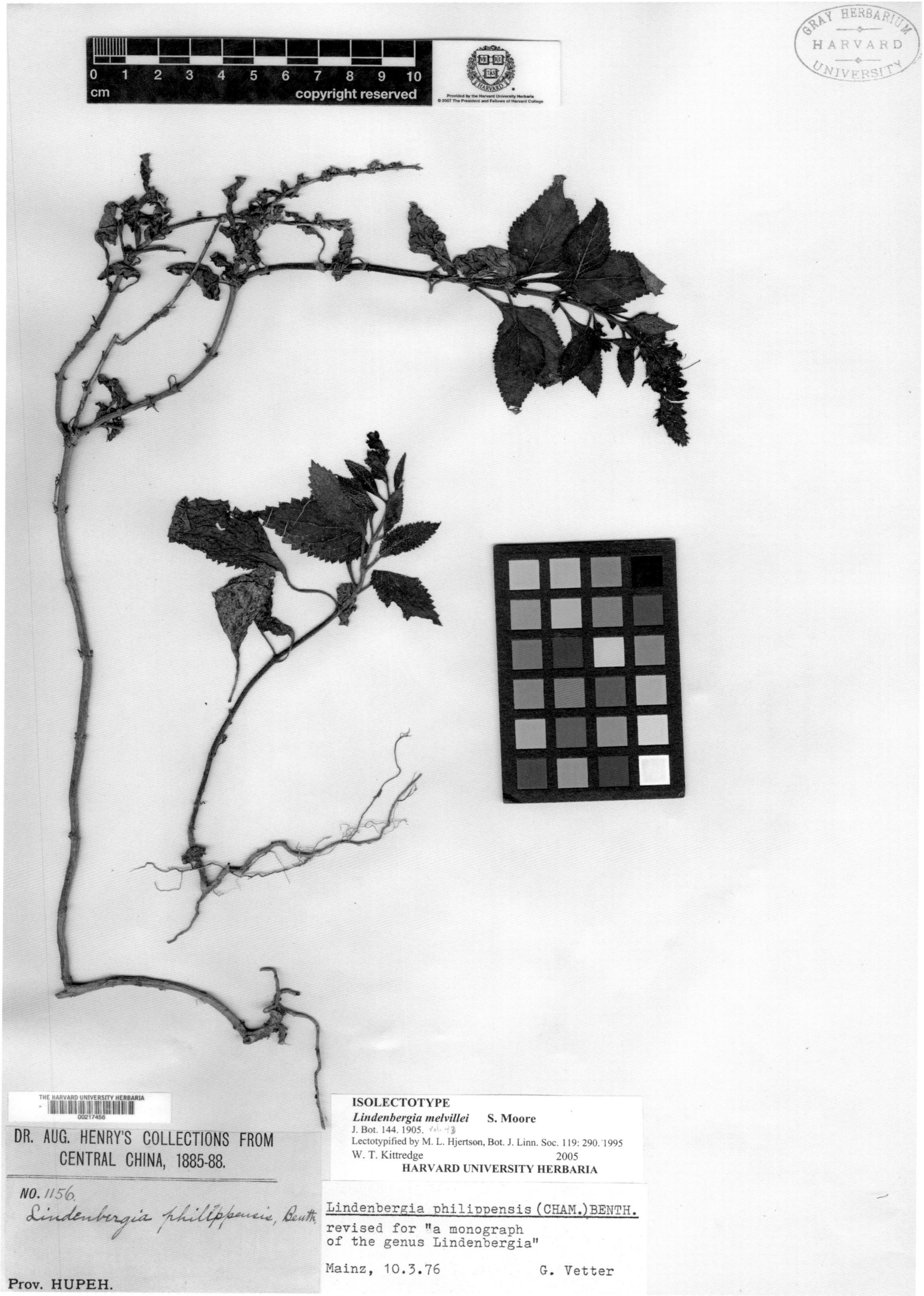

湖北钟萼草 ***Lindenbergia melvillei*** S. Moore in J. Bot. 43: 144. 1905. **Isolectotype** (designated by M. L. Hjertson in Bot. J. Linn. Soc. 119: 290. 1995.): China.Hubei: Yichang, (1885-1888)-??-??, A. Henry 1156 (GH).

纤细通泉草 ***Mazus gracilis*** Hemsl. ex Forbes & Hemsl. in J. Linn. Soc. Bot. 26: 181. 1890. **Isotype**: China. Hubei: Badong, (1885-1888)-??-??, A. Henry 4063 (GH).

美丽通泉草 ***Mazus pulchellus*** Hemsl. ex Forbes & Hemsl. in J. Linn. Soc. Bot. 26: 182. 1890. **Isosyntype**: China. Hubei: Yichang, (1885-1888)-??-??, A. Henry 3418 (GH).

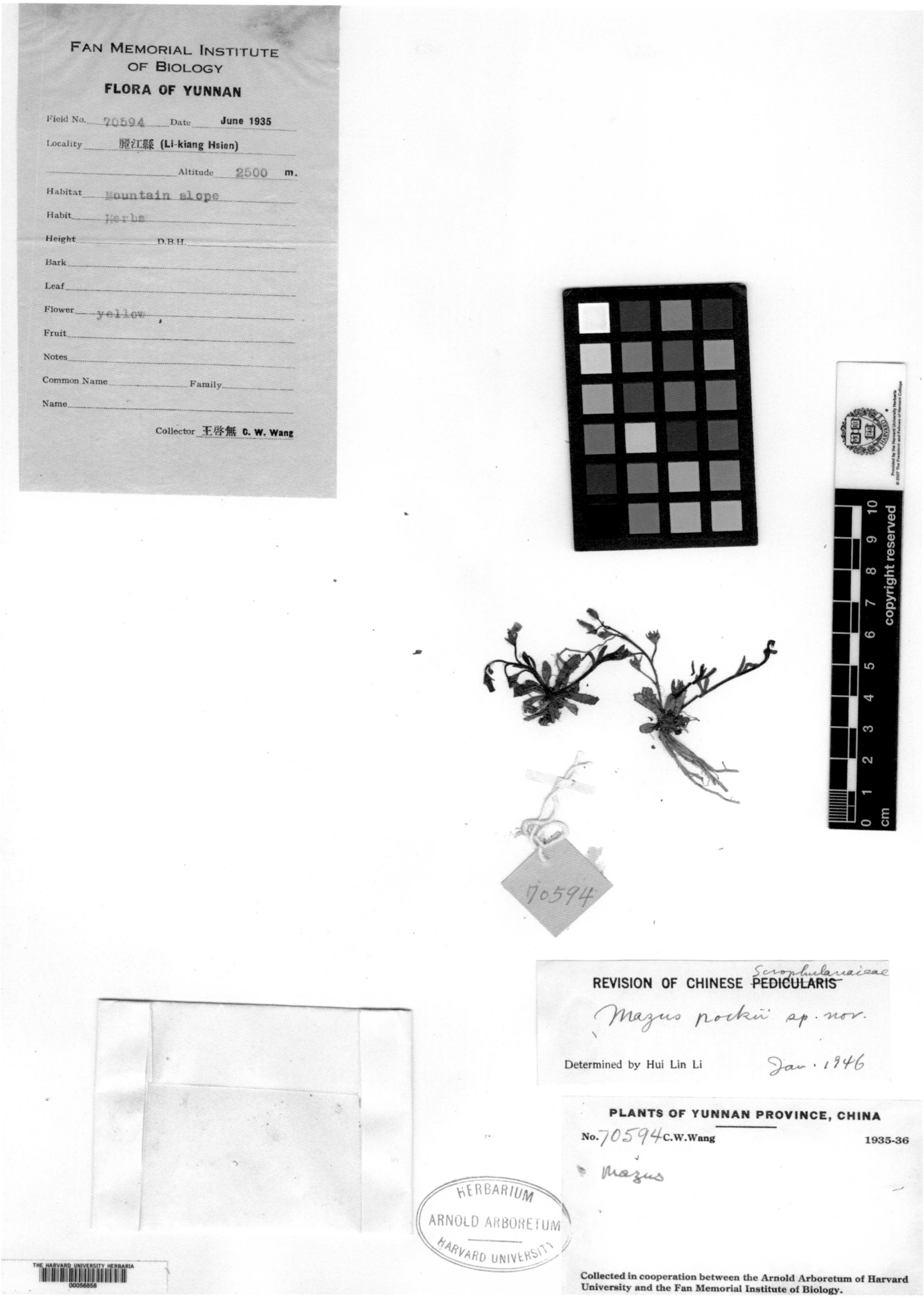
FAN MEMORIAL INSTITUTE OF BIOLOGY
FLORA OF YUNNAN
Field No. 70594 Date June 1935
Locality 麗江縣 (Li-kiang Hsien)
Altitude 2500 m.
Habitat Mountain slope
Habit Herbs
Height
D.B.H.
Bark
Leaf
Flower yellow
Fruit
Notes
Common Name
Family
Name
Collector 王啓無 C. W. Wang
copyright reserved
cm
0 1 2 3 4 5 6 7 8 9 10
70594
REVISION OF CHINESE PEDICULARIS
Scrophulariaceae
Mazus rockii sp. nov.
Determined by Hui Lin Li
Jan. 1946
PLANTS OF YUNNAN PROVINCE, CHINA
No. 70594 C.W.Wang
1935-36
Mazus
HERBARIUM
ARNOLD ARBORETUM
HARVARD UNIVERSITY
Collected in cooperation between the Arnold Arboretum of Harvard University and the Fan Memorial Institute of Biology.
THE HARVARD UNIVERSITY HERBARIA
00056858

丽江通泉草 ***Mazus rockii*** H. L. Li in Brittonia 8(1): 35.1954. **Paratype**: China.Yunnan: Lijiang, alt. 2 500 m, 1935-06-??, C. W. Wang 70594 (A).

匍茎通泉草 ***Mazus wangii*** H. L. Li in Brittonia 8(1): 37. 1954. **Holotype**: China. Yunnan: Fo-hai (=Menghai), alt. 2 500 m, 1936-07-??, C. W. Wang 76071 (A).

兰考泡桐 ***Paulownia elongata*** S. Y. Hu in Quart. J. Taiwan Mus. 12: 41, pl. 3. 1959. **Paratype**: China. Henan: Mi Xian, 1922-04-18, J. Hers1910 (A).

兰考泡桐 ***Paulownia elongata*** S. Y. Hu in Quart. J. Taiwan Mus. 12: 41, pl. 3. 1959. **Paratype**: China. Henan: Northern Henan, Tsi Li Yen, 1922-06-15, J. Hers 1920 (A).

光叶泡桐 ***Paulownia glabrata*** Rehd. in Sargent, Pl. Wils. 1: 575. 1913. **Holotype**: China. Shaanxi: Taibai Shan, 1910-??-??, W. Purdom 1044 (A).

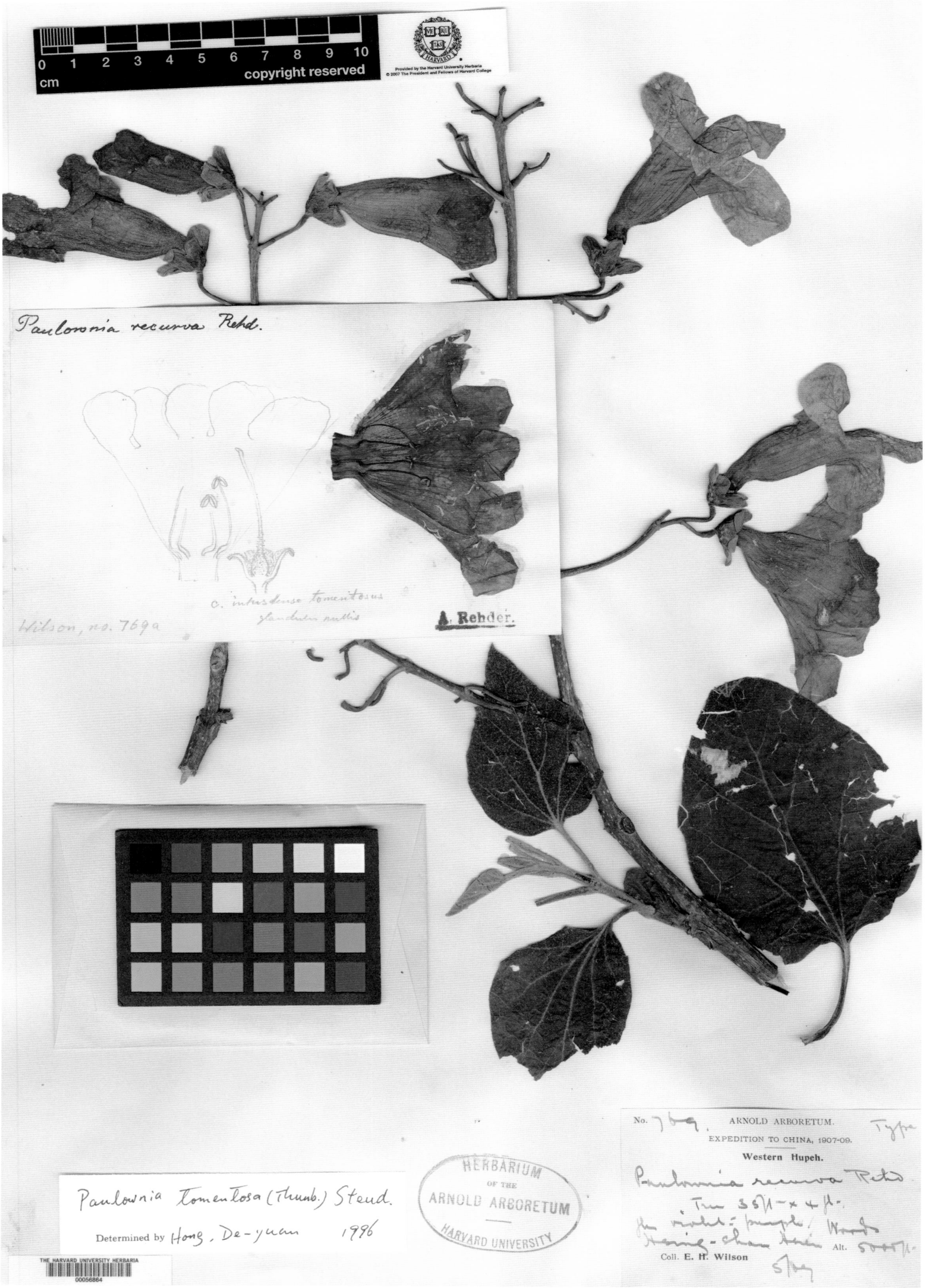

卷冠泡桐 ***Paulownia recurva*** Rehd. in Sargent, Pl. Wils. 1: 577. 1913. **Holotype**: China. Hubei: Xingshan, alt. 1 525 m, 1907-05-??, E. H. Wilson 769 a (A).

萍乡泡桐 ***Paulownia rehderiana*** Hand.-Mazz. in Anzeig. Akad. Wiss. Wien. Math.-Nat. Kl. 58: 153. 1921. **Isotype**: China. Jiangxi: Pinghsiang (= Pingxiang), alt. 600 m, 1920-??-??, T. H. Wang 126 (A).

台湾泡桐 ***Paulownia taiwaniana*** T. W. Hu & H. J. Chang in Taiwania 20(2): 166. 1975. **Isotype**: China. Taiwan: Chiayi, alt. 1 000 m, 1974-04-06, H. J. Chang & S. Y. Leu 2364 (A).

宜昌泡桐 ***Paulownia thyrsoidea*** Rehd. in Sargent, Pl. Wils. 1: 576. 1913. **Holotype**: China. Hubei: Yichang, alt. 36 m, 1907-04-??, E. H. Wilson 3171 (A).

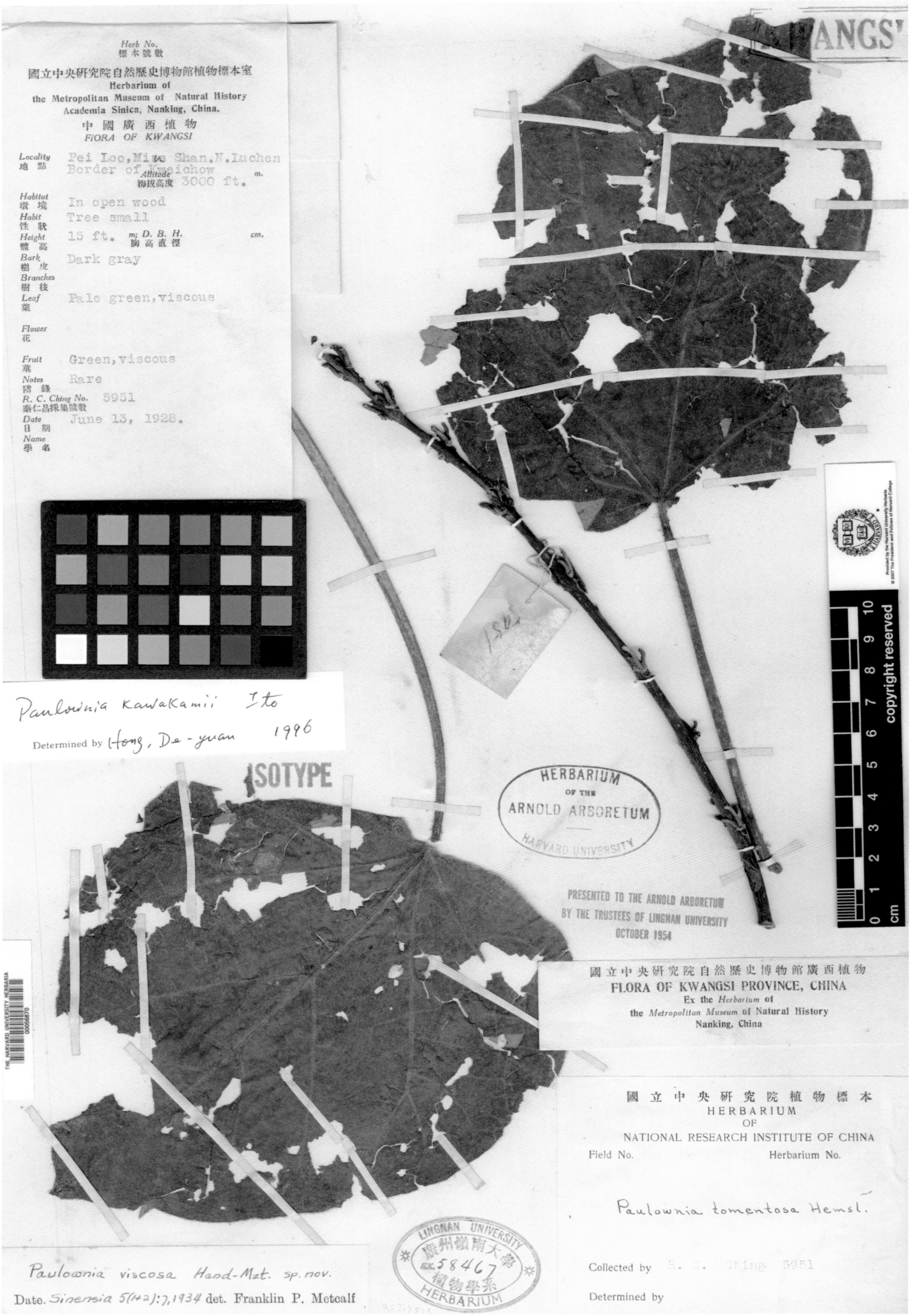

黏泡桐 ***Paulownia viscosa*** Hand.-Mazz. in Sinensia 5: 7. 1934. **Isotype**: China. Guangxi: Luocheng, alt. 915 m, 1928-06-13, R. C. Ching 5951 (A).

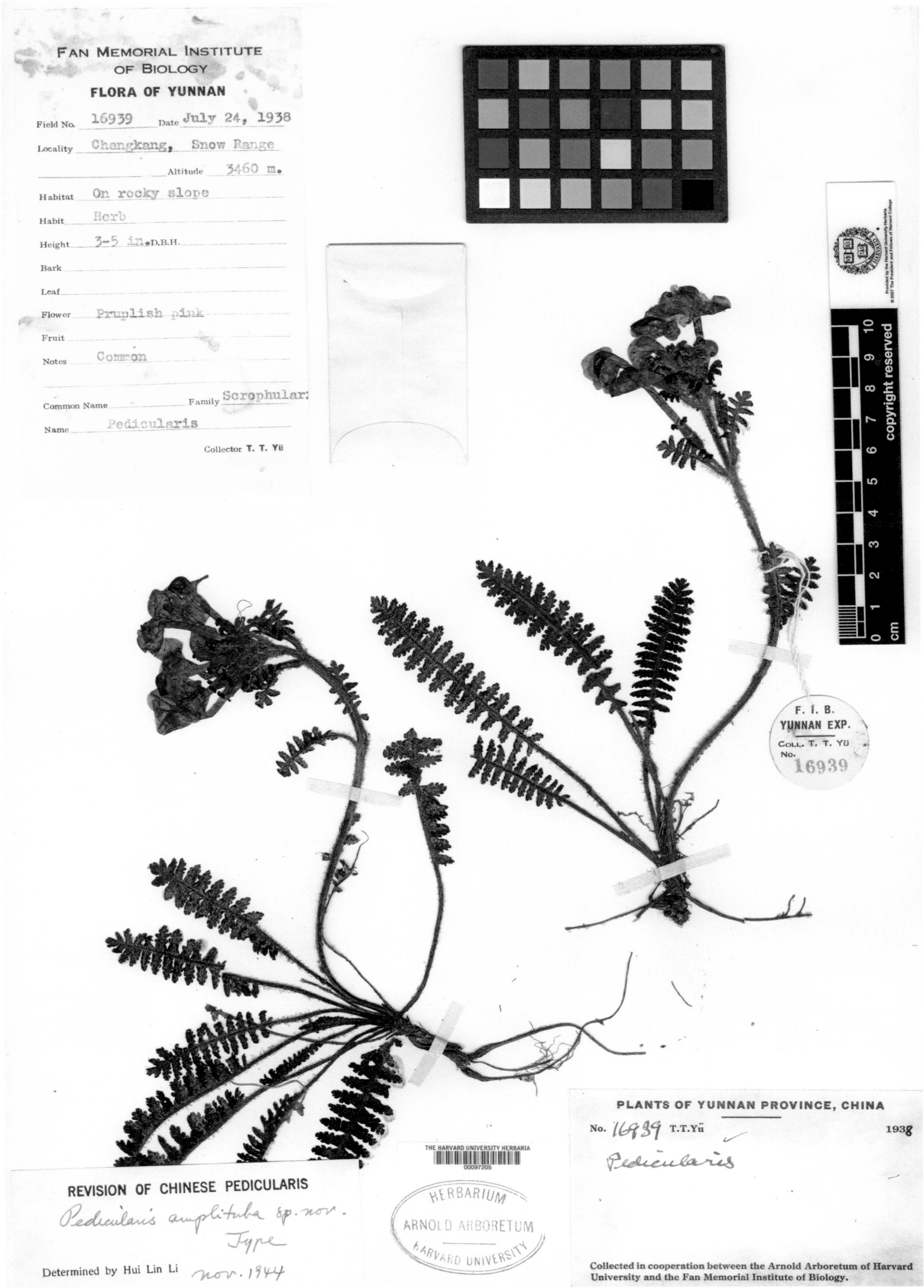

丰管马先蒿 ***Pedicularis amplituba*** H. L. Li in Proc. Acad. Nat. Sci. Philad. 101: 129. 1949. **Holotype:** China. Yunnan: Zhenkang, alt. 3 460 m, 1938-07-24, T. T. Yu 16939 (A).

Isotype
REVISION OF CHINESE PEDICULARIS
Pedicularis angustilabris sp. nov.
Determined by Hui Lin Li nov. 1944
THE HARVARD UNIVERSITY HERBARIA
00097206
GRAY HERBARIUM
HARVARD
UNIVERSITY
PLANTS OF YUNNAN, CHINA
Pedicularis recurva polyantha — Bonati
Fls. purplish red. 12000 ft.
Mount Habashan, north of Ndaku, north of the Likiang Snow Range, Yangtze drainage basin
No. 9653 J. F. ROCK, Collector July, 1923
copyright reserved
cm 0 1 2 3 4 5 6 7 8 9 10

狭唇马先蒿 ***Pedicularis angustilabris*** H. L. Li in Proc. Acad. Nat. Sci. Philad. 101: 82, f. 146. 1949. **Isotype**: China. Yunnan: Lijiang, alt. 3 660 m, 1923-07-??, J. F. Rock 9653 (GH).

青藏马先蒿 ***Pedicularis bonatiana*** H. L. Li in Proc. Acad. Nat. Sci. Philad. 100: 325, f. 50. 1948. **Isotype**: China. Xizang: Ba Valley, alt. 3 020 m, 1926-06-??, J. F. Rock 14274 (GH).

短盔马先蒿 ***Pedicularis brachycrania*** H. L. Li in Proc. Acad. Nat. Sci. Philad. 100: 307, f. 35. 1948. **Isotype**: China. Yunnan: Shi-ku, Laochun Shan, alt. 3 812 m, 1932-05-??, J. F. Rock 25090 (GH).

ARNOLD ARBORETUM, HARVARD UNIVERSITY
EXPEDITION TO NORTHWESTERN CHINA AND NORTHEASTERN TIBET. 1924-27
SOUTHWESTERN KANSU
Pedicularis szechuanica Max. var. longispica Bon.
T'ao River basin: alpine meadows west of Adjuan
Alt. 12700 ft. Flowers pale red with dark veins on lips
No.12643
Coll. J. F. Rock.
July, 1925.
12643
Isotype
0 1 2 3 4 5 6 7 8 9 10
cm
copyright reserved
Isotype
THE HARVARD UNIVERSITY HERBARIA
00097210
REVISION OF CHINESE PEDICULARIS
Pedicularis calosantha sp. nov.
Determined by Hui Lin Li
Jan. 1944
GRAY HERBARIUM
HARVARD
UNIVERSITY
ARNOLD ARBORETUM, HARVARD UNIVERSITY
EXPEDITION TO NORTHWESTERN CHINA AND NORTHEASTERN TIBET. 1924-27
EASTERN TIBET
Pedicularis szechuanica Max. var. longispica Bonati
Amnyi Machen range (west of Yellow River): in meadows at Tarang valley. Alt. 13000 ft. Flowers pinkish spotted purple.
No.14415.
Coll. J. F. Rock.
July, 1926.

靓马先蒿 ***Pedicularis calosantha*** H. L. Li in Proc. Acad. Nat. Sci. Philad. 100: 324, f. 49. 1948. **Isotype:** China. Gansu: Min Xian, T'ao River basin, alt. 3 873 m, 1925-07-??, J. F. Rock 12643 (GH).

鹅首马先蒿 ***Pedicularis chenocephala*** Diels in Notizbl. Bot. Gart. Mus. Berlin.10: 892. 1930. **Isotype:** China. Gansu: Min Shan, Tao River, alt. 3 660 m, 1925-07-05, J. F. Rock 12607 (GH).

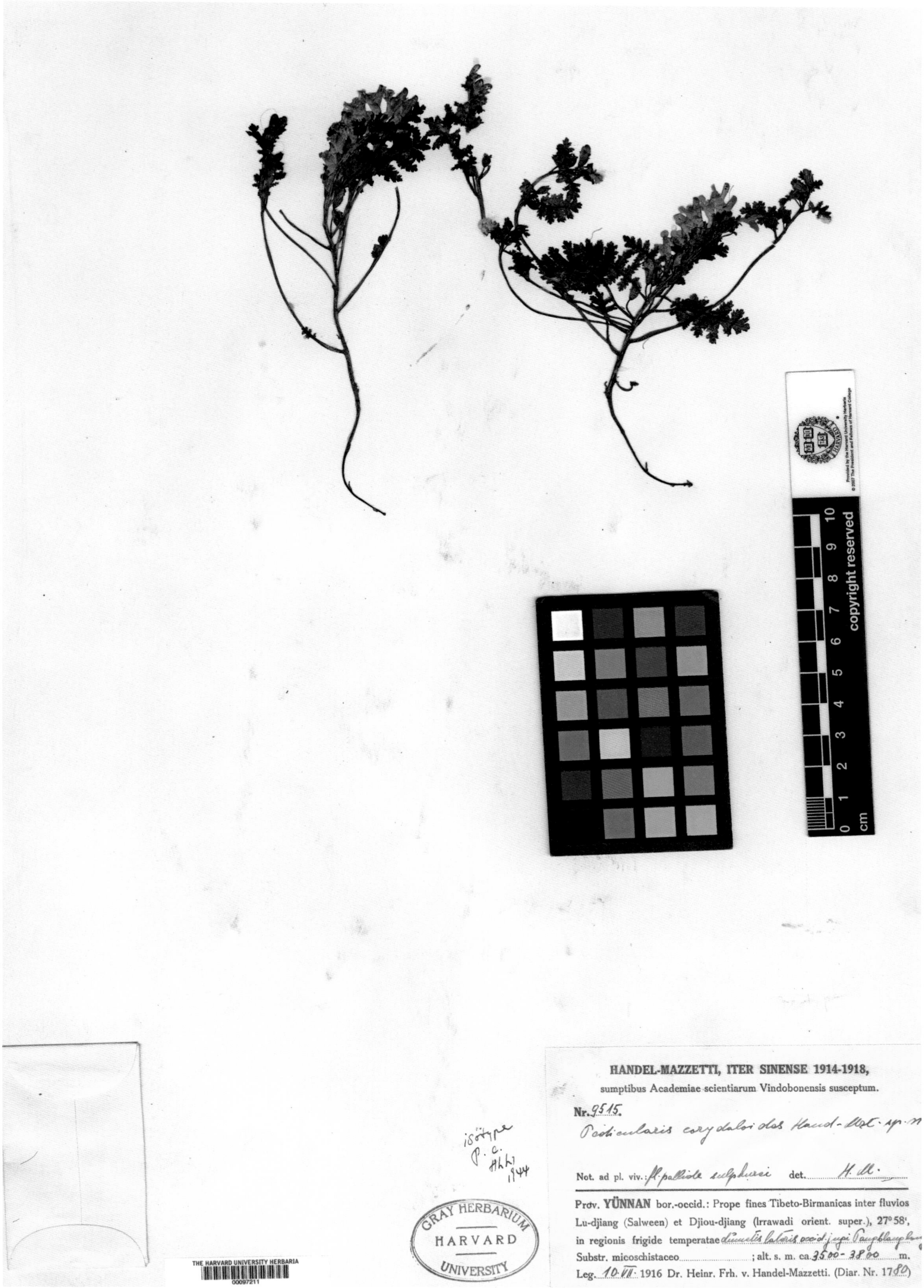

拟紫堇马先蒿 ***Pedicularis corydaloides*** Hand.-Mazz. in Symb. Sin. 7: 851, pl. 15, f. 4. 1936. **Isotype**: China. Yunnan: Gongshan, alt. 3 500~3 800 m, 1916-07-10, H. R. E. Handel-Mazzetti 9515 (GH).

理塘马先蒿 ***Pedicularis croizatiana*** H. L. Li in Proc. Acad. Nat. Sci. Philad. 101: 187, f. 218. 1949. **Isotype**: China. Sichuan: Litang, alt. 3 700 m, 1928-(07-08)-??, J. F. Rock 16899 (GH).

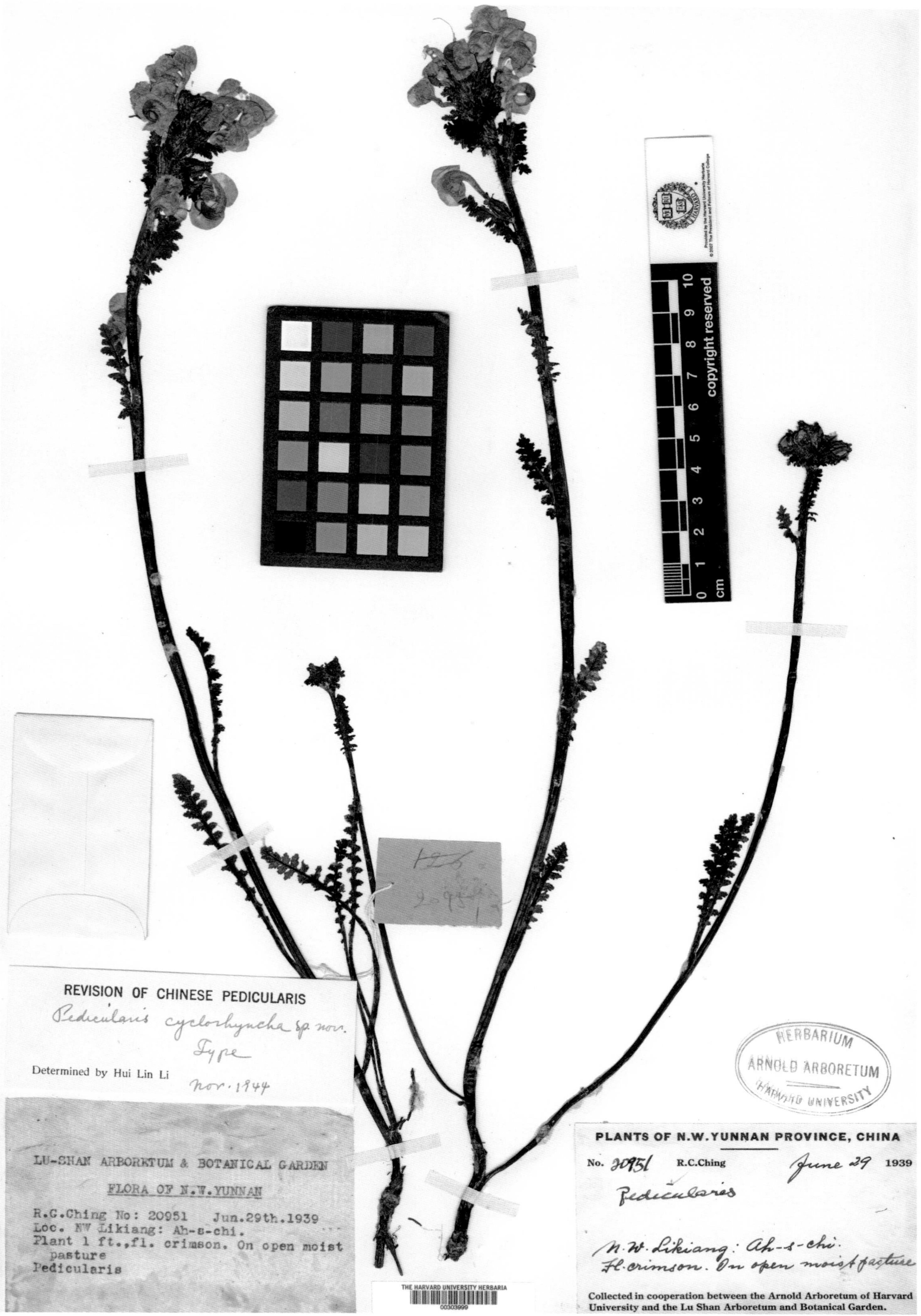

环喙马先蒿 ***Pedicularis cyclorhyncha*** H. L. Li in Proc. Acad. Nat. Sci. Philad. 101: 128. 1949. **Holotype:** China. Yunnan: Lijiang, 1939-06-29, R. C. Ching 20951 (A).

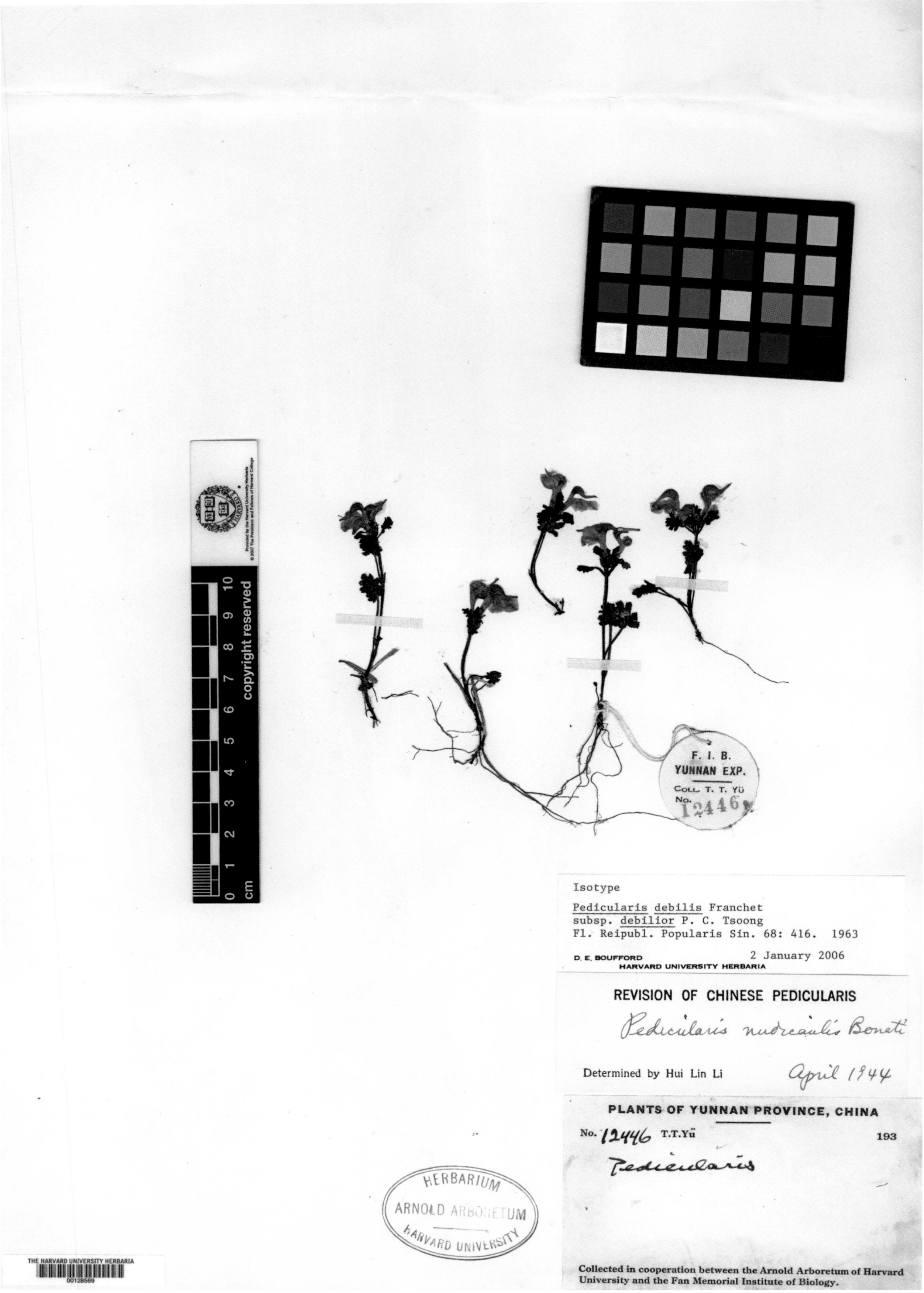

极弱小马先蒿 ***Pedicularis debilis*** Franch. ssp. ***debilior*** P. C. Tsoong, Fl. Reip. Pop. Sin. 68: 288, 416. 1963. **Isotype**: China. Yunnan: Precise locality not known, T. T. Yu 12446 (A).

极丽马先蒿 ***Pedicularis decorissima*** Diels in Notizbl. Bot. Gart. Mus. Berlin. 10: 891. 1930. **Isotype**: China. Gansu: Xiahe, Labrang, alt. 2 898~3 050 m, 1926-08-05, J. F. Rock 14546 (GH).

细裂马先蒿 ***Pedicularis dissectifolia*** H. L. Li in Proc. Acad. Nat. Sci. Philad. 101: 119, f. 173. 1949. **Holotype:** China. Yunnan: NW Yunnan, Precise locality not known, 1938-??-??, T. T. Yu 6866 (A).

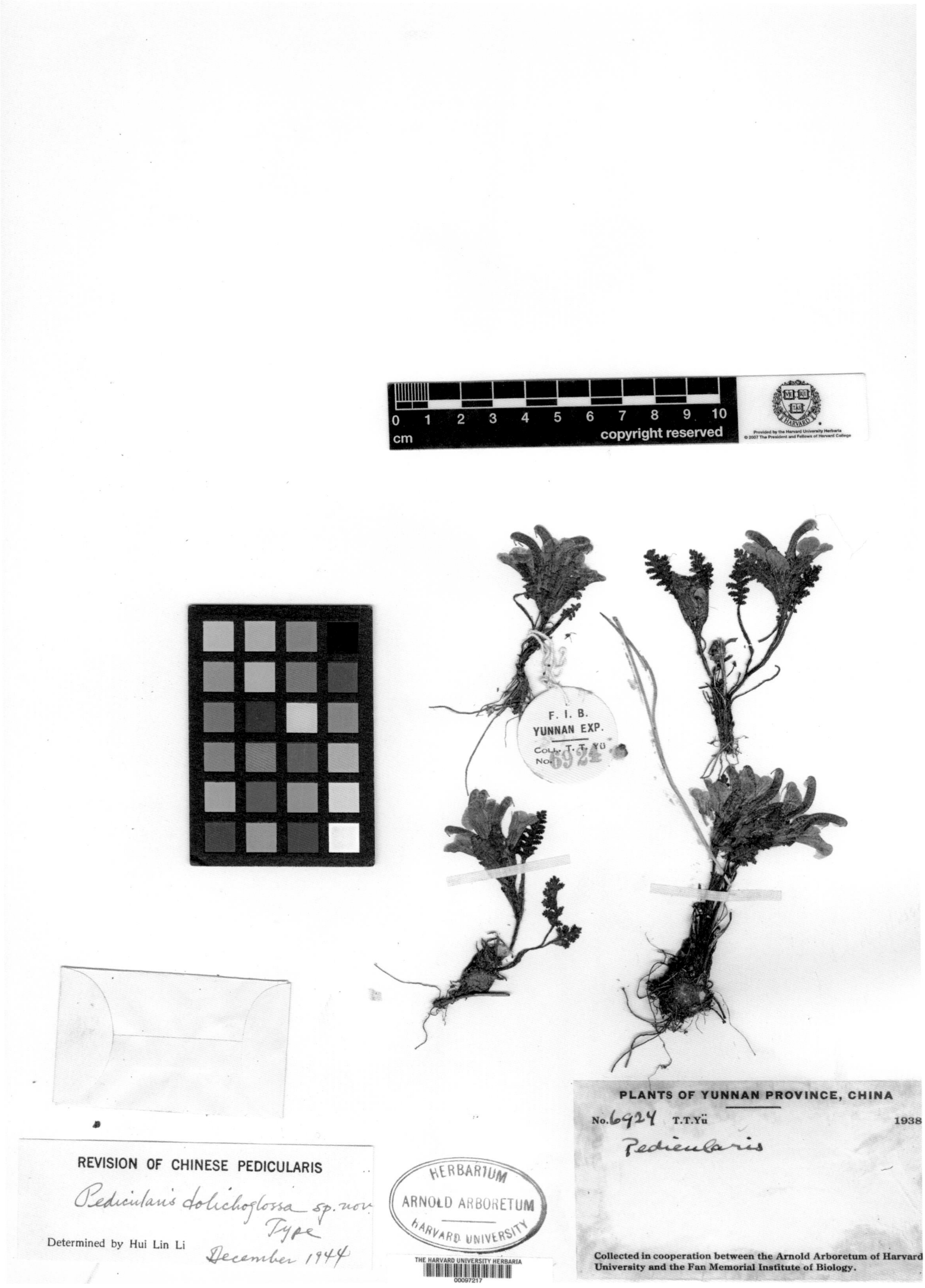

长舌马先蒿 ***Pedicularis dolichoglossa*** H. L. Li in Proc. Acad. Nat. Sci. Philad. 100: 356, f. 72. 1948. **Holotype:** China. Yunnan: NW Yunnan, Precise locality not known, 1938-??-??, T. T. Yu 6924 (A).

长穗马先蒿 ***Pedicularis dolichostachya*** H. L. Li in Proc. Acad. Nat. Sci. Philad. 100: 313, f. 41. 1948. **Holotype**: China. Sichuan: Lianghekou, alt. 3 660 m, 1938-08-??, T. K. Wang & T. S. Wen 0648 (A).

GRAY HERBARIUM
HARVARD
UNIVERSITY
copyright reserved
cm
PLANTAE ROCKIANAE
Expedition of the University of California Botanical Garden to Southwestern China.
Plants of Southeast Tibet
Province of Tsarung
Pedicularis Elwesii var. major Li
isotype
Flowers purple.
Alpine meadows,
Alt. 13,000 feet.
Forests and alpine regions of the Solo-la.
Joseph F. Rock, No. 22251
May–June 1932
THE HARVARD UNIVERSITY HERBARIA
00097219

高大马先蒿 ***Pedicularis elwesii*** Hook. f. var. ***major*** H. L. Li in Proc. Acad. Nat. Sci. Philad. 101: 145. 1949. **Isotype**: China. Xizang: Tsarung, Solo-la, alt. 3 660 m, 1932-(05-06)-??, J. F. Rock 22251 (GH).

矮小马先蒿 ***Pedicularis elwesii*** Hook. f. var. ***minor*** H. L. Li in Proc. Acad. Nat. Sci. Philad. 101: 145. 1949. **Isotype**: China. Xizang: Tsarung, upper Salwin River, alt. 3 812 m, 1932-(05-06)-??, J. F. Rock 22167 (GH).

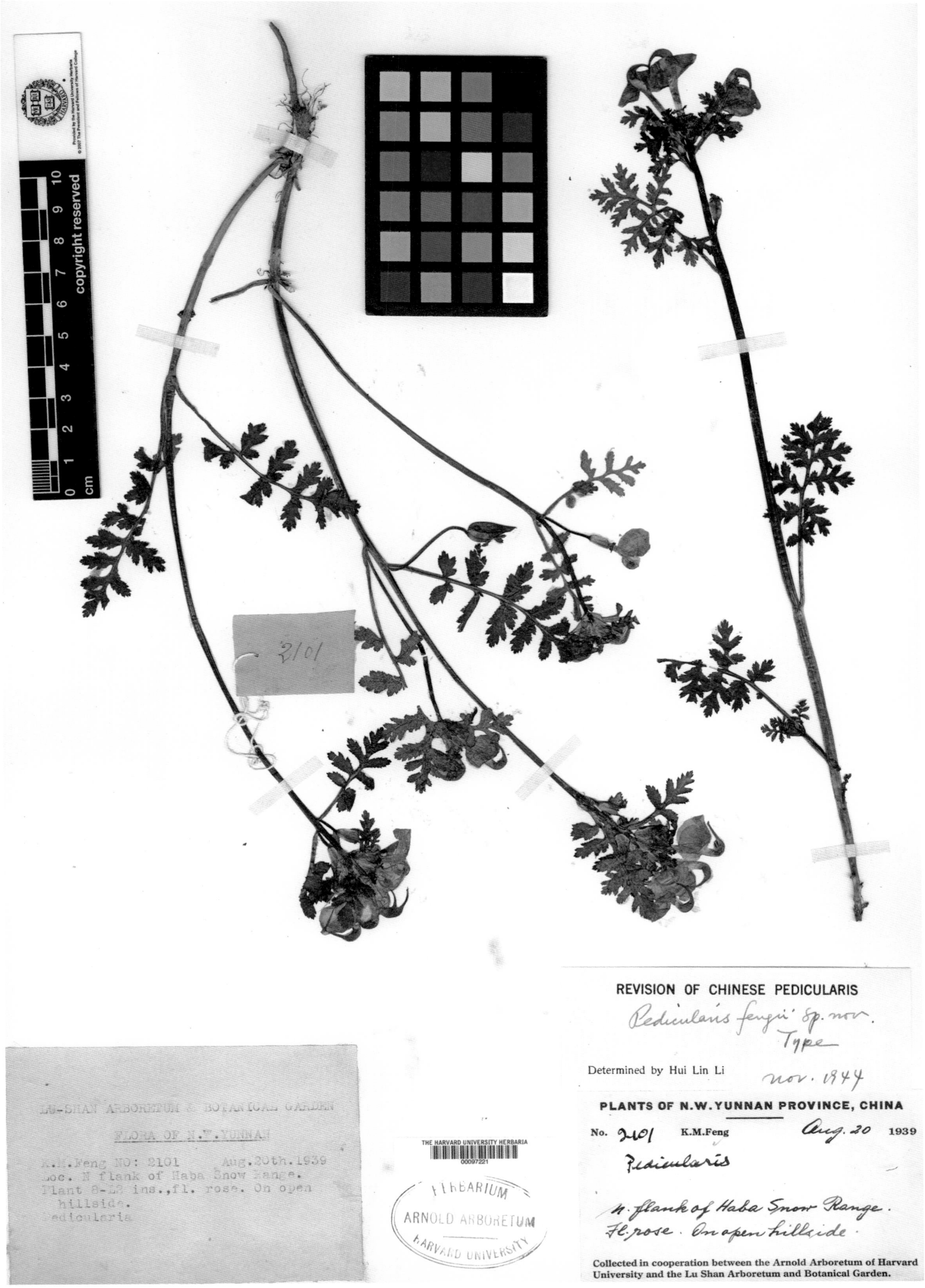

国楣马先蒿 ***Pedicularis fengii*** H. L. Li in Proc. Acad. Nat. Sci. Philad. 101: 120, f. 174. 1949. **Holotype:** China. Yunnan: NW Yunnan, Haba Snow Range, 1939-08-20, K. M. Feng 2101 (A).

羊齿叶马先蒿 ***Pedicularis filicifolia*** Hemsl. in J. Linn. Soc. Bot. 26: 208. 1890. **Isotype**: China. Hubei: Badong, (1885-1888)-??-??, A. Henry 6105 (GH).

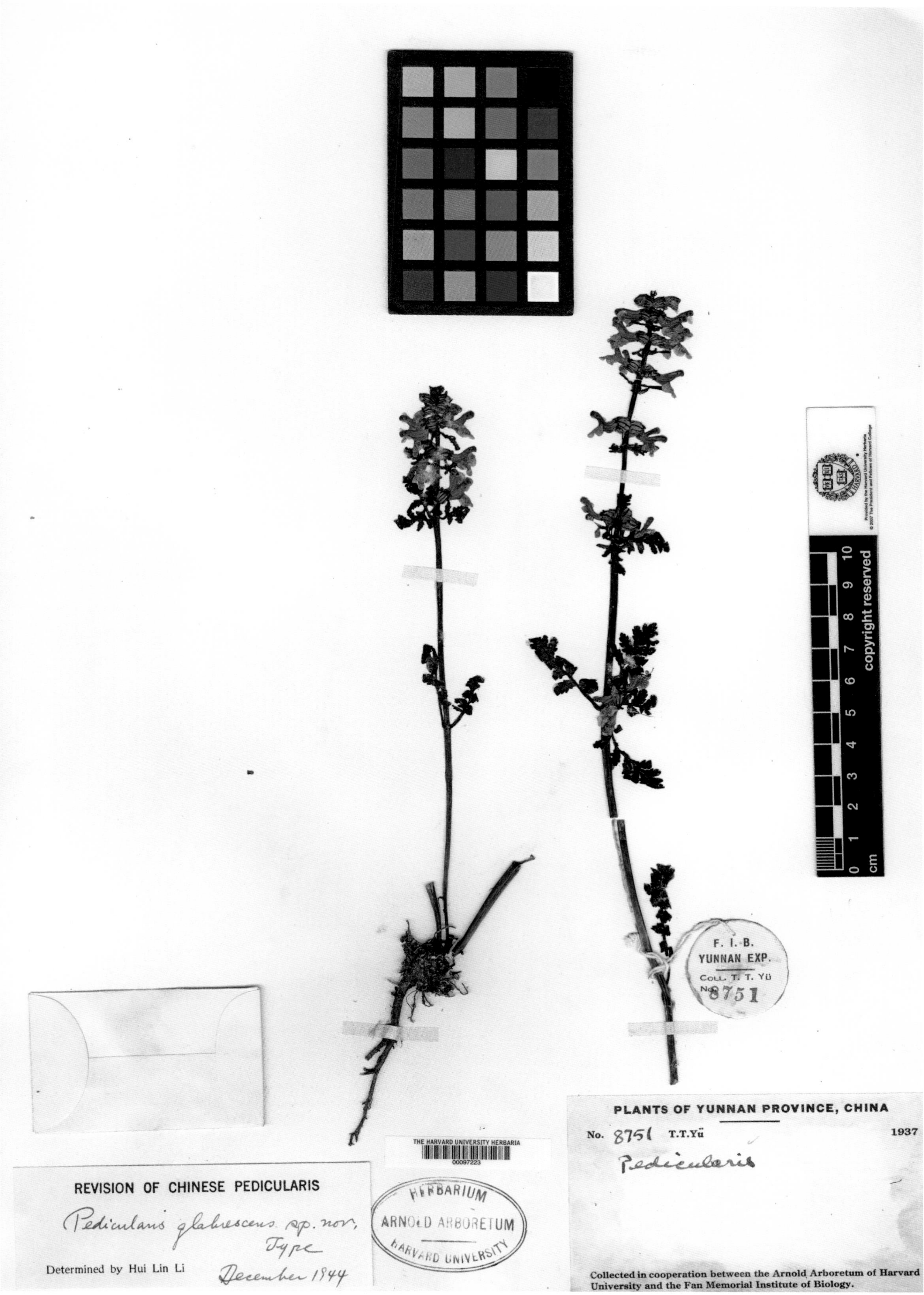
copyright reserved
F. I. B.
YUNNAN EXP.
COLL. T. T. YÜ
No. 8751
THE HARVARD UNIVERSITY HERBARIA
00097223
REVISION OF CHINESE PEDICULARIS
Pedicularis glabrescens sp. nov.
Type
Determined by Hui Lin Li
December 1944
HERBARIUM
ARNOLD ARBORETUM
HARVARD UNIVERSITY
PLANTS OF YUNNAN PROVINCE, CHINA
No. 8751 T.T.Yü 1937
Pedicularis
Collected in cooperation between the Arnold Arboretum of Harvard University and the Fan Memorial Institute of Biology.

退毛马先蒿 ***Pedicularis glabrescens*** H. L. Li in Proc. Acad. Nat. Sci. Philad. 100: 317, f. 43. 1948. **Holotype:** China. Yunnan: Dêqên, alt. 3 500 m, 1937-07-06, T. T. Yu 8751 (A).

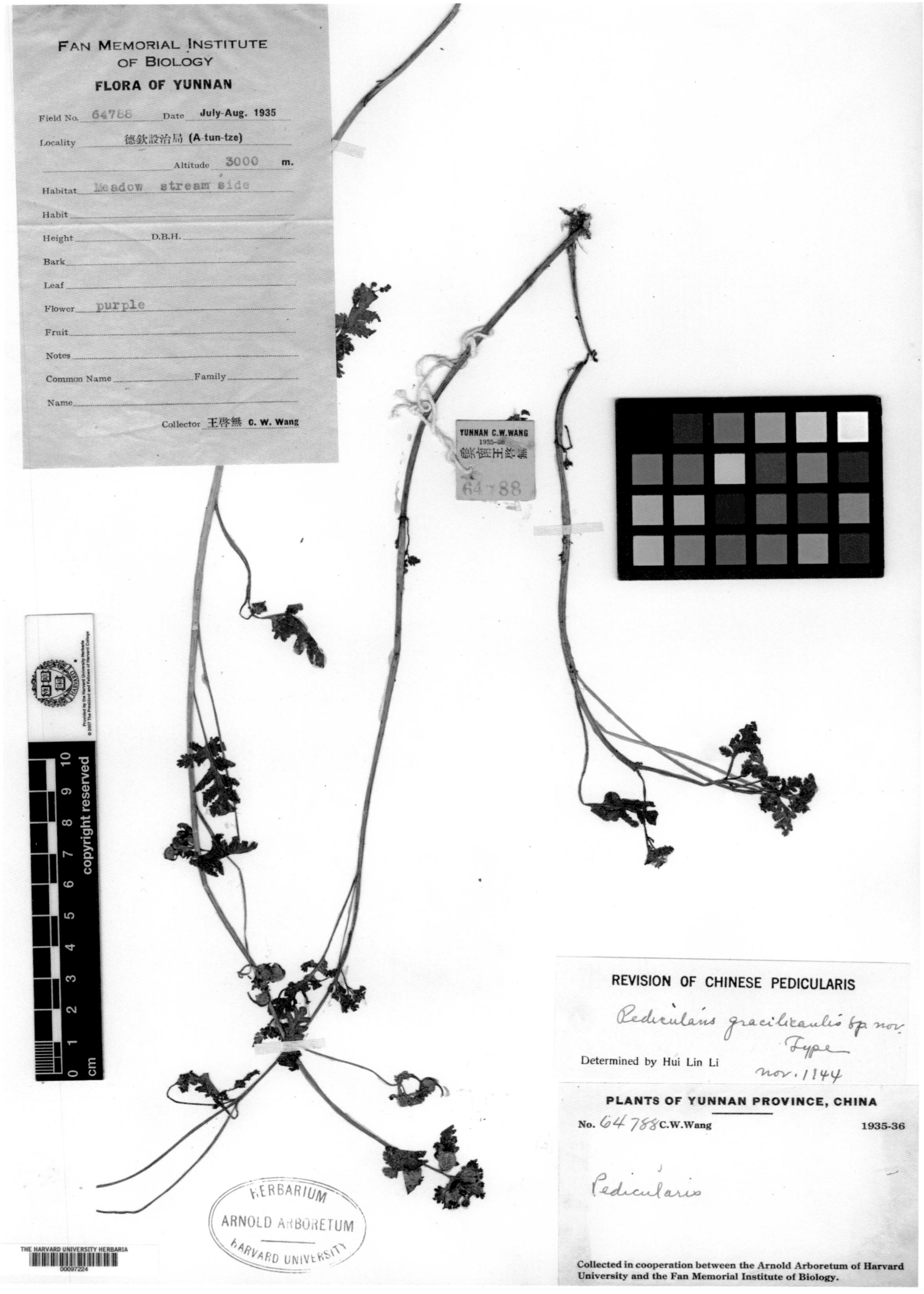

细瘦马先蒿 ***Pedicularis gracilicaulis*** H. L. Li in Proc. Acad. Nat. Sci. Philad. 101: 32, f. 108. 1949. **Holotype:** China. Yunnan: Dêqên, alt. 3 000 m, 1935-(07-08)-??, C. W. Wang 64788 (A).

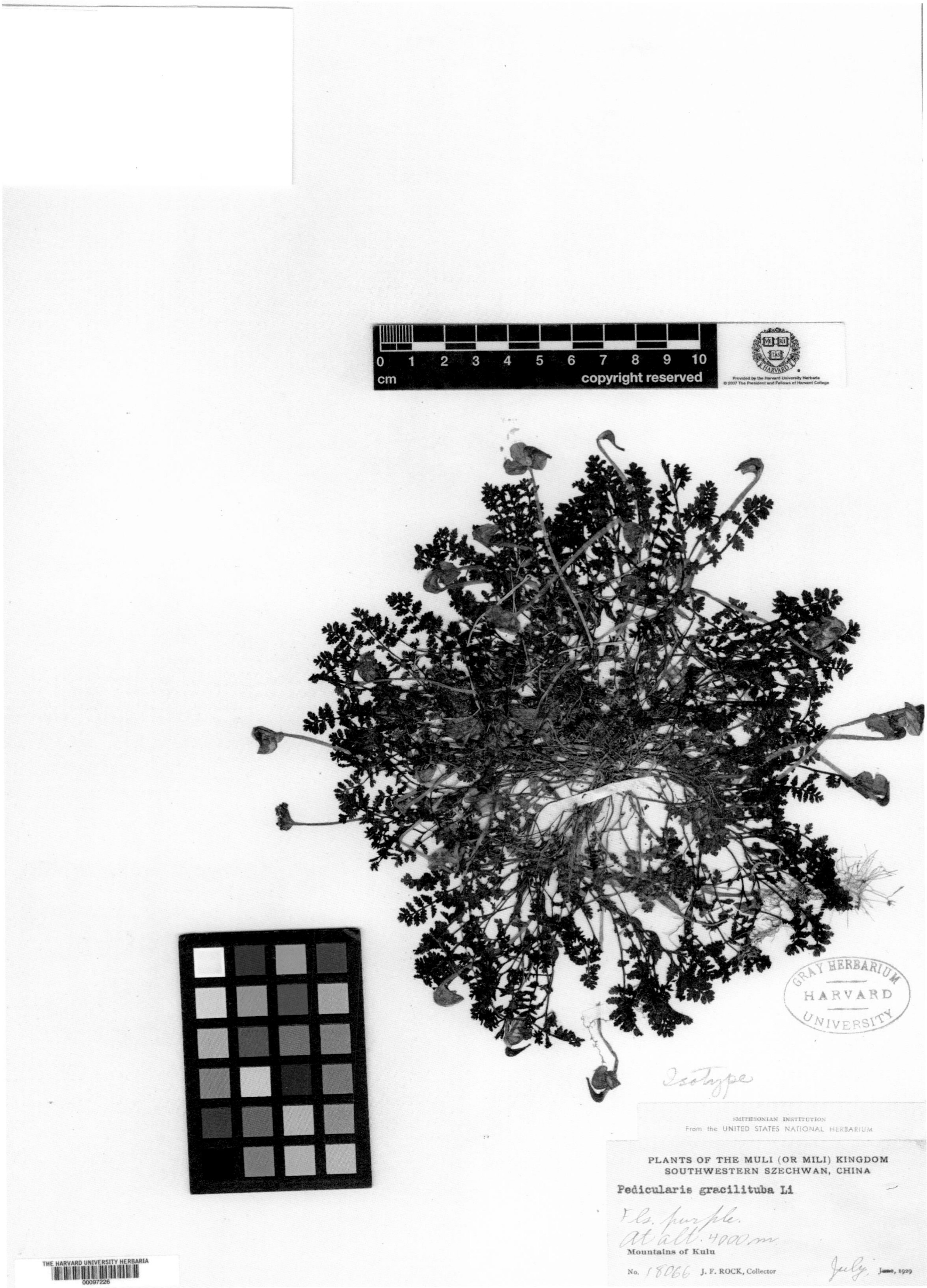

细管马先蒿 ***Pedicularis gracilituba*** H. L. Li in Proc. Acad. Nat. Sci. Philad. 101: 173, f. 210. 1949. **Isotype**: China. Sichuan: Muli, Kulu Shan, alt. 4 000 m, 1929-07-??, J. F. Rock18066 (GH).

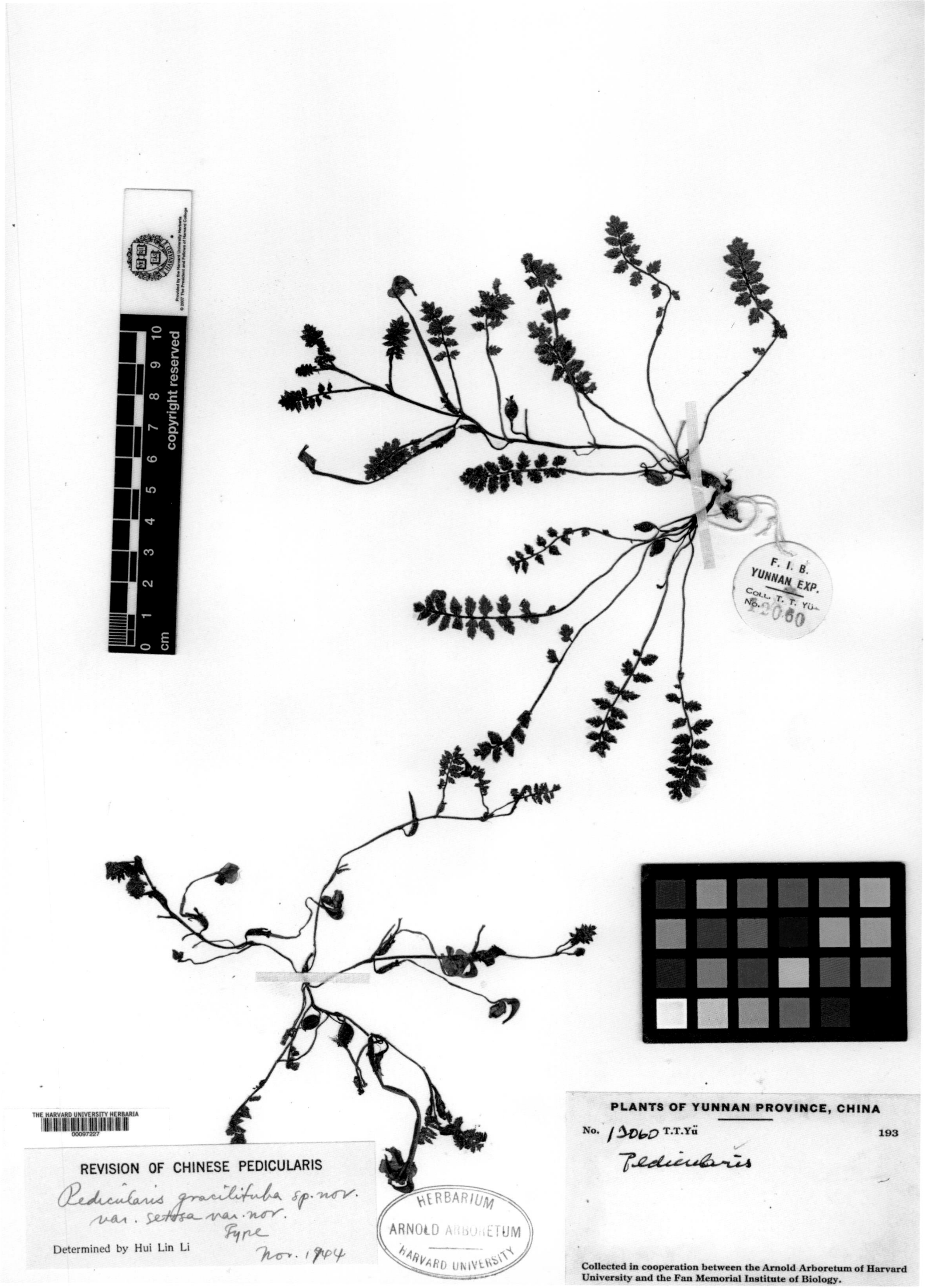

刺毛细管马先蒿 ***Pedicularis gracilituba*** H. L. Li var. ***setosa*** H. L. Li in Proc. Acad. Nat. Sci. Philad. 101: 174. 1949. **Holotype:** China. Yunnan: Zhongdian (=Shangri-La), alt. 3 300 m, 1937-07-09, T. T. Yu 12060 (A).

中国纤细马先蒿 ***Pedicularis gracilis*** Wall. var. ***sinensis*** H. L. Li in Proc. Acad. Nat. Sci. Philad. 100: 279, f. 15. 1948. **Isotype**: China. Yunnan: Lijiang, Lijiang Snow Range, alt. 2 745~3 660 m, 1922-08-22, J. F. Rock 6019 (GH).

哈巴山马先蒿 ***Pedicularis habachanensis*** Bonati in Notes Roy. Bot. Gard. Edinb. 15: 151. 1926. **Isotype**: China. Yunnan: Lijiang, Haba Shan, alt. 4 270 m, 1923-07-??, J. F. Rock 9683 (GH).

壮丽马先蒿 ***Pedicularis imperialis*** Franch. in Bull. Soc. Bot. France 47: 34. 1900. **Isotype**: China. Yunnan: Yo-lin-chan, 1889-08-10, J. M. Delavay 6899 (GH).

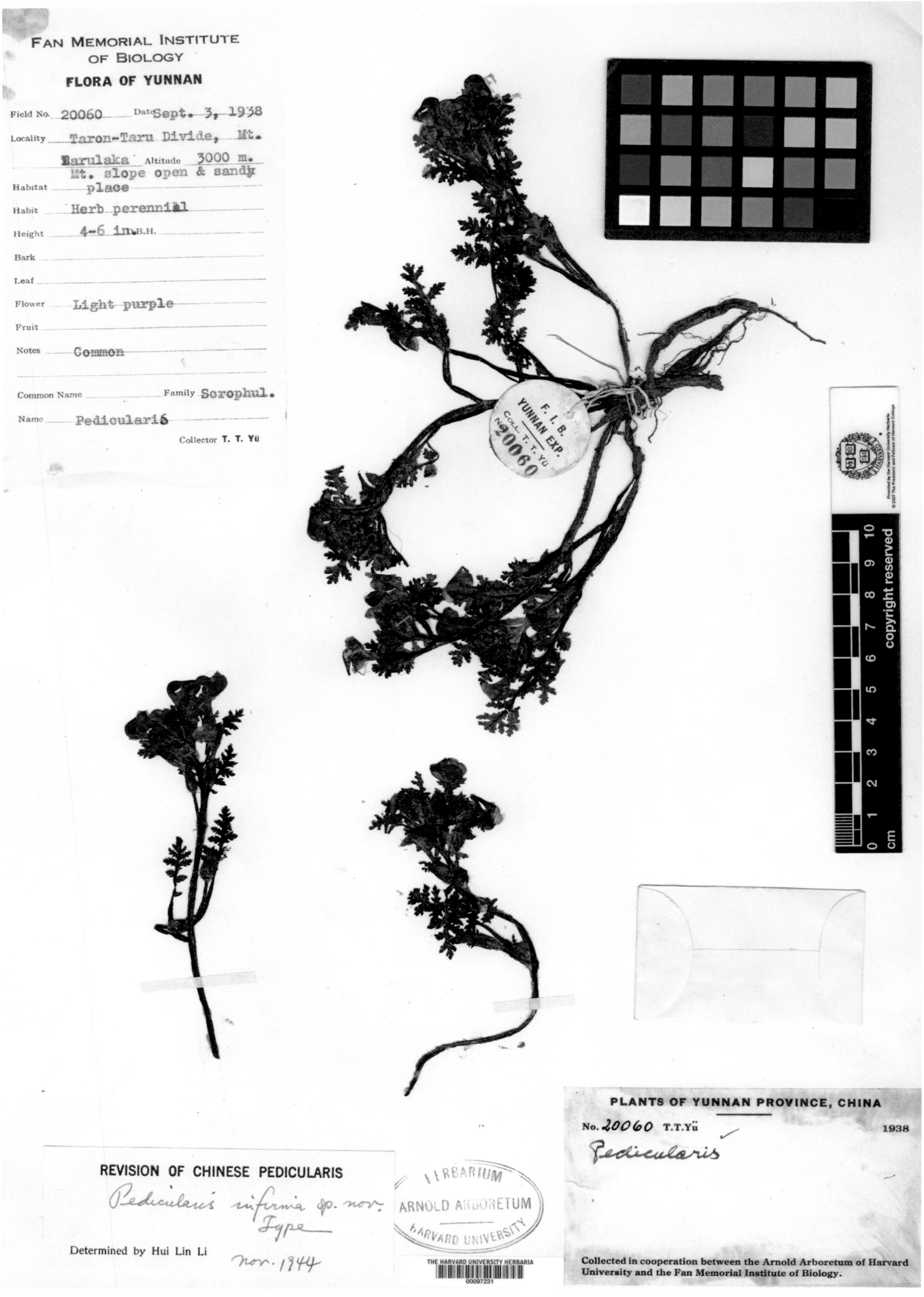
FAN MEMORIAL INSTITUTE
OF BIOLOGY
FLORA OF YUNNAN
Field No. 20060 Date Sept. 3, 1938
Locality Taron-Taru Divide, Mt. Tarulaka Altitude 3000 m.
Habitat Mt. slope open & sandy place
Habit Herb perennial
Height 4-6 in. B.H.
Bark
Leaf
Flower Light purple
Fruit
Notes Common
Common Name
Family Scrophul.
Name Pedicularis
Collector T. T. Yü
F. I. B.
YUNNAN EXP.
COLL. T. T. YÜ
No. 20060
copyright reserved
cm
PLANTS OF YUNNAN PROVINCE, CHINA
No. 20060 T.T.Yü 1938
Pedicularis
Collected in cooperation between the Arnold Arboretum of Harvard University and the Fan Memorial Institute of Biology.
REVISION OF CHINESE PEDICULARIS
Pedicularis infirma sp. nov.
Type
Determined by Hui Lin Li
nov. 1944
HERBARIUM
ARNOLD ARBORETUM
HARVARD UNIVERSITY
THE HARVARD UNIVERSITY HERBARIA
00097231

孱弱马先蒿 ***Pedicularis infirma*** H. L. Li in Proc. Acad. Nat. Sci. Philad. 101: 161, f. 202. 1949. **Holotype:** China. Yunnan: Northwest Yunnan, Taron-Taru Divide, Tarulaka, alt. 3 000 m, 1938-09-03, T. T. Yu 20060 (A).

全缘叶马先蒿 ***Pedicularis integerrima*** Pennell & H. L. Li in Proc. Acad. Nat. Sci. Philad. 100: 351, f. 69. 1948. **Isotype**: China. Yunnan: Lijiang, eastern slopes of Lijiang Snow Range, alt. 3 050~3 508 m, 1922-05-(12-29), J. F. Rock 3797(GH).

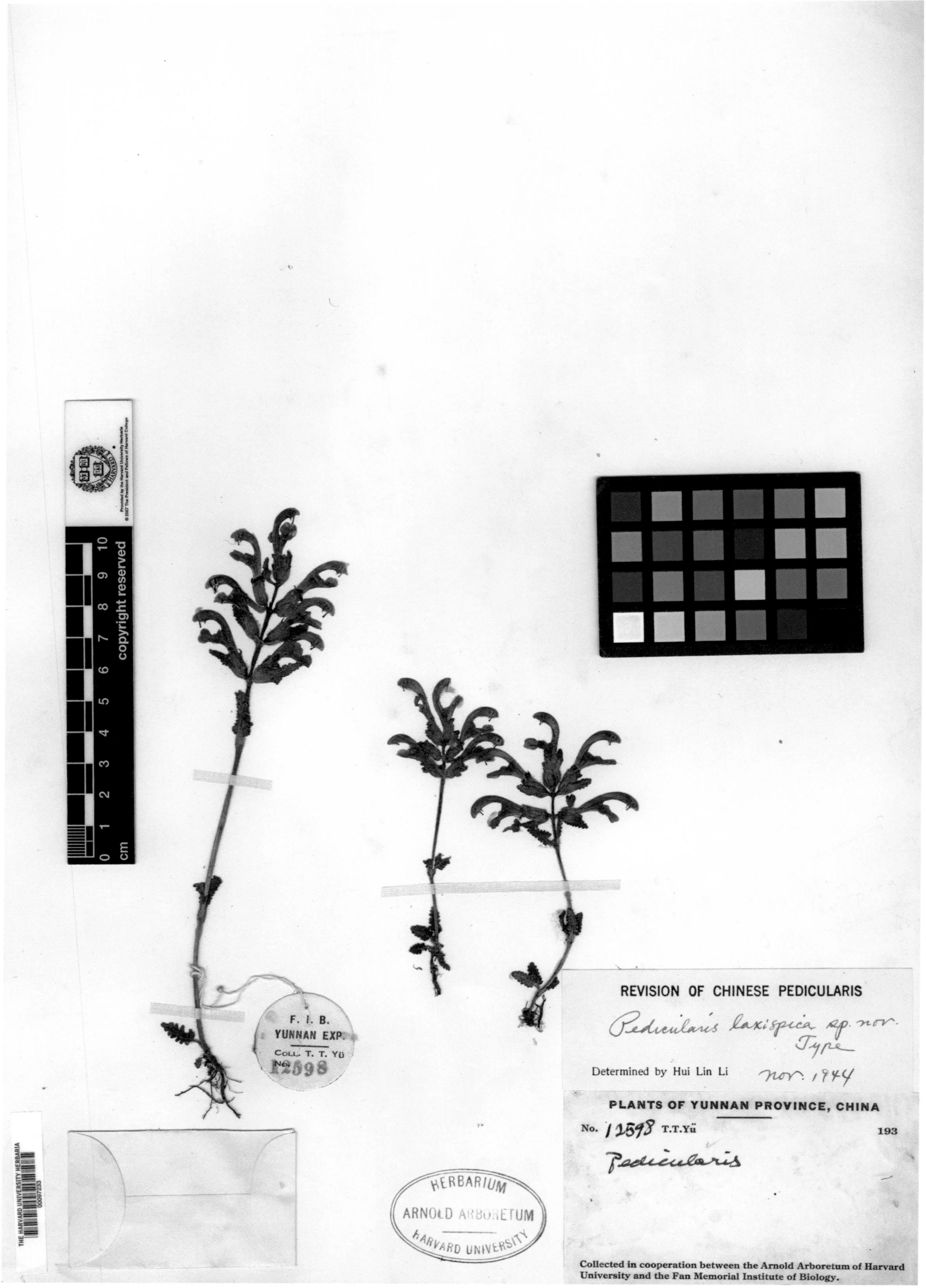

疏穗马先蒿 ***Pedicularis laxispica*** H. L. Li in Proc. Acad. Nat. Sci. Philad. 100: 362, f. 77. 1948. **Holotype:** China. Yunnan: Northwest Yunnan, Precise locality not known, 1938-??-??, T. T. Yu 12598 (A).

纤管马先蒿 ***Pedicularis leptosiphon*** H. L. Li in Proc. Acad. Nat. Sci. Philad. 101: 194, f. 225. 1949. **Isotype**: China. Sichuan: Muli, alt. 4 000 m, 1929-07-??, J. F. Rock 18012 (GH).

盔须马先蒿 ***Pedicularis lophotricha*** H. L. Li in Proc. Acad. Nat. Sci. Philad. 101: 71, f. 138. 1949. **Isotype:** China. Sichuan: Gongga Shan, alt. 3 960-5 335 m, 1928-06-??, J. F. Rock 16399 (GH).

龙陵马先蒿 ***Pedicularis lunglingensis*** Bonati in Notes Roy. Bot. Gard. Edinb. 15: 160. 1926. **Isotype**: China. Yunnan: between Tengyueh (=Tengchong) & Longling, alt. 2 000m, 1922-10-??, J. F. Rock 7126 (GH).

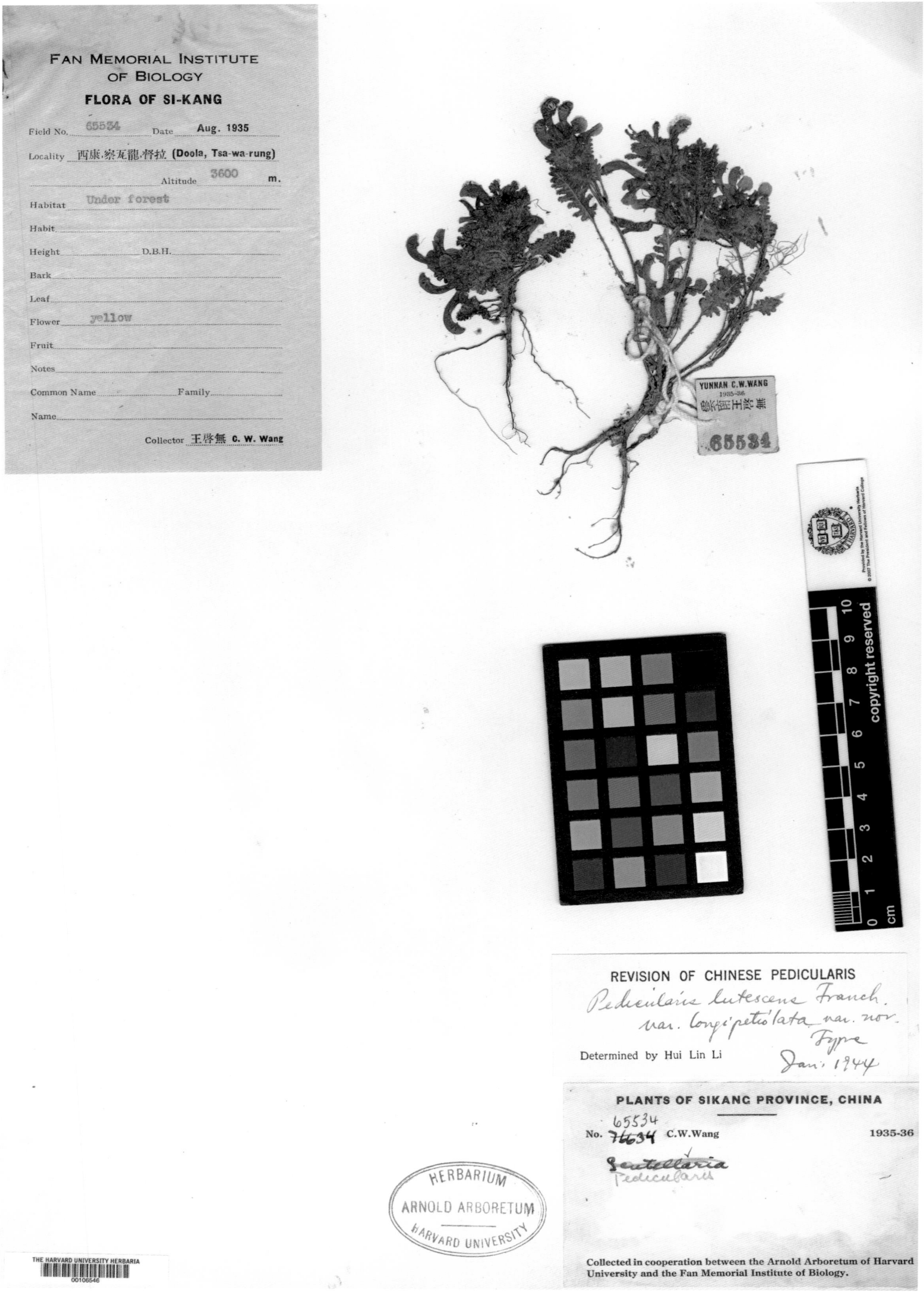
FAN MEMORIAL INSTITUTE
OF BIOLOGY
FLORA OF SI-KANG
Field No. 65534 Date Aug. 1935
Locality 西康·察瓦龍·督拉 (Doola, Tsa-wa-rung)
Altitude 3600 m.
Habitat Under forest
Habit
Height D.B.H.
Bark
Leaf
Flower yellow
Fruit
Notes
Common Name Family
Name
Collector 王啓無 C. W. Wang
YUNNAN C.W.WANG
1935-36
65534
copyright reserved
cm
REVISION OF CHINESE PEDICULARIS
Pedicularis lutescens Franch.
var. longipetiolata var. nov.
Type
Determined by Hui Lin Li
Jan. 1944
PLANTS OF SIKANG PROVINCE, CHINA
65534
No. 76634 C.W.Wang 1935-36
Scutellaria
Pedicularis
HERBARIUM
ARNOLD ARBORETUM
HARVARD UNIVERSITY
Collected in cooperation between the Arnold Arboretum of Harvard University and the Fan Memorial Institute of Biology.
THE HARVARD UNIVERSITY HERBARIA
00106546

长柄浅黄马先蒿 ***Pedicularis lutescens*** Franch. var. ***longipetiolata*** H. L. Li in Proc. Acad. Nat. Sci. Philad. 100: 361. 1948.

Holotype: China. Xizang: Zayü, alt. 3 600 m, 1935-08-??, C. W. Wang 65534 (A).

长喙马先蒿 ***Pedicularis macrorhyncha*** H. L. Li in Proc. Acad. Nat. Sci. Philad. 101: 108, f. 168. 1949. **Holotype**: China. Yunnan: Chungtien (=Shangri-La), 1939-07-09, K. M. Feng 1595 (A).

膜叶马先蒿 ***Pedicularis membranacea*** H. L. Li in Proc. Acad. Nat. Sci. Philad. 101: 168, f. 207. 1949. **Holotype**: China. Sichuan: Kangding, alt. 2 400 m, 1939-08-07, C. Y. Chiao 1657 (A).

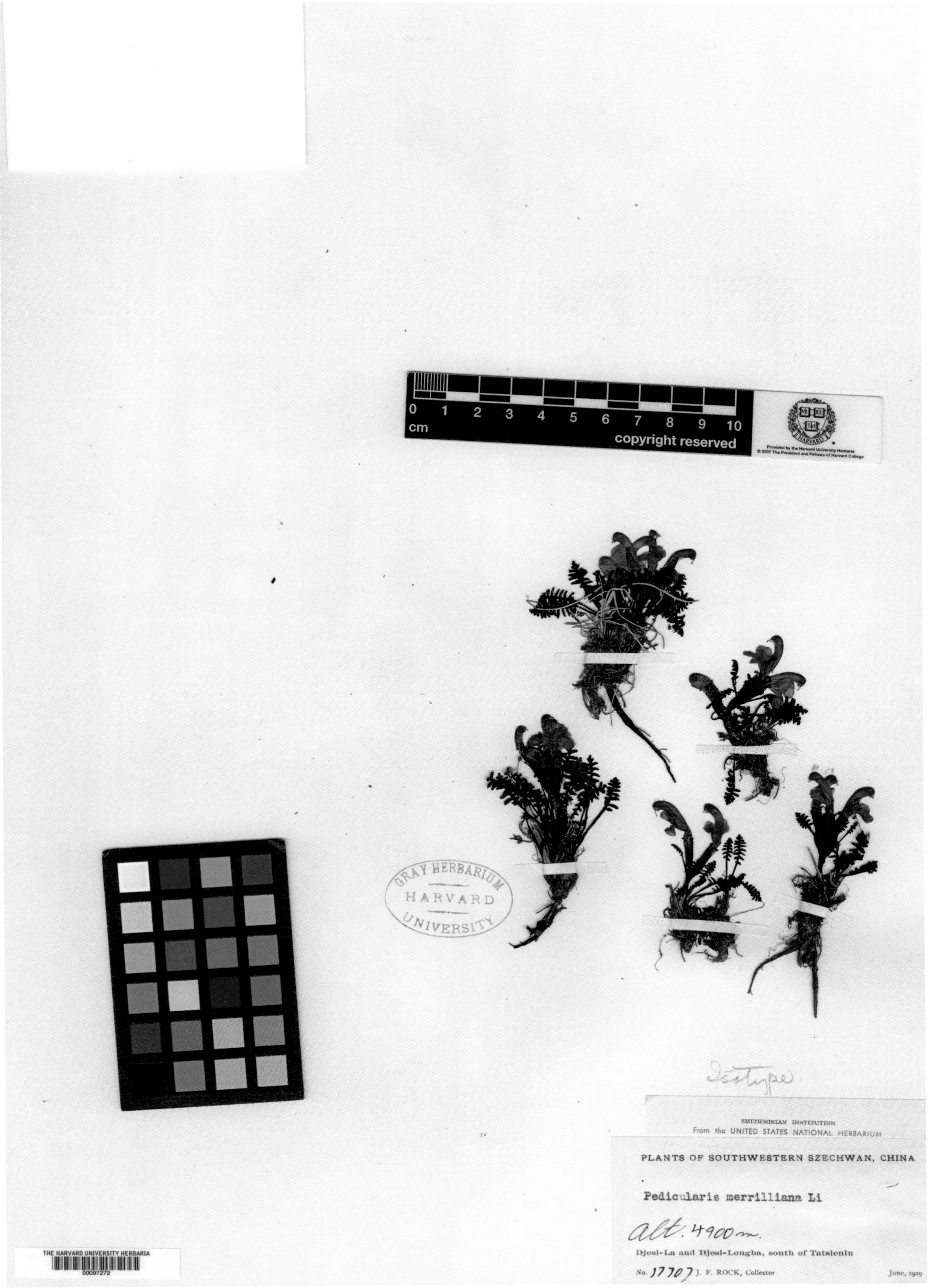

迈氏马先蒿 ***Pedicularis merrilliana*** H. L. Li in Proc. Acad. Nat. Sci. Philad. 101: 96, f. 155. 1949. **Isotype**: China. Sichuan: Kangding, alt. 4 900 m, 1929-06-??, J. F. Rock 17707 (GH).

翘喙马先蒿 ***Pedicularis meteororhyncha*** H. L. Li in Proc. Acad. Nat. Sci. Philad. 100: 376. 1948. **Isotype**: China. Yunnan: between Lijiang & Heqing, alt. 4 118 m, 1932-(07-08)-??, J. F. Rock 25184 (GH).

小花马先蒿 ***Pedicularis micrantha*** H. L. Li in Proc. Acad. Nat. Sci. Philad. 101: 106, f. 164. 1949. **Holotype**: China. Yunnan: Salwin-Kiukiang Divide, alt. 3 100 m, 1938-09-17, T. T. Yu 20344 (A).

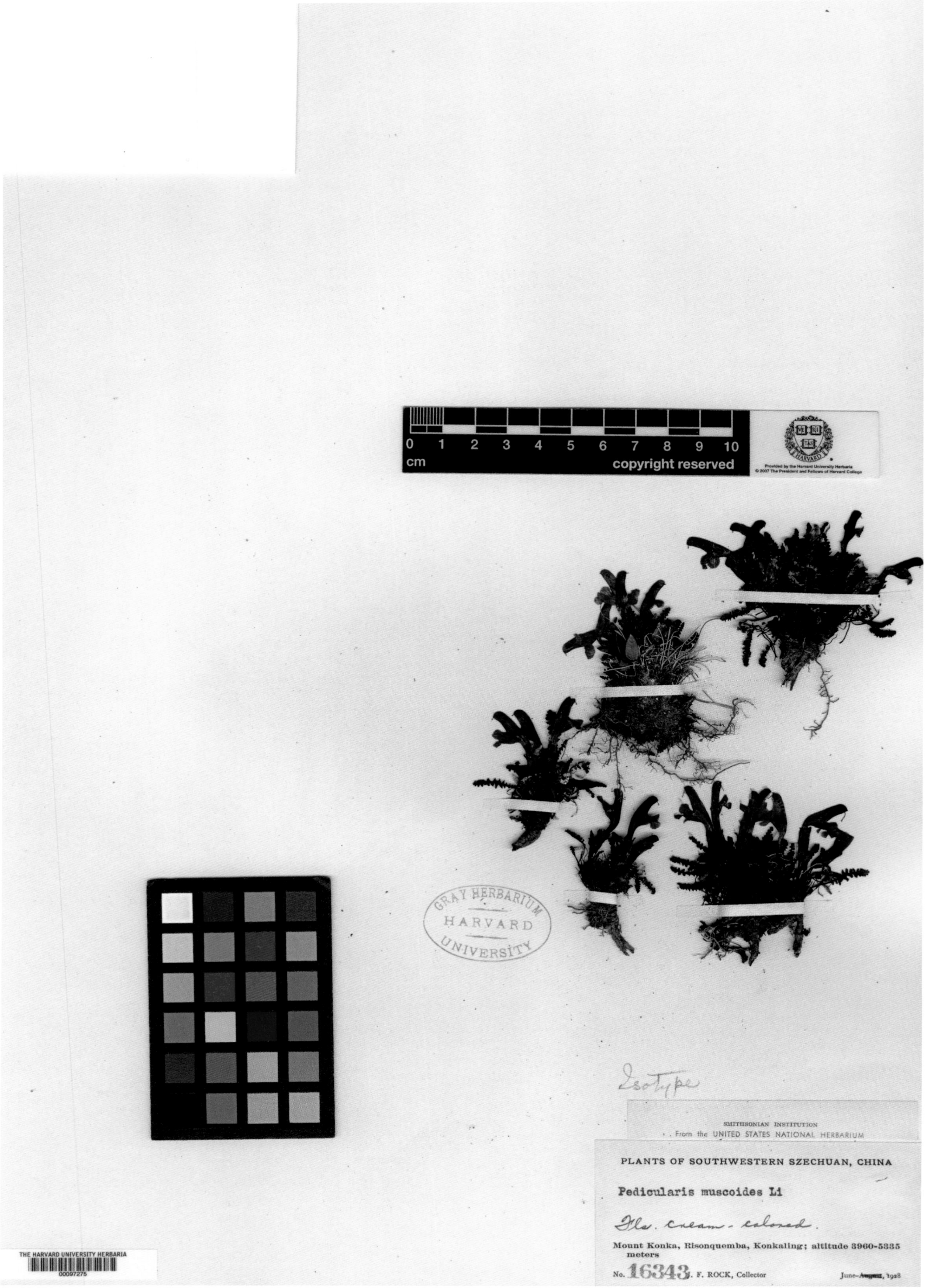

藓状马先蒿 ***Pedicularis muscoides*** H. L. Li in Proc. Acad. Nat. Sci. Philad. 101: 91, f. 151. 1949. **Isotype**: China. Sichuan: Gongga Shan, alt. 3 960~5 335 m, 1928-06-??, J. F. Rock 16343 (GH).

五角马先蒿 ***Pedicularis pentagona*** H. L. Li in Proc. Acad. Nat. Sci. Philad. 100: 347. 1948. **Isotype**: China. Sichuan: between Litang & Shou-Chu rivers, 1928-(07-08)-??, J. F. Rock 16907 (GH).

多齿马先蒿 ***Pedicularis polyodonta*** H. L. Li in Proc. Acad. Nat. Sci. Philad. 100: 358, f. 75. 1948. **Isotype**: China. Sichuan: Ta-Tsien-Lou (=Kangding), 1893-??-??, J. A. Soulie 103 (A).

FLORA OF WEST CHINA
No 0610 Date Aug. 1938
Scientific name
Chinese name
Locality Lieng ho kou
Habitat & Altitude Grass Land 12000 ft.
Kind of plant Herb
Plant height m. Diam cm
Flower Purple
Leaf
Fruit
Remarks
Collector T.K.WANG & T.S. WEN
copyright reserved
cm 0 1 2 3 4 5 6 7 8 9 10
REVISION OF CHINESE PEDICULARIS
Pedicularis porphyrantha sp. nov. Type
Determined by Hui Lin Li Feb. 1944
HERBARIUM ARNOLD ARBORETUM HARVARD UNIVERSITY
THE HARVARD UNIVERSITY HERBARIA
00097278
PLANTS OF SZECHUAN
Herbarium of the Arnold Arboretum, Harvard University
No. 610, Wang and Wen August, 1938
Pedicularis
Lieng ho kou
Collected for the West China Union University

两河口马先蒿 ***Pedicularis porphyrantha*** H. L. Li in Proc. Acad. Nat. Sci. Philad. 100: 355, f. 71. 1948. **Holotype**: China. Sichuan: Lianghekou, alt. 3 660 m, 1938-08-??, T. K. Wang & T. S. Wen 0610 (A).

GRAY HERBARIUM
HARVARD
UNIVERSITY
0 1 2 3 4 5 6 7 8 9 10
cm
copyright reserved
PLANTAE ROCKIANAE
Expedition of the University of California Botanical Garden to Southwestern China.
Plants of Yunnan
Pedicularis Przewalskii var. australis Li
isotype
Flowers purplish red.
Alpine meadows,
Altitude 14,500 feet.
Pei-ma shan, Mekong-Yangtze divide, southeast of Atuntze.
Joseph F. Rock, No. 22840
May–June 1932
THE HARVARD UNIVERSITY HERBARIA
00097279

南方普氏马先蒿 ***Pedicularis przewalskii*** Maxim. var. ***australis*** H. L. Li in Proc. Acad. Nat. Sci. Philad. 101: 113. 1949. **Isotype**: China. Yunnan: Dêqên, Atuntze, alt. 4 423 m, 1932-(05-06)-??, J. F. Rock 22840 (GH).

粗毛普氏马先蒿 ***Pedicularis przewalskii*** Maxim. var. ***hirsuta*** H. L. Li in Proc. Acad. Nat. Sci. Philad. 101: 113. 1949. **Isotype**: China. Yunnan: Yongning, alt. 4 118 m, 1932-05-??, J. F. Rock 24224 (GH).

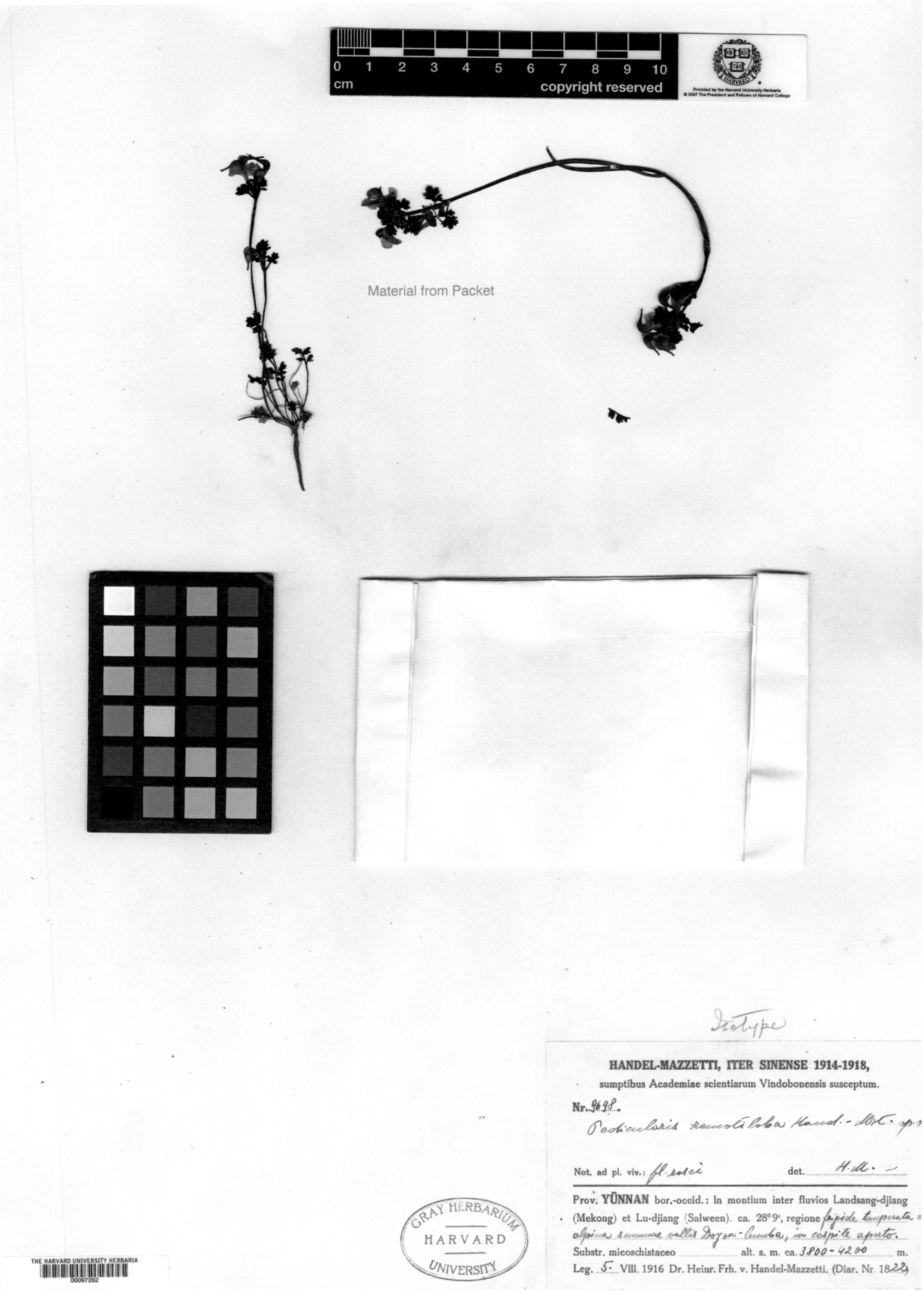

疏裂马先蒿 ***Pedicularis remotiloba*** Hand.-Mazz. in Symb. Sin. 7: 868, pl. 15, f. 7. 1936. **Isotype**: China. Yunnan: Gongshan, between Lancang Jiang & Nu Jiang, alt. 3 800~4 200 m, 1916-08-05, H. R. E. Handel-Mazzetti 9698 (GH).

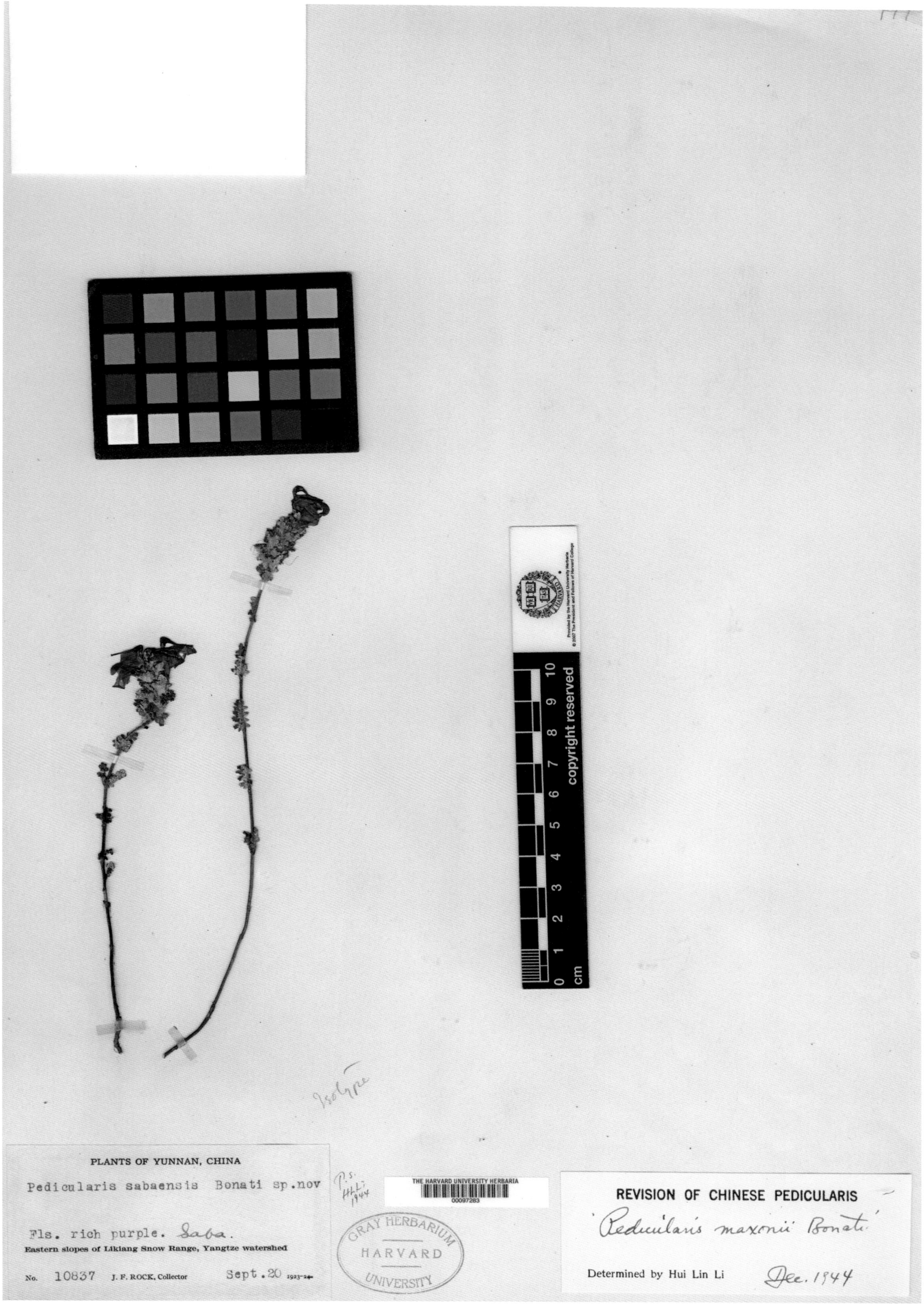

沙巴马先蒿 ***Pedicularis sabaensis*** Bonati in Notes Roy. Bot. Gard. Edinb. 15: 166. 1926. **Isotype**: China. Yunnan: Lijiang, Saba, 1923-09-20, J. F. Rock 10837(GH).

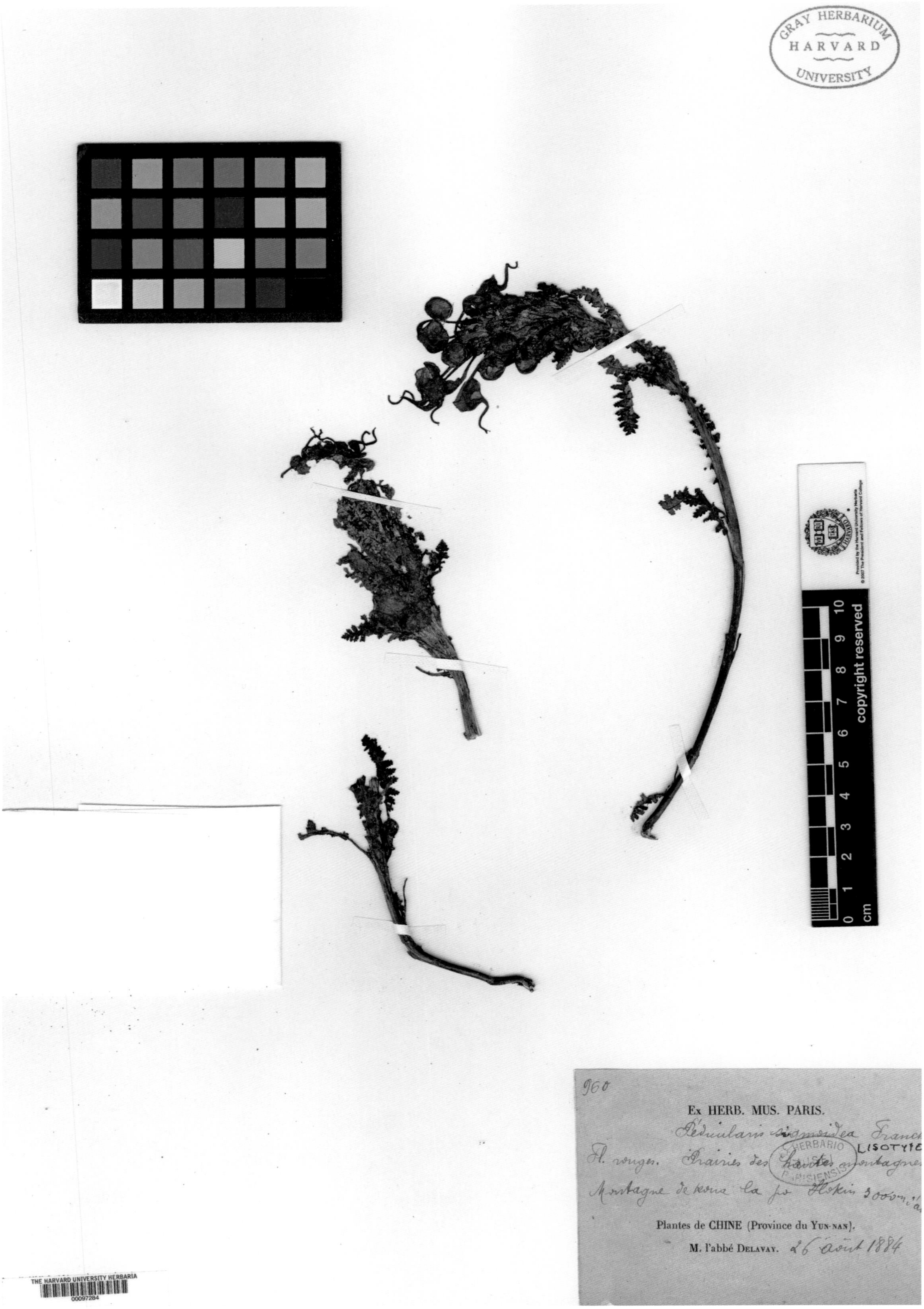

之形喙马先蒿 ***Pedicularis sigmoidea*** Franch. ex Maxim. in Bull. Acad. Imp. Sci. St-Petersb. ser. 3. 32: 535. 1888. **Isotype**: China. Yunnan: Heqing, alt. 3 000 m, 1884-08-26, J. M. Delavay 960 (GH).

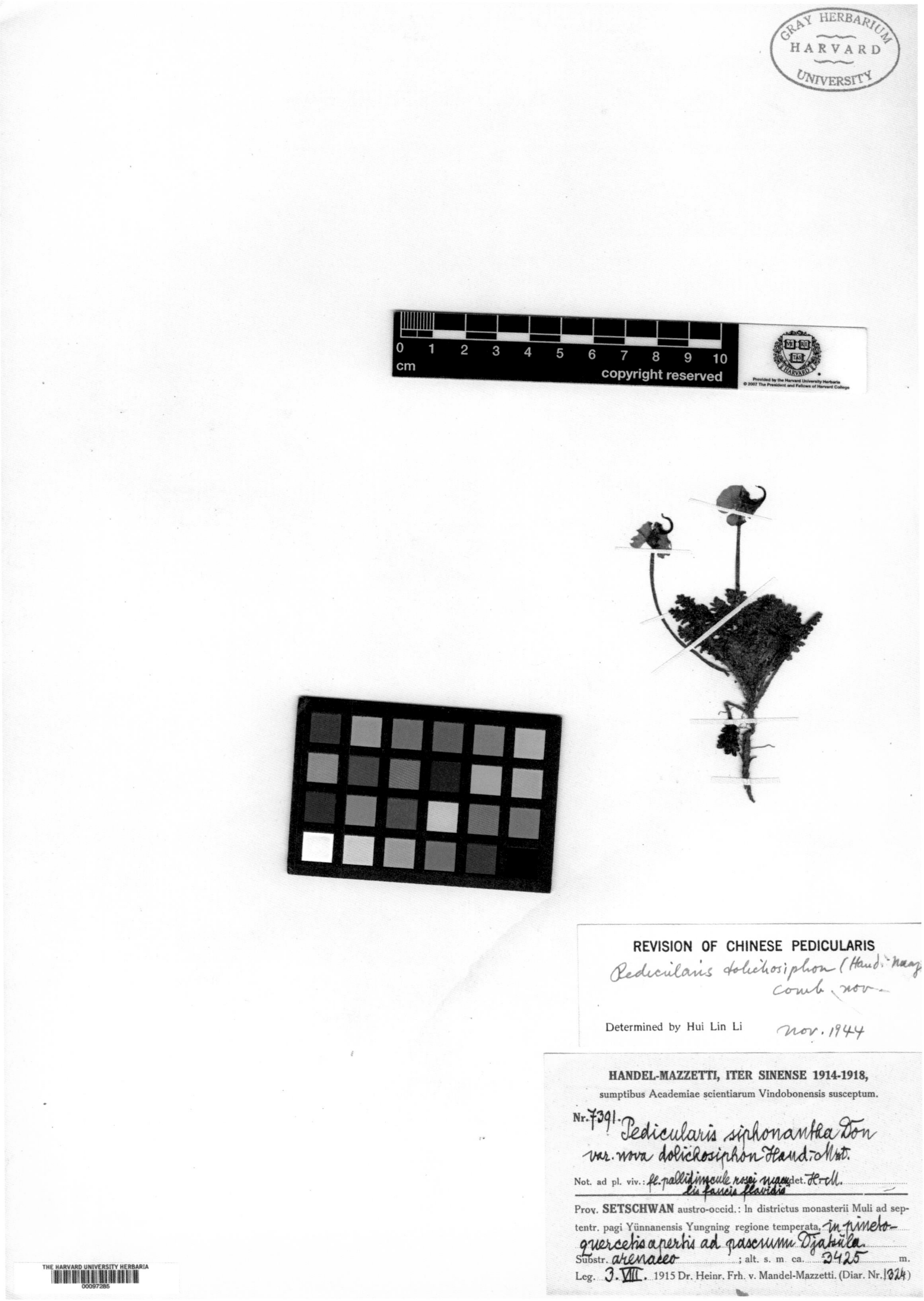

长管马先蒿 ***Pedicularis siphonantha*** Don var. ***dolichosiphon*** Hand.-Mazz. in Anz. Akad. Wiss. Wien. Math.-Nat. Kl. 60: 117. 1923. **Isotype:** China. Sichuan: Muli, alt. 3 425 m, 1915-08-03, H. R. E. Handel-Mazzetti 7391 (GH).

梵净山马先蒿 ***Pedicularis stewardii*** H. L. Li in Proc. Acad. Nat. Sci. Philad.101: 139, f. 188. 1949. **Isotype**: China. Guizhou: Fanjing Shan, alt. 2 200 m, 1931-10-01, A. N. Steward, C. Y. Chiao & H. C. Cheo 491 (GH).

短茎马先蒿 ***Pedicularis subacaulis*** Bonati in Notes Roy. Bot. Gard. Edinb. 15: 165. 1926. **Isosyntype**: China. Yunnan: Lijiang, alt. 4 422 m, 1923-08-??, J. F. Rock 9904 (GH).

颤喙马先蒿 ***Pedicularis tantalorhyncha*** Franch. ex Bonati in Bull. Soc. Bot. France 56: 466. 1909. **Isotype**: China. Yunnan: Dali, Cang Shan, alt. 4 000 m, 1887-06-27, J. M. Delavay s. n. (GH).

绒毛马先蒿 ***Pedicularis tomentosa*** H. L. Li in Proc. Acad. Nat. Sci. Philad. 100: 357, f. 74. 1948. **Holotype:** China. Yunnan: Northwest Yunnan, Precise locality not known, T. T. Yu 13112 (A).

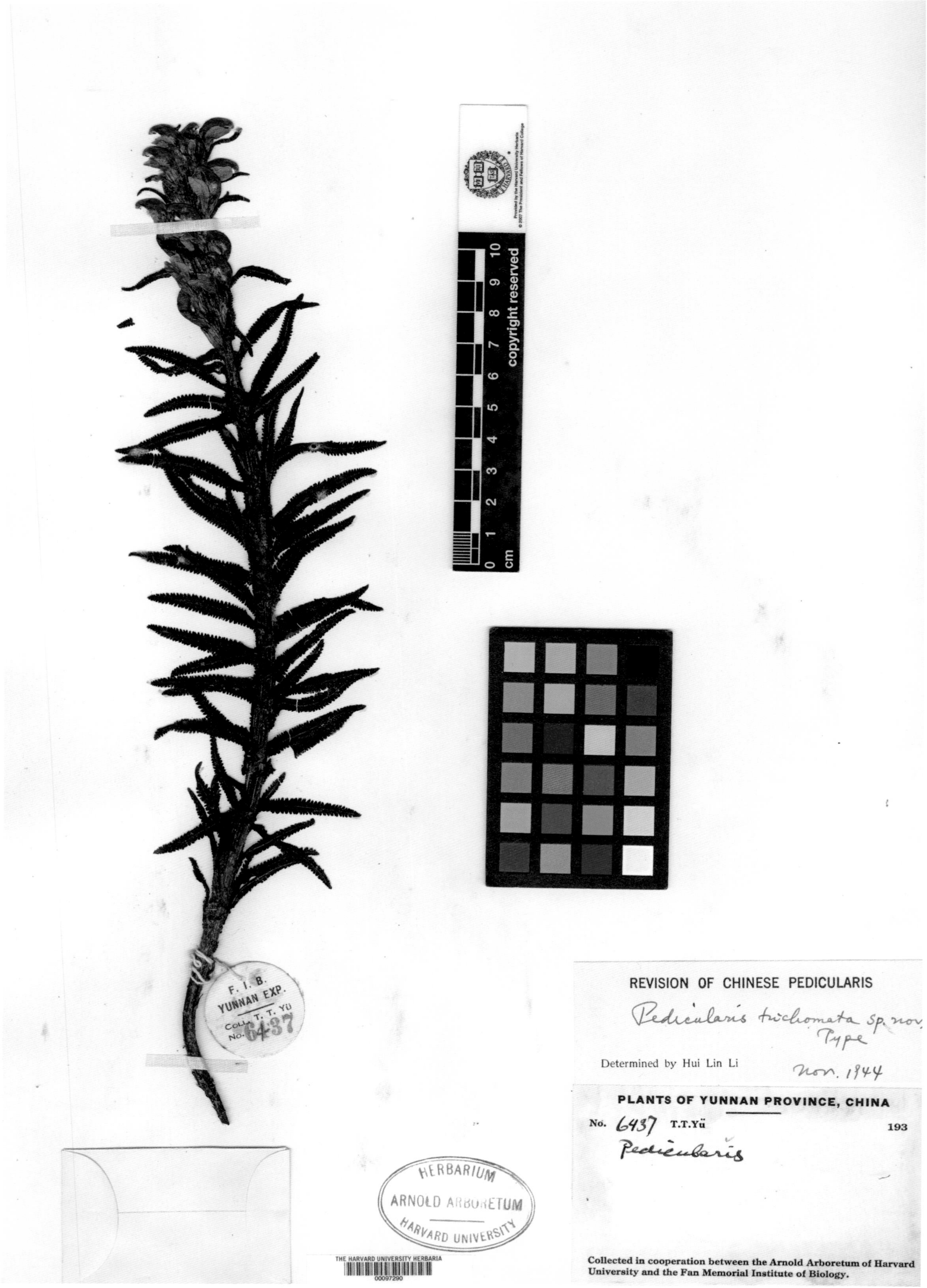

须毛马先蒿 ***Pedicularis trichomata*** H. L. Li in Proc. Acad. Nat. Sci. Philad. 101: 70, f. 135. 1949. **Holotype:** China. Yunnan: Northwest Yunnan, Precise locality not known, T. T. Yu 6437 (A).

三色马先蒿等凹变种 ***Pedicularis tricolor*** Hand.-Mazz. var. ***aequiretusa*** P. C. Tsoong, Fl. Reip. Pop. Sin. 68: 362, 419, pl. 82: 8. 1963. **Isotype:** China. Sichuan: Daocheng, alt. 3 400 m, 1937-08-28, T. T. Yu 12947 (A).

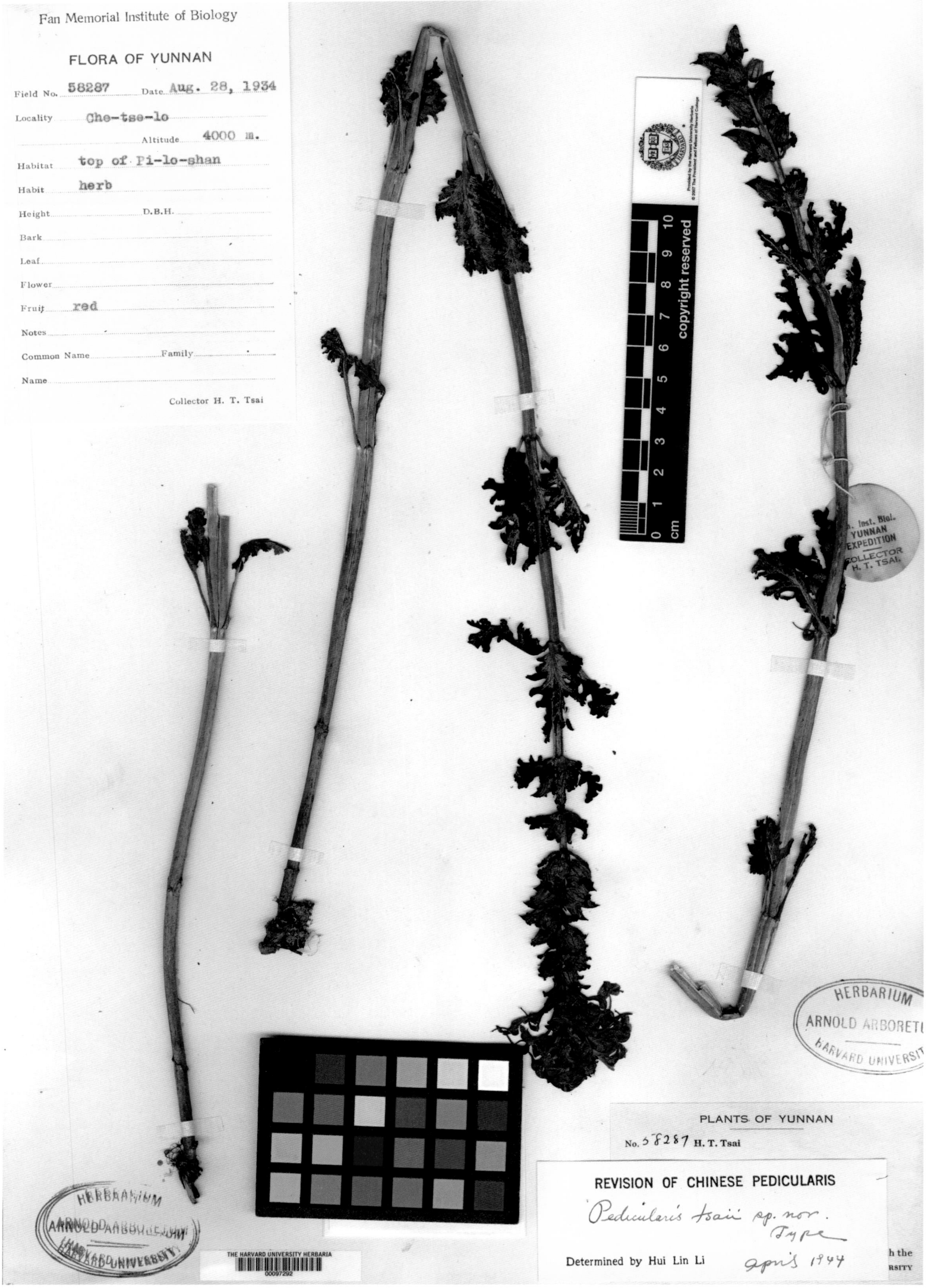

蔡氏马先蒿 ***Pedicularis tsaii*** H. L. Li in Proc. Acad. Nat. Sci. Philad. 100: 299, f. 31. 1948. **Holotype:** China. Yunnan: Che-tse-lo (=Bijiang), alt. 4 000 m, 1934-08-28, H. T. Tsai 58287 (A).

察郎马先蒿 ***Pedicularis tsarungensis*** H. L. Li in Proc. Acad. Nat. Sci. Philad. 101: 100, f. 158. 1949. **Isotype**: China. Xizang: Tsarung, Solo-la, alt. 3 965 m, 1932-(05-06)-??, J. F. Rock 22261 (GH).

蔓生马先蒿 ***Pedicularis vagans*** Hemsl. in J. Linn. Soc. Bot. 26: 218. 1890. **Isotype**: China. Sichuan: Emeishan, Emei Shan, alt. 1 525 m, 1887-??-??, E. Faber s. n. (GH).

马鞭草叶马先蒿 ***Pedicularis verbenaefolia*** Franch. in Bull. Acad. Imp. Sci. St-Petersb. ser. 3. 32: 549. 1888. **Isotype**: China. Yunnan: Dali, alt. 4 000 m, 1884-08-04, J. M. Delavay 956 (GH).

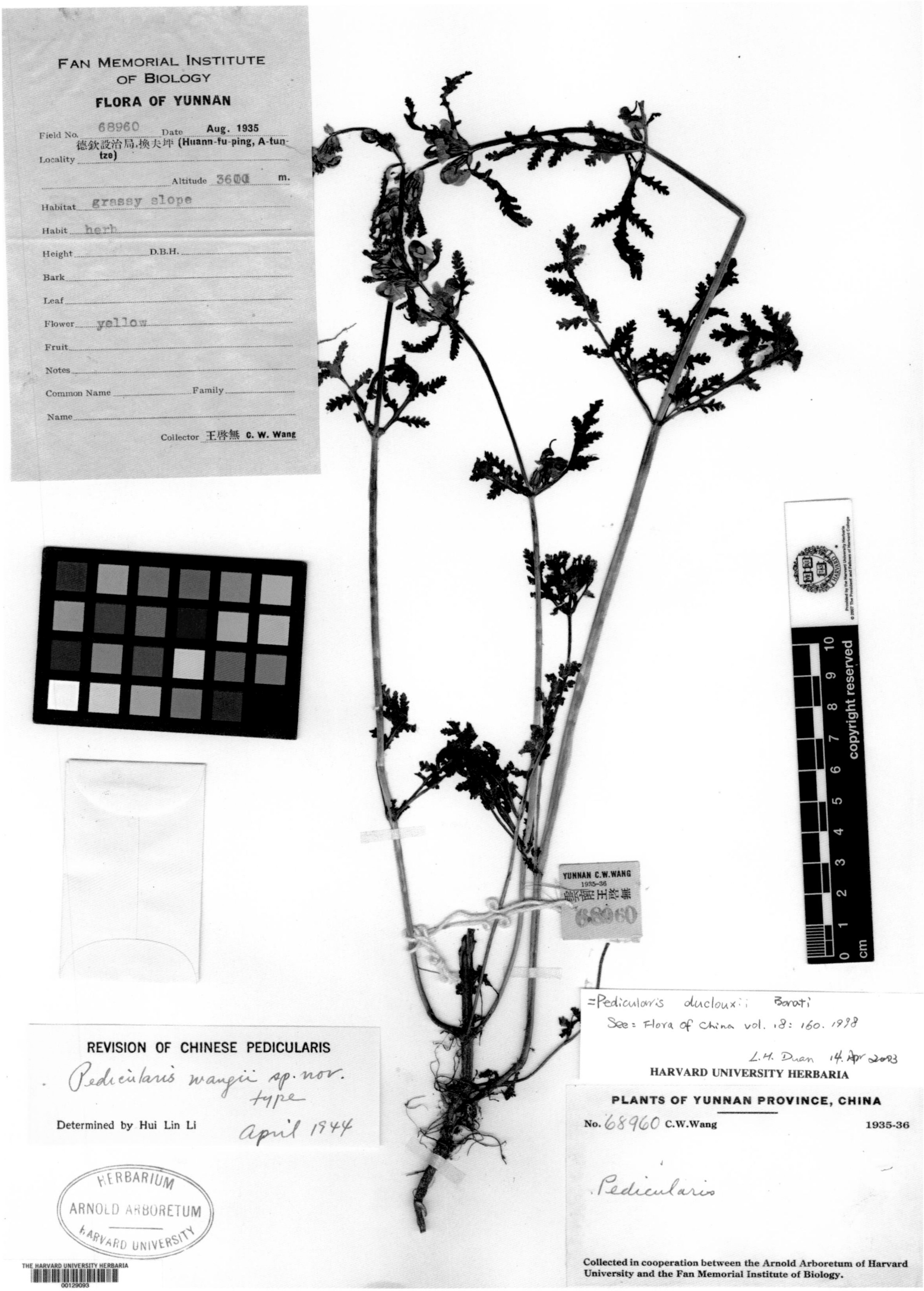

启无马先蒿 ***Pedicularis wangii*** H. L. Li in Proc. Acad. Nat. Sci. Philad. 100: 293, f. 24. 1948. **Holotype**: China. Yunnan: Dêqên, Atuntze, alt. 3 600 m, 1935-08-??, C. W. Wang 68960 (A).

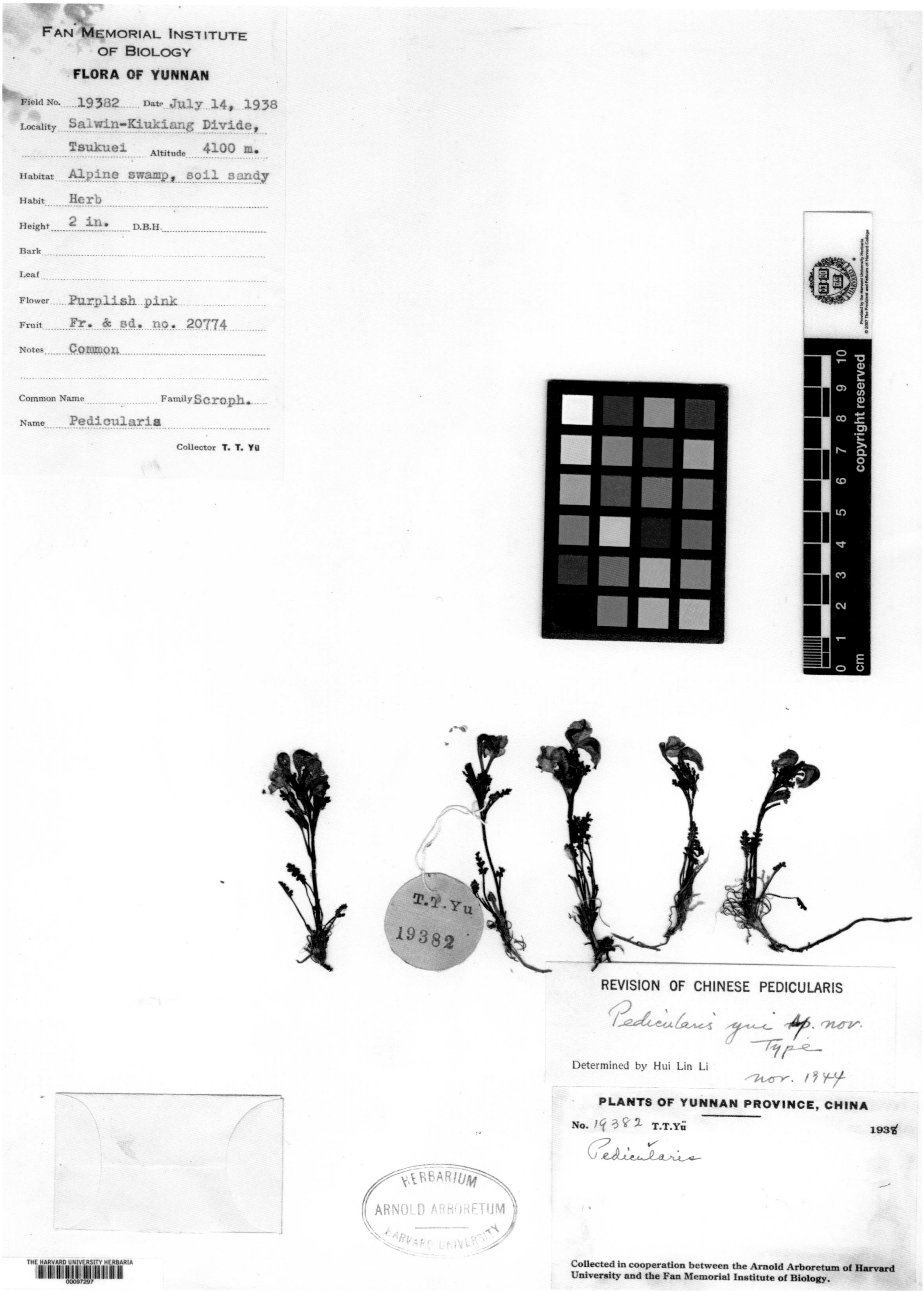
FAN MEMORIAL INSTITUTE OF BIOLOGY
FLORA OF YUNNAN
Field No. 19382 Date July 14, 1938
Locality Salwin-Kiukiang Divide, Tsukuei Altitude 4100 m.
Habitat Alpine swamp, soil sandy
Habit Herb
Height 2 in. D.B.H.
Bark
Leaf
Flower Purplish pink
Fruit Fr. & sd. no. 20774
Notes Common
Common Name Family Scroph.
Name Pedicularis
Collector T. T. YU
copyright reserved
cm 0 1 2 3 4 5 6 7 8 9 10
T.T.Yu
19382
REVISION OF CHINESE PEDICULARIS
Pedicularis yui sp. nov.
Type
Determined by Hui Lin Li
nov. 1944
PLANTS OF YUNNAN PROVINCE, CHINA
No. 19382 T.T.Yü 1938
Pedicularis
HERBARIUM
ARNOLD ARBORETUM
HARVARD UNIVERSITY
THE HARVARD UNIVERSITY HERBARIA
00097297
Collected in cooperation between the Arnold Arboretum of Harvard University and the Fan Memorial Institute of Biology.

季川马先蒿 ***Pedicularis yui*** H. L. Li in Proc. Acad. Nat. Sci. Philad. 101: 102. 1949. **Holotype:** China. Yunnan: Salwin-Kiukiang Divide,Tsukuei, alt. 4 100 m, 1938-07-14, T. T. Yu 19382 (A).

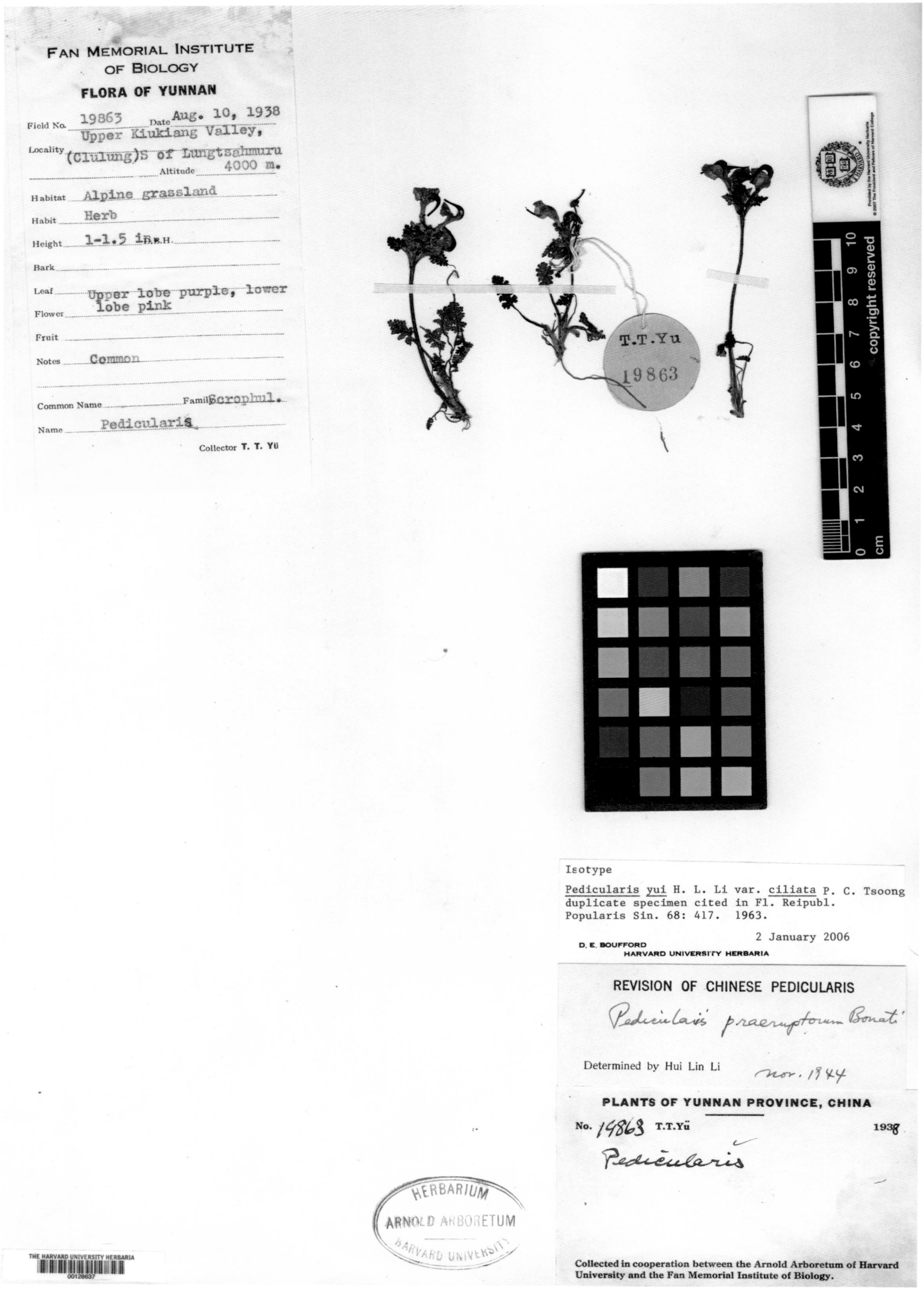

季川马先蒿缘毛变种 ***Pedicularis yui*** H. L. Li var. ***ciliata*** P. C. Tsoong, Fl. Reip. Pop. Sin. 68: 313, 417. 1963. **Isotype:** China. Yunnan: Gongshan, alt. 4 000 m, 1938-08-10, T. T. Yu 19863 (A).

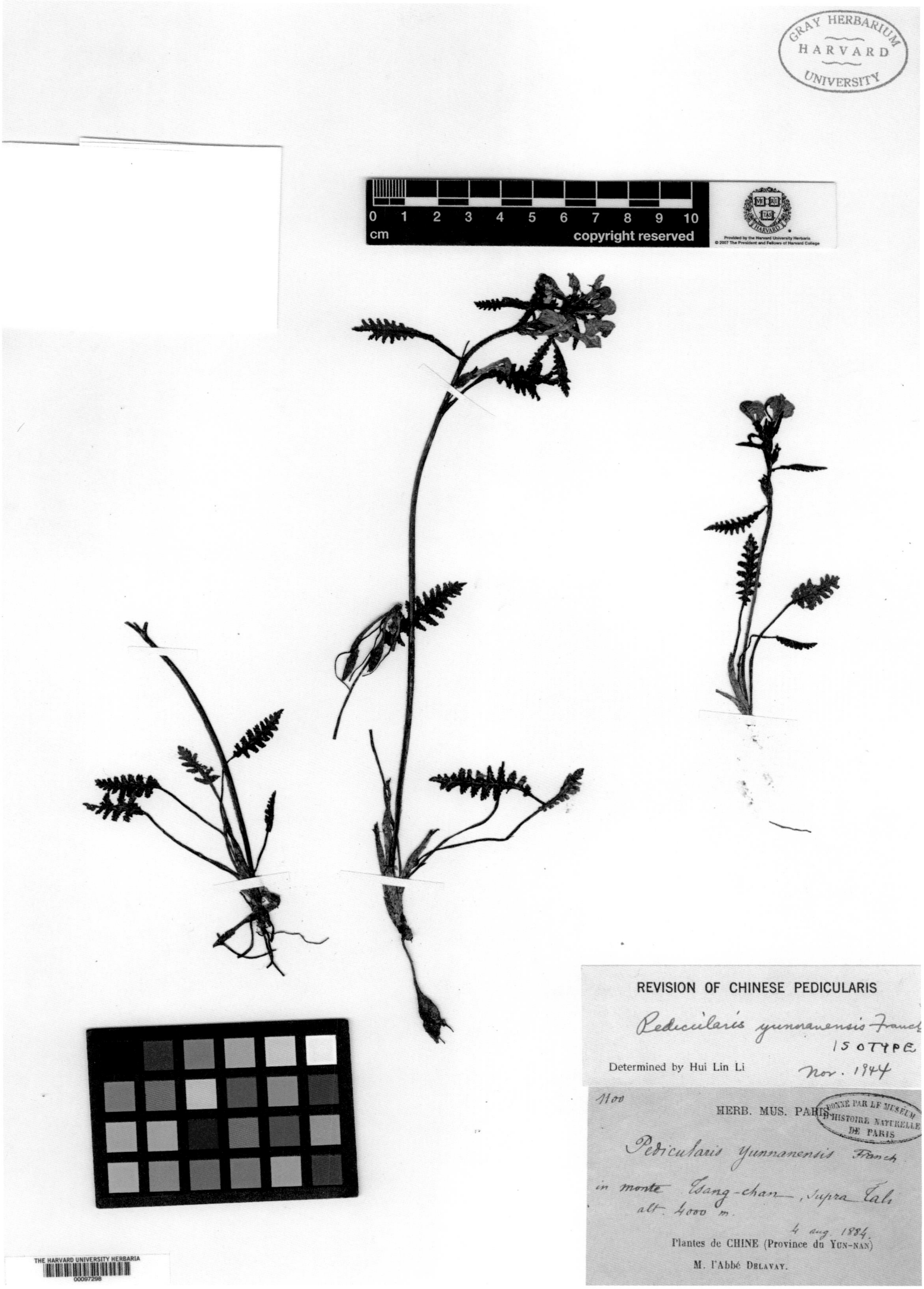

云南马先蒿 ***Pedicularis yunnanensis*** Franch. ex Maxim. in Bull. Acad. Imp. Sci. St-Petersb. ser. 3. 32: 572. 1888. **Isotype**: China. Yunnan: Dali, Cang Shan, alt. 4 000 m, 1884-08-04, J. M. Delavay 1100 (GH).

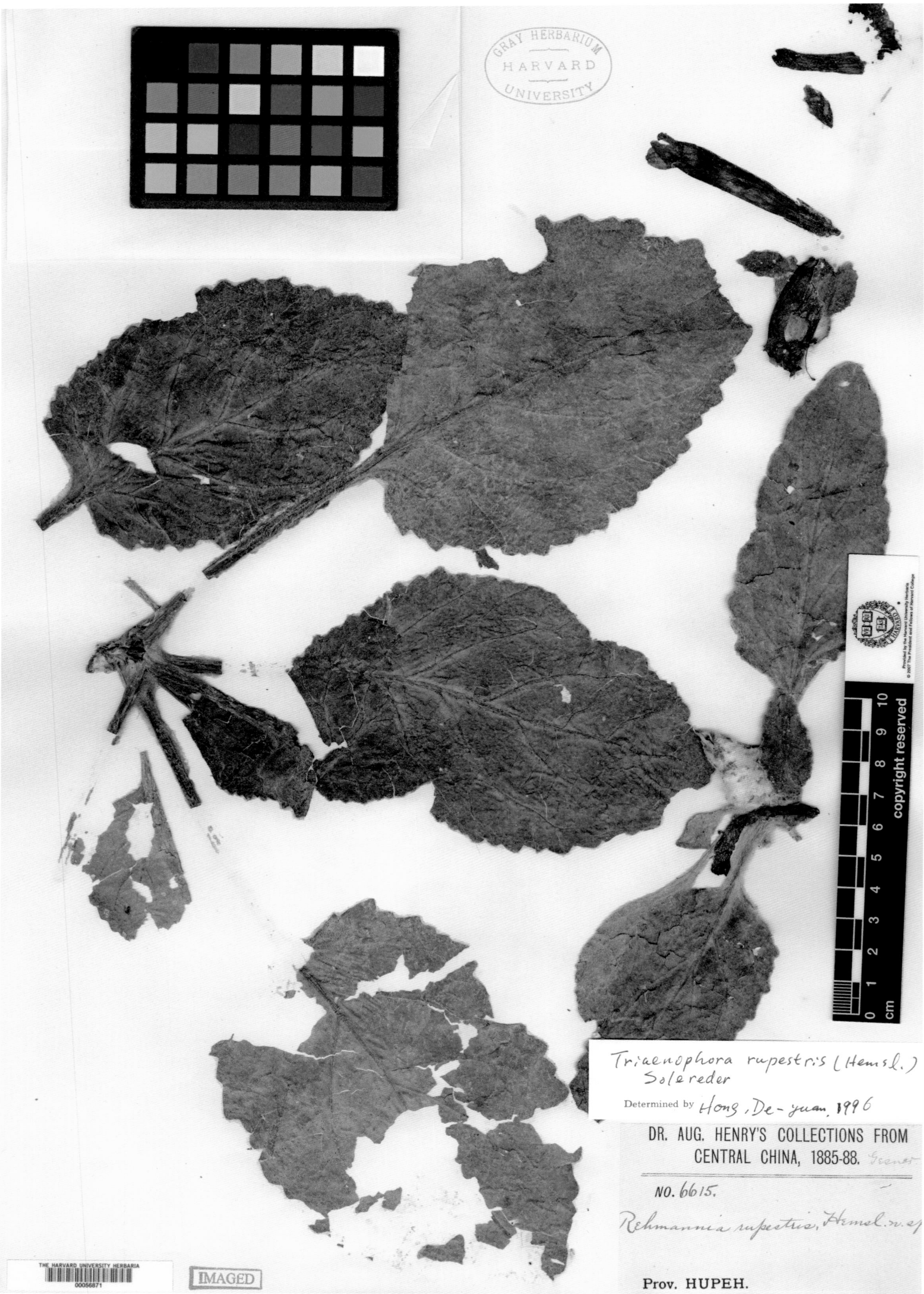

呆白菜 ***Rehmannia rupestris*** Hemsl. in J. Linn. Soc. Bot. 26: 195. 1890. **Isosyntype**: China. Hubei: Fang Xian, (1885-1888)-??-??, A. Henry 6615 (GH).

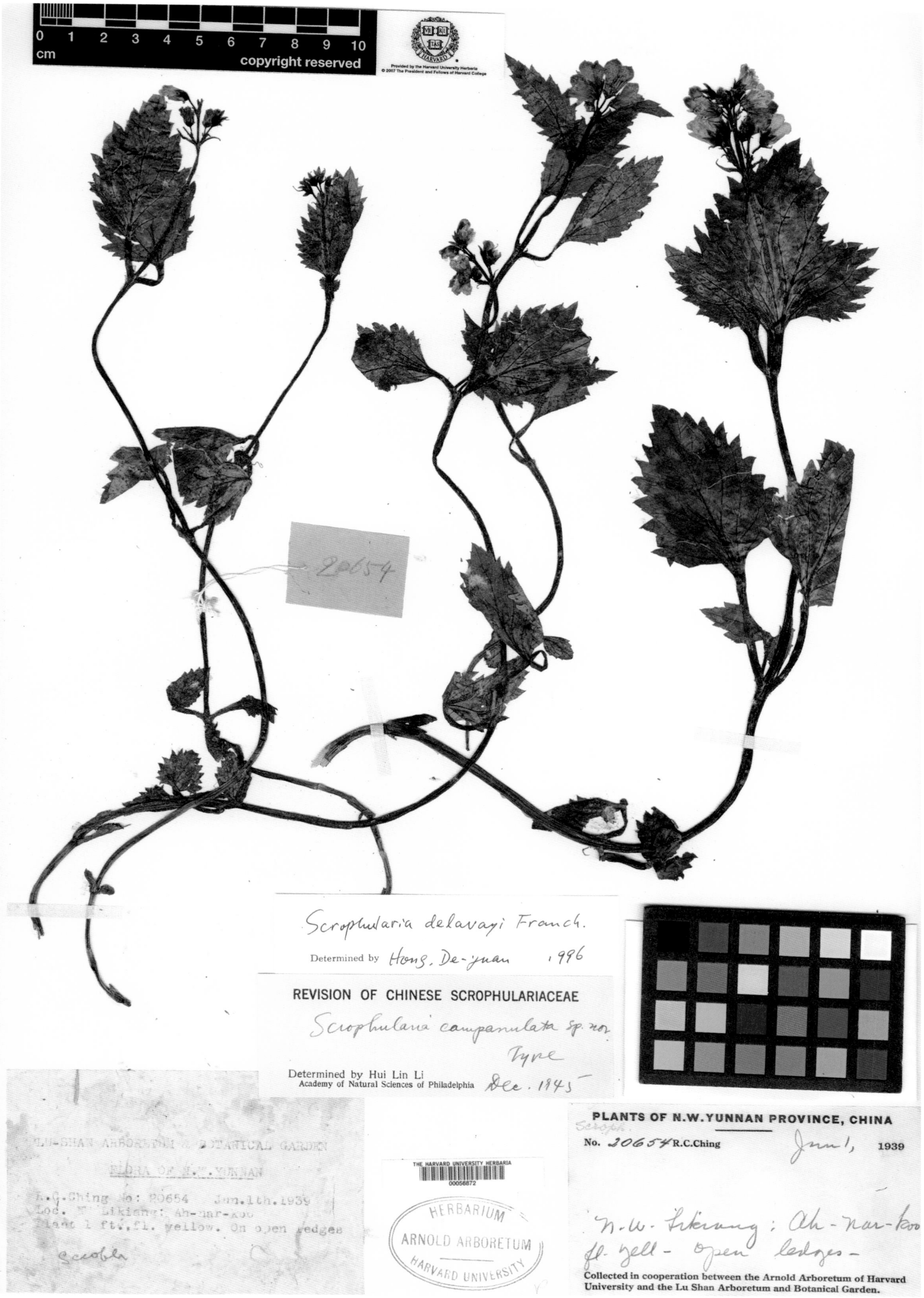

钟花玄参 ***Scrophularia campanulata*** H. L. Li in Lloydia 16: 171. 1953. **Holotype**: China. Yunnan: Lijiang, 1939-06-01, R. C. Ching 20654 (A).

cm
copyright reserved
THE HARVARD UNIVERSITY HERBARIA
00129222
HERBARIUM OF THE ARNOLD ARBORETUM HARVARD UNIVERSITY
Holotype
Scrophularia chasmophila W. W. Smith
subsp. xizangensis D. Y. Hong
Novon 6: 374. 1996.
D. E. BOUFFORD HARVARD UNIVERSITY HERBARIA 24 February 2006
Scrophularia chasmophila W.W. Smith subsp. xizangensis Hong, subsp. nov.
Determined by Hong, De-yuan 1996
EX HERBARIO MUSEI BRITANNICI
FLORA OF SOUTH-EAST TIBET
Scrophularia przewalskii Batal.
Locality Kongbo: Deyang La
Altitude 13,500 ft. Date 5.6.1947
Calyx green. Corolla deep yellow. Filaments yellow, anthers very small and brown. Style and stigma green. Among rocks.
F. LUDLOW, G. SHERRIFF, & H. H. ELLIOT No. 15153

西藏岩隙玄参 ***Scrophularia chasmophila*** W. W. Smith ssp. ***xizangensis*** D. Y. Hong in Novon 6: 374. 1996. **Holotype**: China. Xizang: Nyingchi, Kongbo, alt. 4 117 m, 1947-06-05, F. Ludlou, G. Sherriff & H. H. Elliot 15153 (A).

圆瓣玄参 ***Scrophularia crenatosepala*** H. L. Li in Lloydia 16: 177. 1953. **Holotype**: China. Yunnan: Heqing, 1939-04-20, K. M. Feng 744 (A).

重齿玄参 ***Scrophularia diplodonta*** Franch. Bull. Soc. Bot. France 47: 14. 1900. **Isotype**: China. Yunnan: Lan kong (= Eryuan), Lo pin chan (=Luoping Shan), alt. 3 000 m, 1886-05-25, J. M. Delavay 2334 (GH).

拉萨玄参 ***Scrophularia lhasaensis*** D. Y. Hong in Novon 6(4): 372. 1996. **Holotype**: China.Xizang: Lhasa, alt. 4 575 m, 1942-09-01, F. Ludlow & G. Sherriff 9053 (A).

copyright reserved
cm 0 1 2 3 4 5 6 7 8 9 10
Scrophularia delavayi Franch.
Determined by Hong, De-yuan 1996
REVISION OF CHINESE SCROPHULARIACEAE
Scrophularia muliensis sp. nov.
Isotype
Determined by Hui Lin Li
Academy of Natural Sciences of Philadelphia
Dec. 1945
THE HARVARD UNIVERSITY HERBARIA
00056875
HERBARIUM
ARNOLD ARBORETUM
HARVARD UNIVERSITY
SMITHSONIAN INSTITUTION
From THE UNITED STATES NATIONAL HERBARIUM
PLANTS OF THE MULI (OR MILI) KINGDOM,
SOUTHWESTERN SZECHUAN, CHINA
Scrophularia delavayi Fr.
Fls. yellow
Mount Mitzuga, west of Muli Gomba; altitude 3050-4875 meters
No. 16048 J. F. ROCK, Collector June, 1928

木里玄参 ***Scrophularia muliensis*** H. L. Li in Lloydia 16: 171. 1953. **Isotype**: China. Sichuan: Muli, alt. 3 050~4 875 m, 1928-06-??, J. F. Rock 16048 (A).

小花玄参 ***Scrophularia soulei*** Franch. in Bull. Soc. Bot. France 47: 15. 1900. **Isotype**: China. Sichuan: Kangding, Tongolo, 1893-??-??, J. A. Soulie s. n. (A).

云南玄参 ***Scrophularia yunnanensis*** Franch. in Bull. Soc. Bot. France 47: 12. 1900. **Isosyntype**: China.Yunnan: Eryuan, Koua-la-po, alt. 3 000 m, 1886-07-13, J. M. Delavay 2167 (A).

毛叶蝴蝶草 ***Torenia benthamiana*** Hance in Ann. Sci. Nat. Bot. ser. 4. 18: 226. 1862. **Isotype**: China. Guangdong: Guangzhou, Whampoam (=Huangpu), 1866-08-07, T. Sampson s. n. (Herb. H. F. Hance 5901) (GH).

单色蝴蝶草 ***Torenia concolor*** Lindley in Edwards's Bot. Reg. 32: t. 62. 1846. **Isotype**: China. Guangdong (?): Precise locality not known, 1846-09-??, R. Fortune s. n. (GH).

城口婆婆纳 ***Veronica fargesii*** Franch. in Bull. Soc. Bot. France 47: 21. 1900. **Isotype**: China.Chongqing: Chengkou, alt. 2 000 m, R. P. Farges s. n. (GH).

紫葳科
Bignoniaceae

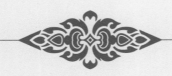

中间型楸 ***Catalpa bungei*** C. A. Mey var. ***intermedia*** Pamp. in Nuovo Giorn. Bot. Italiano, n. s. 17: 715. 1910. **Isosyntype:** China. Hubei: Jang-se-Kiang, alt. 700 m, 1907-06-(20-30), C. Silvestri 2221 (A).

灰楸 ***Catalpa fargesi*** Bur. in Nouv. Arch. Mus. Hist. Nat. Paris, ser. 3. 7: 195, pl. 3. 1894. **Isotype:** China. Chongqing: Chengkou, alt. 1 400 m, R. P. Farges 495 (A).

红波罗花 ***Incarvillea delavayi*** Bur. & Franch. in J. Bot. (Morot) 5: 138. 1891. **Isosyntype:** China. Yunnan: Eryuan, Hee-chan-men, alt. 3 000 m, 1887-05-21, J. M. Delavay s. n. (A).

美叶菜豆树 ***Radermachera frondosa*** Chun & F. C. How in Acta Phytotax. Sin. 7: 75, pl. 23. 1958. **Isotype:** China. Hainan: Lingshui, alt. 610 m, 1932-09-??, N. K. Chun & C. L. Tso 43842 (A).

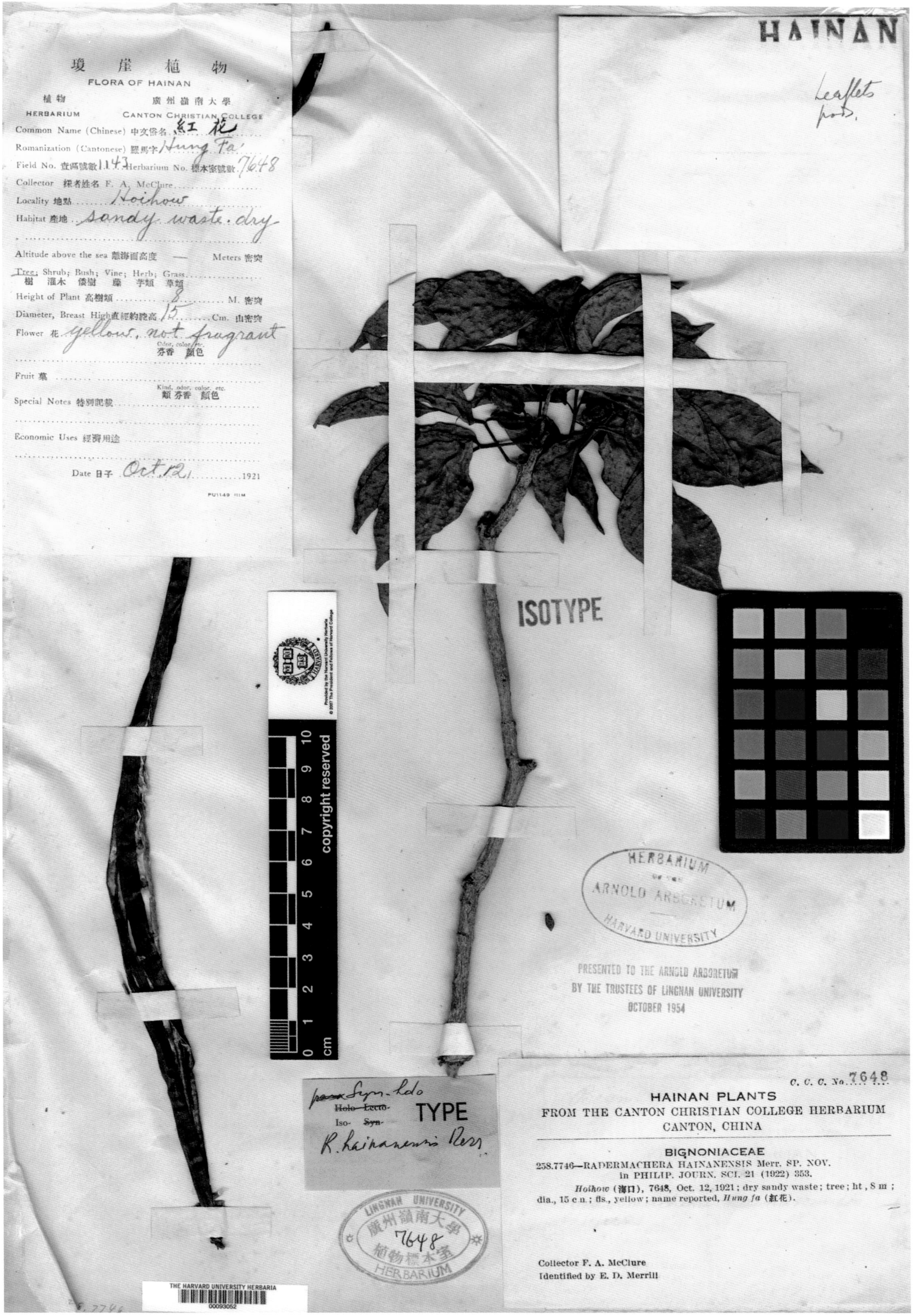

海南菜豆树 ***Radermachera hainanensis*** Merr. in Philipp. J. Sci. 21: 353. 1922. **Isotype:** China. Hainan: Haikou, 1921-10-12, F. A. McClure 1143 (=Canton Christian College 7648) (A).

豇豆树 ***Radermachera pentandra*** Hemsl. in Hook. f. Icon. Pl. 28: pl. 2728. 1905. **Isotype**: China. Yunnan: Mengzi, alt. 1 525 m, A. Henry 10909 (A).

豇豆树 ***Radermachera pentandra*** Hemsl. in Hook. f. Icon. Pl. 28: pl. 2728. 1905. **Isotype**: China. Yunnan: Mengzi, alt. 1 525 m, A. Henry 10909 (A).

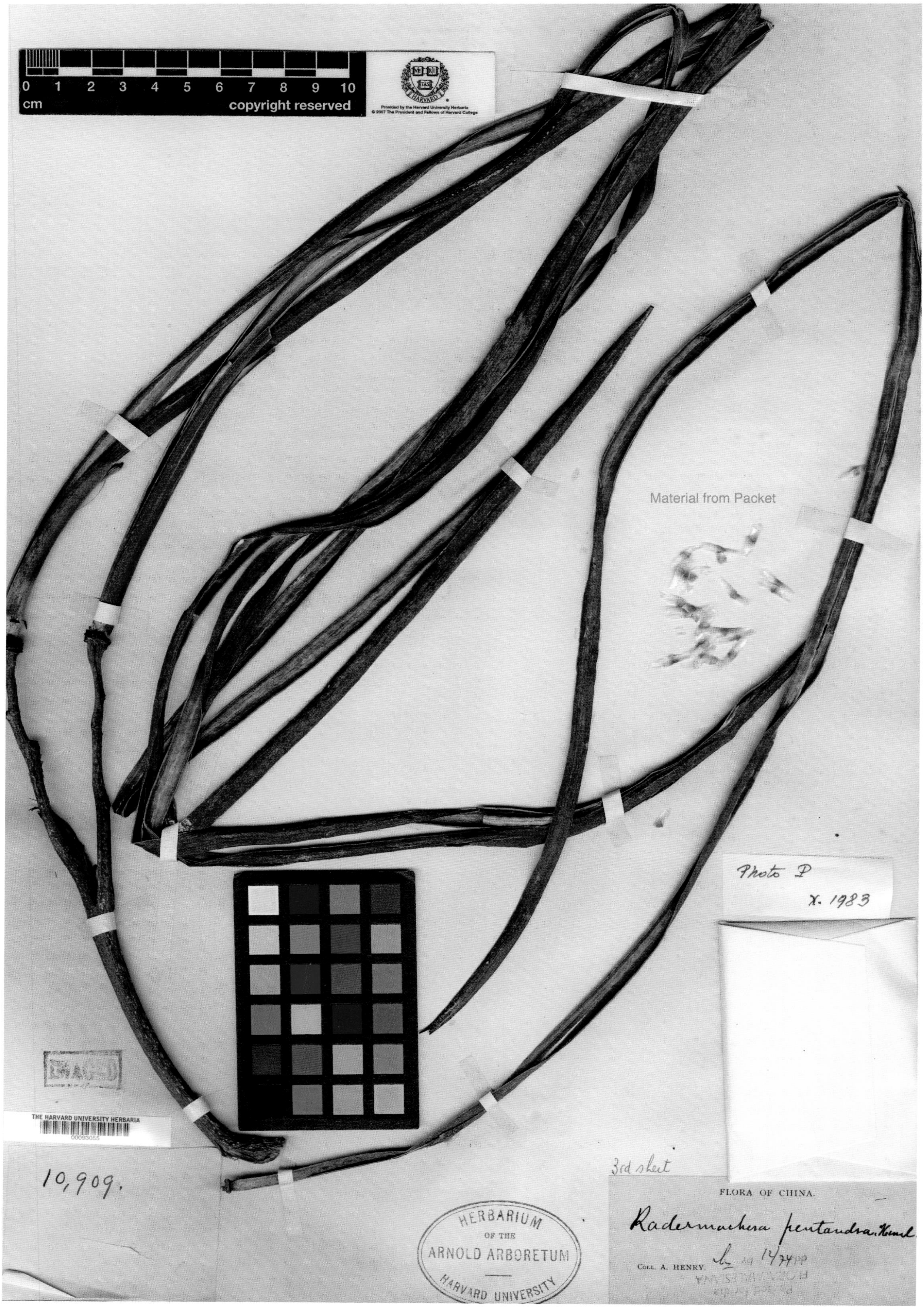

豇豆树 ***Radermachera pentandra*** Hemsl. in Hook. f. Icon. Pl. 28: pl. 2728. 1905. **Isotype**: China. Yunnan: Mengzi, alt. 1 525 m, A. Henry10909 (A).

列当科
Orobanchaceae

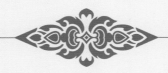

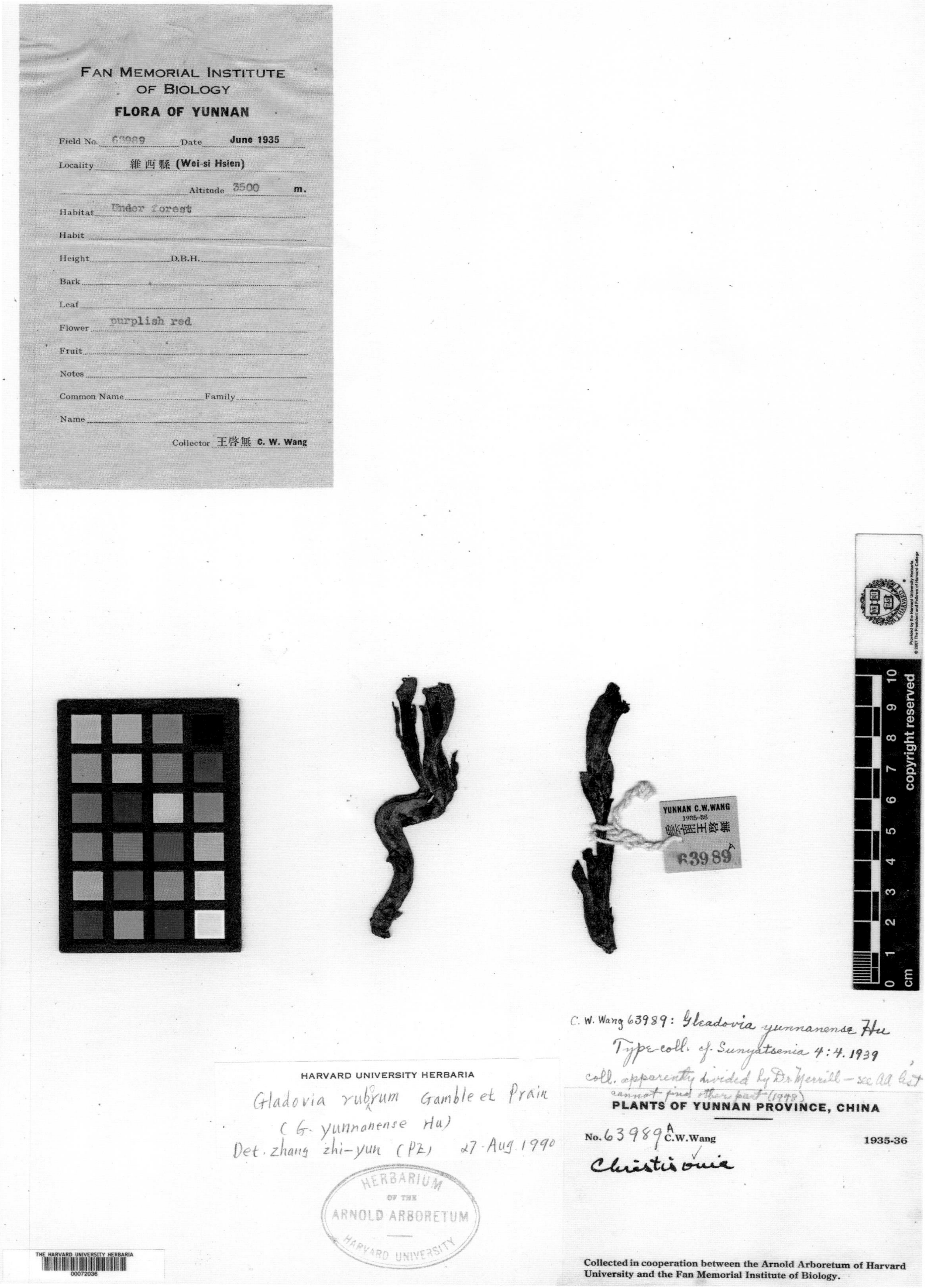

云南蔗寄生 ***Gleadovia yunnanensis*** Hu in Sunyatsenia 4: 4, pl. 2. 1939. **Isotype**: China. Yunnan: Weixi, alt. 3 500 m, 1935-06-??, C. W. Wang 63989 (A).

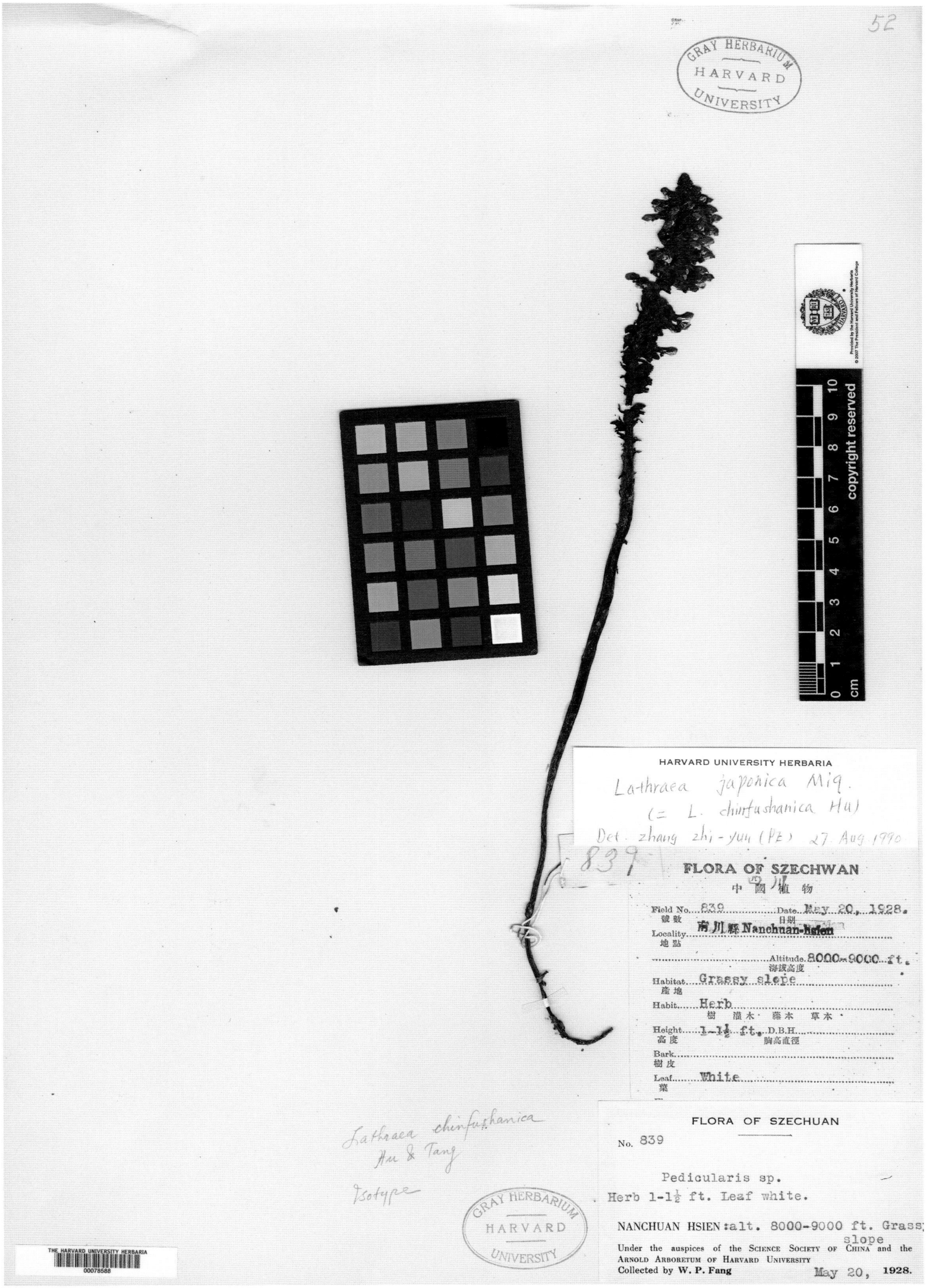

金佛山拉悉利草 ***Lathraea chinfushanica*** Hu & Tang in Bull. Fan Mem. Ins. Biol. Bot. 5: 315. 1934. **Isotype:** China. Chongqing: Nanchuan, Jinfo Shan, alt. 2 440~2 745 m, 1928-05-20, W. P. Fang 839 (GH).

苦苣苔科

Gesneriaceae

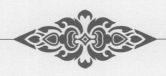

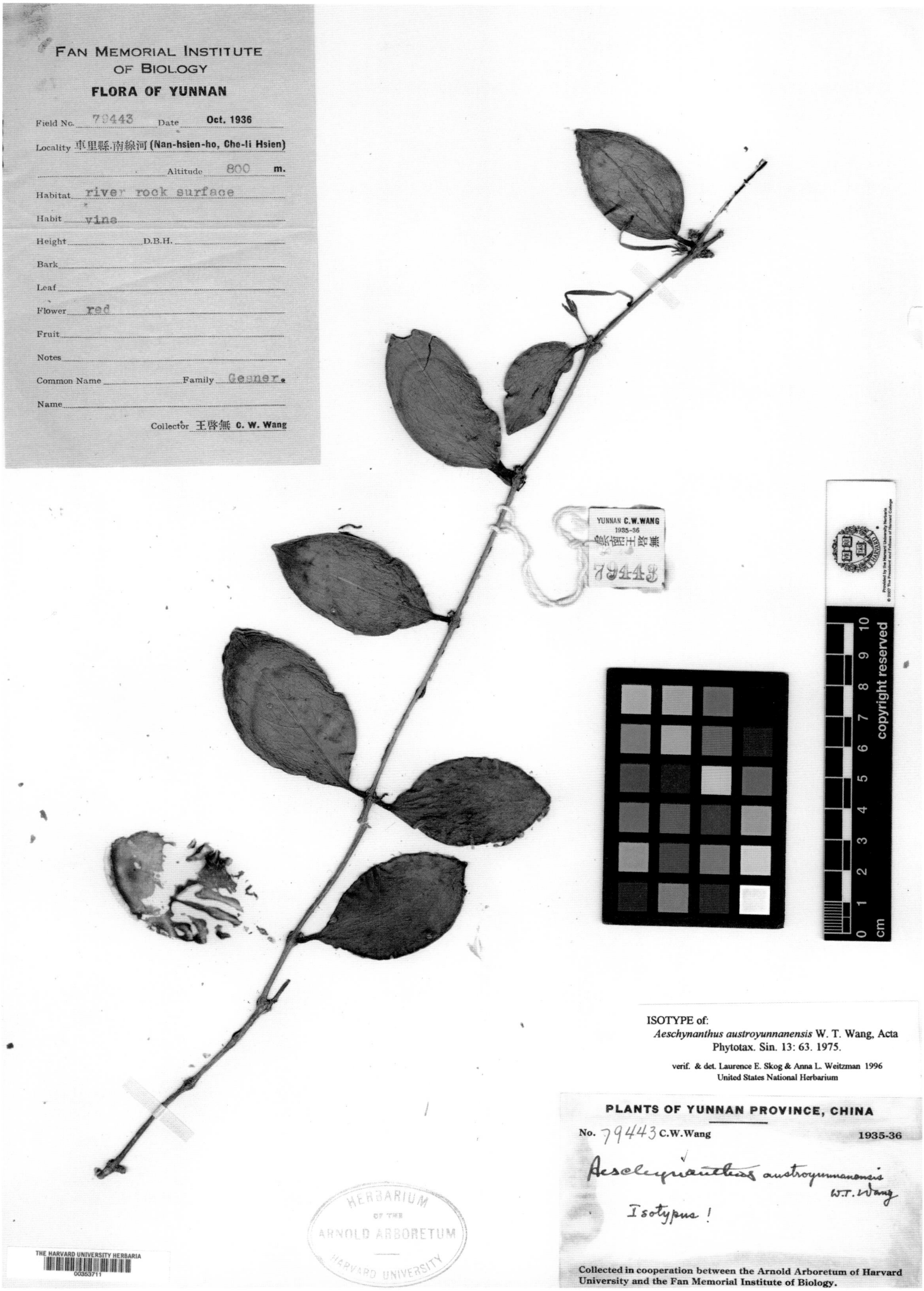

滇南芒毛苣苔 ***Aeschynanthus austroyunnanensis*** W. T. Wang in Acta Phytotax. Sin. 13(2): 63. 1975. **Isotype:** China. Yunnan: Che-li (=Jinghong), alt. 800 m, 1936-10-??, C. W. Wang 79443 (A).

Fan Memorial Institute of Biology
FLORA OF YUNNAN
Field No. 55232 Date May 19, 1934
Locality Ping-pien Hsien
Altitude 1200 m.
Habitat in woods
Habit twining subshrub
Height D.B.H.
Bark
Leaf
Flower handsome pink
Fruit
Notes
Common Name Family
Name
Collector H. T. Tsai
ISOTYPE of:
Aeschynanthus bracteatus Wallich ex A. de Candolle var. orientalis W. T. Wang, Bull. Bot. Res., Harbin 2(2): 147. 1982.
verif. Laurence E. Skog & Anna L. Weitzman 1996
United States National Herbarium
Aeschynanthus bracteatus Wallich ex A. P. de Candolle
det. Wang Wen-tsai Aug. 1996
Institute of Botany, Academia Sinica, Beijing (PE)
copyright reserved
cm
Aeschynanthus bracteatus Wallich ex A. de Candolle
det. Laurence E. Skog & Anna L. Weitzman July 1996
United States National Herbarium
epithet & variety determination in hand of
det. Wang Wen-tsai April 1996
Institute of Botany, Academia Sinica, Beijing (PE)
PLANTS OF YUNNAN
No. 55232 H. T. Tsai
Aeschynanthus bracteatus Wall. ex DC.
var. orientalis W.T. Wang
isotypus!
HERBARIUM OF THE ARNOLD ARBORETUM HARVARD UNIVERSITY
Collected for the Fan Memorial Institute of Biology with the cooperation of the Arnold Arboretum of Harvard University
THE HARVARD UNIVERSITY HERBARIA
00053710

黄棕芒毛苣苔 ***Aeschynanthus bracteatus*** Wall. & DC. var. ***orientalis*** W. T. Wang in Bull. Bot. Res., Harbin 2(2): 147. 1982.

Isotype: China. Yunnan: Pingbian, alt. 1 200 m, 1934-05-19, H. T. Tsai 55232 (A).

黄杨叶芒毛苣苔 ***Aeschynanthus buxifolius*** Hemsl. in J. Linn. Soc. Bot. 35: 515. 1903. **Isosyntype**: China.Yunnan: Mengzi, alt. 2 135 m, A. Henry 11217 (A).

广西芒毛苣苔 ***Aeschynanthus guangxiensis*** Chun ex W. T. Wang & K. Y. Pan in Bull. Bot. Res., Harbin 2(2): 146. 1982.

Isotype: China. Guangxi: Donglan, alt. 488 m, 1928-07-27, R. C. Ching 6557 (A).

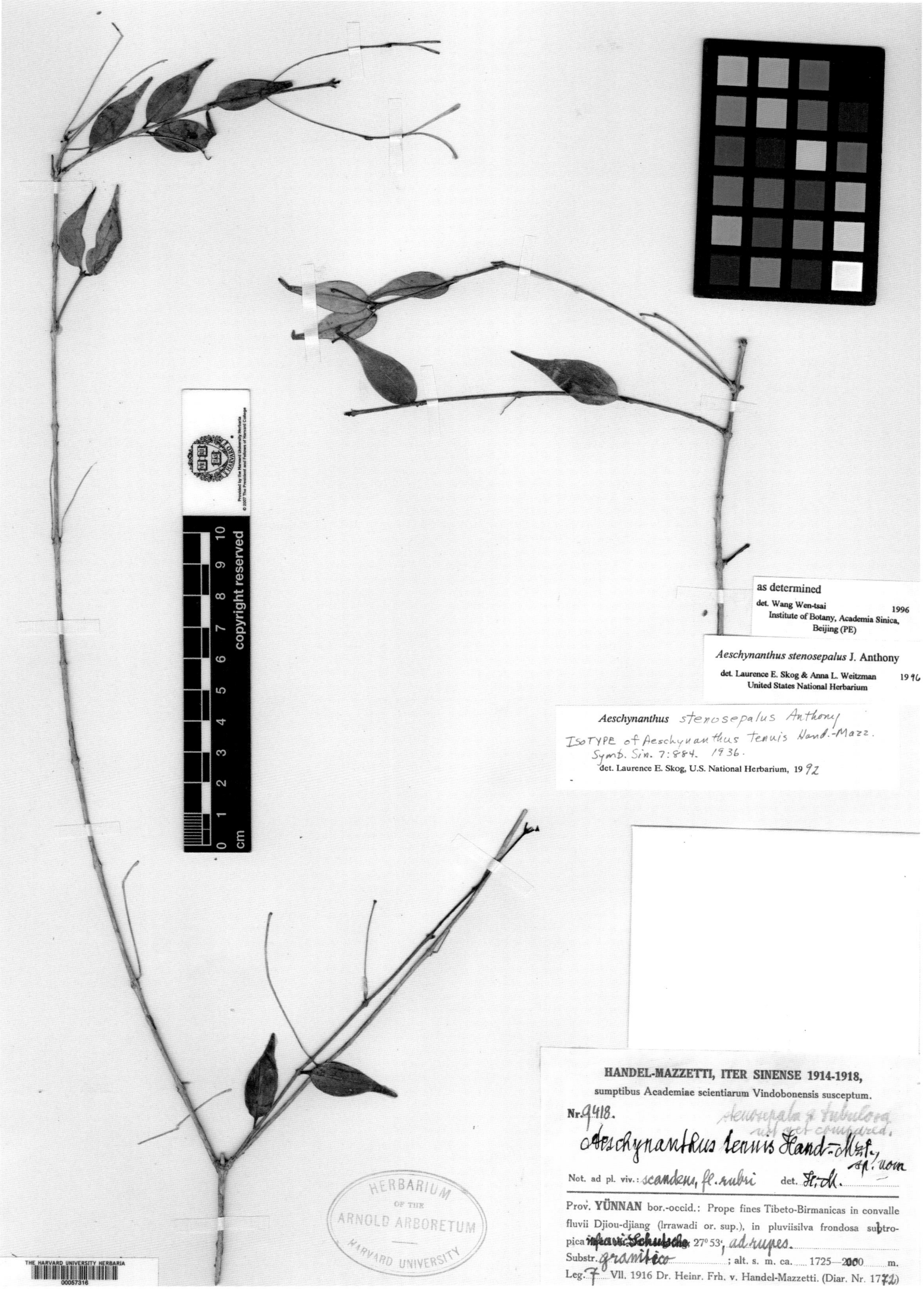
copyright reserved
cm
as determined
det. Wang Wen-tsai 1996
Institute of Botany, Academia Sinica, Beijing (PE)
Aeschynanthus stenosepalus J. Anthony
det. Laurence E. Skog & Anna L. Weitzman 1996
United States National Herbarium
Aeschynanthus stenosepalus Anthony
ISOTYPE of Aeschynanthus tenuis Hand.-Mazz.
Symb. Sin. 7: 884. 1936.
det. Laurence E. Skog, U.S. National Herbarium, 1992
HANDEL-MAZZETTI, ITER SINENSE 1914-1918,
sumptibus Academiae scientiarum Vindobonensis susceptum.
Nr. 9418.
Aeschynanthus tenuis Hand.-Mzt. sp. nov.
Not. ad pl. viv.: scandens, fl. rubri det. H.-M.
Prov. YÜNNAN bor.-occid.: Prope fines Tibeto-Birmanicas in convalle fluvii Djiou-djiang (Irrawadi or. sup.), in pluviisilva frondosa subtropica 27° 53', ad rupes.
Substr. granitico ; alt. s. m. ca. 1725—2000 m.
Leg. 7 VII. 1916 Dr. Heinr. Frh. v. Handel-Mazzetti. (Diar. Nr. 1772)
HERBARIUM OF THE ARNOLD ARBORETUM HARVARD UNIVERSITY
THE HARVARD UNIVERSITY HERBARIA
00057316

纤细芒毛苣苔 ***Aeschynanthus tenuis*** Hand.-Mazz. in Symb. Sin. 7: 884. 1936. **Isotype**: China. Yunnan: Northwest Yunnan, Djiou-djiang, alt. 1 725~2 000 m, 1916-07-07, H. R. E. Handel-Mazzetti 9418 (A).

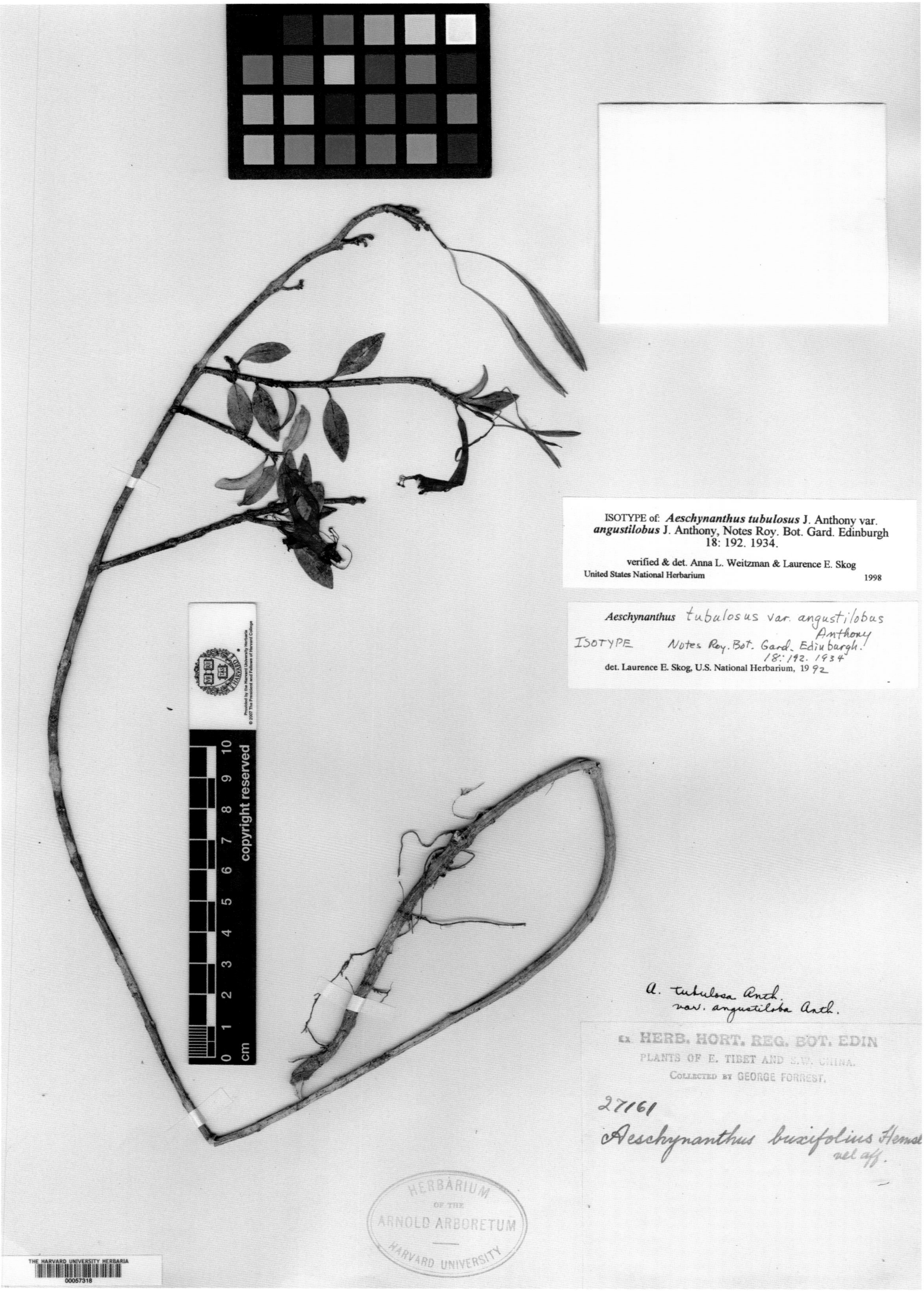

筒花芒毛苣苔 ***Aeschynanthus tubulosus*** Anthony var. ***angustilobus*** Anthony in Notes Roy. Bot. Gard. Edinb. 18: 192. 1934.
Isotype: China. Yunnan: Lincang, alt. 2 135 m, 1925-08-??, G. Forrest 27161 (A).

狭花芒毛苣苔 ***Aeschynanthus wardii*** Merr. in Brittonia 4: 173. 1941. **Isotype:** China. Xizang: Zayü, alt. 1 220~1 525 m, 1931-11-22, F. KingdonWard 10170(A).

窄叶直瓣苣苔 ***Ancylostemon aureus*** (Franch.) Burtt var. ***angustifolius*** K. Y. Pan in Acta Phytotax. Sin. 26(6): 434. 1988.

Isotype: China. Yunnan: Zhenkang, alt. 2 800 m, 1938-07-27, T. T. Yu 17037 (A).

贵阳旋蒴苣苔 ***Boea chaffanjoni*** Lévl. in Fedde, Repert. Sp. Nov. 9: 330. 1911. **Isotype**: China. Guizhou: Guiyang, 1898-05-09, J. Chaffanjon 2312 (A).

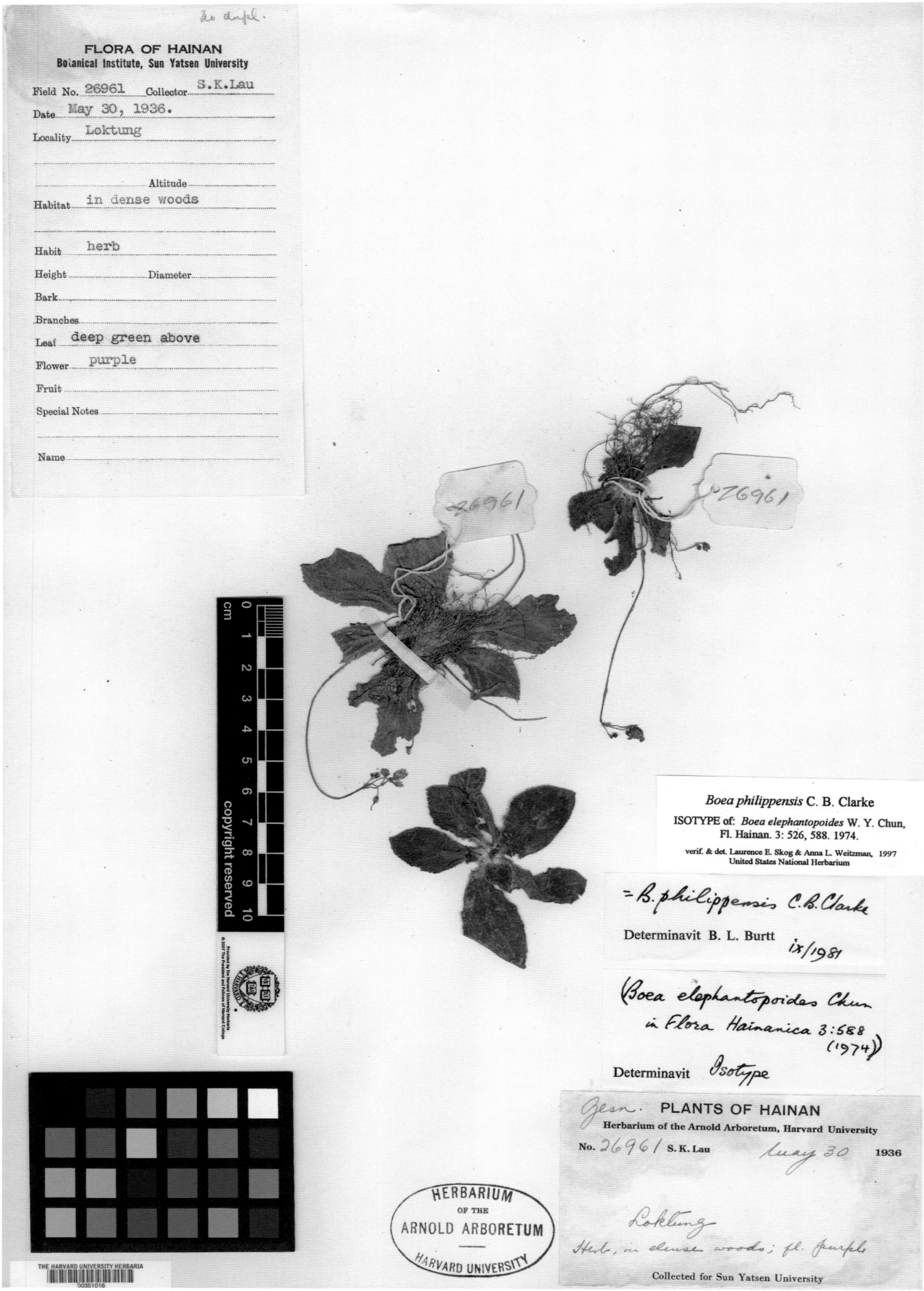

地胆旋蒴苣苔 ***Boea elephantopoides*** Chun, Fl. Hainan. 3: 588. 1974. **Isotype**: China. Hainan: Loktung (=Ledong), 1936-05-30, S. K. Lau 26961 (A).

Paraboea hainanensis (W. Y. Chun) B. L. Burtt
ISOTYPE of: Boea hainanensis W. Y. Chun, Fl. Hainan. 3: 588. 1974.
verified & det. Anna L. Weitzman & Laurence E. Skog
United States National Herbarium 1999
PLANTS OF HAINAN
Britton Herbarium, N. Y. Botanical Garden
No. 63102 H. Y. Liang Sept. 24, 1933
Yaichow: In moist shaded rocks along the stream or mountains.
Fourth Hainan Expedition of Sun Yatsen University
July-Oct. 1933
Paraboea hainanensis (Chun) Burtt
ISOTYPE of Boea hainanensis Chun
det. Laurence E. Skog, U. S. National Herbarium, 19 92
THE HARVARD UNIVERSITY HERBARIA
00025112
copyright reserved

海南旋蒴苣苔 ***Boea hainanensis*** Chun, Fl. Hainan. 3: 526, 588, f. 903. 1974. **Isotype:** China. Hainan: Dongfang, 1933-09-24, H. Y. Liang 63102 (GH).

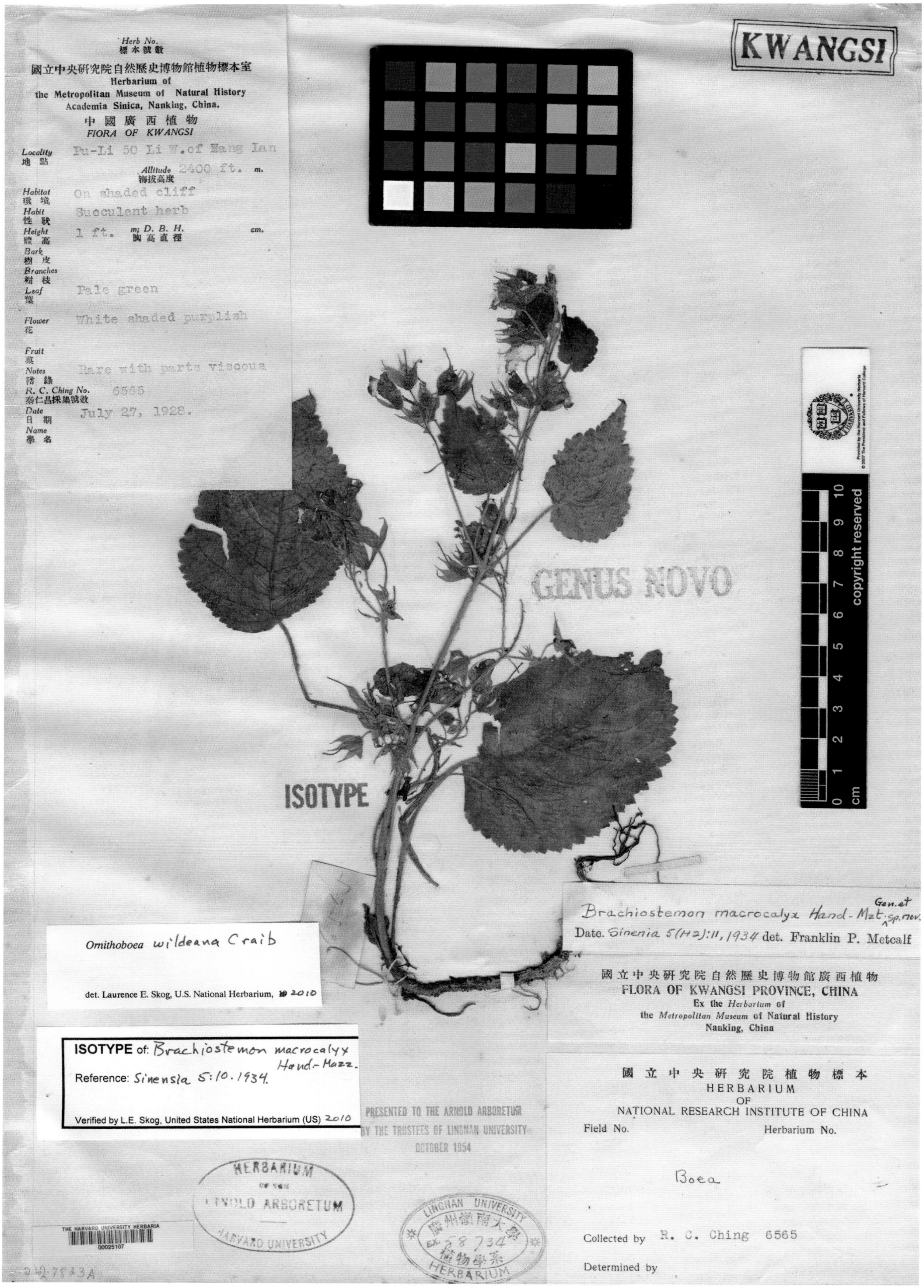

大萼喜鹊苣苔 ***Brachiostemon macrocalyx*** Hand.-Mazz. in Sinensia 5: 10, f. 1. 1934. **Isotype:** China. Guangxi: Pu-li, Hang-lan, alt. 732 m, 1928-07-27, R. C. Ching 6565 (A).

东兴粗筒苣苔 ***Briggsia dongxingensis*** Chun ex K. Y. Pan in Acta Phytotax. Sin. 26(6): 451, pl. 2, f. 1–4. 1988. **Isotype**: China.Guangxi: Dongxing, Shiwan Dashan, 1937-08-08, H. Y. Liang 70078 (A).

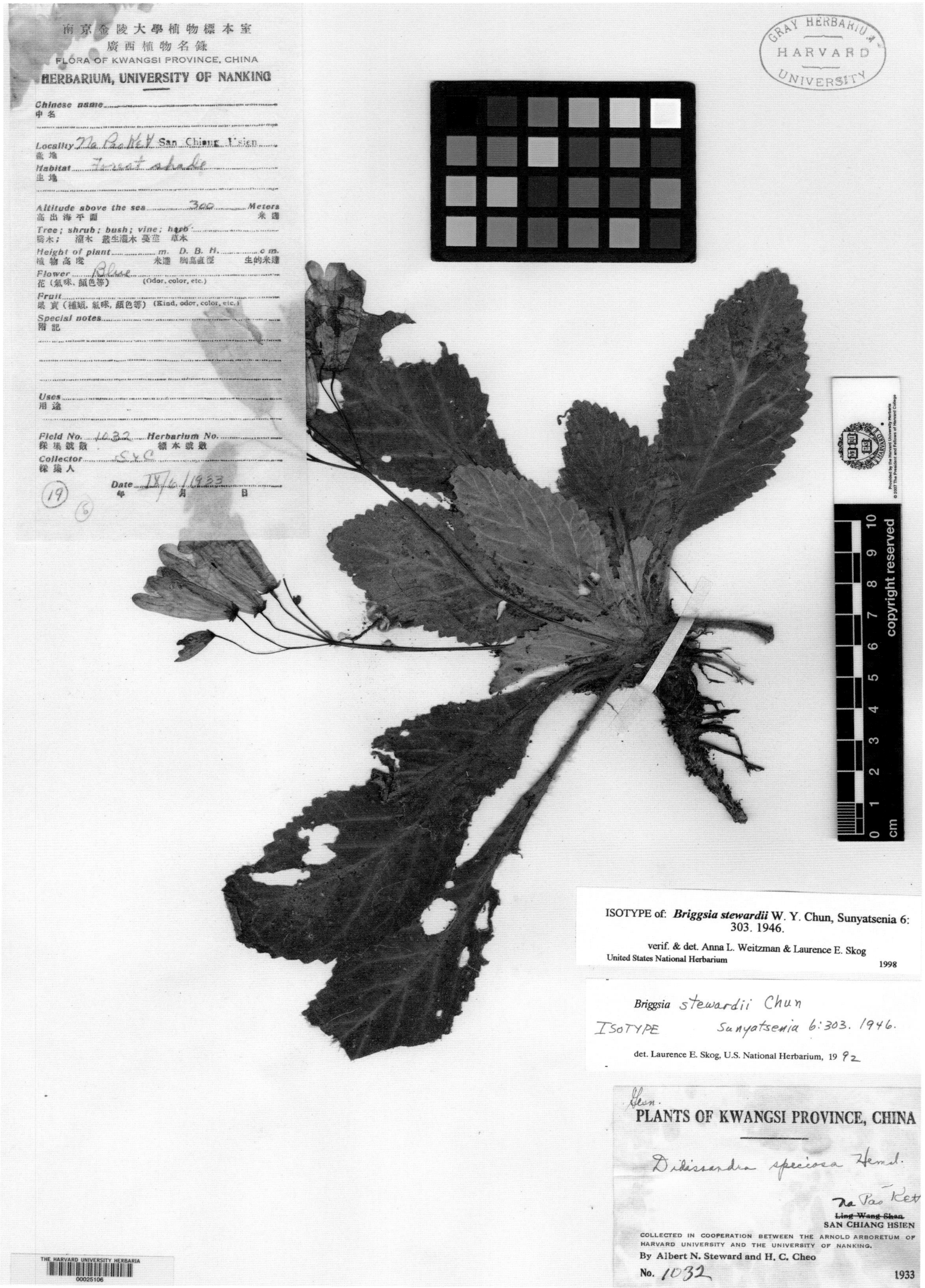
南京金陵大學植物標本室
廣西植物名錄
FLORA OF KWANGSI PROVINCE, CHINA
HERBARIUM, UNIVERSITY OF NANKING
Chinese name
中名
Locality Na Pao Ket San Chiang Hsien
產地
Habitat Forest shade
生地
Altitude above the sea 300 Meters
高出海平面 米達
Tree; shrub; bush; vine; herb
喬木; 灌木 叢生灌木 蔓莖 草本
Height of plant m. D. B. H. cm.
植物高度 米達 胸高直徑 生的米達
Flower Blue
花(氣味, 顏色等) (Odor, color, etc.)
Fruit
果實(種類, 氣味, 顏色等) (Kind, odor, color, etc.)
Special notes
附記
Uses
用途
Field No. 1032 Herbarium No.
採集號數 標本號數
Collector S&C
採集人
Date IX/6/1933
年 月 日
GRAY HERBARIUM HARVARD UNIVERSITY
copyright reserved
cm
ISOTYPE of: Briggsia stewardii W. Y. Chun, Sunyatsenia 6: 303. 1946.
verif. & det. Anna L. Weitzman & Laurence E. Skog
United States National Herbarium 1998
Briggsia stewardii Chun
ISOTYPE Sunyatsenia 6:303. 1946.
det. Laurence E. Skog, U.S. National Herbarium, 1992
Gesn.
PLANTS OF KWANGSI PROVINCE, CHINA
Didissandra speciosa Hemsl.
Na Pao Ket
Ling Wang Shan
SAN CHIANG HSIEN
COLLECTED IN COOPERATION BETWEEN THE ARNOLD ARBORETUM OF HARVARD UNIVERSITY AND THE UNIVERSITY OF NANKING.
By Albert N. Steward and H. C. Cheo
No. 1032 1933
THE HARVARD UNIVERSITY HERBARIA
00025106

广西粗筒苣苔 ***Briggsia stewardii*** Chun in Sunyatsenia 6: 303. 1946. **Isotype:** China. Guangxi: Sanjiang, alt. 300 m, 1933-09-06, A. N. Steward & H. C. Cheo 1032 (GH).

扁蒴苣苔 ***Cathayanthe biflora*** Chun in Sunyatsenia 6: 283, pl. 47. 1946. **Isosyntype:** China. Hainan: Dung Ka (=Ding'an), alt. 732 m, (1932-1933)-??-??, N. K. Chun & C. L. Tso 43915 (GH).

小花后蕊苣苔 ***Chirita acaulis*** Merr. in Lingnan Sci. J. 13: 47. 1934. **Isosyntype:** China. Guangdong: Longmen, Nankun Shan, 1932-04-25, W. T. Tsang 20331 (A).

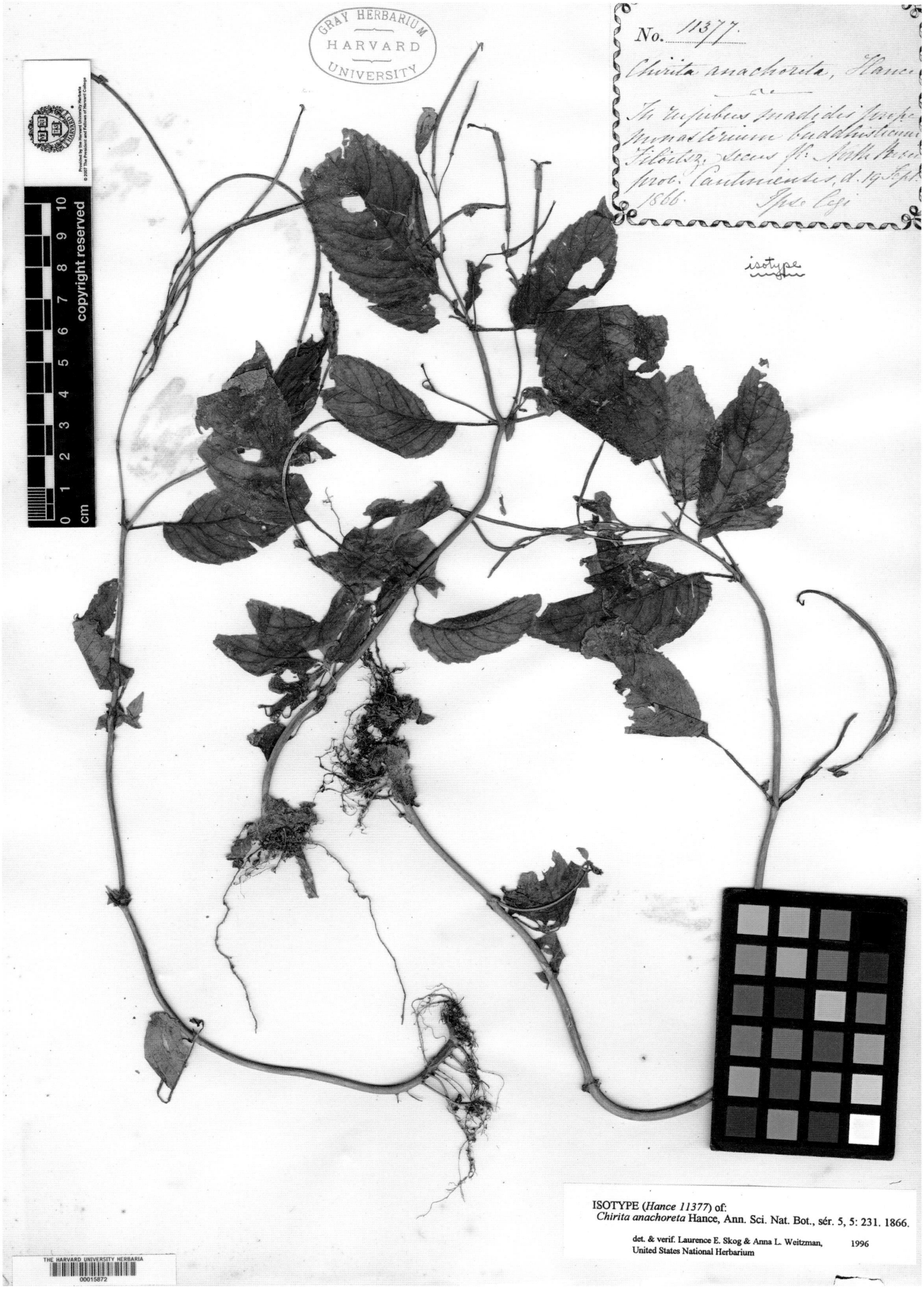

光萼唇柱苣苔 ***Chirita anachoretica*** Hance in Ann. Sci. Nat. ser. 5. 5: 231. 1866. **Isotype:** China. Guangdong: Qingyuan, 1866-09-19, H. F. Hance 11377 (GH).

簇花唇柱苣苔 ***Chirita fasciculiflora*** W. T. Wang in Bull. Bot. Res., Harbin 2(2): 139. 1982. **Isotype:** China. Yunnan: Nan-Chiao (= Menghai), alt. 1 450 m, 1936-06-??, C. W. Wang 75397 (A).

FAN MEMORIAL INSTITUTE
OF BIOLOGY
FLORA OF YUNNAN
Field No. 75354 Date June 1936
Locality Nan-Chiao (南嶠)
Altitude 1250 m.
Habitat in ravine, in forest
Habit
Height D.B.H.
Bark
Leaf
Flower purplish red
Fruit
Notes
Common Name Family
Name
Collector C. W. Wang
YUNNAN C.W.WANG
1935-36
75354
copyright reserved
cm
Didymocarpus grandidentatus (W. T. Wang) W. T. Wang
ISOTYPE (Wang 75354) of:
Chirita grandidentata W. T. Wang, Acta Phytotax. Sin. 13: 104, pl. 16, fig. 11. 1975.
det. & verif. Laurence E. Skog & Anna L. Weitzman, 1996
United States National Herbarium
PLANTS OF YUNNAN PROVINCE, CHINA
No. 75354 C.W.Wang 1935-36
Isotypus!
Didymocarpus grandidentatus (W.T. Wang) W.T. Wang
(Chirita granditalata W.T. Wang)
det. Wang Wen-tsai 1996
Collected in cooperation between the Arnold Arboretum of Harvard University and the Fan Memorial Institute of Biology.
HERBARIUM OF THE ARNOLD ARBORETUM HARVARD UNIVERSITY
THE HARVARD UNIVERSITY HERBARIA
00353705

大齿唇柱苣苔 ***Chirita grandidentata*** W. T. Wang in Acta Phytotax. Sin. 13(3): 104, pl. 16, f. 11. 1975. **Isotype:** China. Yunnan: Nan-Chiao (= Menghai), alt. 1 250 m, 1936-06-??, C. W. Wang 75354 (A).

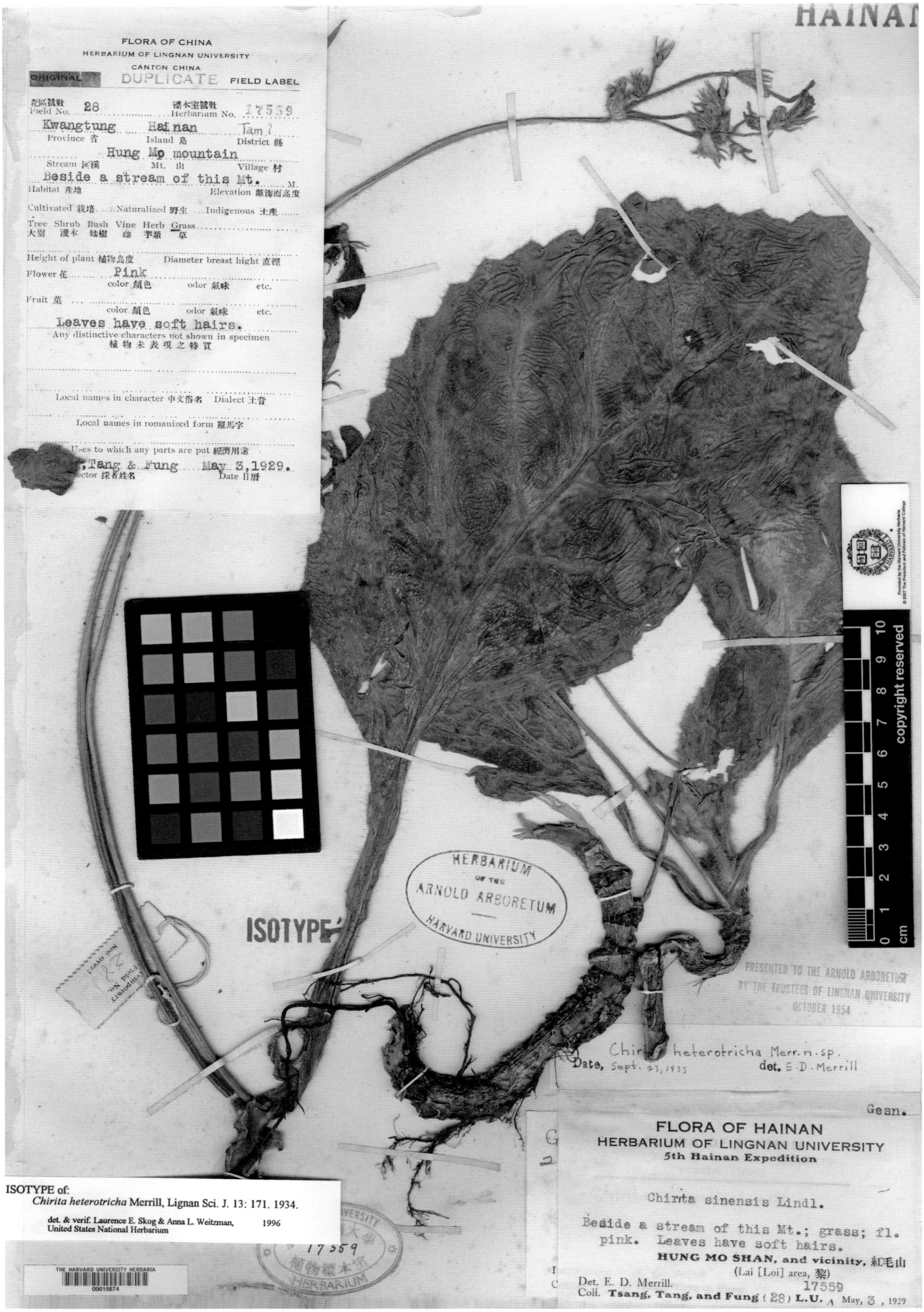

烟叶唇柱苣苔 ***Chirita heterotricha*** Merr. in Lingnan Sci. J. 13: 71. 1934. **Isotype:** China. Hainan: Hongmao Shan, 1929-05-03, W. T. Tsang, Tang & Fung 28 (=Lingnan University 17559) (A).

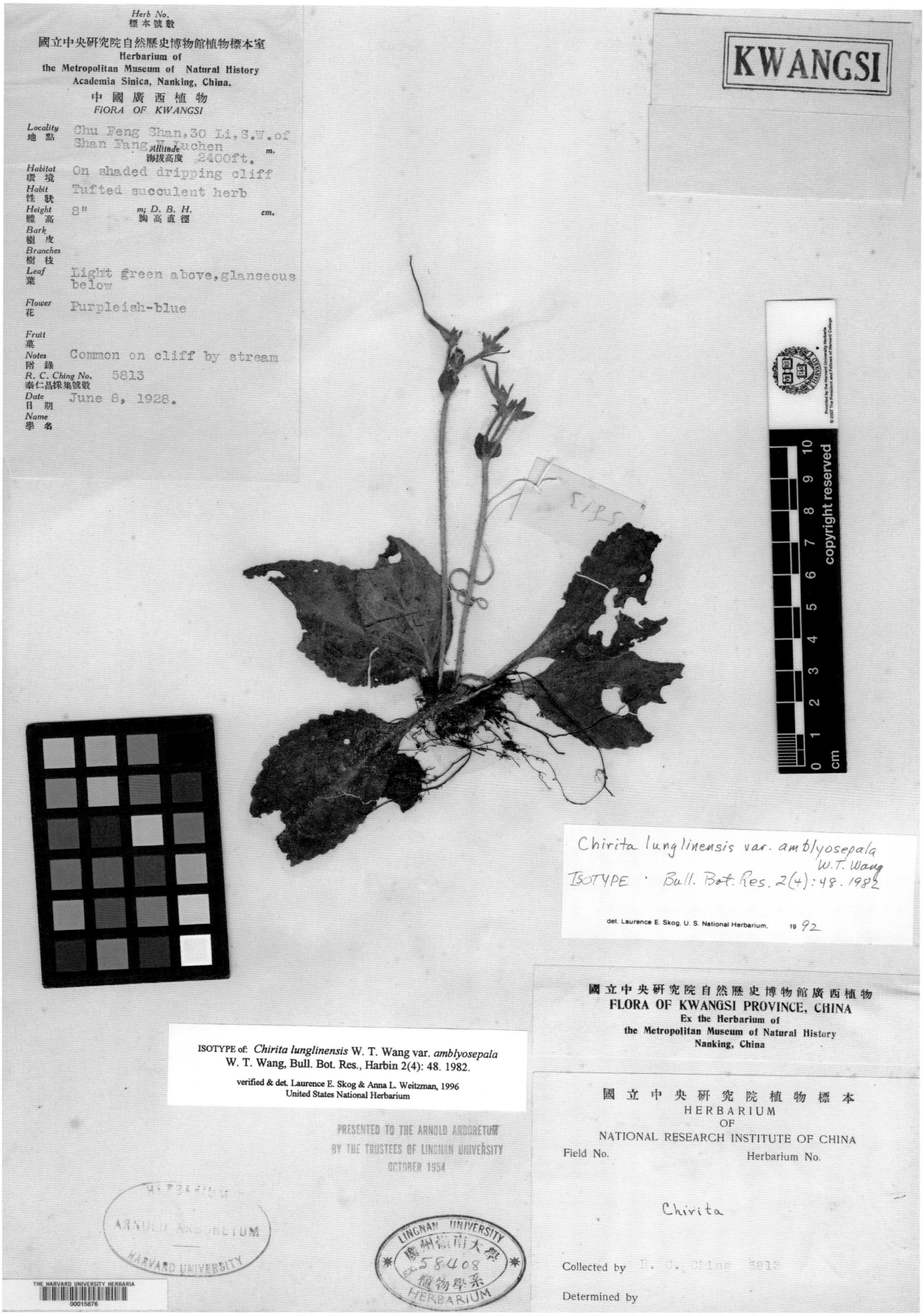

钝萼唇柱苣苔 ***Chirita lunglinensis*** W. T. Wang var. ***amblyosepala*** W. T. Wang in Bull. Bot. Res., Harbin 2(4): 48. 1982. **Isotype:** China. Guangxi: Luocheng, alt. 732 m, 1928-06-08, R. C. Ching 5813 (A).

栎叶唇柱苣苔 ***Chirita quercifolia*** Wood in Notes Roy. Bot. Gard. Edinb. 31(3): 369. 1972. **Isotype:** China. Guangdong: Huaiji, 1933-09-05, W. T. Tsang 22710 (GH).

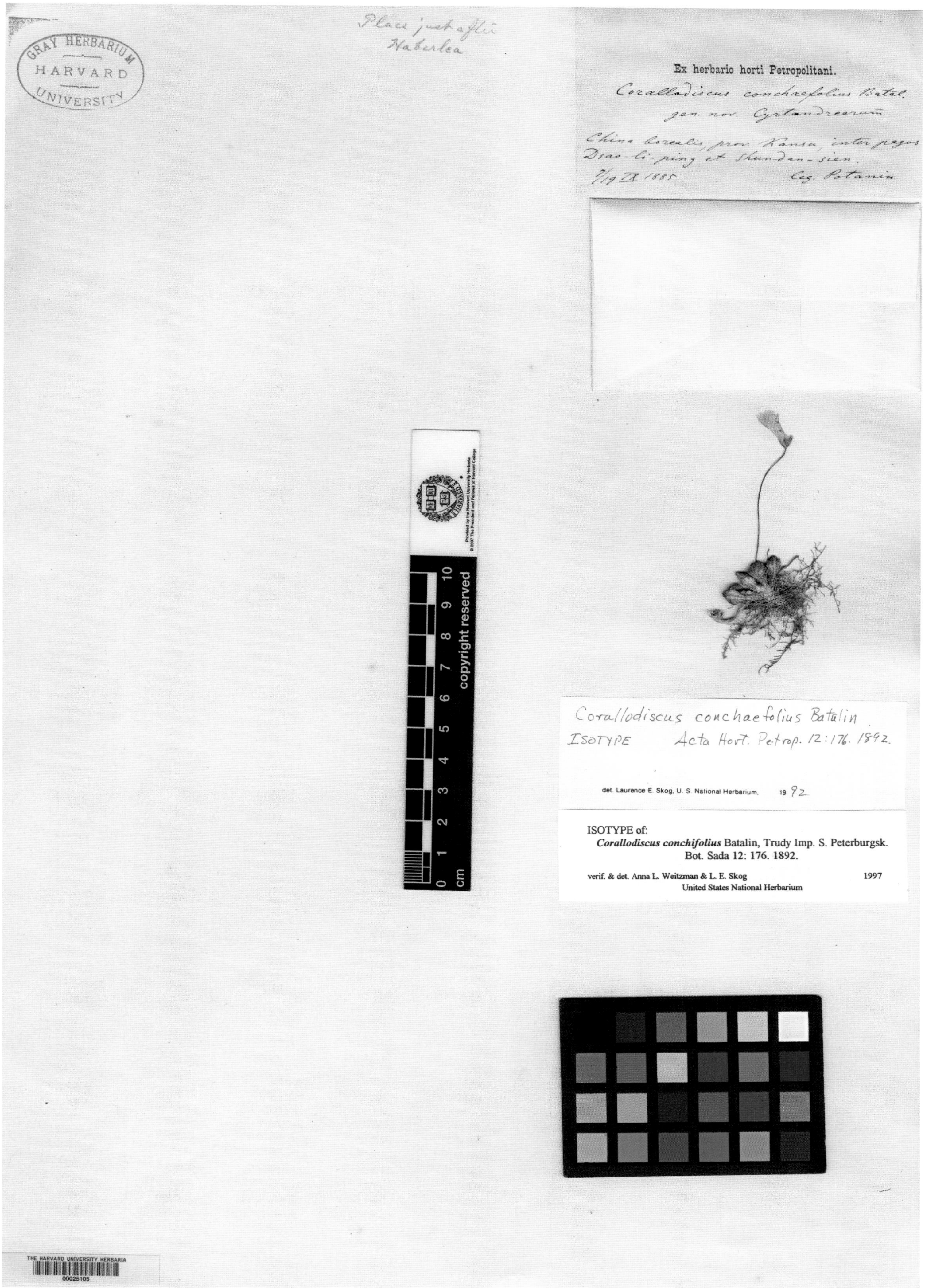

小石花 ***Corallodiscus conchifolius*** Batalin in Trudy Imp. St.-Peterb. Bot. Sada. 12: 176. 1892. **Isotype:** China. Gansu: Zhugqu, between Dsao-li-ping & Shun-dan-sien, 1885-09-(07-19), G. N. Potanin s. n. (GH).

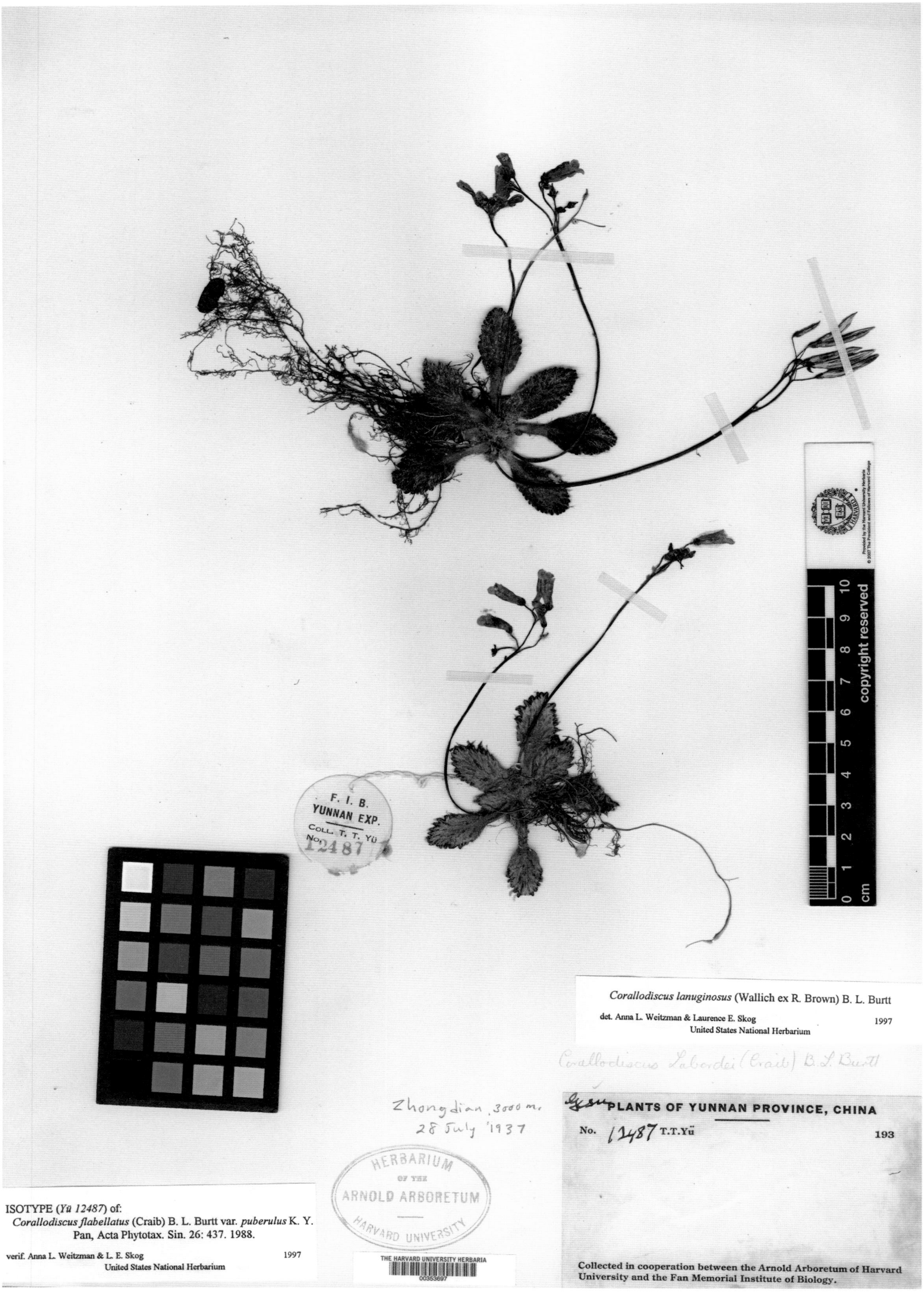

锈毛石花 ***Corallodiscus flabellatus*** (Craib) Burtt var. ***puberulus*** K. Y. Pan in Acta Phytotax. Sin. 26(6): 437. 1988. **Isotype:** China. Yunnan: Zhongdian (=Shangri-La), alt. 3 000 m, 1937-07-28, T. T. Yu 12487 (A).

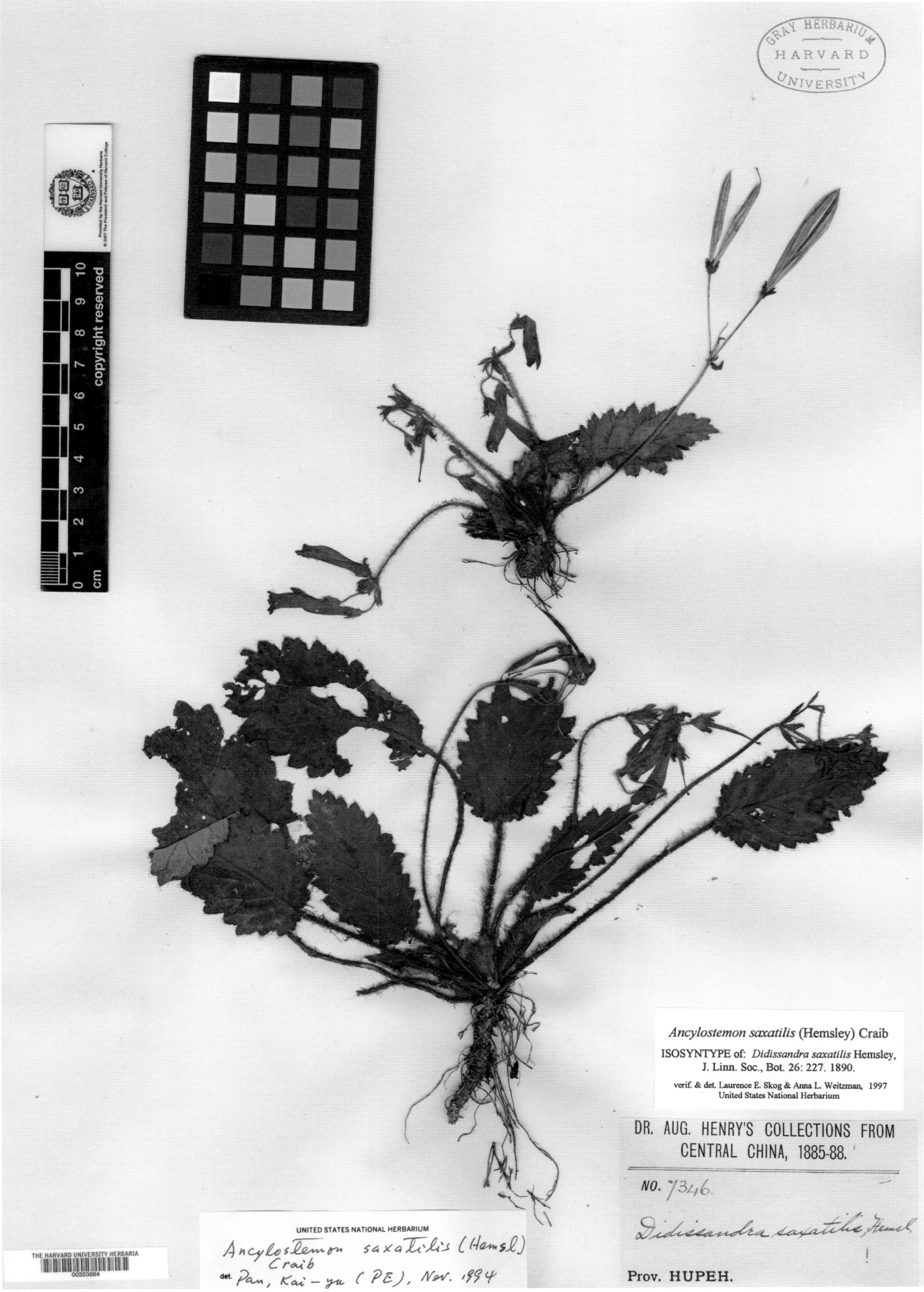

直瓣苣苔 ***Didissandra saxatilis*** Hemsl. in J. Linn. Soc. Bot. 26: 227. 1890. **Isosyntype**: China. Hubei: Badong, (1885-1888)-??-??, A. Henry 7346 (GH).

小萼直瓣苣苔 ***Didissandra saxatilis*** Hemsl. var. ***microcalyx*** Hemsl. in J. Linn. Soc. Bot. 26: 227. 1890. **Isotype**: China. Chongqing: Wushan, (1885-1888)-??-??, A. Henry 7150 (GH).

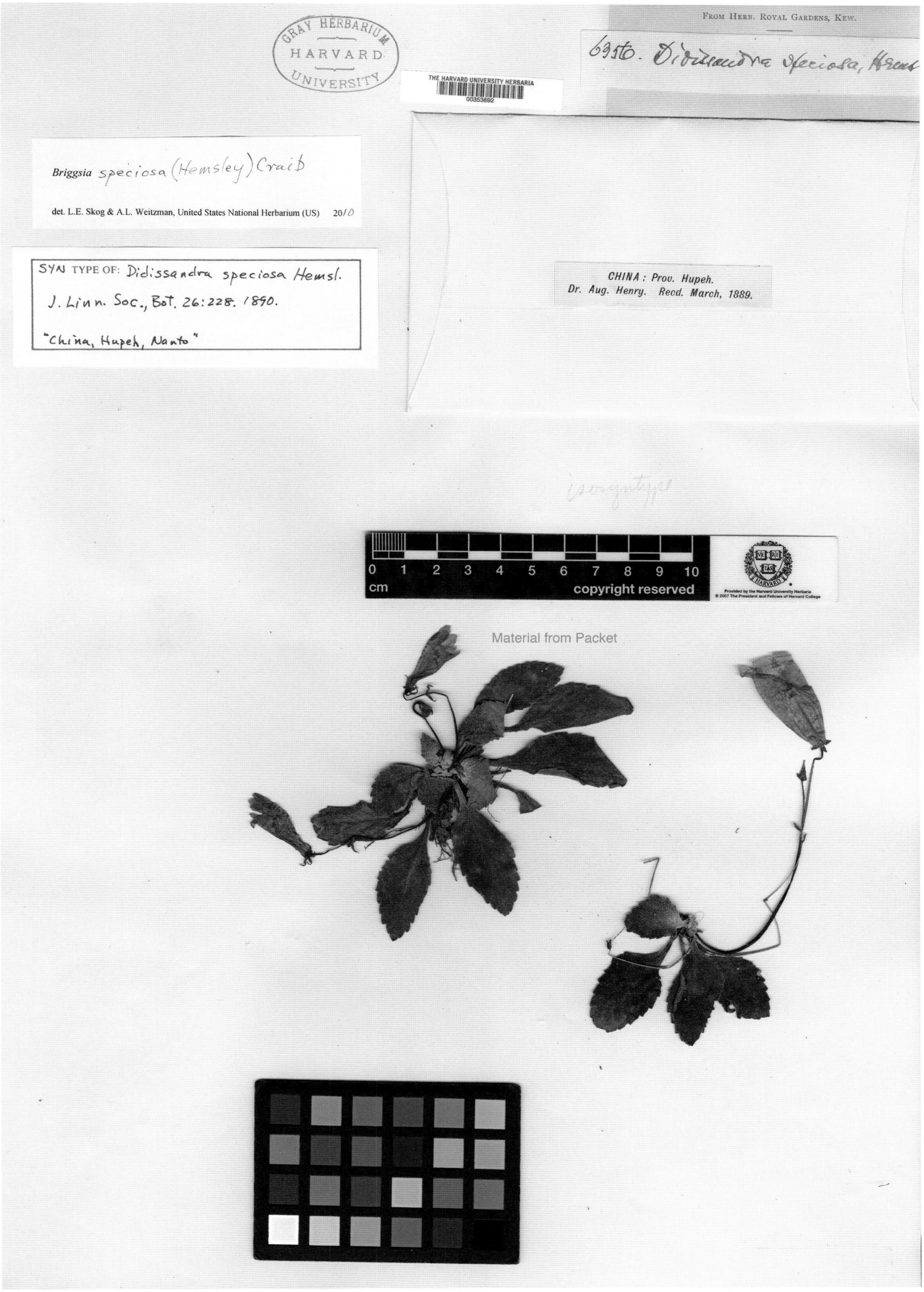

鄂西粗筒苣苔 ***Didissandra speciosa*** Hemsl. in J. Linn. Soc. Bot. 26: 228. 1890. **Syntype**: China. Hubei: Yichang, A. Henry 6356 (GH).

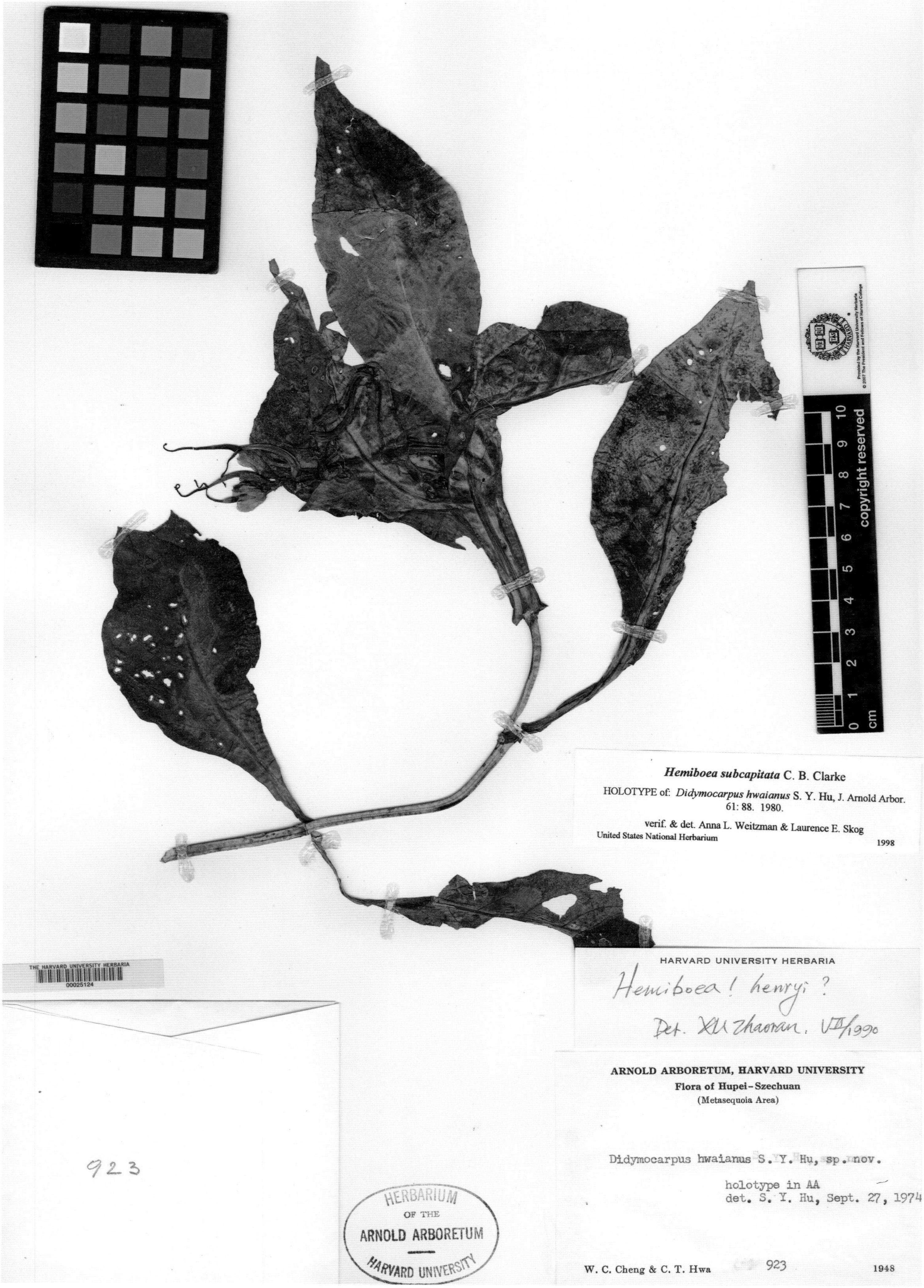

华氏长蒴苣苔 ***Didymocarpus hwaianus*** S. Y. Hu in J. Arnold Arbor. 61(1): 88. 1980. **Holotype:** China. Hubei: Lichuan, alt. 1 037 m, 1948-09-12, W. C. Cheng & C. T. Hwa 923 (A).

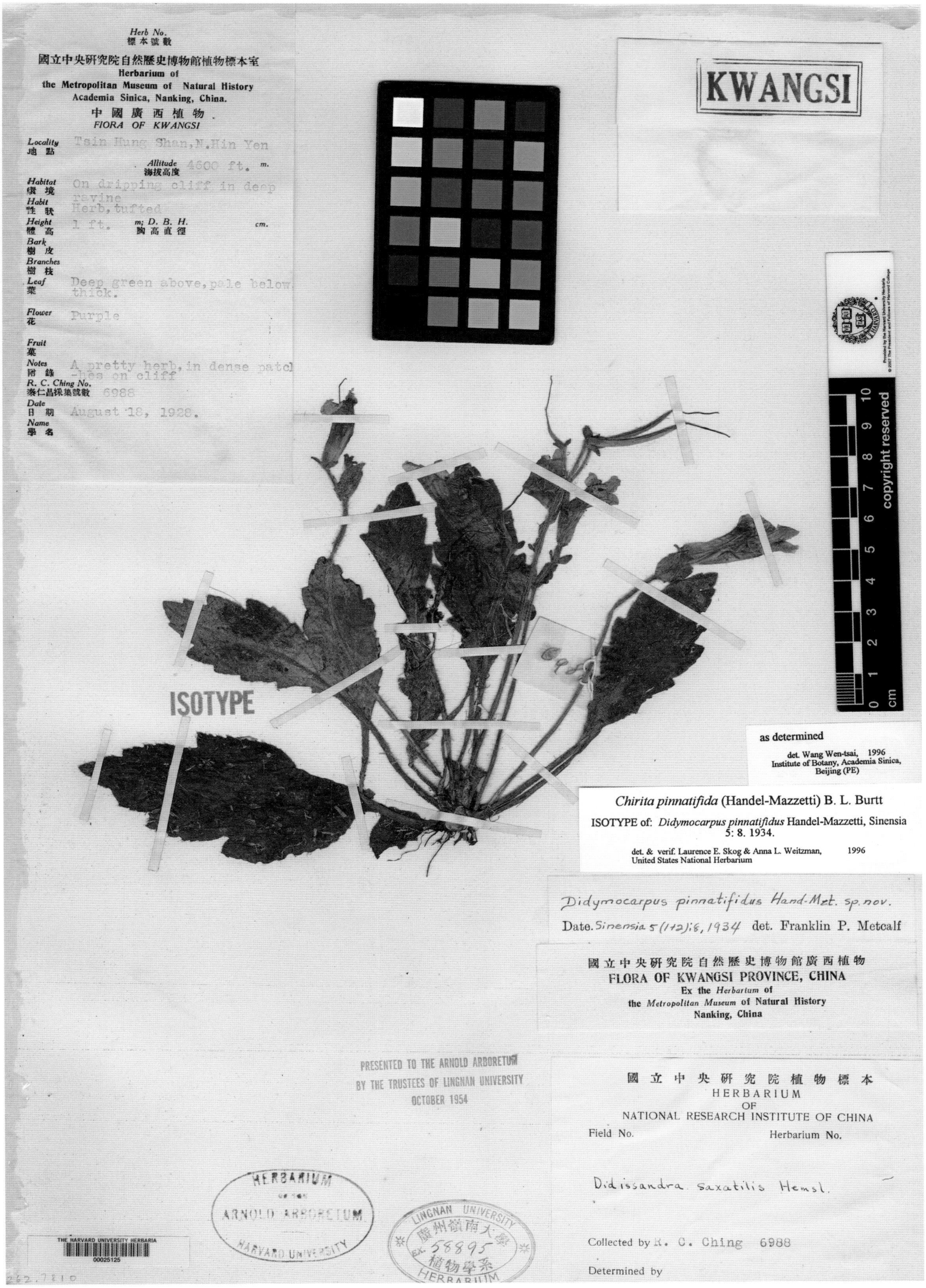

羽裂唇柱苣苔 ***Didymocarpus pinnatifidus*** Hand.-Mazz. in Sinensia 5: 8. 1934. **Isotype:** China. Guangxi: Lingyun, alt. 1 403 m, 1928-08-18, R. C. Ching 6988 (A).

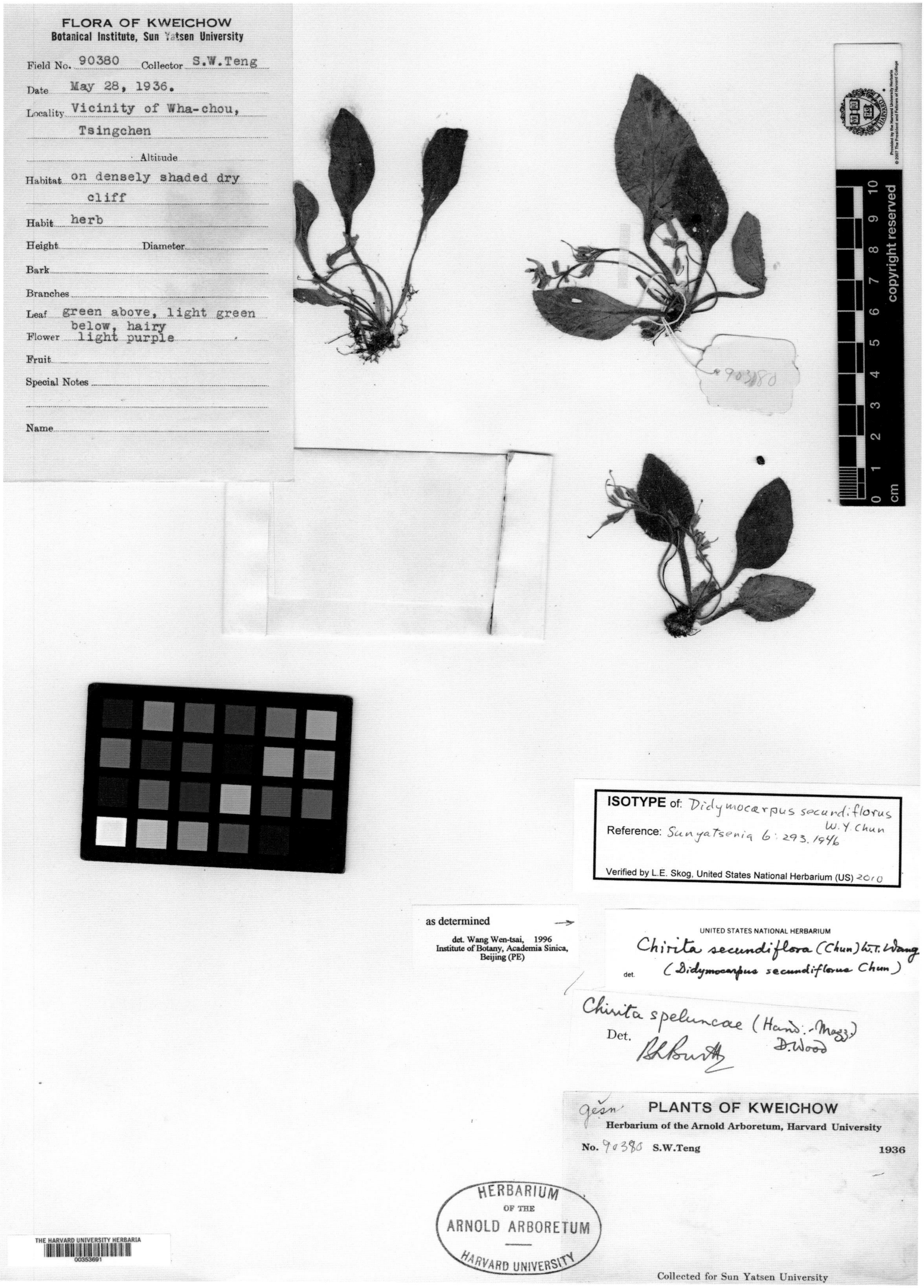

清镇唇柱苣苔 ***Didymocarpus secundiflorus*** Chun in Sunyatsenia 6(3–4): 293. 1946. **Isotype**: China. Guizhou: Tsingchen (=Qingzhen), 1936-05-28, S. W. Teng 90380 (A).

齿萼唇柱苣苔 ***Didymocarpus verecundus*** Chun in Sunyatsenia 6(3–4): 297. 1946. **Isotype:** China. Guangxi: Xiangzhou, Yao Shan, 1936-12-14, C. Wang 40630 (A).

镇康长蒴苣苔 ***Didymocarpus zhenkangensis*** W. T. Wang in Bull. Bot. Res., Harbin 2(2): 131. 1982. **Isotype:** China. Yunnan: Zhenkang, alt. 2 500 m, 1938-07-22, T. T. Yu 16886 (A).

毛药双片苣苔 ***Didymostigma trichanthera*** C. X. Ye & X. G. Shi in Harvard Pap. Bot. 9: 447. 2005. **Isotype**: China. Guangdong: Longmen, Nankun Shan National Forest Park, 2003-08-17, C. X. Ye 5960 (A).

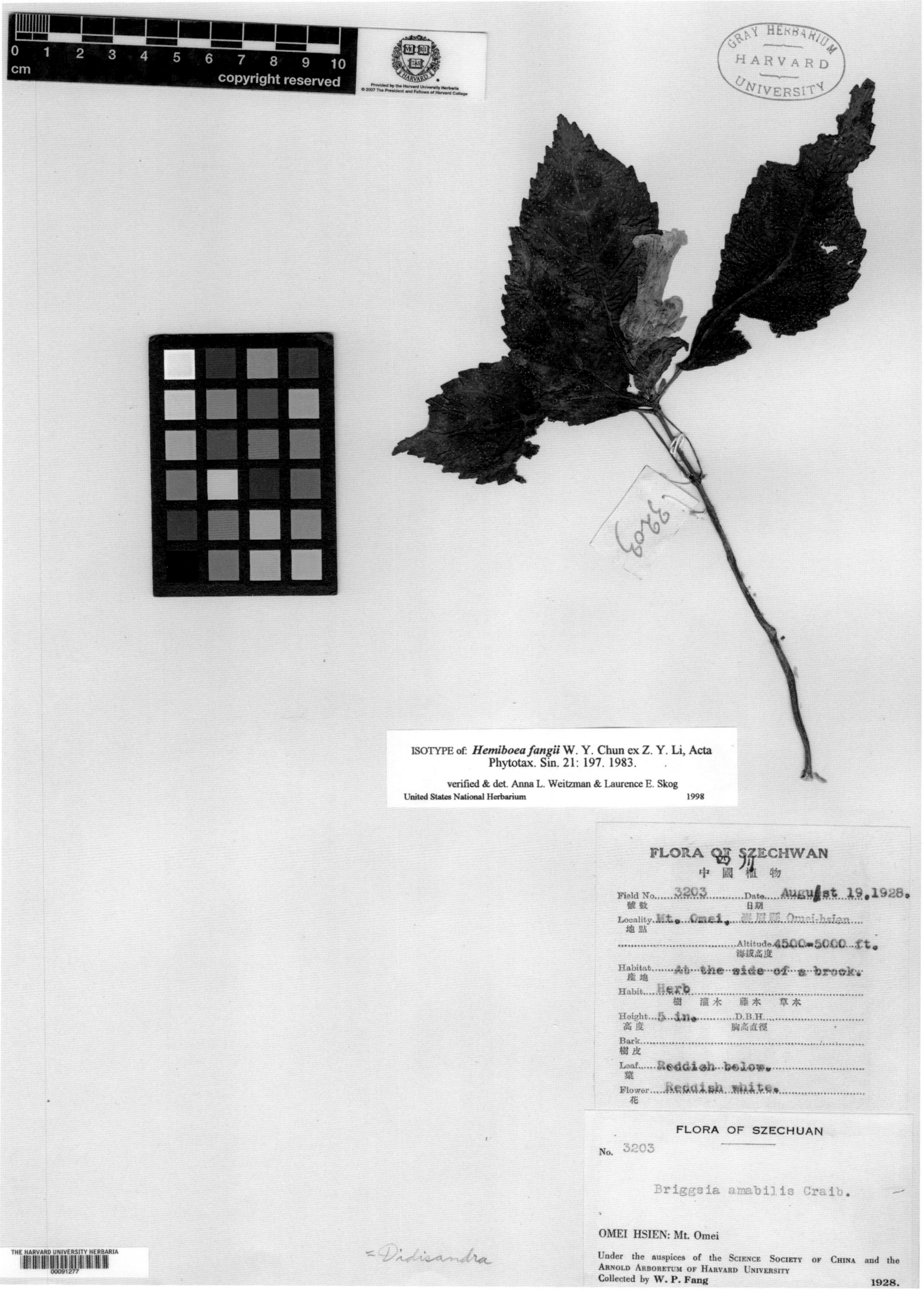
0 1 2 3 4 5 6 7 8 9 10
cm
copyright reserved
GRAY HERBARIUM
HARVARD
UNIVERSITY
ISOTYPE of: Hemiboea fangii W. Y. Chun ex Z. Y. Li, Acta Phytotax. Sin. 21: 197. 1983.
verified & det. Anna L. Weitzman & Laurence E. Skog
United States National Herbarium 1998
FLORA OF SZECHWAN
中國植物
Field No. 3203 Date August 19, 1928.
號數 日期
Locality Mt. Omei, 峨眉縣 Omei-hsien
地點
Altitude 4500-5000 ft.
海拔高度
Habitat At the side of a brook.
產地
Habit Herb
樹 灌木 藤木 草本
Height 5 in. D.B.H.
高度 胸高直徑
Bark
樹皮
Leaf Reddish below.
葉
Flower Reddish white.
花
FLORA OF SZECHUAN
No. 3203
Briggsia amabilis Craib.
OMEI HSIEN: Mt. Omei
Under the auspices of the Science Society of China and the Arnold Arboretum of Harvard University
Collected by W. P. Fang 1928.
THE HARVARD UNIVERSITY HERBARIA
00091277

齿叶半蒴苣苔 ***Hemiboea fangii*** Chun ex Z. Y. Li in Acta Phytotax. Sin. 21(2): 197, f. 1: 8-11. 1983. **Isotype:** China. Sichuan: Emeishan, Emei Shan, alt. 1 373~1 525 m, 1928-08-19, W. P. Fang 3203 (A).

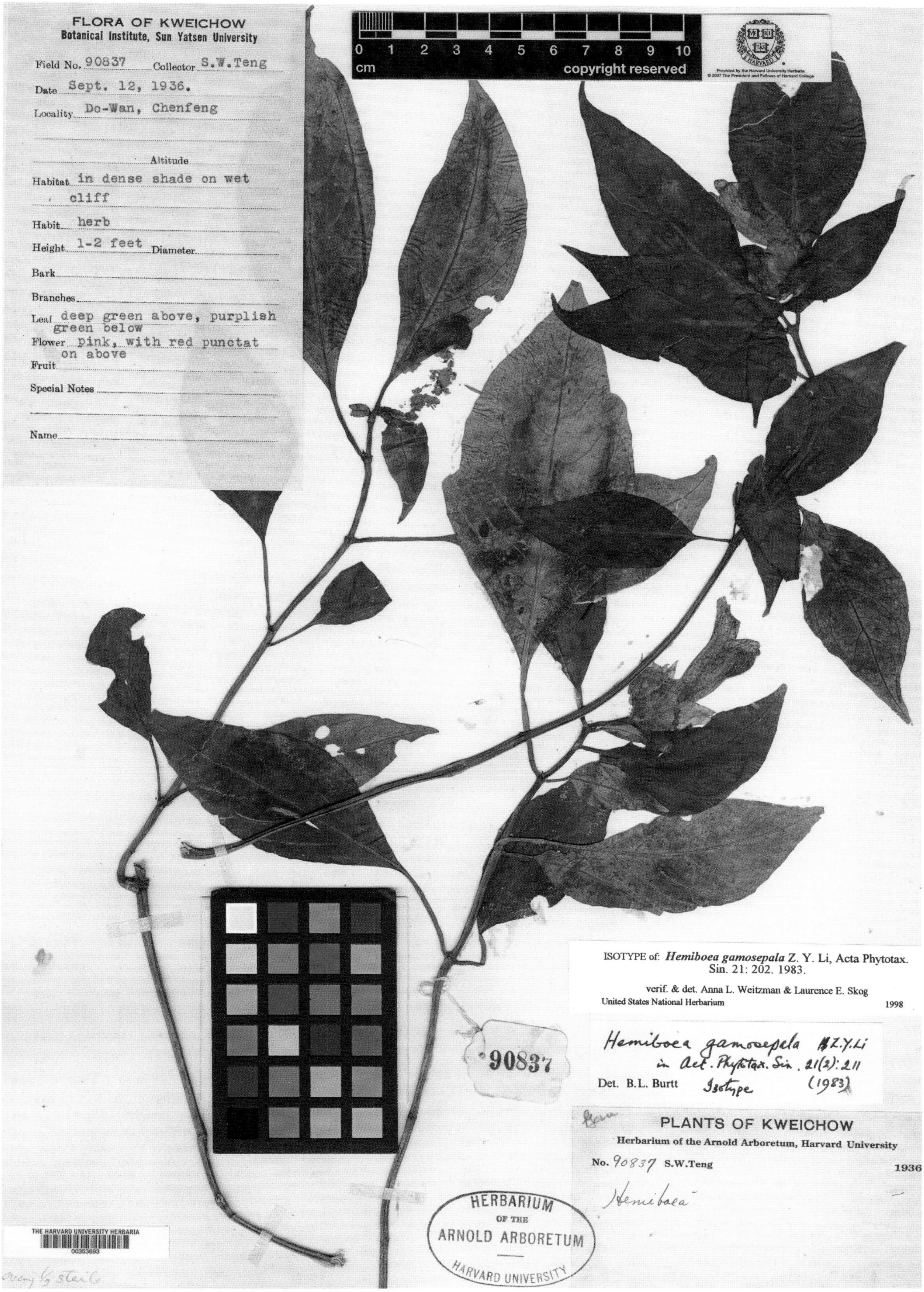

合萼半蒴苣苔 ***Hemiboea gamosepala*** Z. Y. Li in Acta Phytotax. Sin. 21(2): 202. 1983. **Isotype:** China. Guizhou: Chenfeng (=Zhenfeng), alt. 800 m, 1936-09-12, S. W. Teng 90837(A).

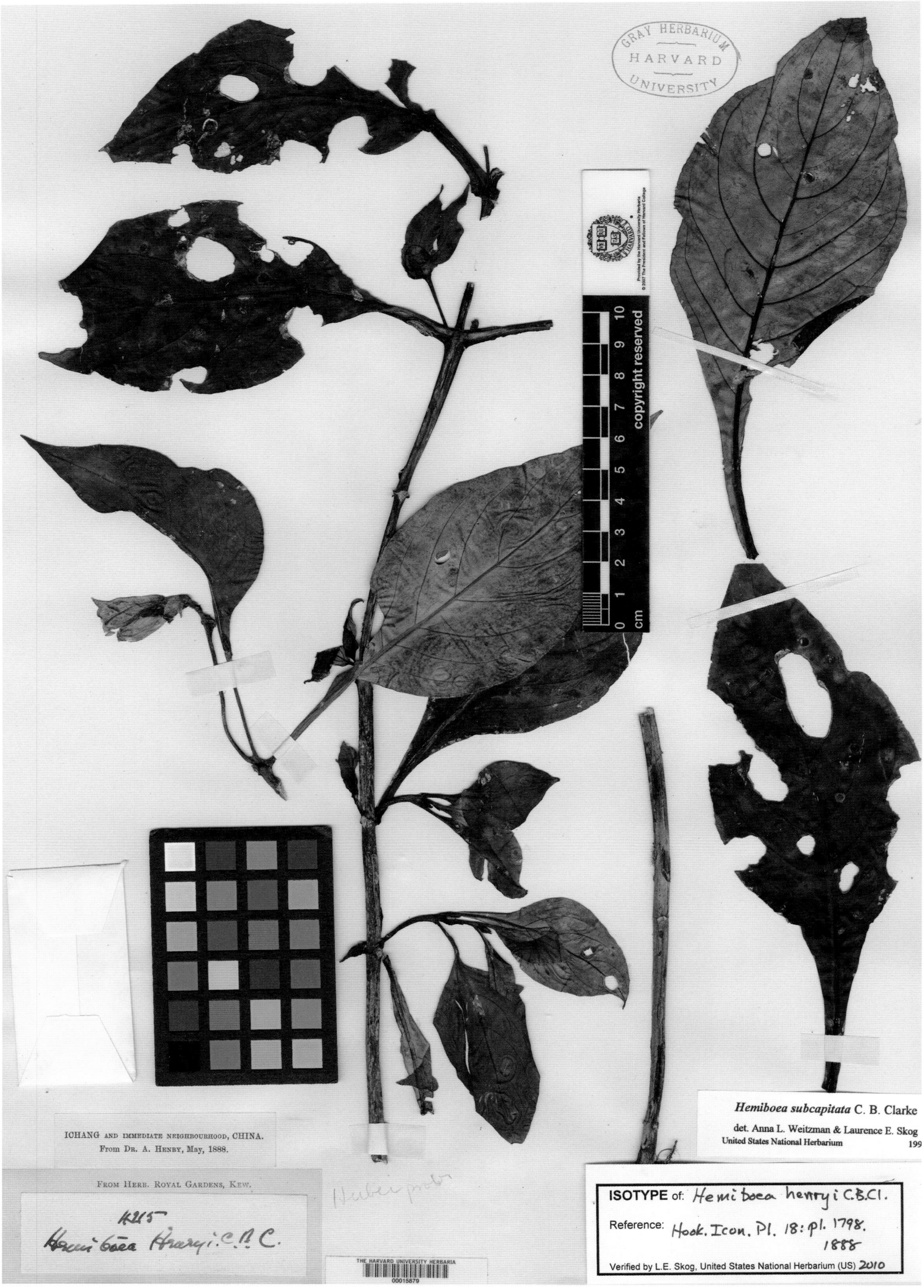

半蒴苣苔 ***Hemiboea henryi*** C. B. Clarke in Hook. Icon. Pl. 18(4): pl. 1798. 1888. **Isotype**: China. Hubei: Ichang (=Yichang), 1888-05-??, A. Henry 4215 (GH).

GRAY HERBARIUM HARVARD UNIVERSITY
copyright reserved
cm 0 1 2 3 4 5 6 7 8 9 10
ICHANG AND IMMEDIATE NEIGHBOURHOOD, CHINA.
From DR. A. HENRY, May, 1888.
FROM HERB. ROYAL GARDENS, KEW.
Hemiboea subcapitata C. B. Clark
det. Anna L. Weitzman & Laurence E. Sk
United States National Herbarium
THE HARVARD UNIVERSITY HERBARIA
00015880
Both
SYNTYPES of: Hemiboea subcapitata C.B.Cl.
Reference: Hooker's Icon. Pl. 18: sub p. 1798. 1888.
Verified by L.E. Skog, United States National Herbarium (US) 2010

降龙草 ***Hemiboea subcapitata*** C. B. Clarke in Hook. Icon. Pl. 18(4): sub pl. 1798. 1888. **Isotype**: China. Hubei: Ichang (=Yichang), A. Henry 4894 (GH).

异色线柱苣苔 ***Isanthera discolor*** Maxim. in Bull. Acad. Imp. Sci. St-Petersb., ser. 3 19: 538. 1874. **Isotype:** China. Taiwan: Precise locality not known, 1864-??-??, R. Oldham 380 (GH).

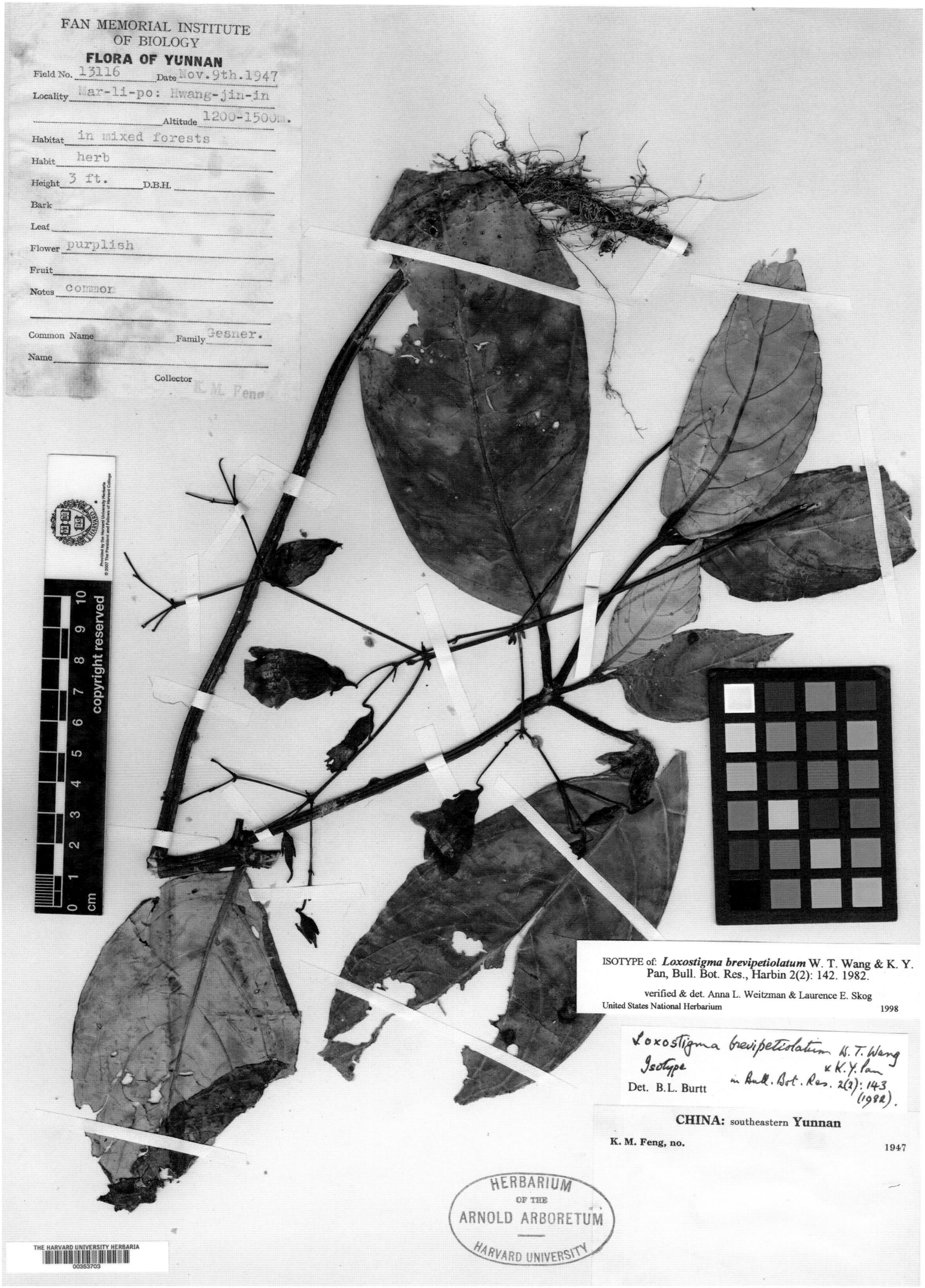

短柄紫花苣苔 ***Loxostigma brevipetiolatum*** W. T. Wang & K. Y. Pan in Bull. Bot. Res., Harbin 2(2): 142. 1982. **Isotype**: China. Yunnan: Malipo, alt. 1 200~1 500 m, 1947-11-09, K. M. Feng 13116 (A).

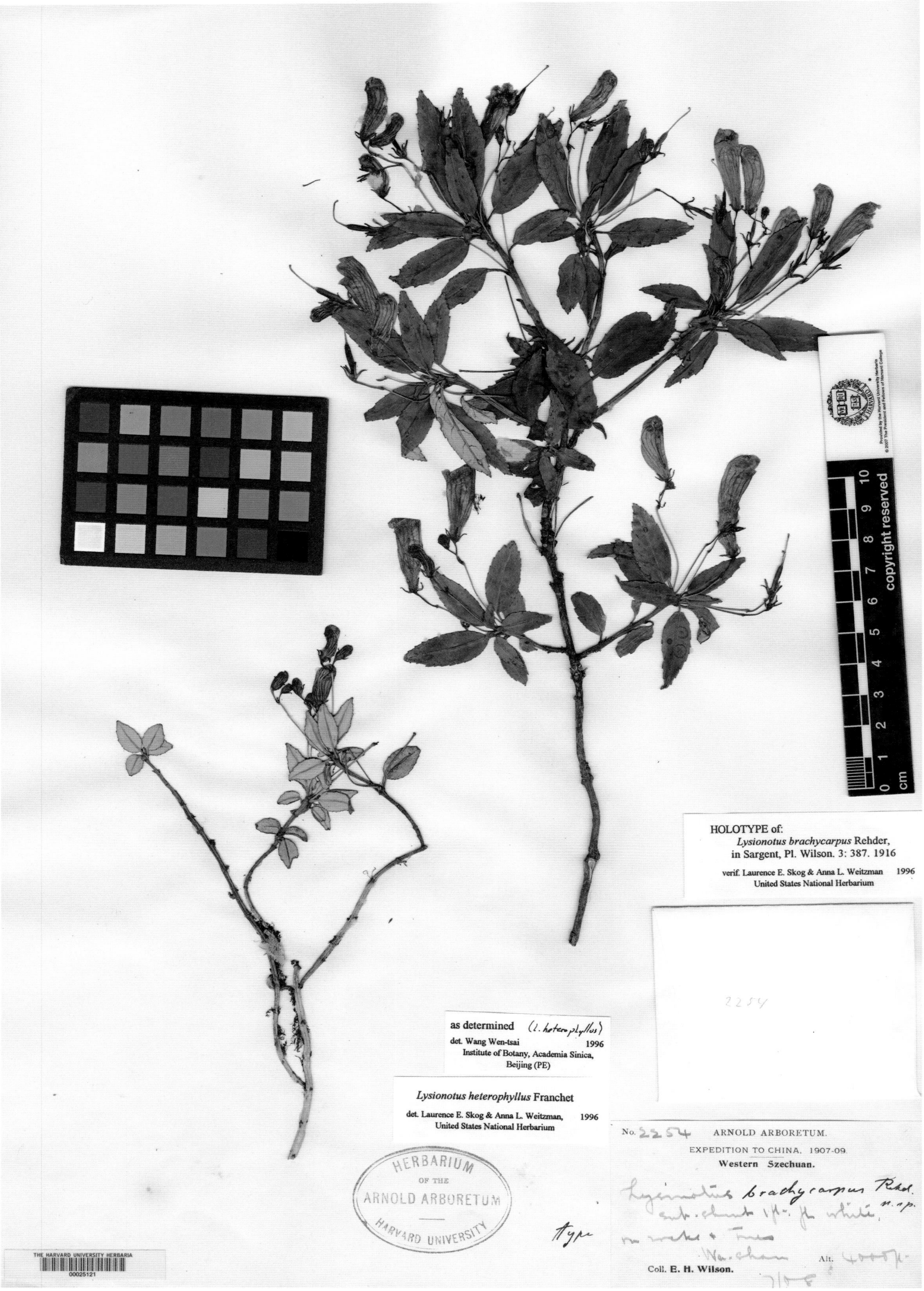

短果吊石苣苔 ***Lysionotus brachycarpus*** Rehd. in Sargent, Pl. Wils. 3(2): 387. 1916. **Holotype**: China. Sichuan: Ebian, Wa Shan, alt. 1 220 m, 1908-07-??, E. H. Wilson 2254 (A).

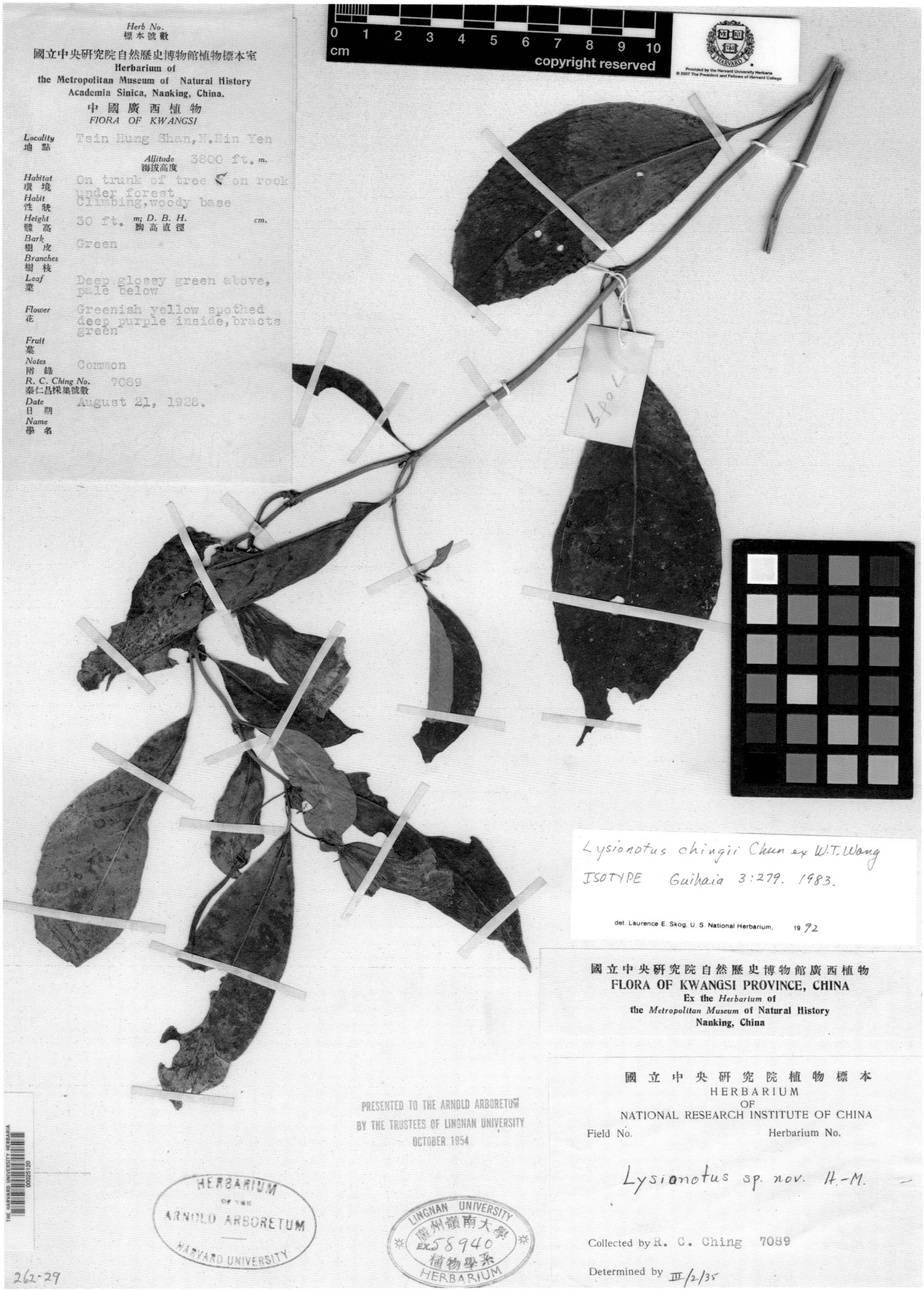

攀缘吊石苣苔 ***Lysionotus chingii*** Chun ex W. T. Wang in Guihaia 3(4): 279, f. 4: 1-6. 1983. **Isotype:** China. Guangxi: Lingyun, alt. 1 159 m, 1928-08-21, R. C. Ching 7089 (A).

copyright reserved
cm
Lysionotus pauciflorus Maximowicz
ISOTYPE of: *Lysionotus hainanensis* Merrill & W. Y. Chun,
Sunyatsenia 2: 321, fig. 45. 1935.
verified & det. Anna L. Weitzman & Laurence E. Skog
United States National Herbarium 1998
Lysionotus pauciflorus Maximowicz
det. Laurence E. Skog & Anna L. Weitzman, 1995
United States National Herbarium
HERBARIUM OF THE ARNOLD ARBORETUM HARVARD UNIVERSITY
PLANTS OF HAINAN
Collected for The New York Botanical Garden in cooperation with the Botanical Institute of the College of Agriculture, Sun Yatsen University, Second and Third Hainan Expeditions.
No. 44171 N. K. Chun & C. L. Tso 1932-33.
Lysionotus hainanensis Merr. & Chun
Fan Yah; alt. 4000ft.; creeping woody climber; creeping on tree.
THE HARVARD UNIVERSITY HERBARIA
00025119

海南吊石苣苔 ***Lysionotus hainanensis*** Merr. & Chun in Sunyatsenia 2: 321, f. 45. 1935. **Isotype:** China. Hainan: Wuzhishan, Wuzhi Shan, alt. 1 220 m, 1932-10-26, N. K. Chun & C. L. Tso 44171 (A).

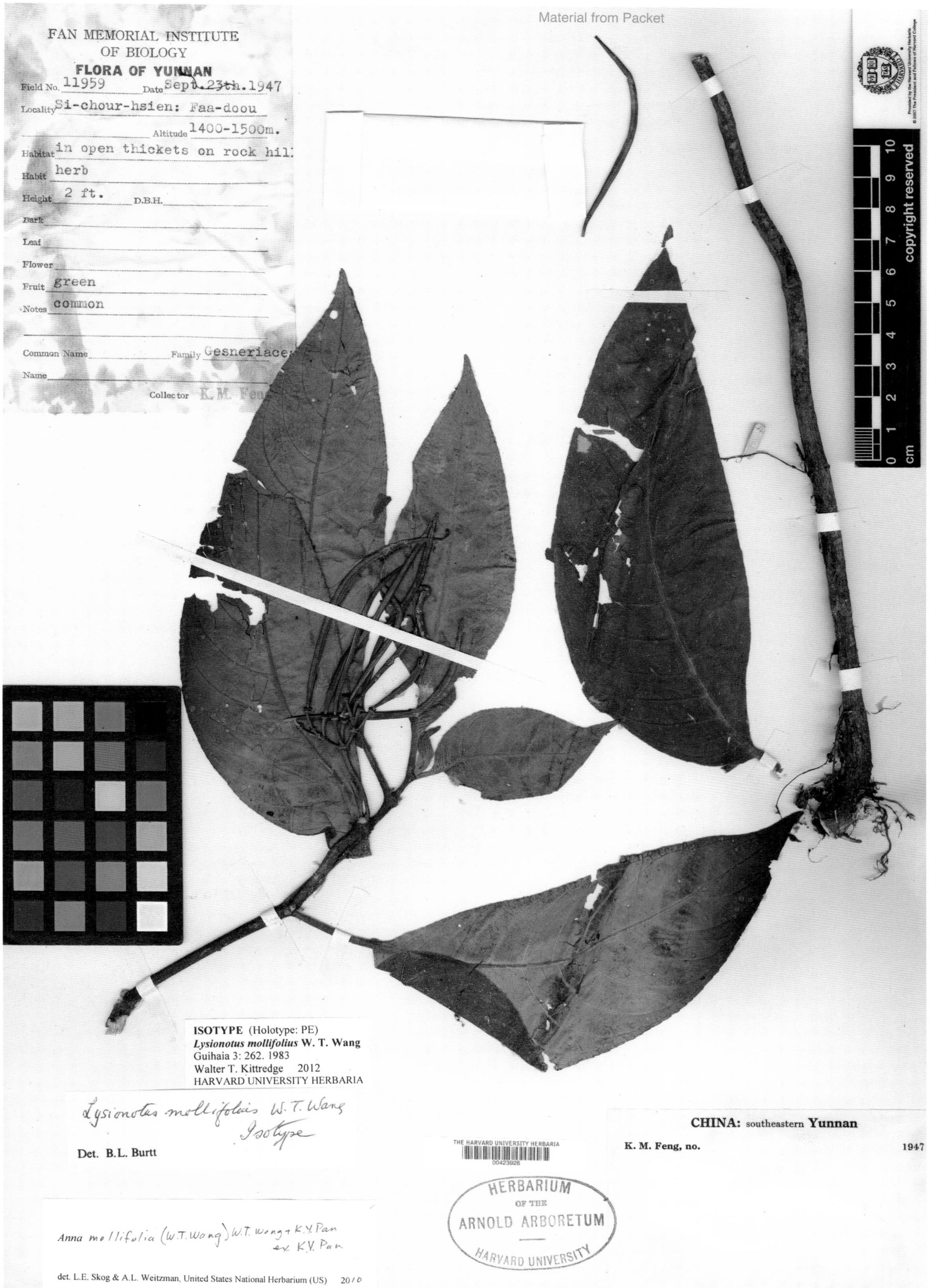

软叶吊石苣苔 ***Lysionotus mollifolius*** W. T. Wang in Guihaia 3(4): 262. 1983. **Isotype:** China. Yunnan: Xichou, alt. 1 400~1 500 m, 1947-09-23, K. M. Feng 11959 (A).

黄花吊石苣苔 ***Lysionotus sulphureus*** Hand.-Mazz. in Anz. Akad. Wiss. Wien. Math.-Nat. Kl. 61: 20. 1925. **Isotype**: China. Yunnan: Gongshan, alt. 2 850 m, 1916-07-31, H. R. E. Handel-Mazzetti 9597 (A).

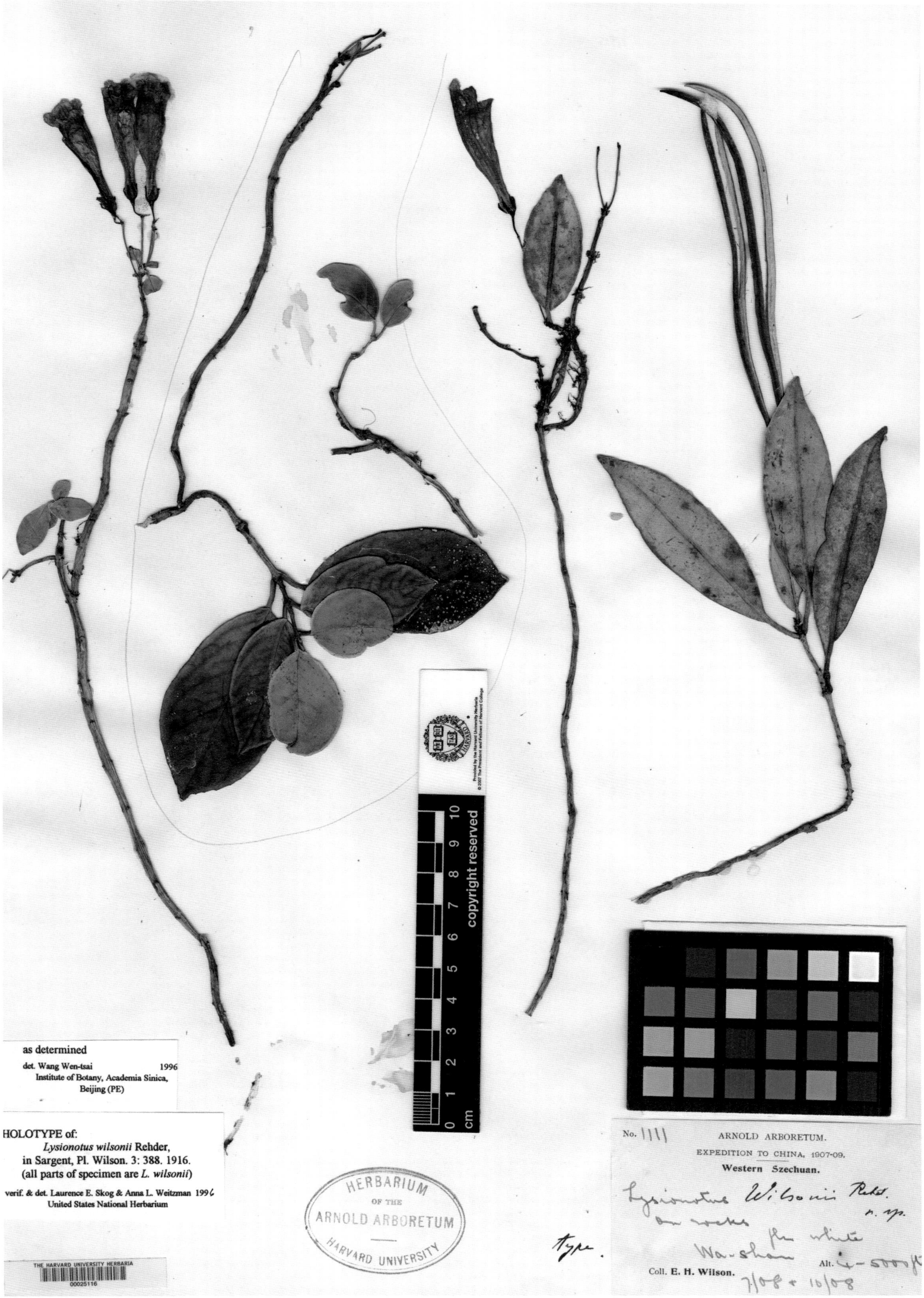

川西吊石苣苔 ***Lysionotus wilsonii*** Rehd. in Sargent, Pl. Wils. 3(2): 388. 1916. Holotype: China. Sichuan: Ebian, Wa Shan, alt. 1 220~1 525 m, 1908-(07-10)-??, E. H. Wilson 1111 (A).

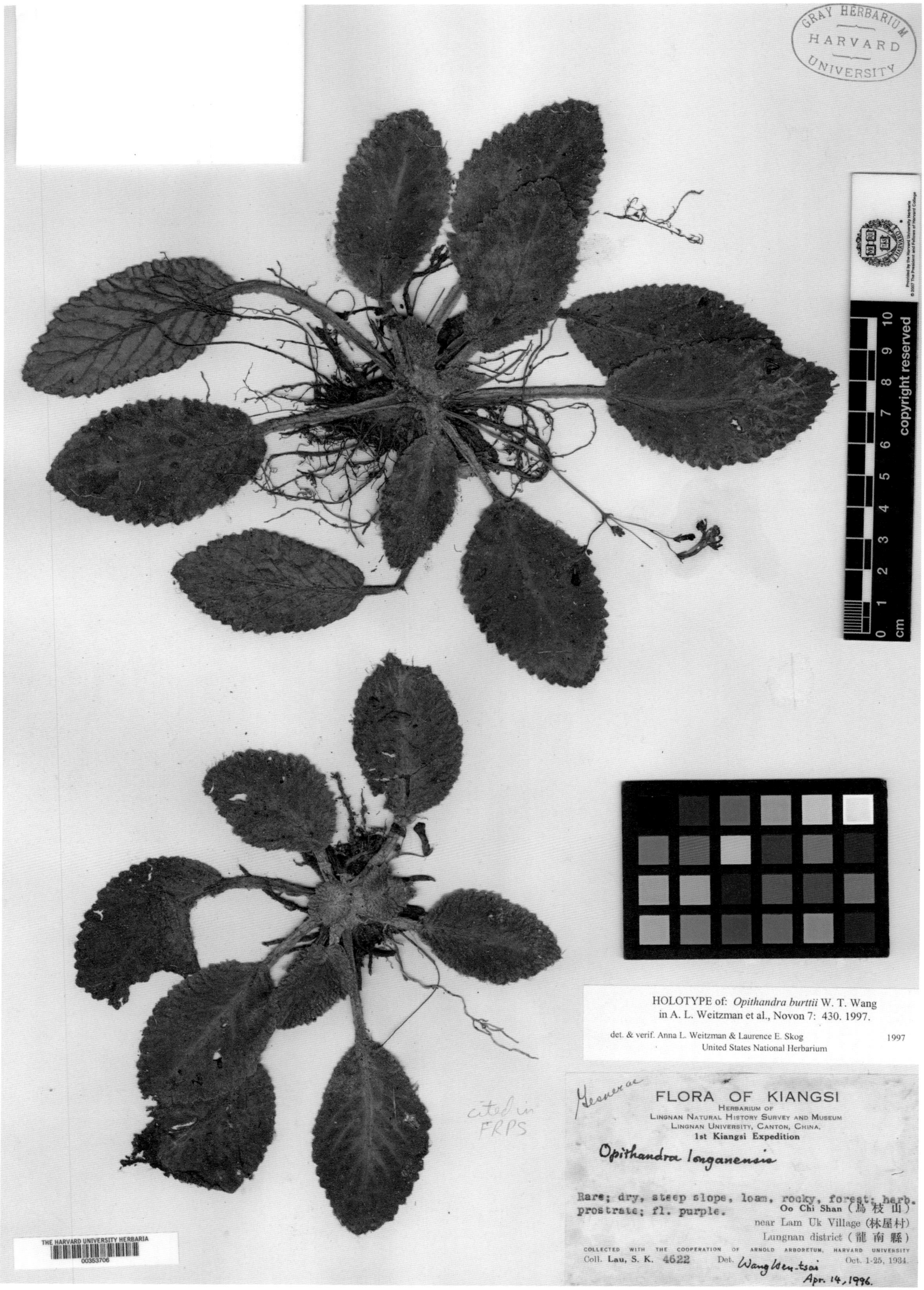
GRAY HERBARIUM HARVARD UNIVERSITY
copyright reserved
HOLOTYPE of: Opithandra burttii W. T. Wang
in A. L. Weitzman et al., Novon 7: 430. 1997.
det. & verif. Anna L. Weitzman & Laurence E. Skog 1997
United States National Herbarium
Gesneraceae
FLORA OF KIANGSI
HERBARIUM OF
LINGNAN NATURAL HISTORY SURVEY AND MUSEUM
LINGNAN UNIVERSITY, CANTON, CHINA.
1st Kiangsi Expedition
Opithandra longanensis
Rare; dry, steep slope, loam, rocky, forest; herb. prostrate; fl. purple.
Oo Chi Shan (烏枝山)
near Lam Uk Village (林屋村)
Lungnan district (龍南縣)
COLLECTED WITH THE COOPERATION OF ARNOLD ARBORETUM, HARVARD UNIVERSITY
Coll. Lau, S. K. 4622 Det. Wang Wen-tsai Oct. 1-25, 1934.
Apr. 14, 1996.
cited in FRPS
THE HARVARD UNIVERSITY HERBARIA
00353706

龙南后蕊苣苔 ***Opithandra burttii*** W. T. Wang in A. L. Weitzman & al., Novon 7(4): 430. 1997 [1998]. **Holotype**: China. Jiangxi: Longnan, 1934-10-(01-25), S. K. Lau 4622 (GH).

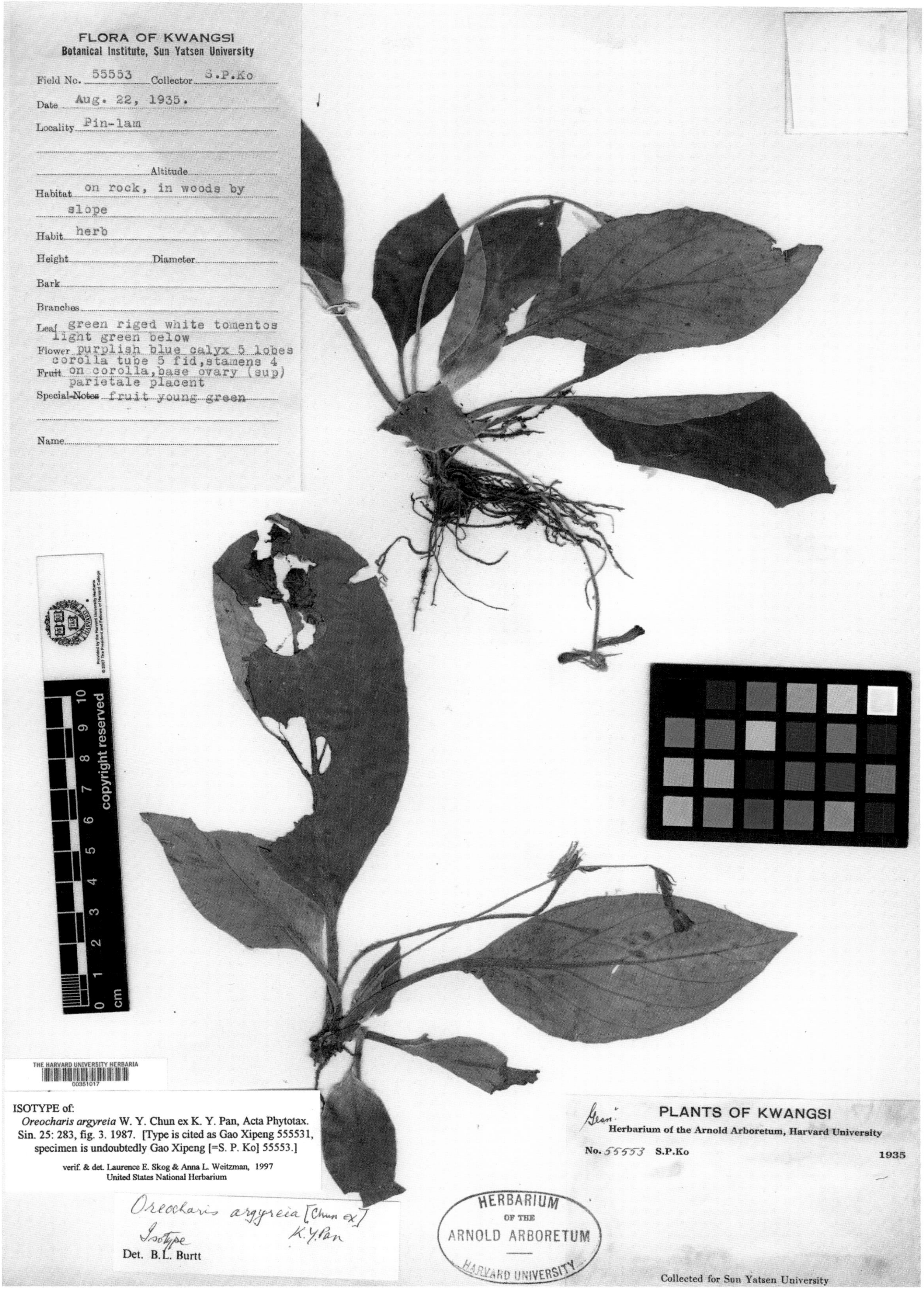
FLORA OF KWANGSI
Botanical Institute, Sun Yatsen University
Field No. 55553 Collector S.P.Ko
Date Aug. 22, 1935.
Locality Pin-lam
Altitude
Habitat on rock, in woods by slope
Habit herb
Height Diameter
Bark
Branches
Leaf green riged white tomentos light green below
Flower purplish blue calyx 5 lobes corolla tube 5 fid, stamens 4 on corolla, base ovary (sup) parietale placent
Fruit
Special Notes fruit young green
Name
copyright reserved
cm
THE HARVARD UNIVERSITY HERBARIA
00351017
ISOTYPE of:
Oreocharis argyreia W. Y. Chun ex K. Y. Pan, Acta Phytotax. Sin. 25: 283, fig. 3. 1987. [Type is cited as Gao Xipeng 555531, specimen is undoubtedly Gao Xipeng [=S. P. Ko] 55553.]
verif. & det. Laurence E. Skog & Anna L. Weitzman, 1997
United States National Herbarium
Oreocharis argyreia [Chun ex] K.Y.Pan
Isotype
Det. B.L. Burtt
HERBARIUM OF THE ARNOLD ARBORETUM HARVARD UNIVERSITY
Gesn.
PLANTS OF KWANGSI
Herbarium of the Arnold Arboretum, Harvard University
No. 55553 S.P.Ko 1935
Collected for Sun Yatsen University

紫花马铃苣苔 ***Oreocharis argyreia*** Chun ex K. Y. Pan in Acta Phytotax. Sin. 25(4): 283, pl. 3. 1987. **Isotype**: China. Guangxi: Jingxi, 1935-08-22, S. P. Ko 55553 (A).

窄叶马铃苣苔 ***Oreocharis argyreia*** Chun ex K. Y. Pan var. ***angustifolia*** K. Y. Pan in Acta Phytotax. Sin. 25(4): 285. 1987.

Isotype: China. Guangxi: Shangsi, Shiwan Dashan 1934-09-06, W. T. Tsang 24218 (A).

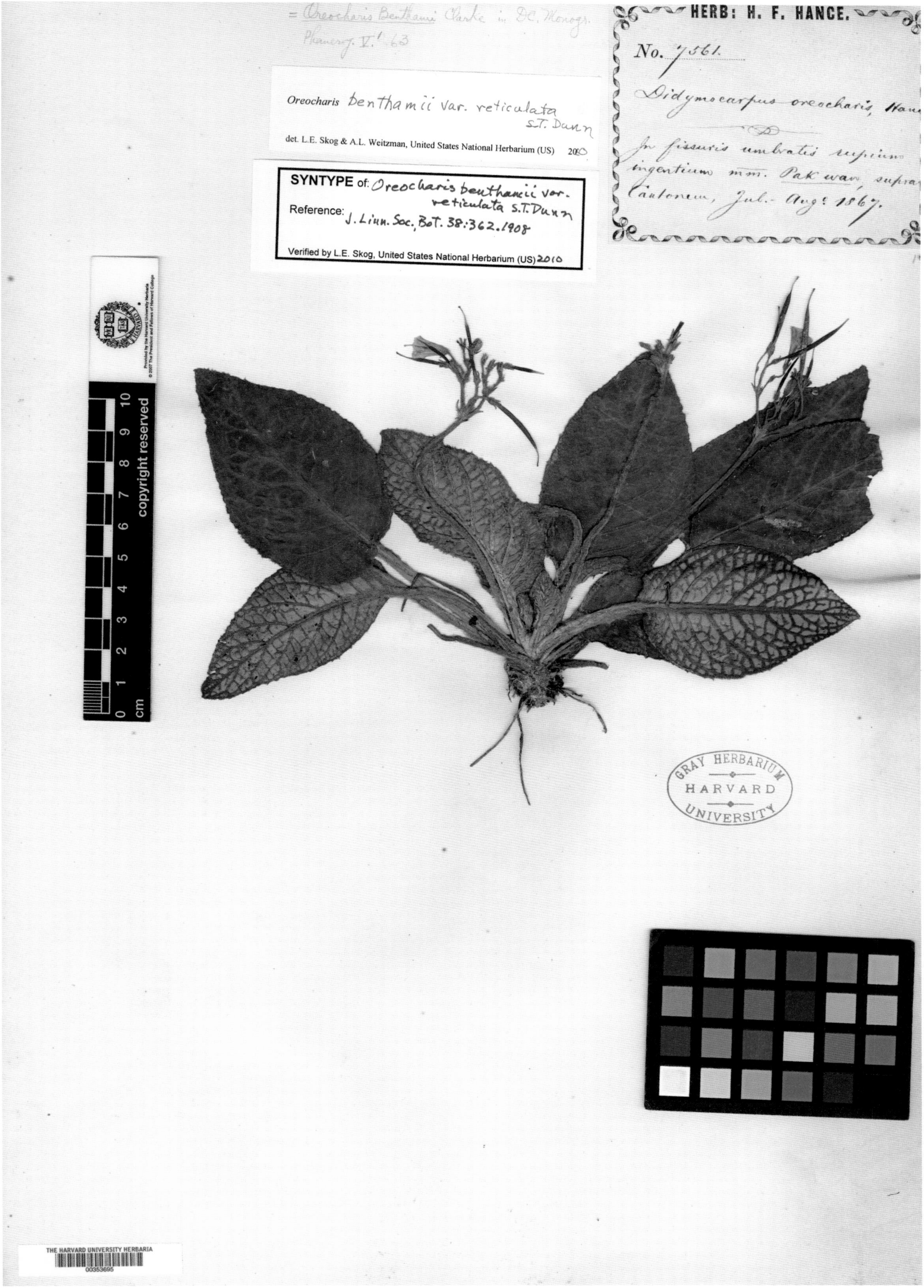
= Oreocharis Benthamii Clarke in DC. Monogr. Phanerog. V.1 63
HERB: H. F. HANCE.
No. 7561.
Didymocarpus oreocharis, Hance
In fissuris umbratis rupium ingentium mon. Pak wan, supra Cantonem, Jul.-Aug. 1867.
Oreocharis benthamii var. reticulata S.T. Dunn
det. L.E. Skog & A.L. Weitzman, United States National Herbarium (US) 2010
SYNTYPE of: Oreocharis benthamii var. reticulata S.T. Dunn
Reference: J. Linn. Soc. Bot. 38: 362. 1908
Verified by L.E. Skog, United States National Herbarium (US) 2010
copyright reserved
cm 0 1 2 3 4 5 6 7 8 9 10
GRAY HERBARIUM HARVARD UNIVERSITY
THE HARVARD UNIVERSITY HERBARIA
00353695

石上莲 ***Oreocharis benthamii*** Clarke var. ***reticulata*** Dunn in J. Linn. Soc. Bot. 38: 362. 1908. **Isosyntype**: China. Guangdong: Guangzhou, 1867-(07-08)-??, H. F. Hance 7561 (GH).

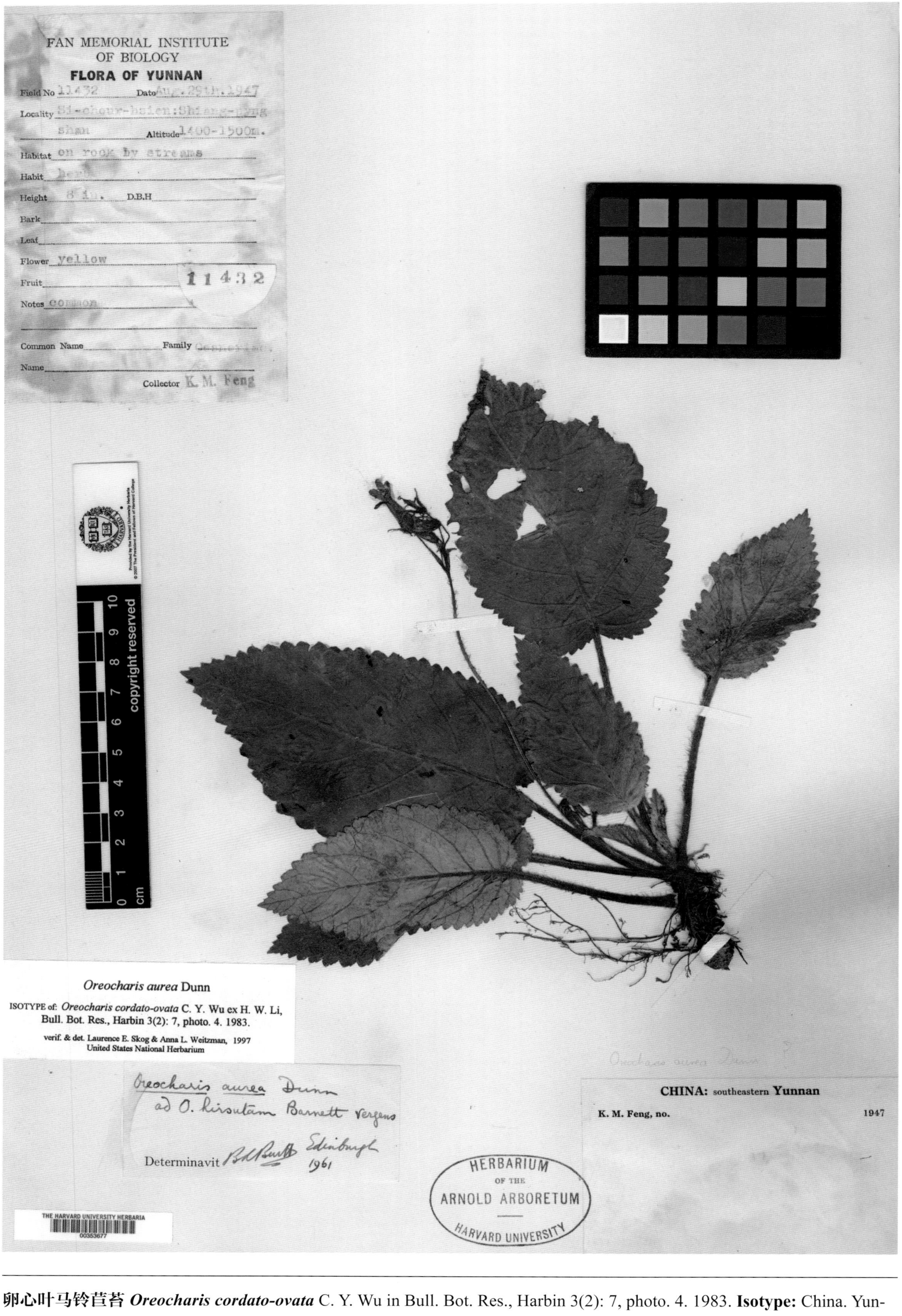

卵心叶马铃苣苔 ***Oreocharis cordato-ovata*** C. Y. Wu in Bull. Bot. Res., Harbin 3(2): 7, photo. 4. 1983. **Isotype:** China. Yunnan: Xichou, alt. 1 400~1 500 m, 1947-08-29, K. M. Feng 11432 (A).

川西马铃苣苔 ***Oreocharis dentata*** A. L. Weitzman & L. E. Skog in Novon 7(4): 431, f. 1. 1997 [1998]. **Holotype**: China. Sichuan: Western Sichuan, Precise locality not known, 1908-09-??, E. H. Wilson 2256 (GH).

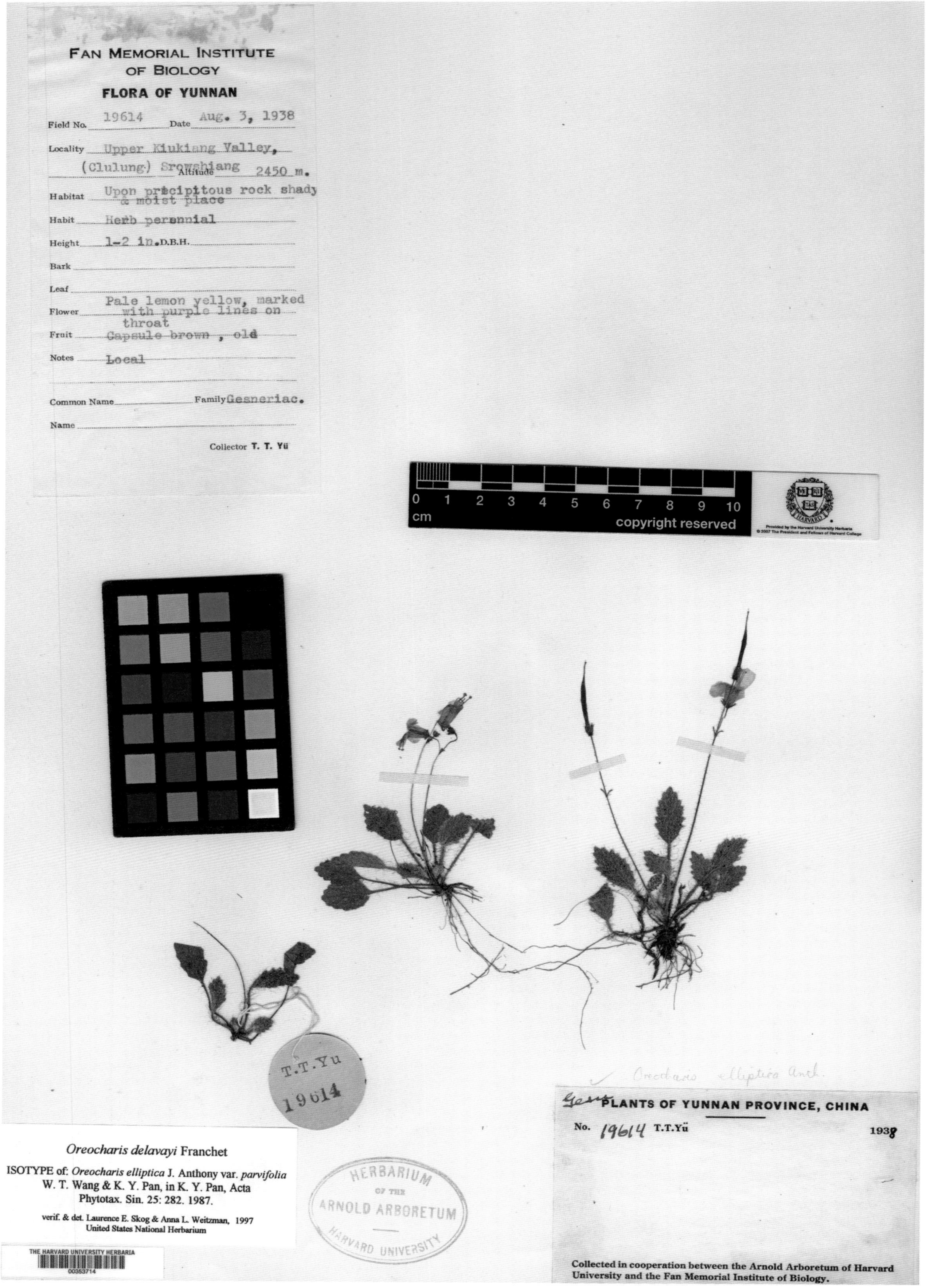
FAN MEMORIAL INSTITUTE OF BIOLOGY
FLORA OF YUNNAN
Field No. 19614 Date Aug. 3, 1938
Locality Upper Kiukiang Valley, (Clulung) Srowshiang Altitude 2450 m.
Habitat Upon precipitous rock shady & moist place
Habit Herb perennial
Height 1-2 in. D.B.H.
Bark
Leaf
Flower Pale lemon yellow, marked with purple lines on throat
Fruit Capsule brown, old
Notes Local
Common Name Family Gesneriac.
Name
Collector T. T. Yü
0 1 2 3 4 5 6 7 8 9 10 cm
copyright reserved
T.T.Yu 19614
Oreocharis elliptica Anth.
PLANTS OF YUNNAN PROVINCE, CHINA
No. 19614 T.T.Yü 1938
Collected in cooperation between the Arnold Arboretum of Harvard University and the Fan Memorial Institute of Biology.
Oreocharis delavayi Franchet
ISOTYPE of: Oreocharis elliptica J. Anthony var. parvifolia W. T. Wang & K. Y. Pan, in K. Y. Pan, Acta Phytotax. Sin. 25: 282. 1987.
verif. & det. Laurence E. Skog & Anna L. Weitzman, 1997
United States National Herbarium
THE HARVARD UNIVERSITY HERBARIA
00353714
HERBARIUM OF THE ARNOLD ARBORETUM HARVARD UNIVERSITY

小叶马铃苣苔 ***Oreocharis elliptica*** Anthony var. ***parvifolia*** W. T. Wang & K. Y. Pan ex K. Y. Pan in Acta Phytotax. Sin. 25(4): 282. 1987. **Isotype:** China. Yunnan: Gongshan, alt. 2 450 m, 1938-08-03, T. T. Yu 19614 (A).

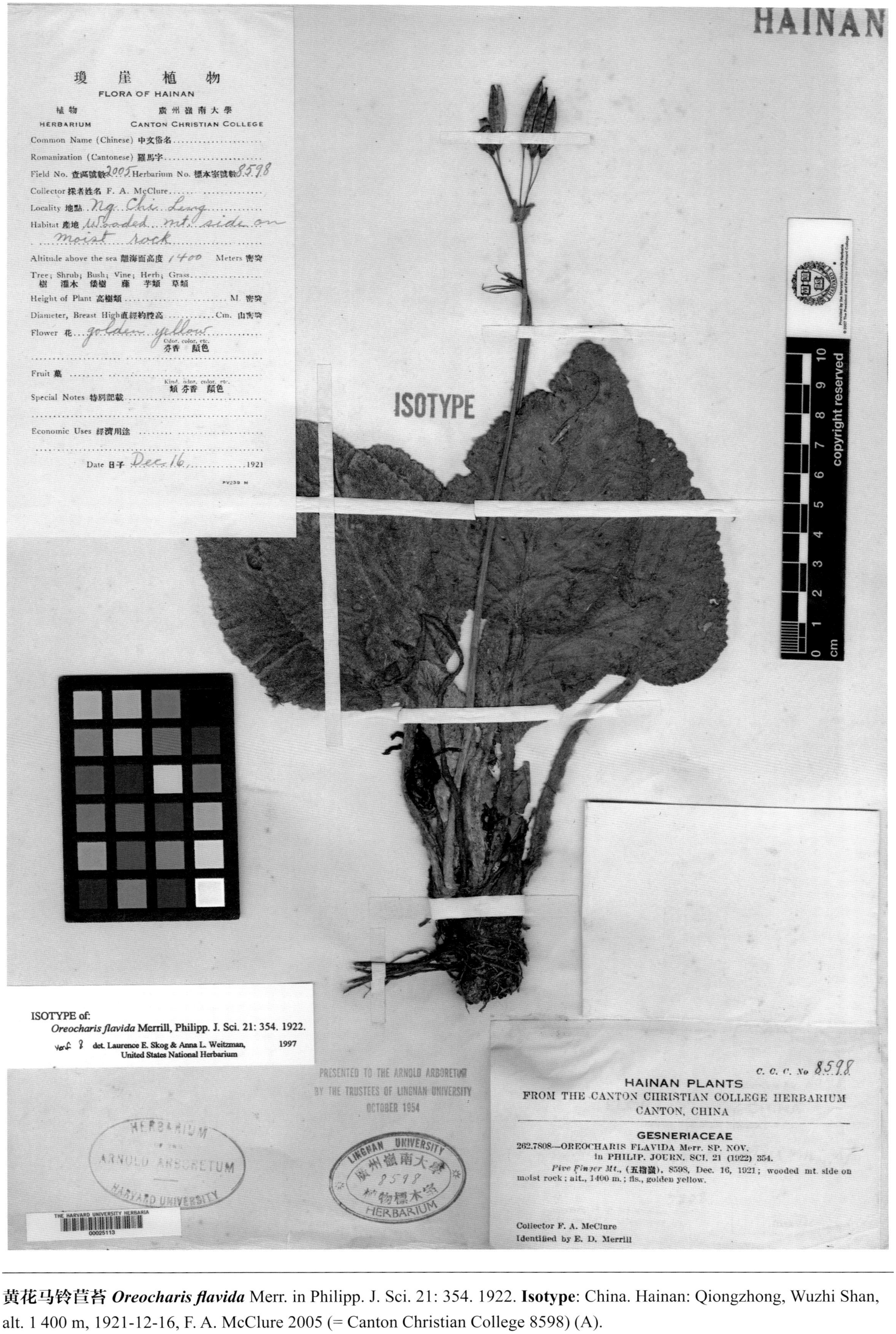

黄花马铃苣苔 ***Oreocharis flavida*** Merr. in Philipp. J. Sci. 21: 354. 1922. **Isotype**: China. Hainan: Qiongzhong, Wuzhi Shan, alt. 1 400 m, 1921-12-16, F. A. McClure 2005 (= Canton Christian College 8598) (A).

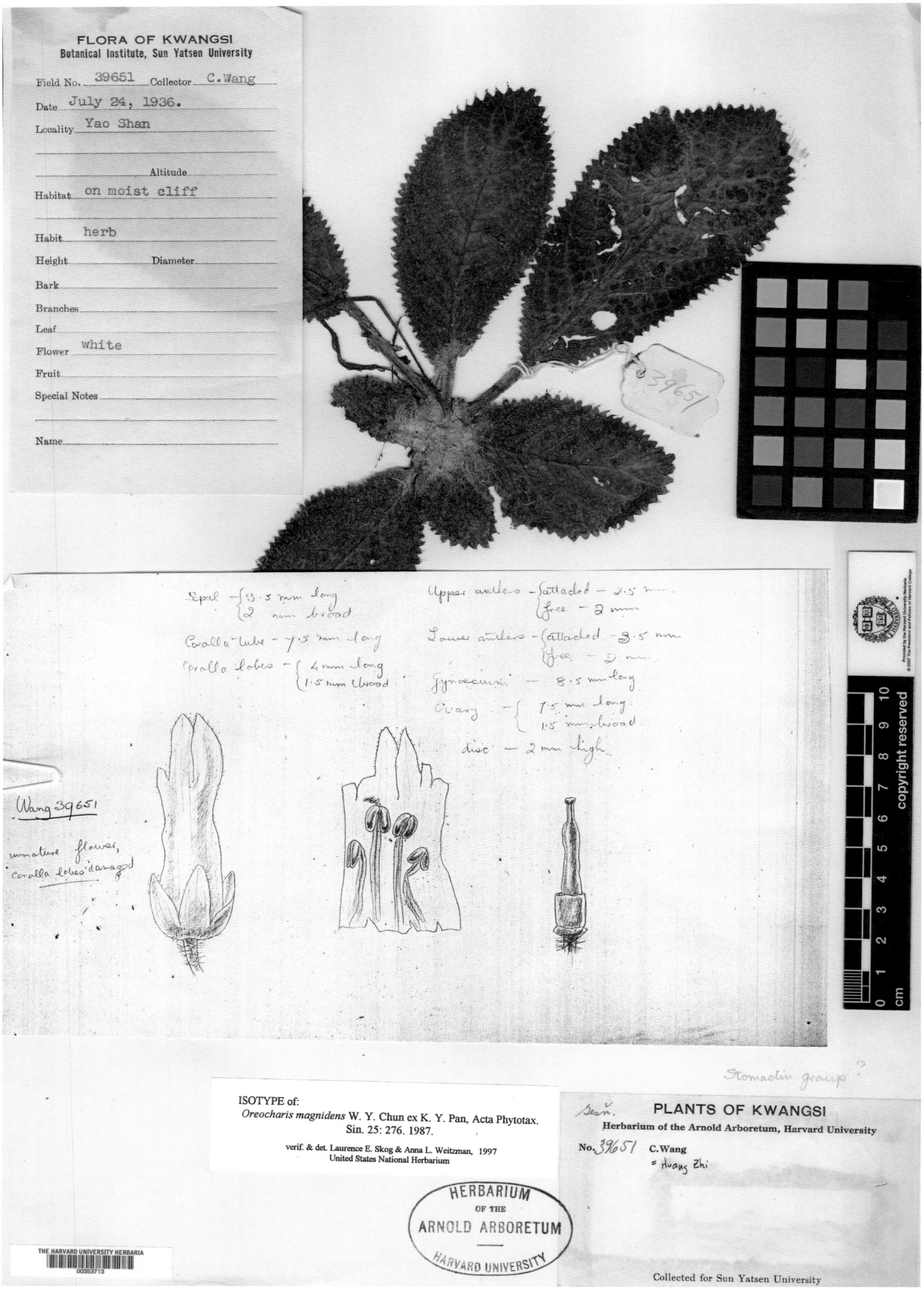

大齿马铃苣苔 ***Oreocharis magnidens*** Chun ex K. Y. Pan in Acta Phytotax. Sin. 25(4): 276, f. 2: 4–6. 1987. **Isotype**: China. Guangxi: Xiangzhou, Yao Shan, 1936-07-24, C. Wang 39651 (A).

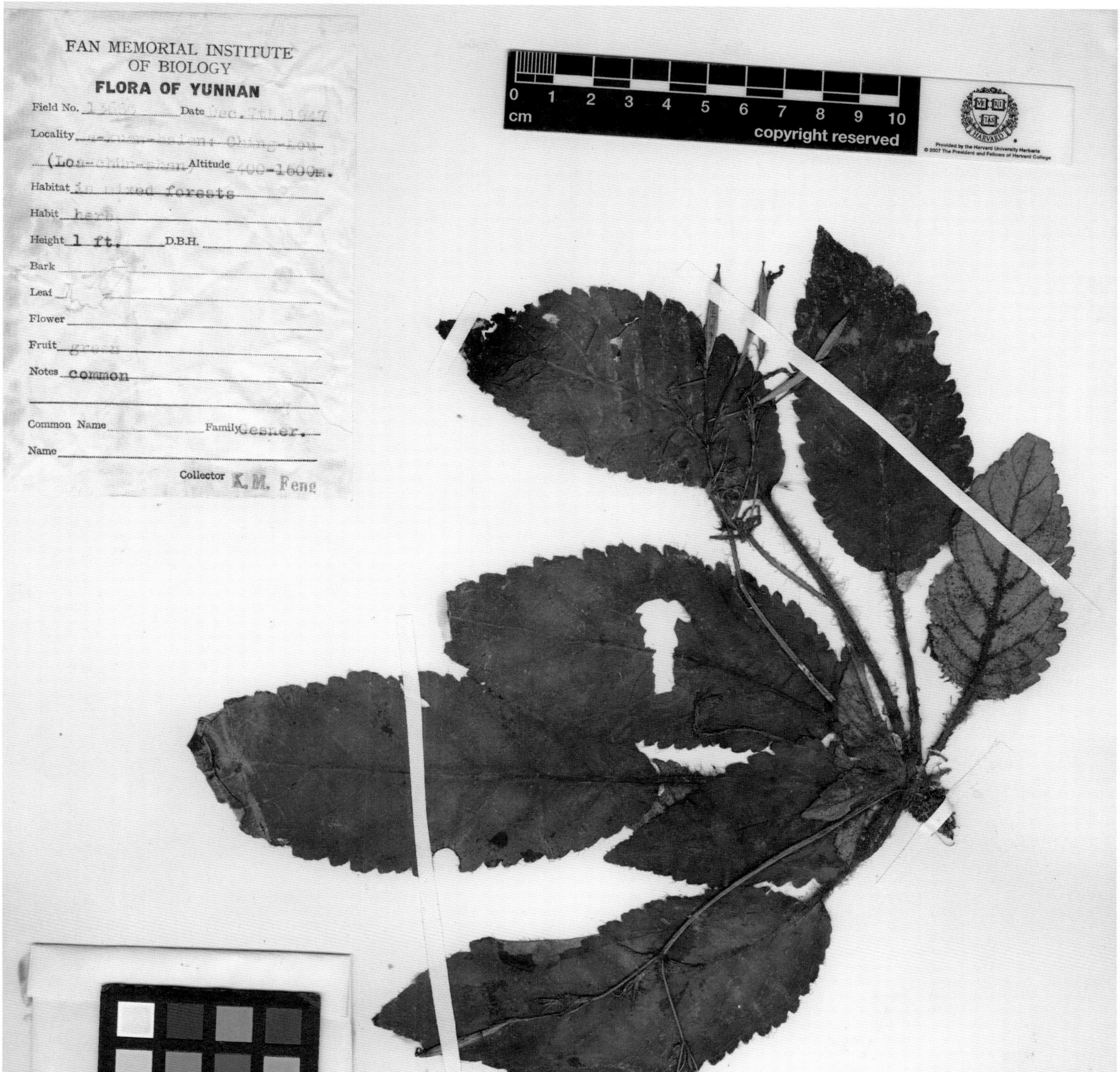
FAN MEMORIAL INSTITUTE
OF BIOLOGY
FLORA OF YUNNAN
Field No.
Date
Locality
Altitude
Habitat in mixed forests
Habit herb
Height 1 ft.
D.B.H.
Bark
Leaf
Flower
Fruit green
Notes common
Common Name
Family Gesner.
Name
Collector K.M. Feng
0 1 2 3 4 5 6 7 8 9 10
cm
copyright reserved
ISOTYPE of: Oreocharis obliqua C. Y. Wu ex H. W. Li, Bull. Bot. Res., Harbin 3(2): 6. 1983.
verified & det. Anna L. Weitzman & Laurence E. Skog
United States National Herbarium 1998
Oreocharis aurea Dunn
ad O. hirsutam Barnett
vergens
Determinavit B.L.Burtt Edinburgh 1961.
CHINA: southeastern Yunnan
K. M. Feng, no. 1947
HERBARIUM
OF THE
ARNOLD ARBORETUM
HARVARD UNIVERSITY
THE HARVARD UNIVERSITY HERBARIA
00353701

斜叶马铃苣苔 ***Oreocharis oblique*** C. Y. Wu ex H. W. Li in Bull. Bot. Res., Harbin 3(2): 6, photo. 3. 1983. **Isotype:** China. Yunnan: Maguan, alt. 1 400~1 600 m, 1947-12-07, K. M. Feng 13680 (A).

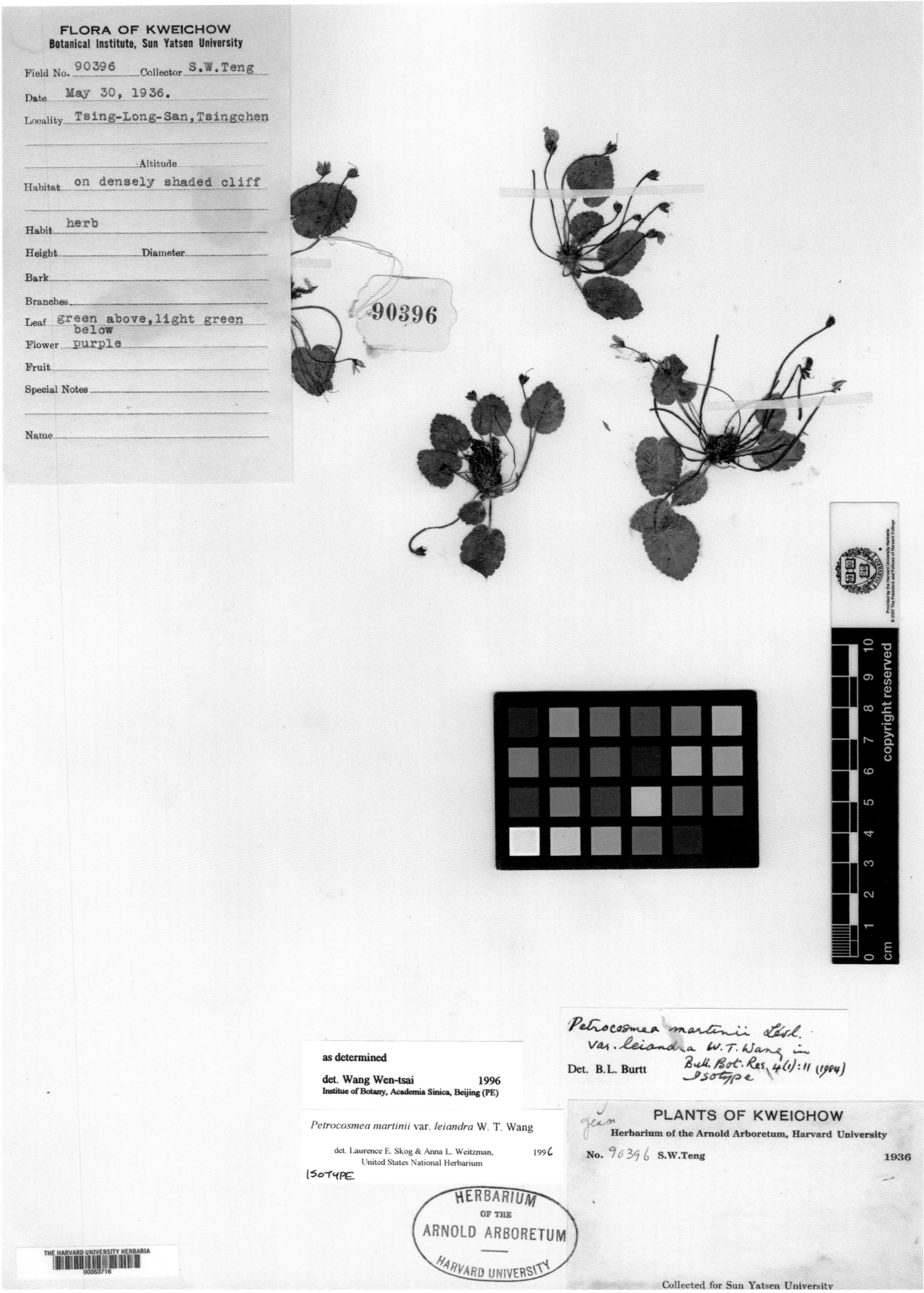

光蕊滇黔石蝴蝶 ***Petrocosmea martinii*** Lévl. var. ***leiandra*** W.T. Wang in Bull. Bot. Res., Harbin 4(1): 11. 1984. **Isotype**: China. Guizhou: Tsingchen (=Qingzhen), 1936-05-30, S. W. Teng 90396 (A).

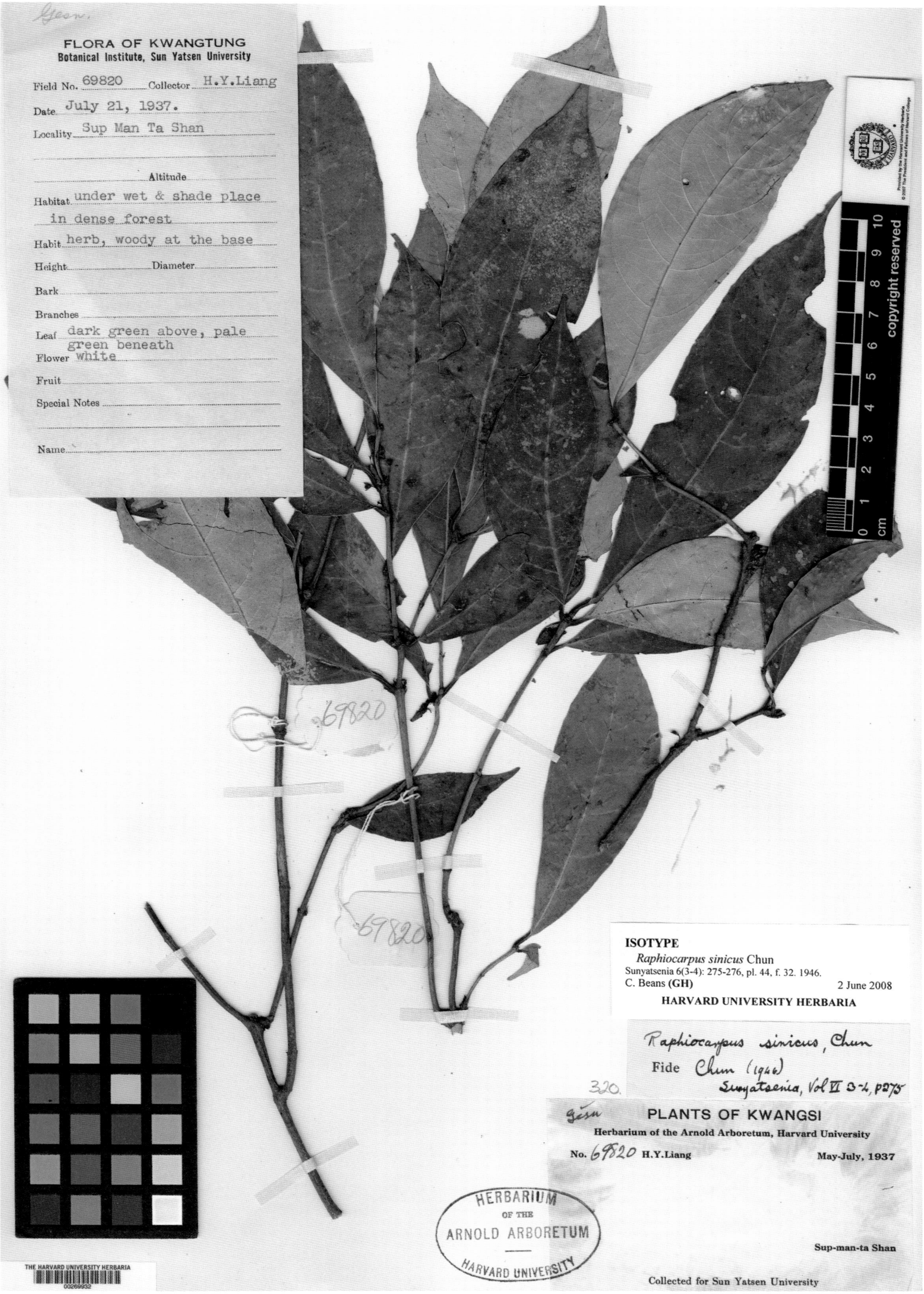

无毛漏斗苣苔 ***Raphiocarpus sinicus*** Chun in Sunyatsenia 6: 275, pl. 44. 1946. **Isosyntype**: China. Guangxi: Shiwan Dashan, 1937-07-21, H. Y. Liang 69820 (A).

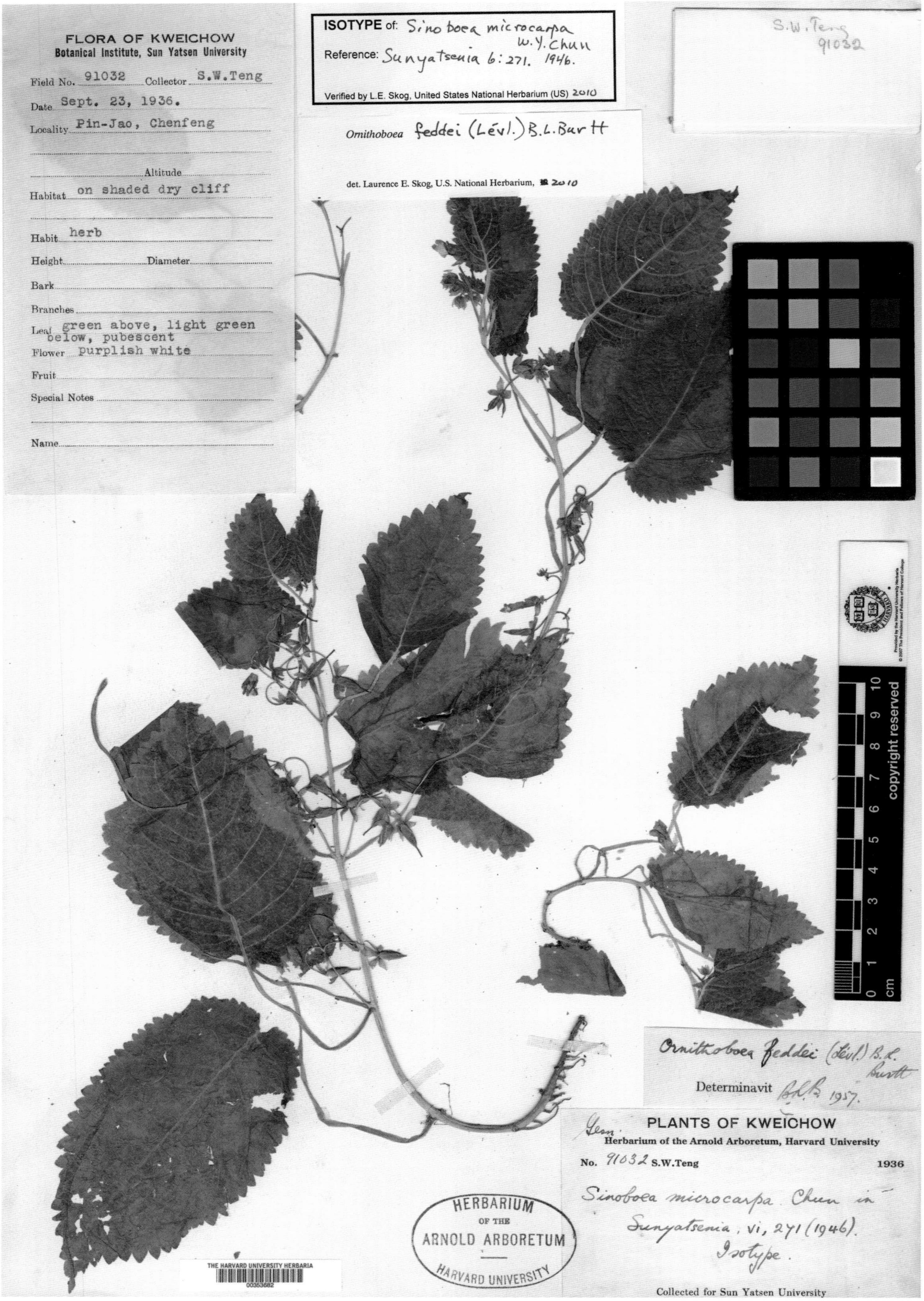

小果喜鹊苣苔 ***Sinoboea microcarpa*** Chun in Sunyatsenia 6: 271. 1946. **Isotype**: China. Guizhou: Chenfeng (=Zhenfeng), 1936-09-23, S. W. Teng 91032 (A).

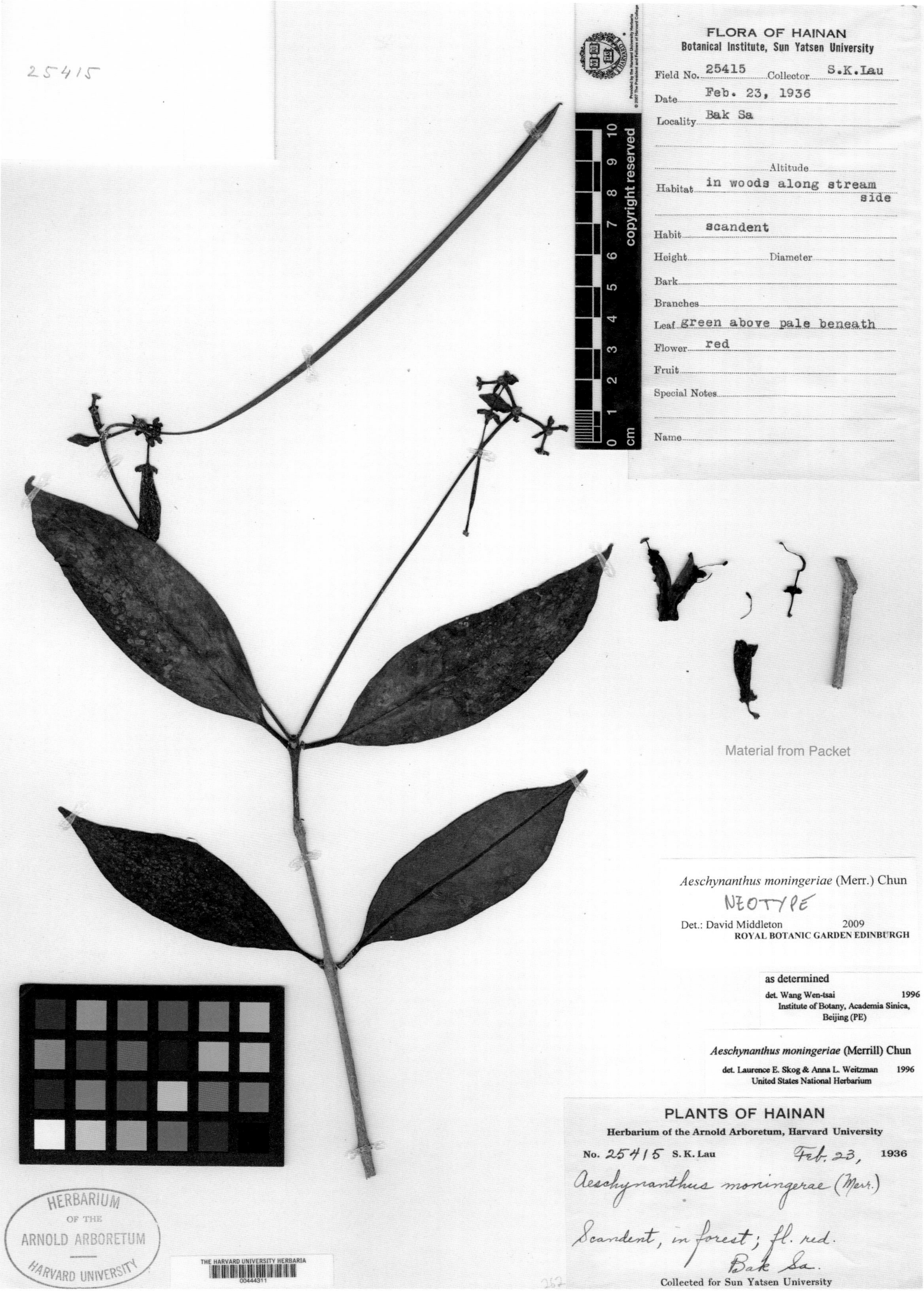
25415
FLORA OF HAINAN
Botanical Institute, Sun Yatsen University
Field No. 25415 Collector S.K.Lau
Date Feb. 23, 1936
Locality Bak Sa
Altitude
Habitat in woods along stream side
Habit scandent
Height Diameter
Bark
Branches
Leaf green above pale beneath
Flower red
Fruit
Special Notes
Name
copyright reserved
cm 0 1 2 3 4 5 6 7 8 9 10
Material from Packet
Aeschynanthus moningeriae (Merr.) Chun
NEOTYPE
Det.: David Middleton 2009
ROYAL BOTANIC GARDEN EDINBURGH
as determined
det. Wang Wen-tsai 1996
Institute of Botany, Academia Sinica, Beijing (PE)
Aeschynanthus moningeriae (Merrill) Chun
det. Laurence E. Skog & Anna L. Weitzman 1996
United States National Herbarium
PLANTS OF HAINAN
Herbarium of the Arnold Arboretum, Harvard University
No. 25415 S.K.Lau Feb. 23, 1936
Aeschynanthus moningerae (Merr.)
Scandent, in forest; fl. red.
Bak Sa.
Collected for Sun Yatsen University
HERBARIUM OF THE ARNOLD ARBORETUM HARVARD UNIVERSITY
THE HARVARD UNIVERSITY HERBARIA
00444311

红花芒毛苣苔 ***Trichosporum moningeriae*** Merr. Philipp. J. Sci. 19: 677. 1921. **Isotype**: China. Hainan: Bak Sa (=Baisha), 1936-02-23, S. K. Lau 25415 (A).

爵床科
Acanthaceae

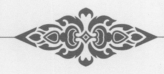

紫萼假杜鹃 ***Barleria purpureosepala*** H. P. Tsui, Fl. Reip. Pop. Sin. 70: 348. 2002. **Isotype**: China. Yunnan: Jenn-yeh (=Mengla), alt. 900 m, 1936-11-??, C. W. Wang 80513 (A).

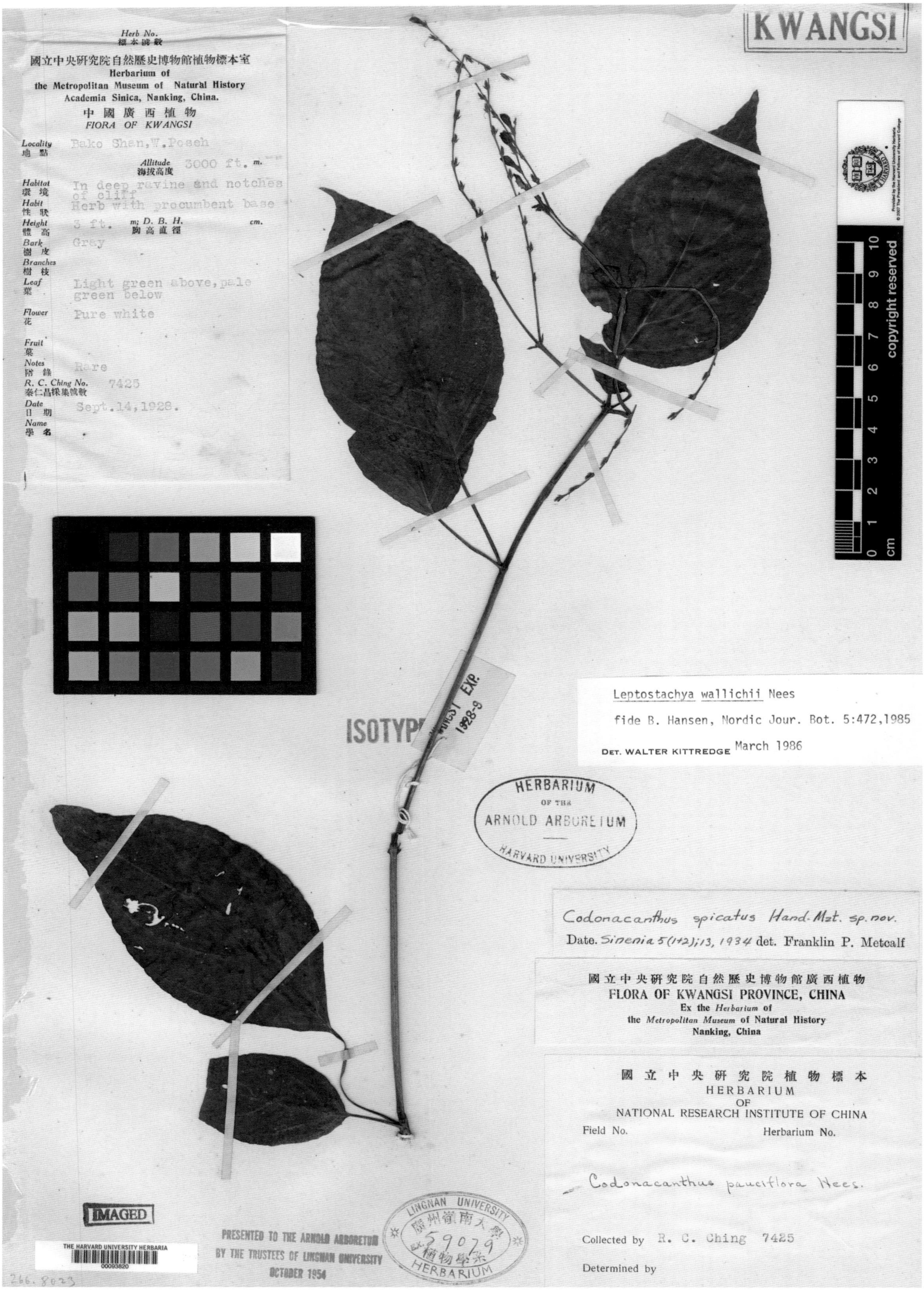

穗序钟花草 ***Codonacanthus spicatus*** Hand.-Mazz. in Sinensis 5: 13. 1934.**Isotype**: China. Guangxi: Baise, alt. 915 m, 1928-09-14, R. C. Ching 7425 (A).

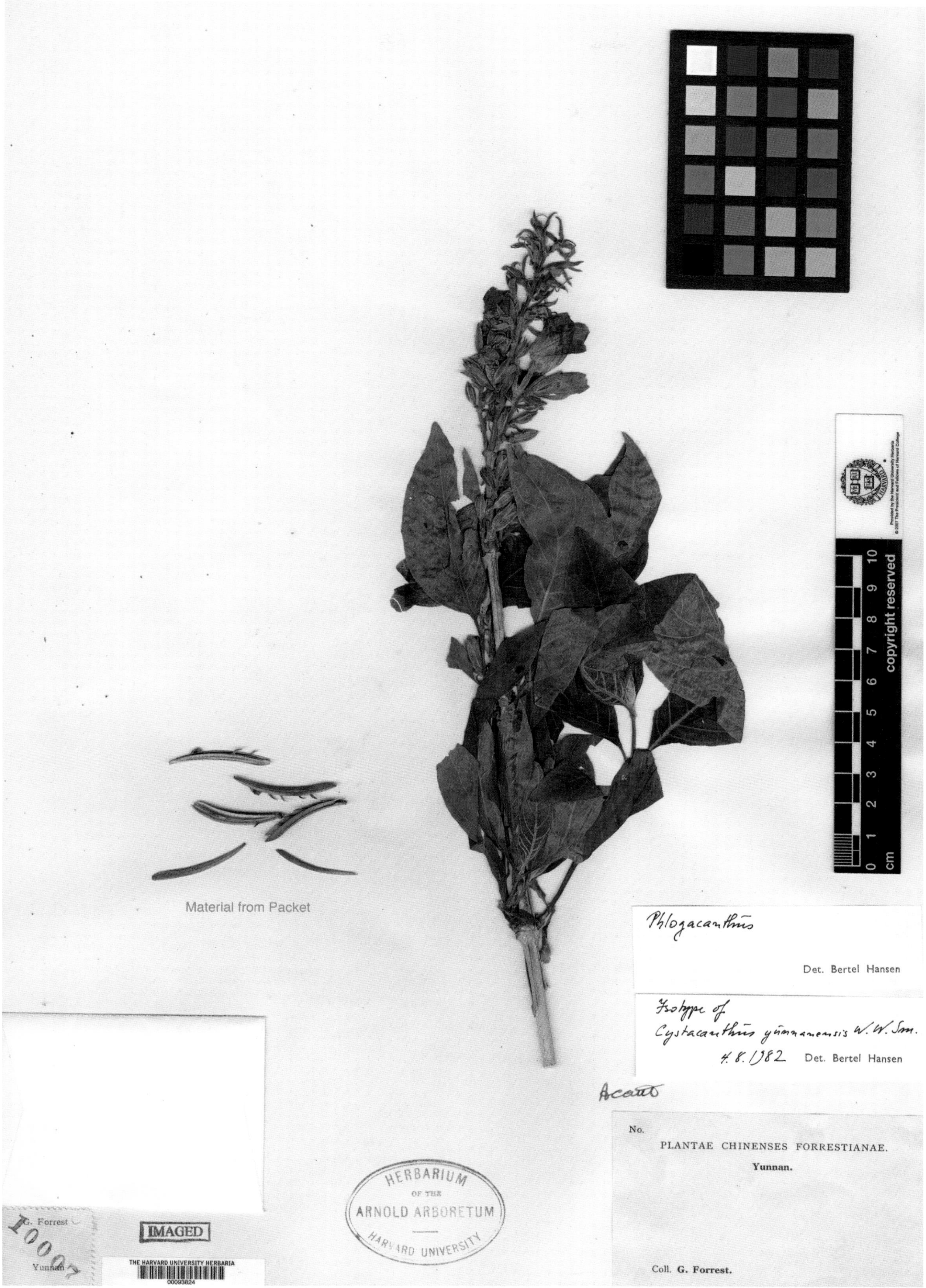

滇鳔冠花 ***Cystacanthus yunnanensis*** W. W. Smith in Notes Roy. Bot. Gard. Edinb. 9: 104. 1916. **Isotype:** China. Yunnan: Dengchuan, alt. 2 135 m, 1913-05-??, G. Forrest 10007 (A).

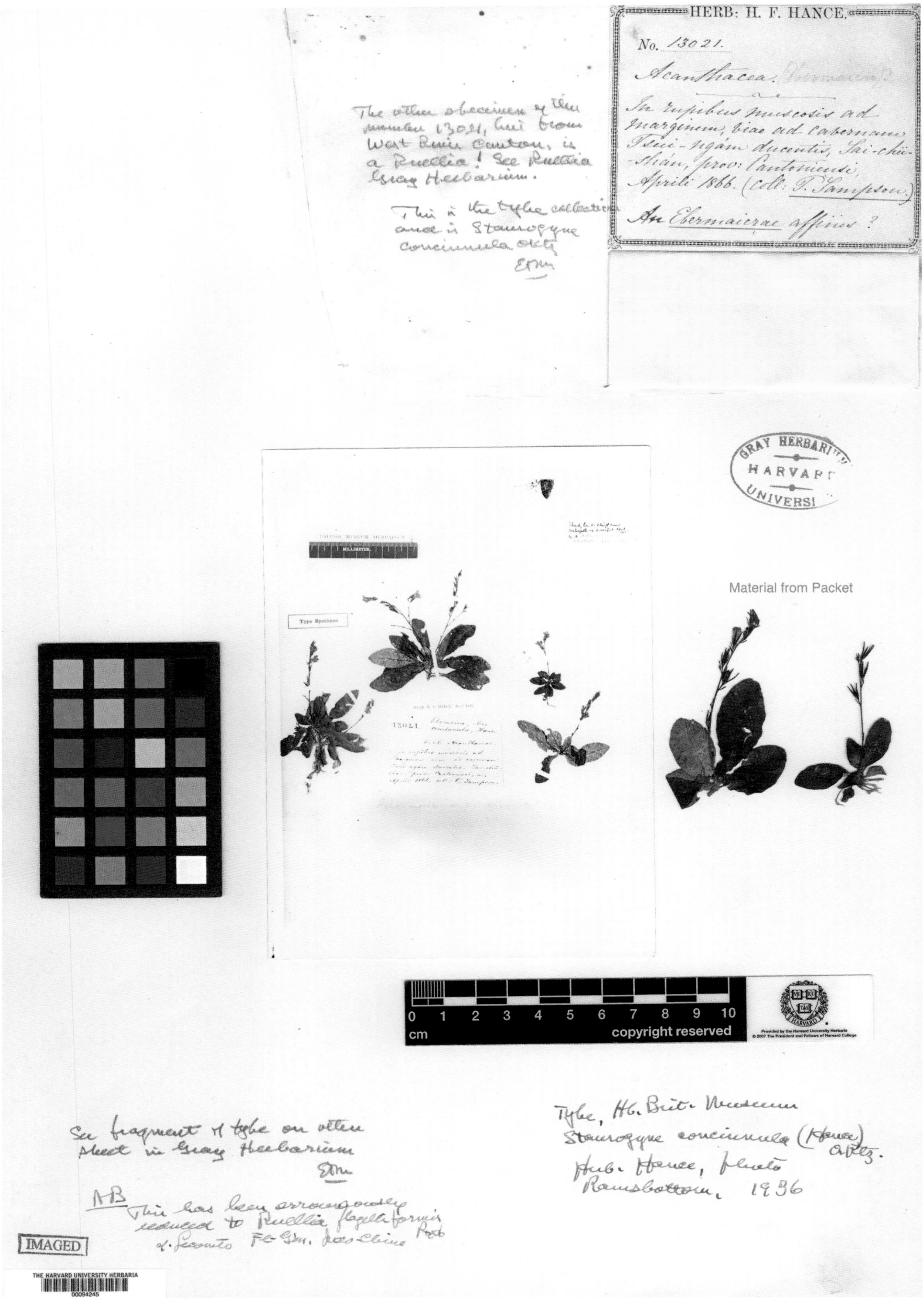

叉柱花 ***Ebermaiera concinnula*** Hance in J. Bot. 6: 300. 1868. **Isotype:** China. Guangdong: Sai-chü-shan, 1866-04-??, T. Sampson 13021 (GH).

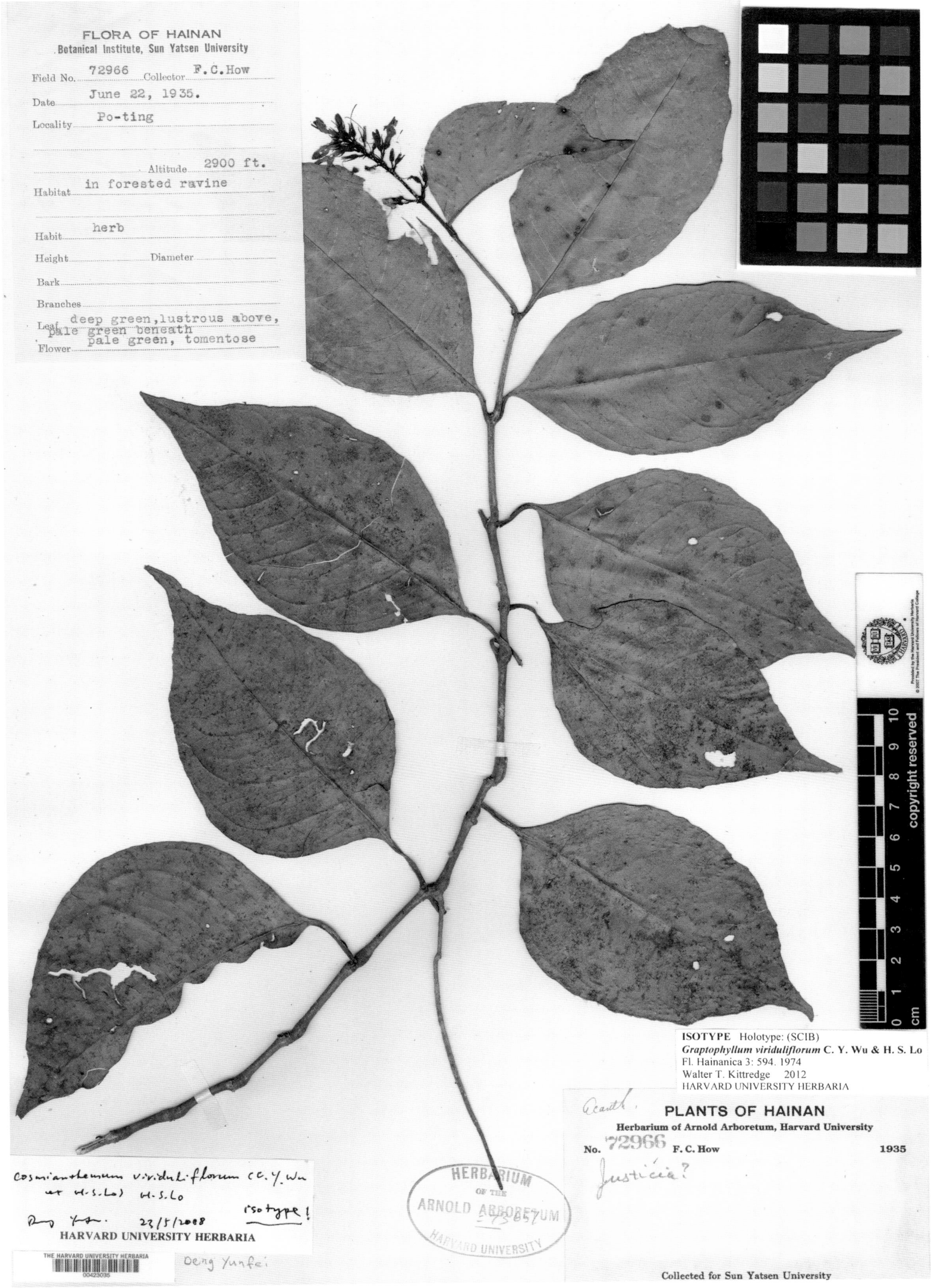

琼紫叶 ***Graptophyllum viriduliflorum*** C.Y. Wu & H. S. Lo, Fl. Hainan. 3: 594, f. 928. 1974. **Isotype**: China. Hainan: Po-ting (=Baoting), alt. 885 m,1935-06-22, F. C. How 72966 (A).

山一笼鸡 ***Gutzlaffia aprica*** Hance in Hook. J. Bot. Kew Gard. Misc. 1: 142. 1849. **Isosyntype**: China. Hong Kong, Herb. H. F. Hance 536 (GH).

大花水蓑衣 ***Hygrophila megalantha*** Merr. in Philipp. J. Sci. 12: 110. 1917. **Isotype:** China. Guangdong: Guangzhou, 1916-10-26, E. D. Merrill 10014 (A).

紫苞野靛棵 ***Justicia latiflora*** Hemsl. in J. Linn. Soc. Bot. 26: 245. 1890. **Isosyntype:** China. Hubei: Yichang, (1885-1888)-??-??, A. Henry 3412 (GH).

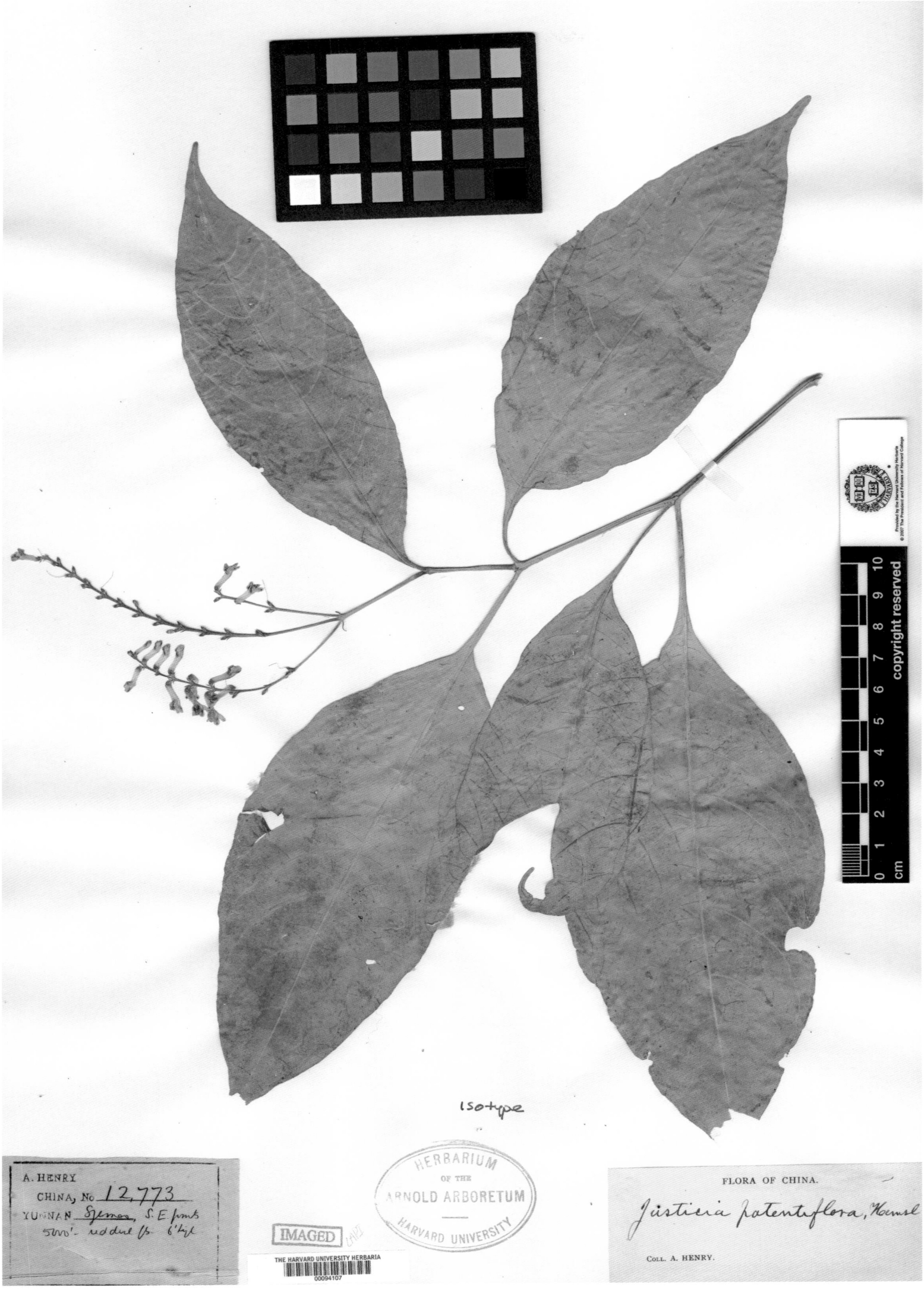

野靛棵 ***Justicia patentiflora*** Hemsl. in Hook. Icon. Pl. 28: pl. 2792. 1905. **Isotype**: China. Yunnan: Simao, alt. 1 525 m, A. Henry 12773 (A).

海南莲楠草 ***Pararuellia hainanensis*** C.Y. Wu & H. S. Lo, Fl. Hainan. 3: 550, 593, f. 928. 1974. **Isotype**: China. Hainan: Yaichow (=Sanya), 1933-08-26, H. Y. Liang 62815 (GH).

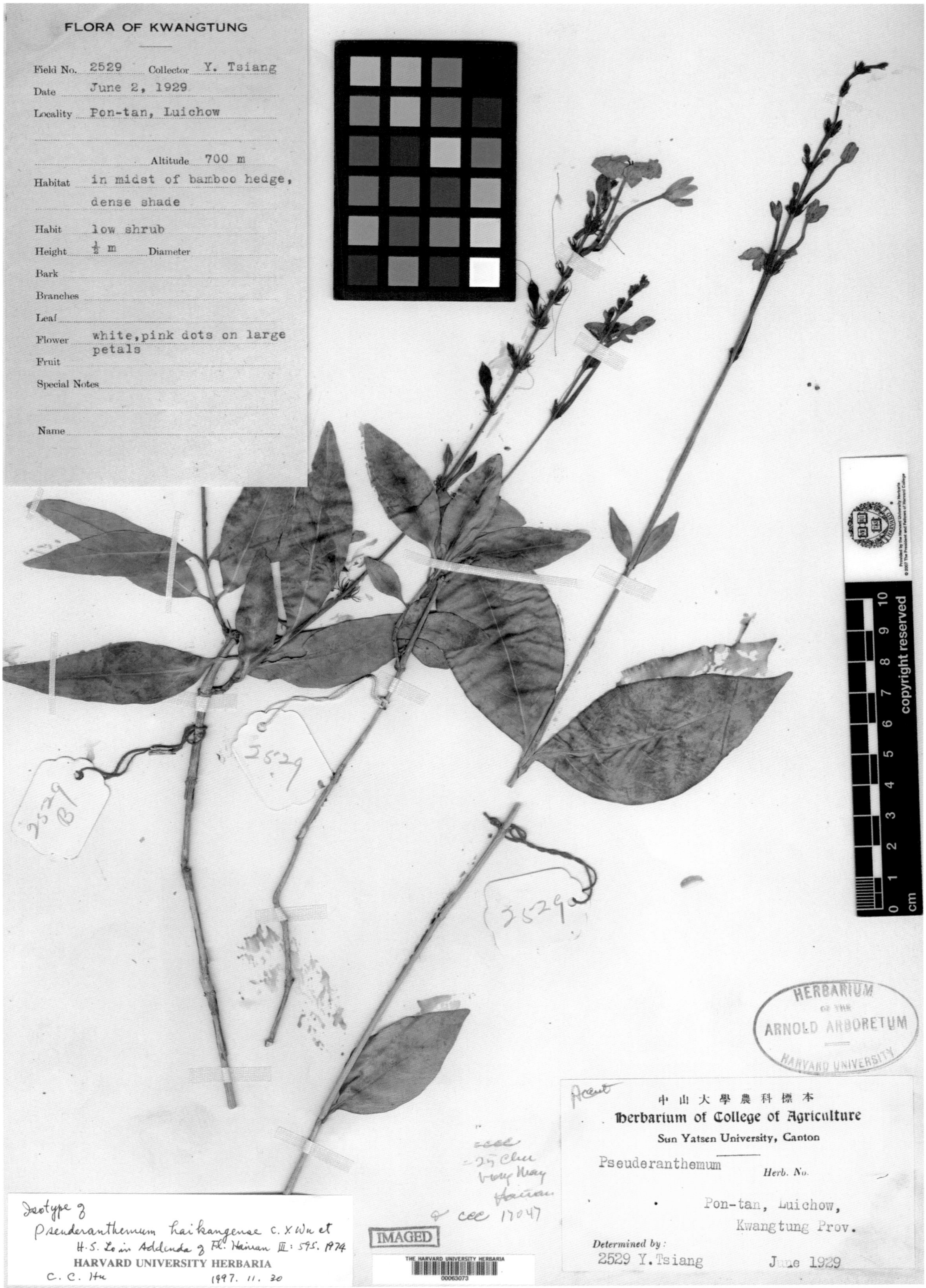

海康钩粉草 ***Pseuderanthemum haikangense*** C.Y. Wu & H. S. Lo, Fl. Hainan. 3: 595, f. 931. 1974. **Isotype**: China. Guangdong: Haikang, alt. 700 m, 1929-06-02, Y. Tsiang 2529 (A).

拟地皮消 ***Ruellia venusta*** Hance in J. Bot. 6: 92. 1868. **Isotype**: China. Guangdong: Qingyuan, 1866-09-18, T. Sampson & H. F. Hance 13767 (GH).

狭叶叉柱花 ***Staurogyne stenophylla*** Merr. & Chun in Sunyatsenia 2: 322, f. 46. 1935. **Isotype**: China. Hainan: Yaxian (=Sanya), alt. 519 m, 1933-03-19, F. C. How 70386 (GH).

异蕊马蓝 ***Strobilanthes anisandra*** Benoist in Bull. Mus. Natl. Hist. Nat. 28: 190. 1922. **Isosyntype**: China. Yunnan: Yen tse po, alt. 400 m, 1921-08-10, R. P. Maire s. n. (GH).

林马蓝 ***Strobilanthes dryadum*** Benoist in Bull. Mus. Natl. Hist. Nat. 28: 94. 1922. **Isotype**: China. Yunnan: Heqing, Ta pin tse, 1889-01-12, J. M. Delavay 4142 (GH).

城口马蓝 ***Strobilanthes flexus*** R. Ben. in Bull. Mus. Natl. Hist. Nat. 2: 186. 1922. **Isotype**: China. Chongqing: Chengkou, alt. 2 000 m, 1895-06-30, R. P. Farges 1349 (GH).

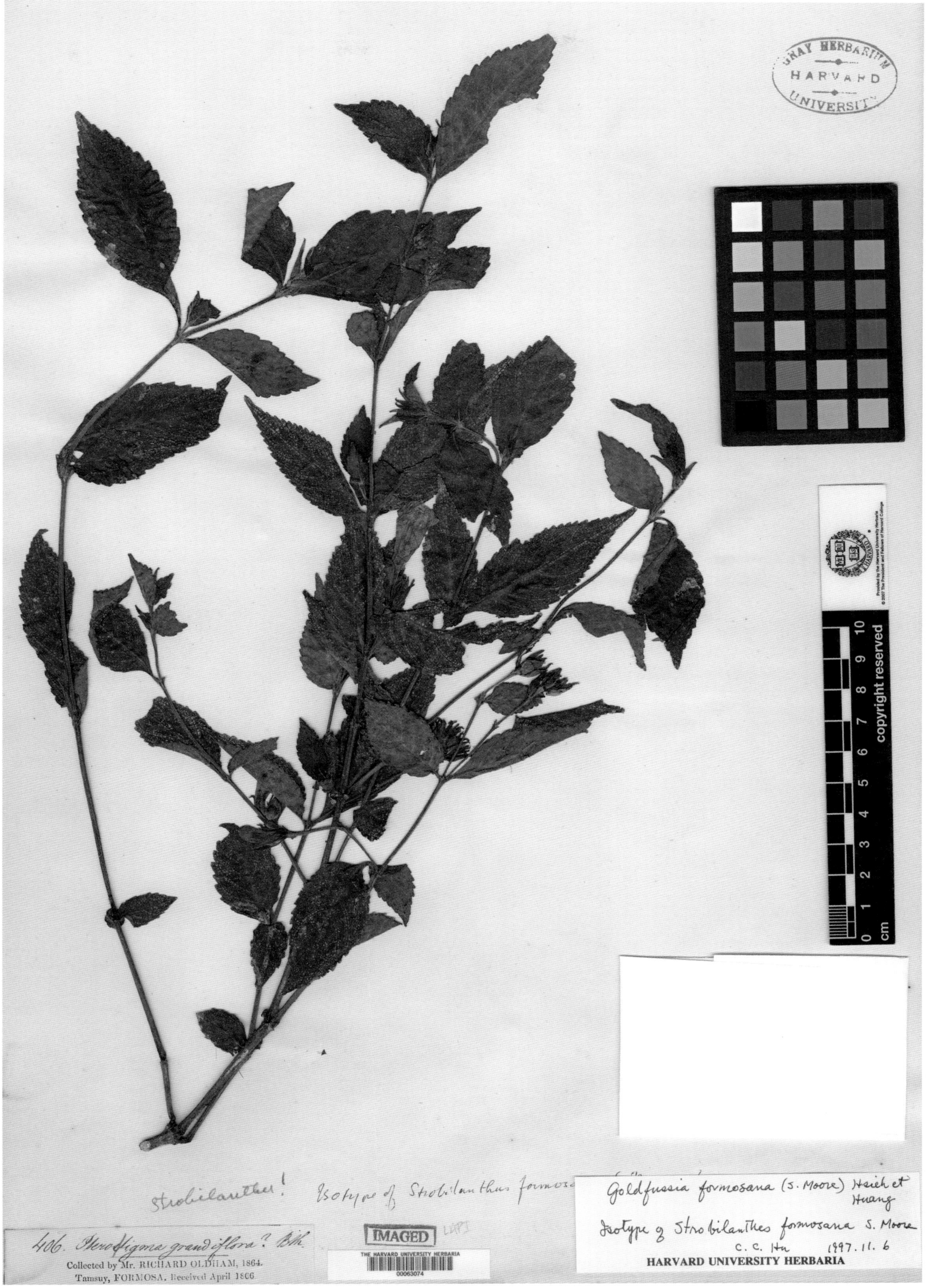

台湾金足草 ***Strobilanthes formosanus*** S. Moore in J. Bot. 15: 294. 1877. **Isotype:** China. Taiwan: Taipei, Tamsuy, 1864-??-??, R. Oldham 406 (GH).

南一笼鸡 ***Strobilanthes henryi*** Hemsl. in J. Linn. Soc. Bot. 26: 240. 1890. **Isosyntype:** China. Hubei: Yichang, (1885-1888)-??-??, A. Henry 4269 (GH).

闭花紫云菜 ***Strobilanthes larium*** Hand.-Mazz. in Symb. Sin. 7: 893, pl. 26, f. 2. 1936. **Isotype**: China. Yunnan: Dêqên, alt. 3 200~3 500 m, 1915-09-16, H. R. E. Handel-Mazzetti 8043 (GH).

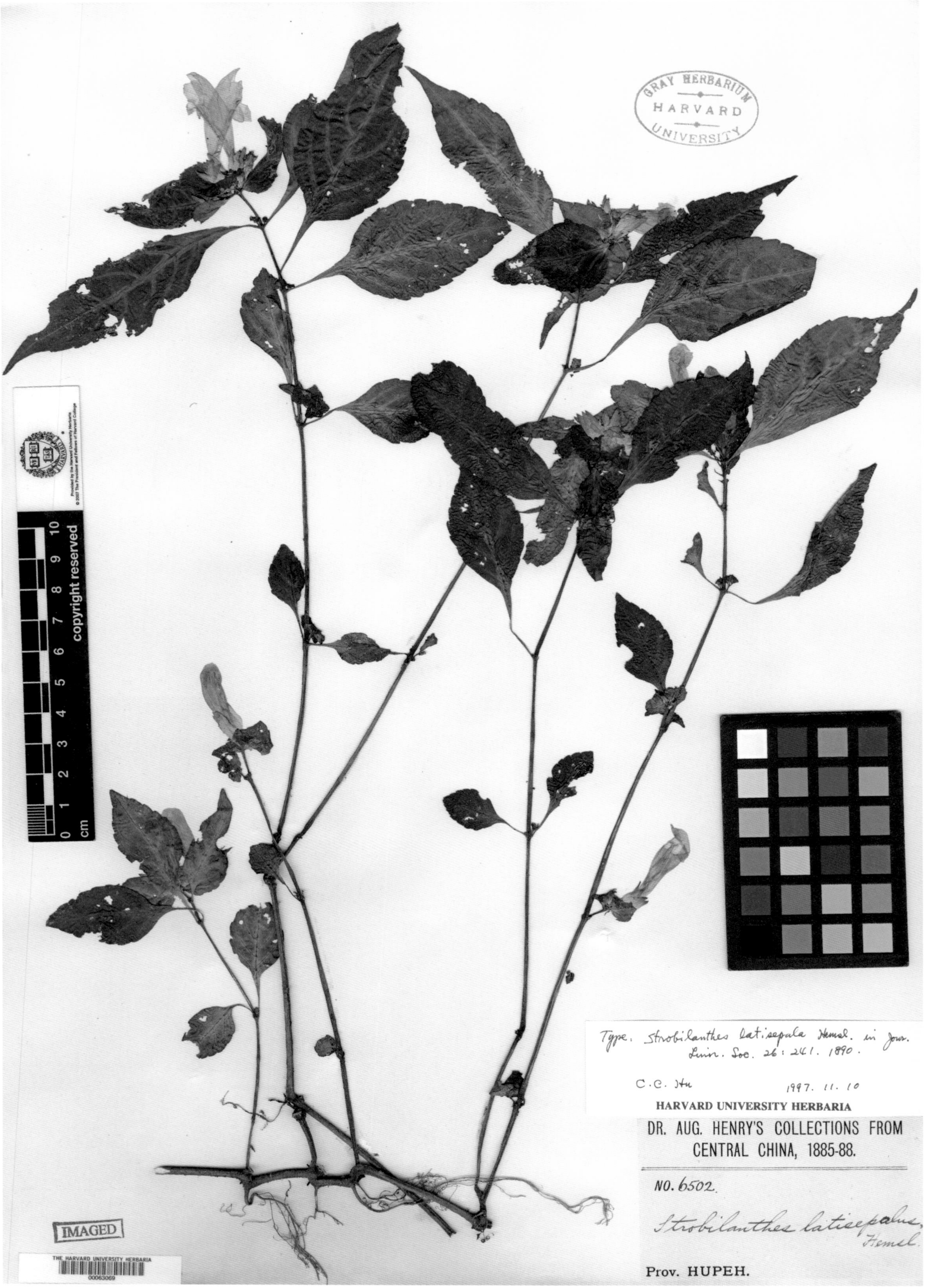

阔萼马蓝 ***Strobilanthes latisepala*** Hemsl. in J. Linn. Soc. Bot. 26: 241. 1890. **Isotype**: China. Hubei: Xingshan, (1885-1888)-??-??, A. Henry 6502 (GH).

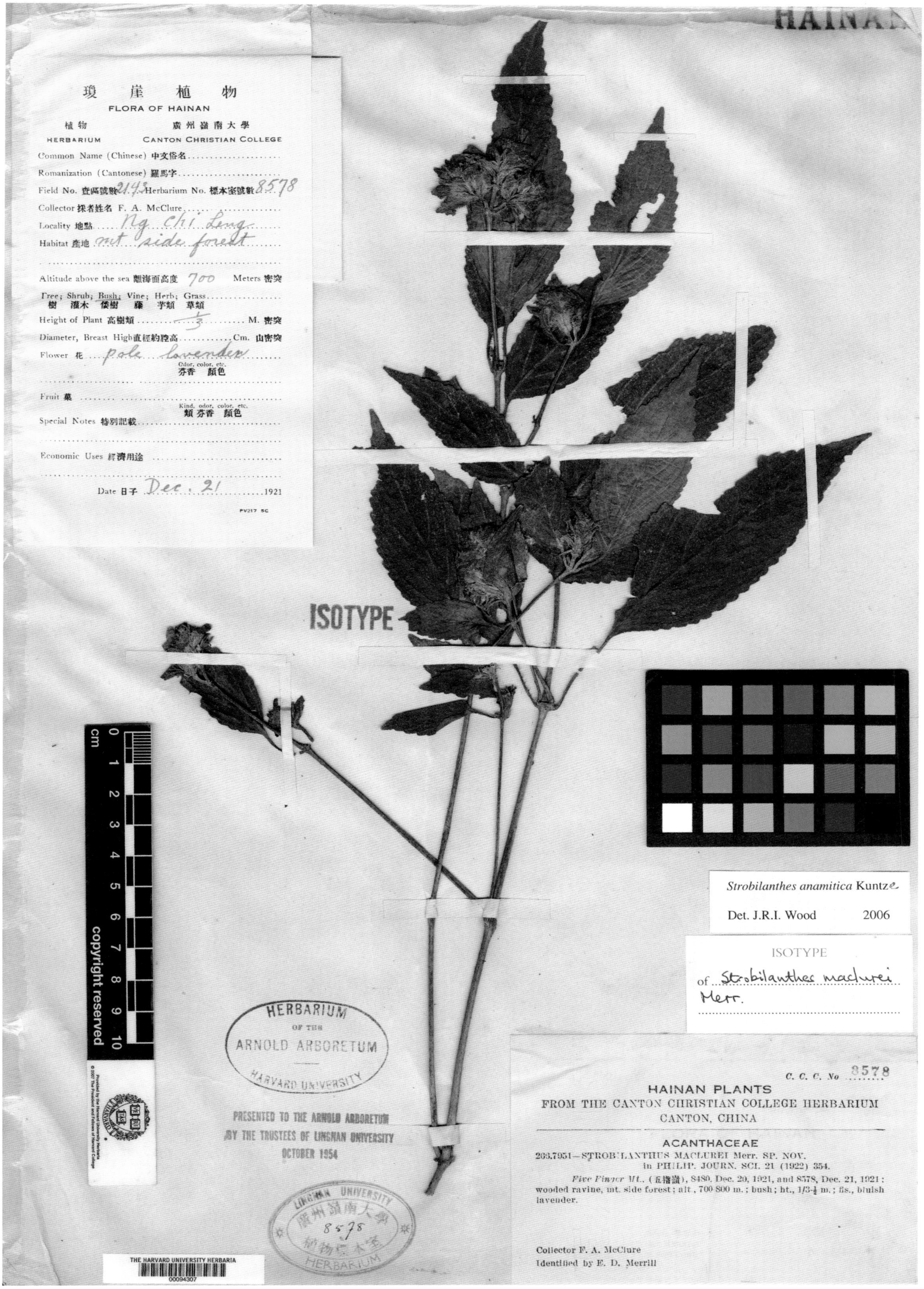

海南黄猄草 ***Strobilanthes maclurei*** Merr. in Philipp. J. Sci. 21: 354. 1922. **Isotype:** China. Hainan: Wuzhi shan, Wuzhi Shan, alt. 700 m, 1921-12-21, F. A. McClure 2143 (= Canton Christian College 8578) (A).

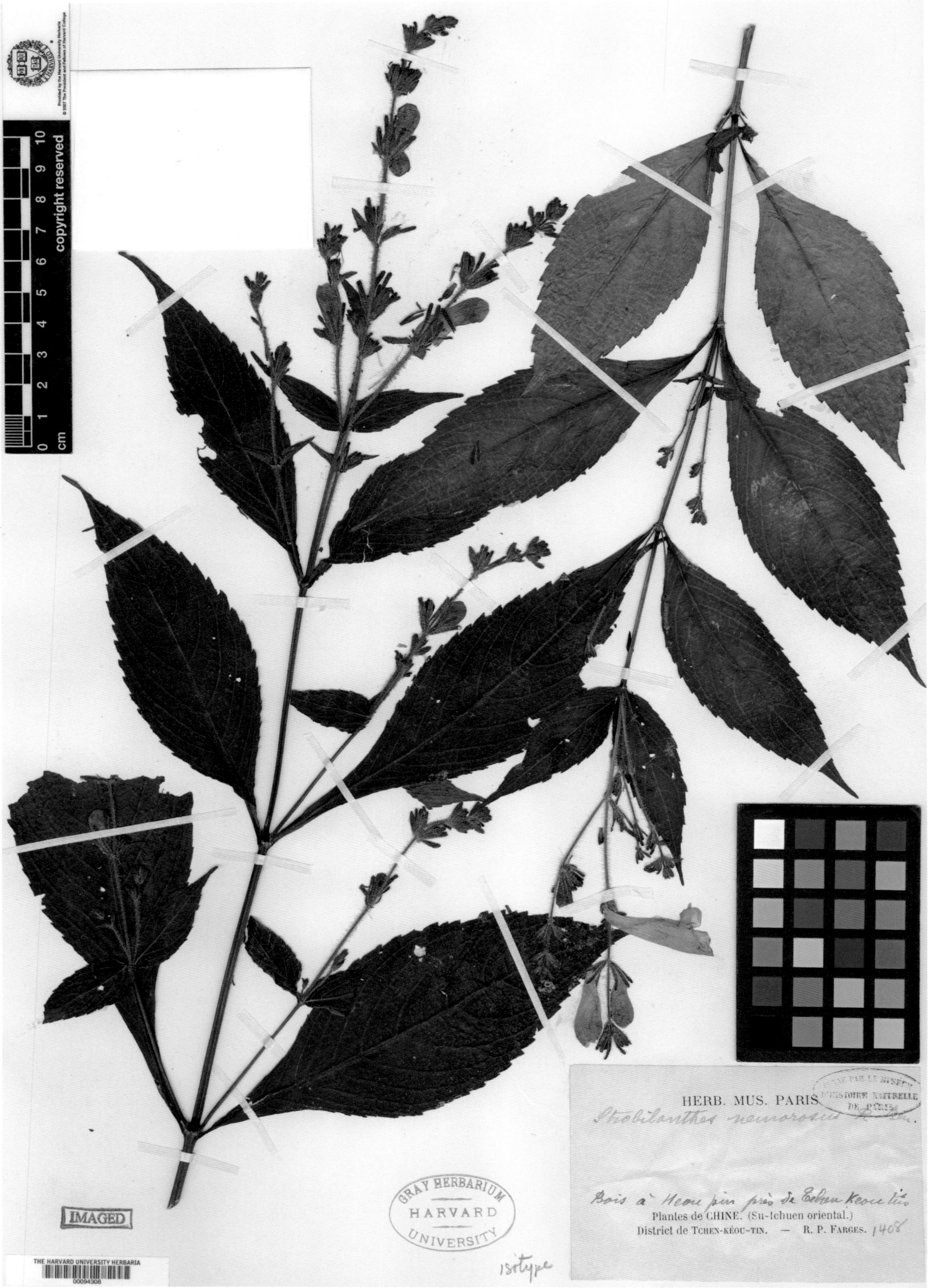

森林马蓝 ***Strobilanthes nemorosus*** R. Ben. in Bull. Mus. Natl. Hist. Nat. 28: 97. 1922. **Isotype**: China. Chongqing: Chengkou, alt. 1 600 m, 1897-08-10, R. P. Farges 1408 (GH).

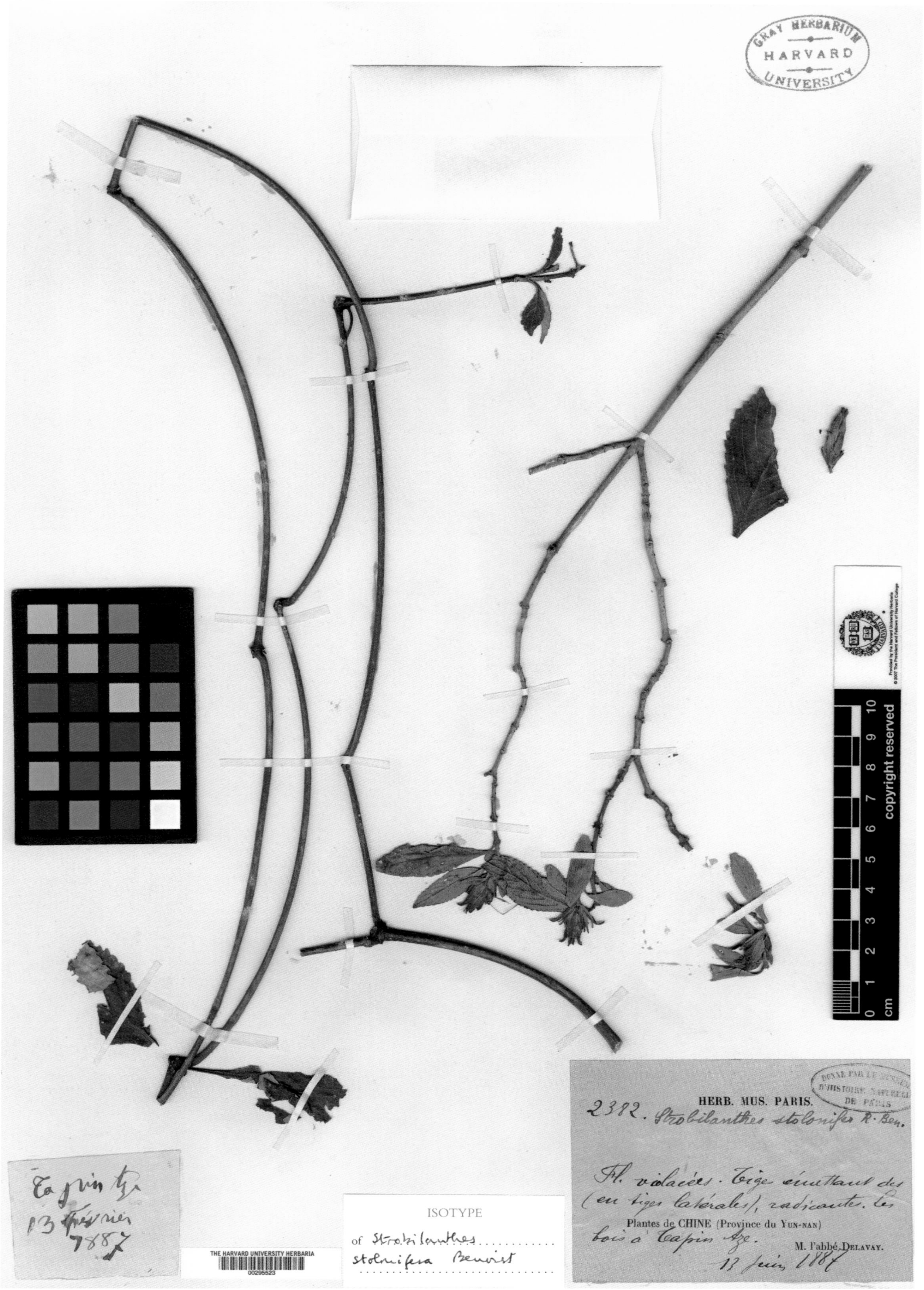

匍枝紫云菜 ***Strobilanthes stolonifera*** Benoist in Bull. Mus. Natl. Hist. Nat. 28: 98. 1922. **Isosyntype**: China. Yunnan: Heqing, Ta pin tze, 1887-06-13, J. M. Delavay 2382 (GH).

莲梗花 ***Strobilanthopsis hypericifolia*** Lévl. in Fedde, Repert. Sp. Nov. 12: 20. 1913. **Isotype**: China. Guizhou: Guiyang, Kien-Lin-Chan (Qianling Shan), alt. 1 500 m, 1897-06-19, E. M. Bodinier 1607 (A).

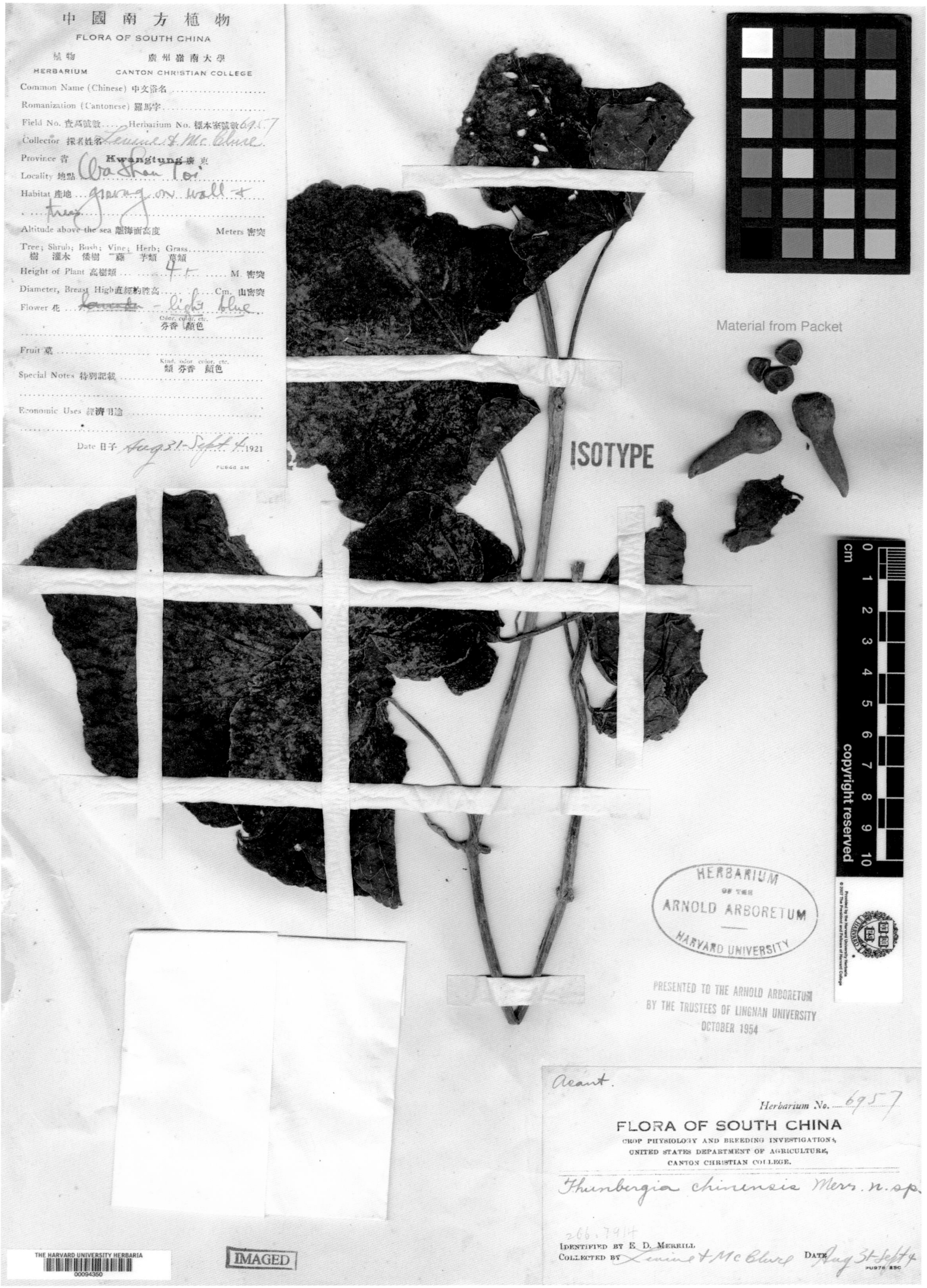

中华老鸦嘴 ***Thunbergia chinensis*** Merr. in Philipp. J. Sci. 21: 510. 1922. **Isotype:** China. Guangdong: Wa Shau Toi, 1921-09-04, Levine & McClure s. n. (= Canton Christian College 6957) (A).

中名索引
Index to Chinese Names

A

矮小马先蒿　336
暗紫鼠尾草　267
凹脉丁公藤　120

B

巴东吊灯花　61
巴东牛皮消 64
扒地蜈蚣　111
白花微孔草　169
白花子宫草　282
白叶藤　95
百色豆腐柴　233
半蒴苣苔　442
薄叶球兰　83
保亭盾苞藤　124
保亭花　288
保亭鳝藤　15
豹药藤　65
闭花紫云菜　485
扁蒴苣苔　421
波齿香茶菜　265

C

蔡氏马先蒿　374
蔡氏鼠尾草　275
草坡旋花　119
侧花香茶菜　264
叉柱花　470
察郎马先蒿　375
颤喙马先蒿　370
长柄浅黄马先蒿　352
长梗附地菜　173
长梗土瓜　128
长梗微孔草　170
长管马先蒿　367
长花络石　54
长喙马先蒿　353
长渐尖豆腐柴　222
长柔毛豆腐柴　230
长舌马先蒿　333
长穗腹水草　301
长穗马先蒿　334
长序链珠藤　13
长叶银背藤　127
车里银背藤　116
车前紫草　185
城口马蓝　482
城口婆婆纳　393
孱弱马先蒿　346
齿萼唇柱苣苔　437
齿叶半蒴苣苔　440
齿叶赛莨菪　294
翅叶牛奶菜　90
臭黄荆　229
川藏微孔草 148
川藏香茶菜　263
川山橙　30
川西滇紫草　179
川西吊石苣苔　451
川西马铃苣苔　457
唇形科　245
刺毛细管马先蒿　342
丛林滇紫草　176
粗毛普氏马先蒿　363
簇花唇柱苣苔　424

D

搭棚藤　137
大齿唇柱苣苔　425
大齿马铃苣苔　460
大萼山土瓜　129
大萼喜鹊苣苔　418
大花飞蛾藤　140
大花帘子藤　46
大花纽子花　55
大花茄　299
大花水蓑衣　473
大陆狗牙花　22
大叶附地菜　195
呆白菜　382
单花蓝花土瓜　131
单色蝴蝶草　392
单籽银背藤　118
倒卵叶豆腐柴　232
德钦滇紫草 178
地胆旋蒴苣苔　416
滇鳔冠花　469
滇牡荆　244
滇南芒毛苣苔　407
滇西北毛建草　249
吊山桃　98
东兴粗筒苣苔　419
独龙糙苏　258
短瓣香花藤　4
短柄紫花苣苔　445
短萼络石　51
短果吊石苣苔　446
短花紫丹　186
短茎马先蒿　369
短盔马先蒿　324
短柱络石 49
钝萼唇柱苣苔　427
盾苞藤　145
多齿马先蒿　360
多花丁公藤　125
多花附地菜　193
多花香茶菜　262
多脉腹水草　306
多毛大锥香茶菜　261

E

鹅首马先蒿　326
鄂西粗筒苣苔　433
洱源豆腐柴　225
二齿香科科　287

F

梵净山马先蒿　368
粉红动蕊花　286
丰管马先蒿　321
附生藤　42
复序美花毛建草　251
腹水草　305
覆苞毛建草　247

G

甘肃黄芩　281

高大马先蒿 335
高山附地菜 198
高山筋骨草 246
钩毛娃儿藤 114
钩子木 253
贯筋藤 70
光萼唇柱苣苔 423
光蕊滇黔石蝴蝶 462
光叶粗糠树 153
光叶泡桐 315
光枝木龙葵 297
广东牡荆 243
广花弓果藤 103
广花娃儿藤 108
广西粗筒苣苔 420
广西来江藤 303
广西芒毛苣苔 410
广西同心结 43
贵阳旋蒴苣苔 415
贵州琉璃草 151
贵州牡荆 241
贵州山橙 52
贵州莸 215
贵州紫珠 205
国楣马先蒿 337

H

哈巴山马先蒿 344
海康钩粉草 477
海南菜豆树 399
海南吊石苣苔 448
海南杜仲藤 40
海南弓果藤 100
海南黄猄草 487
海南莲楠草 476
海南链珠藤 9
海南鹿角藤 19
海南牛奶菜 92
海南球兰 81
海南蕊木 26
海南山猪菜 134
海南匙羹藤 74
海南同心结 44,45
海南香花藤 3
海南旋蒴苣苔 417
海南醉魂藤 78
合萼半蒴苣苔 441
荷花柳 68
荷秋藤 82
鹤庆微孔草 184
黑水藤 58
红波罗花 397
红杜仲藤 38,39
红根草 271
红褐甘西鼠尾草 273
红胡麻草 307
红花芒毛苣苔 465
红花鼠尾草 268
红肉牛奶菜 91
红腺紫珠 204
厚果鸡骨常山 7
湖北附地菜 196
湖北络石 53
湖北钟萼草 308
湖北紫珠 207
湖南香薷 257
护耳草 80
花溪豆腐柴 223
华铰剪藤 79
华宁藤 73
华氏长蒴苣苔 434
环喙马先蒿 329
黄花吊石苣苔 450
黄花马铃苣苔 459
黄杨叶芒毛苣苔 409
黄药 224
黄棕芒毛苣苔 408
灰毛滇黄芩 276
灰楸 396
灰色紫珠 208
会东藤 75
荟蔓藤 62

J

鸡骨柴小叶变种 254
极丽马先蒿 331
极弱小马先蒿 330
季川马先蒿 379
季川马先蒿缘毛变种 380
夹竹桃科 1
假紫珠 240
尖萼紫珠 211
尖尾枫 212
建水娃儿藤 107
江南散血丹 290
江苏厚壳树 152
豇豆树 400,401,402
降龙草 443
截萼毛建草 250
金背长叶藤 117
金佛山拉悉利草 405
筋藤 11
近头状豆腐柴 235
近无毛飞蛾藤 135
靓马先蒿 325
卷边球兰 86
卷冠泡桐 316
爵床科 466

K

开萼鼠尾 269
苦苣苔科 406
宽齿直花水苏 285
宽叶丛茎滇紫草 182
宽叶厚壳树 156
宽叶秦岭藤 71
盔须马先蒿 350
昆明滇紫草 181
阔萼马蓝 486
阔叶娃儿藤 105

L

拉萨玄参 387
兰考泡桐 313,314
蓝花土瓜 130
老虎须 104
乐东念珠藤 10
乐东藤 20
理塘马先蒿 328
丽江鲫鱼藤 96
丽江通泉草 311
丽江微孔草 168
栎叶唇柱苣苔 428
镰叶水珍珠菜 252
两广大青 218
两河口马先蒿 361
列当科 403
林马蓝 481
龙陵马先蒿 351
龙南后蕊苣苔 452
龙州山橙 32
卵心叶马铃苣苔 456
罗城杜仲藤 41
萝藦科 57

M

麻栗坡小花藤 36
麻叶豆腐柴 238
马鞭草科 200
马鞭草叶马先蒿 377
迈氏马先蒿 355
蔓生马先蒿 376
毛车藤 14
毛果小花藤 35
毛喉牛奶菜 93
毛药双片苣苔 439
毛药藤 47
毛叶丁公藤 122
毛叶蝴蝶草 391
毛叶老鸦糊 213
锚刺果 147

美丽通泉草 310
美叶菜豆树 398
蒙山附地菜 199
蒙自飞蛾藤 136
勐海豆腐柴 226
勐龙链珠藤 12
冕宁附地菜 197
皿果草 190
闽侯娃儿藤 106
闽粤大青 217
膜叶马先蒿 354
木里玄参 388

N

南川附地菜 194
南方普氏马先蒿 362
南一笼鸡 484
坭藤 21
拟地皮消 478
拟紫堇马先蒿 327
黏泡桐 320
黏叶莸 216
扭附地菜 189
扭梗附地菜 191
怒江球兰 87

P

攀缘吊石苣苔 447
平滑弓果藤 101
平基紫珠 202
平脉藤 34
屏边大青 220
萍乡泡桐 317
匍茎通泉草 312
匍枝紫云菜 489

Q

启无白前 69
启无马先蒿 378
翘喙马先蒿 356
茄科 289
琴叶球兰 85
青藏马先蒿 323
青龙藤 66
青羊参 67
清镇唇柱苣苔 436
琼紫叶 471
丘陵紫珠 203
全缘叶马先蒿 347

R

绒毛粗糠树 154
绒毛飞蛾藤 141
绒毛马先蒿 371
绒毛香薷 256
柔花香花藤 5
柔毛微孔草 171
乳儿绳 50
软叶吊石苣苔 449
蕊木 27

S

三列飞蛾藤 143
三色马先蒿等凹变种 373
三亚香花藤 2
森林马蓝 488
沙巴马先蒿 365
山普森紫丹 187
山球兰 88
山一笼鸡 472
扇形狗牙花 23
上狮紫珠 214
上思小花藤 37
少齿香薷 255
少花腰骨藤 25
少毛甘西鼠尾草 272
蛇胆草 112
石渠齿缘草 159
石上莲 455
石梓 221
食用山橙 29
疏刺茄 298
疏果截萼红丝线 292
疏花齿缘草 158
疏花丁公藤 126
疏裂马先蒿 364
疏柔毛豆腐柴 234
疏穗马先蒿 348
顺宁红丝线 291
思茅豆腐柴 236
思茅山橙 31
思茅藤 48
穗序钟花草 468

T

台湾丁公藤 123
台湾豆腐柴 228
台湾厚壳树 157
台湾金足草 483
台湾泡桐 318
藤紫珠 206
天蓬子 295
莛梗花 490
筒花芒毛苣苔 412
退毛来江藤 302
退毛马先蒿 339
驼峰藤 94

W

弯毛臭黄荆 231
微柔毛广东大青 219
维西香茶菜 266
卫矛叶念珠藤 8
汶川娃儿藤 109
蜗儿菜 283
无毛臭黄荆 227
无毛鳞蕊藤 132
无毛漏斗苣苔 463
五角马先蒿 359
五指山红丝线 296

X

西藏附地菜 160
西藏软紫草 149
西藏微孔草 165
西藏岩隙玄参 384
西藏长柱琉璃草 162
西南附地菜 172
细梗附地菜 192
细管马先蒿 341
细花鲫鱼藤 97
细茎微孔草 167
细锯齿叶紫珠 209
细裂马先蒿 332
细瘦马先蒿 340
狭唇马先蒿 322
狭花芒毛苣苔 413
狭叶叉柱花 479
狭叶吊灯花 60
狭叶附地菜 188
狭叶紫珠 201
纤管马先蒿 349
纤细芒毛苣苔 411
纤细通泉草 309
鲜绿来江藤 304
显序微孔草 166
藓状马先蒿 358
线叶杯冠藤 63
腺花滇紫草 174
腺毛飞蛾藤 144
腺叶鳝藤 16
乡城滇紫草 183
小萼飞蛾藤 139
小萼直瓣苣苔 432
小果喜鹊苣苔 464
小花滇紫草 177
小花后蕊苣苔 422
小花黄芩 278
小花马先蒿 357
小花毛建草 248

小花秦岭藤 59
小花玄参 389
小石花 429
小叶黄荆 242
小叶马铃苣苔 458
小紫黄芩 279
斜叶马铃苣苔 461
心叶山土瓜 133
新疆滨紫草 164
锈毛络石 28
锈毛麻辣紫藤 121
锈毛石花 430
须毛马先蒿 372
玄参科 300
旋花科 115
雪花香茶菜 260

Y

烟叶唇柱苣苔 426
岩藿香 277
羊齿叶马先蒿 338
羊角棉 6
野靛棵 475
宜昌泡桐 319
宜昌娃儿参 77
异唇香茶菜 259
异萼云南狗牙花 24
异蕊马蓝 480
异色线柱苣苔 444
易变倒吊笔 56
隐脉球兰 84
硬毛地梗鼠尾草 274
羽裂唇柱苣苔 435
圆瓣玄参 385
圆苞鼠尾草 270
圆叶豆腐柴 237
圆叶弓果藤 102
圆叶娃儿藤 113
云贵厚壳树 155
云南斑种草 150
云南齿缘草 161
云南豆腐柴 239
云南飞蛾藤 138
云南黑鳗藤 99
云南假虎刺 18
云南马先蒿 381
云南清明花 17
云南球兰 89
云南散血丹 293
云南山橙 33
云南匙羹藤 76
云南纤冠藤 72
云南玄参 390
云南蔗寄生 404
云南紫草 163

Z

窄叶马铃苣苔 454
窄叶直瓣苣苔 414
窄叶紫珠 210
昭通滇紫草 175
镇康滇紫草 180
镇康长蒴苣苔 438
之形喙马先蒿 366
直瓣苣苔 431
直花水苏 284
中国纤细马先蒿 343
中华老鸦嘴 491
中间型楸 395
钟花玄参 383
重齿玄参 386
壮丽马先蒿 345
紫苞野靛棵 474
紫草科 146
紫萼假杜鹃 467
紫花飞蛾藤 142
紫花马铃苣苔 453
紫葳科 394
紫心黄芩 280
紫叶娃儿藤 110

拉丁学名索引
Index to Scientific Names

A

Acanthaceae 466
Actinocarya tibetica 147
Aeschynanthus austroyunnanensis 407
Aeschynanthus bracteatus 408
Aeschynanthus buxifolius 409
Aeschynanthus guangxiensis 410
Aeschynanthus tenuis 411
Aeschynanthus tubulosus var. *angustilobus* 412
Aeschynanthus wardii 413
Aganosma odora 2
Aganosma radiatum 3
Aganosma schlechteriana var. *breviloba* 4
Aganosma schlechteriana var. *leptanthum* 5
Ajuga nubigena 246
Alstonia mairei 6
Alstonia pachycarpa 7
Alyxia euonymifolia 8
Alyxia hainanensis 9
Alyxia lehtungensis 10
Alyxia levinei 11
Alyxia menglungensis 12
Alyxia yunkuniana 13
Amalocalyx yunnanensis 14
Ancylostemon aureus var. *angustifolius* 414
Anodendron howii 15
Anodendron punctatum 16
Anoplocaryum limprichtii 148
Apocynaceae 1
Argyreia cheliensis 116
Argyreia henryi var. *hypochrysa* 117
Argyreia monosperma 118
Arnebiatho msonii 149
Asclepiadaceae 57

B

Barleria purpureosepala 467
Beaumontia yunnanensis 17
Bignoniaceae 394
Biondia insignis 58
Biondia parviurnula 59
Boea chaffanjoni 415
Boea elephantopoides 416
Boea hainanensis 417
Boraginaceae 146
Bothriospermum hispidissimum 150
Botryopleuron longispicatum 301
Brachiostemon macrocalyx 418
Brandisia glabrescens 302
Brandisia kwangsiensis 303
Brandisia laetevirens 304
Briggsia dongxingensis 419
Briggsia stewardii 420

C

Callicarpa 213
Callicarpa acuminata var. *angustifolia* 201
Callicarpa basitruncata 202
Callicarpa collina 203
Callicarpa erythrosticta 204
Callicarpa feddei 205
Callicarpa formosana var. *chinensis* 206
Callicarpa giraldiana var. *subcanescens* 208
Callicarpa gracilipes 207
Callicarpa integerrima var. *serrulata* 209
Callicarpa japonica var. *angustata* 210
Callicarpa loboapiculata 211
Callicarpa longifolia var. *longissima* 212
Callicarpa siongsaiensis 214
Calorhabdos stenostachya 305
Calorhabdos venosa 306
Carissa yunnanensis 18
Caryopteris esquirolii 215
Caryopteris glutinosa 216
Catalpa bungei 395
Catalpa fargesi 396
Cathayanthe biflora 421
Centranthera rubra 307
Ceropegia angustilimba 60
Ceropegia driophila 61
Chamaesaracha heterophylla 290
Chirita acaulis 422
Chirita anachoretica 423
Chirita fasciculiflora 424
Chirita grandidentata 425
Chirita heterotricha 426

Chirita lunglinensis var. *amblyosepala* 427
Chirita quercifolia 428
Chonemorpha splendens 19
Chunechites xylinabariopsoides 20
Clerodendrum amplius 217
Clerodendrum elachistanthum 218
Clerodendrum kwangtungense var. *puberulum* 219
Clerodendrum tsaii 220
Codonacanthus spicatus 468
Convolvulaceae 115
Convolvulus steppicola 119
Corallodiscus conchifolius 429
Corallodiscus flabellatus var. *puberulus* 430
Cosmostigma hainanense 62
Cyathella insulana var. *linearis* 63
Cynanchum amphibolum 64
Cynanchum decipiens 65
Cynanchum henryi 66
Cynanchum otophyllum 67
Cynanchum riparium 68
Cynanchum wangii 69
Cynoglossum cavaleriei 151
Cystacanthus yunnanensis 469

D

Didissandra saxatilis 431
Didissandra saxatilis var. *microcalyx* 432
Didissandra speciosa 433
Didymocarpus hwaianus 434
Didymocarpus pinnatifidus 435
Didymocarpus secundiflorus 436
Didymocarpus verecundus 437
Didymocarpus zhenkangensis 438
Didymostigma trichanthera 439
Dracocephalum imbricatum 247
Dracocephalum microflorum 248
Dracocephalum rockii 249
Dracocephalum truncatum 250
Dracocephalum wallichii 251
Dregea corrugata 70
Dysophylla falcata 252

E

Ebermaiera concinnula 470
Ehertia latvis var. *platyphylla* 156
Ehretia argyi 152
Ehretia dicksoni var. *glabrescens* 153
Ehretia dicksoni var. *tomentosa* 154
Ehretia dunniana 155
Ehretia taiwaniana 157
Elsholtzia dependens 253
Elsholtzia fruticosa var. *parvifolia* 254
Elsholtzia fruticosa var. *paucidentata* 255
Elsholtzia fruticosa var. *tomentella* 256
Elsholtzia hunanensis 257
Epigynum chinense 21
Eritrichium laxum 158
Eritrichium serxuense 159
Eritrichium tibeticum 160
Ervatamia continentalis 22
Ervatamia flabelliformis 23
Ervatamia yunnanensis var. *heterosepala* 24
Erycibe elliptilimba 120
Erycibe ferruginea 121
Erycibe hainanensis 122
Erycibe henryi 123
Erycibe integripetala 124
Erycibe myriantha 125
Erycibe oligantha 126

G

Gesneriaceae 406
Gleadovia yunnanensis 404
Gmelina chinensis 221
Gongronema hemsleyana 71
Gongronema yunnanense 72
Graptophyllum viridiflorum 471
Gutzlaffia aprica 472
Gymnema foetidum 73
Gymnema hainanensis 74
Gymnema longiretinaculatum 75
Gymnema yunnanense 76

H

Hackelia echinocarya 161
Hemiboea fangii 440
Hemiboea gamosepala 441
Hemiboea henryi 442
Hemiboea subcapitata 443
Henrya angustiniana 77
Heterostemma sinicum 78
Holostemma sinense 79
Hoya pandurata 85
Hoya fungii 80
Hoya hainanensis 81
Hoya lancilimba 82
Hoya mengtzeensis 83
Hoya obscurinervia 84
Hoya revolubilis 86
Hoya salweenica 87
Hoya silvatica 88
Hoya yuennanensis 89
Hygrophila megalantha 473

I

Ichnocarpus oliganthus 25
Incarvillea delavayi 397

Ipomoea henryi 127
Ipomoea longipedunculata 128
Ipomoea wangii 129
Ipomoea yunnanensis 130
Ipomoea yunnanensis var. *uniflora* 131
Isanthera discolor 444

J

Justicia latiflora 474
Justicia patentiflora 475

K

Kopsia hainanensis 26
Kopsia lancibracteolata 27

L

Lamiaceae 245
Lathraea chinfushanica 405
Lepistemon glaber 132
Lindelofia benthami 162
Lindenbergia melvillei 308
Lithospermum mairei 163
Loxostigma brevipetiolatum 445
Lycianthes shunningensis 291
Lycianthes subtruncata var. *paucicarpa* 292
Lysionotus brachycarpus 446
Lysionotus chingii 447
Lysionotus hainanensis 448
Lysionotus mollifolius 449
Lysionotus sulphureus 450
Lysionotus wilsonii 451

M

Marsdenia hainanensis 92
Marsdenia lachnostoma 93
Marsdenia alata 90
Marsdenia carnea 91
Mazus gracilis 309
Mazus pulchellus 310
Mazus rockii 311
Mazus wangii 312
Melodinus yunnanensis 33
Melodinus dunnii 28
Melodinus edulis 29
Melodinus hemsleyanus 30
Melodinus henryi 31
Melodinus morsei 32
Merremia cordata 133
Merremia hainanensis 134
Merrillanthus hainanensis 94
Mertensia meyeriana 164
Micrechites formicina 34
Micrechites lachnocarpa 35
Micrechites malipoensis 36
Micrechites rehderiana 37
Microula benthami 165
Microula bothriospermoides 166
Microula filicaulis 167
Microula hirsuta 168
Microula leucantha 169
Microula longipes 170
Microula rockii 171

O

Omphalodes cavaleriei 172
Omphalodes mairei 173
Onosma adenopus 174
Onosma cingulatum 175
Onosma dumetorum 176
Onosma farrerii 177
Onosma hookeri var. *wardii* 178
Onosma mertensioides 179
Onosma microstoma 180
Onosma tsiangii 181
Onosma waddellii var. *latifolium* 182
Onosma xiangchengense 183
Opithandra burttii 452
Oreocharis argyreia 453
Oreocharis argyreia var. *angustifolia* 454
Oreocharis benthamii var. *reticulata* 455
Oreocharis cordato-ovata 456
Oreocharis dentata 457
Oreocharis elliptica var. *parvifolia* 458
Oreocharis flavida 459
Oreocharis magnidens 460
Oreocharis oblique 461
Orobanchaceae 403

P

Parabarium chunianum 38, 39
Parabarium hainanensis 40
Parabarium handelianum 41
Pararuellia hainanensis 476
Parechites adnascens 42
Parsonsia goniostemon 43
Parsonsia howii 44, 45
Paulownia elongata 313, 314
Paulownia glabrata 315
Paulownia recurva 316
Paulownia rehderiana 317
Paulownia taiwaniana 318
Paulownia thyrsoidea 319
Paulownia viscosa 320
Pedicularis debilis ssp. *debilior* 330
Pedicularis amplituba 321
Pedicularis angustilabris 322

Pedicularis bonatiana 323
Pedicularis brachycrania 324
Pedicularis calosantha 325
Pedicularis chenocephala 326
Pedicularis corydaloides 327
Pedicularis croizatiana 328
Pedicularis cyclorhyncha 329
Pedicularis decorissima 331
Pedicularis dissectifolia 332
Pedicularis dolichoglossa 333
Pedicularis dolichostachya 334
Pedicularis elwesii var. *major* 335
Pedicularis elwesii var. *minor* 336
Pedicularis fengii 337
Pedicularis filicifolia 338
Pedicularis glabrescens 339
Pedicularis gracilicaulis 340
Pedicularis gracilis var. *sinensis* 343
Pedicularis gracilituba 341
Pedicularis gracilituba var. *setosa* 342
Pedicularis habachanensis 344
Pedicularis imperialis 345
Pedicularis infirma 346
Pedicularis integerrima 347
Pedicularis laxispica 348
Pedicularis leptosiphon 349
Pedicularis lophotricha 350
Pedicularis lunglingensis 351
Pedicularis lutescens var. *longipetiolata* 352
Pedicularis macrorhyncha 353
Pedicularis membranacea 354
Pedicularis merrilliana 355
Pedicularis meteororhyncha 356
Pedicularis micrantha 357
Pedicularis muscoides 358
Pedicularis pentagona 359
Pedicularis polyodonta 360
Pedicularis porphyrantha 361
Pedicularis przewalskii var. *australis* 362
Pedicularis przewalskii var. *hirsuta* 363
Pedicularis remotiloba 364
Pedicularis sabaensis 365
Pedicularis sigmoidea 366
Pedicularis siphonantha var. *dolichosiphon* 367
Pedicularis stewardii 368
Pedicularis subacaulis 369
Pedicularis tantalorhyncha 370
Pedicularis tomentosa 371
Pedicularis trichomata 372
Pedicularis tricolor var. *aequiretusa* 373
Pedicularis tsaii 374
Pedicularis tsarungensis 375
Pedicularis vagans 376
Pedicularis verbenaefolia 377
Pedicularis wangii 378
Pedicularis yui 379
Pedicularis yui var. *ciliata* 380
Pedicularis yunnanensis 381
Pergularia sinensis 95
Petrocosmea martinii var. *leiandra* 462
Phlomis forrestii var. *taronensis* 258
Physaliastrum yunnanense 293
Porana racemosa var. *tomentella* 141
Porana delavayi 135
Porana dinetoides 136
Porana discifera 137
Porana gagnepainiana 138
Porana mairei 139
Porana megalantha 140
Porana racemosa var. *violacea* 142
Porana triserialis 143
Porana triserialis var. *lasia* 144
Pottsia grandiflora 46
Premna acuminatissima 222
Premna anthopotamica 223
Premna cavaleriei 224
Premna esquirolii 225
Premna fohaiensis 226
Premna fordii var. *glabra* 227
Premna formosana 228
Premna ligustroides 229
Premna longipila 230
Premna maclurei 231
Premna obovata 232
Premna paisehensis 233
Premna pilosa 234
Premna subcapitata 235
Premna szemaoensis 236
Premna tenii 237
Premna urticifolia 238
Premna yunnanensis 239
Pseuderanthemum haikangense 477

R

Rabdosia anisochila 259
Rabdosia chionantha 260
Rabdosia megathyrsa var. *strigosissima* 261
Rabdosia pluriflora 262
Rabdosia pseudo-irrorta 263
Rabdosia secundiflora 264
Rabdosia sinuolata 265
Rabdosia weisiensis 266
Radermachera frondosa 398
Radermachera hainanensis 399
Radermachera pentandra 400, 401, 402
Raphiocarpus sinicus 463
Rehmannia rupestris 382
Ruellia venusta 478

S

Salvia atropurpurea 267
Salvia atrorubra 268
Salvia bifidocalyx 269
Salvia cyclostegia 270
Salvia prionitis 271
Salvia przewalskii var. *glabrescens* 272
Salvia przewalskii var. *rubrobrunnea* 273
Salvia scapiformis var. *hirsuta* 274
Salvia tsaiana 275
Schistocaryum myosotideum 184
Scopolia carniolicoides var. *dentata* 294
Scopolia sinensis 295
Scrophularia campanulata 383
Scrophularia chasmophila ssp. *xizangensis* 384
Scrophularia crenatosepala 385
Scrophularia diplodonta 386
Scrophularia lhasaensis 387
Scrophularia muliensis 388
Scrophularia soulei 389
Scrophularia yunnanensis 390
Scrophulariaceae 300
Scutellaria amoena var. *cinerea* 276
Scutellaria franchetiana 277
Scutellaria microflora 278
Scutellaria microviolacea 279
Scutellaria pupureocardia 280
Scutellaria rehderiana 281
Secamone likiangensis 96
Secamone minutiflora 97
Secamone sinica 98
Sindechites henryi 47
Sinoboea microcarpa 464
Sinojohnstonia plantaginea 185
Sinomerrillia bracteata 145
Skapanthus oreophilus var. *oreophilus* f. *albus* 282
Solanaceae 289
Solanum debilissimum 296
Solanum merrillianum 297
Solanum nienkui 298
Solanum wrightii 299
Stachys arrecta 283
Stachys strictiflora 284
Stachys strictiflora var. *latidens* 285
Staurogyne stenophylla 479
Stephanotis yunnanensis 99
Strobilanthes anisandra 480
Strobilanthes dryadum 481
Strobilanthes flexus 482
Strobilanthes formosanus 483
Strobilanthes henryi 484
Strobilanthes larium 485
Strobilanthes latisepala 486
Strobilanthes maclurei 487
Strobilanthes nemorosus 488
Strobilanthes stolonifera 489
Strobilanthopsis hypericifolia 490

T

Teucrium albo-rubrum 286
Teucrium bidentatum 287
Thunbergia chinensis 491
Torenia benthamiana 391
Torenia concolor 392
Tournefortia brachyantha 186
Tournefortia sampsoni 187
Toxocarpus hainanensis 100
Toxocarpus laevigatus 101
Toxocarpus ovalifolius 102
Toxocarpus patens 103
Trachelospermum auritum 48
Trachelospermum brevistylum 49
Trachelospermum cathayanum 50
Trachelospermum divaricatum 51
Trachelospermum esquirolii 52
Trachelospermum gracilipes var. *hupehense* 53
Trachelospermum tetanocarpum 54
Trichosporum moningeriae 465
Trigonotis compressa 188
Trigonotis contortipes 189
Trigonotis cupulifera 190
Trigonotis delicatula 191
Trigonotis floribunda 193
Trigonotis gracilipes 192
Trigonotis laxa 194
Trigonotis macrophylla 195
Trigonotis mollis 196
Trigonotis muliensis var. *strigosa* 197
Trigonotis rockii 198
Trigonotis tenera 199
Tsoongia axillariflora 240
Tylophora picta 110
Tylophora arenicola 104
Tylophora astephanoides 105
Tylophora chungii 106
Tylophora hui 107
Tylophora leptantha 108
Tylophora nana 109
Tylophora renchangii 111
Tylophora secamonoides 112
Tylophora trichophylla 113
Tylophora uncinata 114

V

Vallaris grandiflora 55
Verbenaceae 200
Veronica fargesii 393
Vitex kweichowensis 241
Vitex negundo var. *microphylla* 242

Vitex sampsoni 243
Vitex yunnanensis 244

W

Wenchengia alternifolia 288
Wrightia hainanensis var. *variabilis* 56

ISBN 978-7-5725-0954-4
9 787572 509544 >

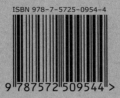